碳中和城市与绿色智慧建筑系列教材
教育部高等学校建筑类专业教学指导委员会规划推荐教材

丛书主编　王建国

建筑与基础设施碳排放管理

Carbon Emission Management in Buildings and Infrastructure

李德智　张林锋　吴刚　袁竞峰 等　编著
王建国　主审

中国建筑工业出版社

图书在版编目（CIP）数据

建筑与基础设施碳排放管理 = Carbon Emission Management in Buildings and Infrastructure / 李德智等编著 . -- 北京：中国建筑工业出版社，2024. 12.（碳中和城市与绿色智慧建筑系列教材 / 王建国主编）（教育部高等学校建筑类专业教学指导委员会规划推荐教材 / 王建国主编）. -- ISBN 978-7-112-30523-0

Ⅰ. X511

中国国家版本馆 CIP 数据核字第 20247NM834 号

建筑与基础设施是全球碳排放的主要来源，构建“低碳化、标准化、通用化”的碳排放管理模式已成必然趋势。本教材主要涵盖绪论以及建筑与基础设施碳排放管理的阶段、主体、方法，重点阐明“管理什么、谁来管理以及怎么管理”三个主要问题；选取建筑、交通基础设施、环境基础设施、能源基础设施、社会性基础设施以及新型基础设施进行专题分析；阐释建筑与基础设施的碳交易管理、碳排放管理软件。本教材既可以作为建筑学、土木工程、工程管理、建筑环境与能源应用工程、交通运输工程等建筑与基础设施相关学科高年级本科生和研究生的教材，也可供对碳排放管理感兴趣的建筑与基础领域从业人员参考。

为了更好地支持相应课程的教学，我们向采用本书作为教材的教师提供课件，有需要者可与出版社联系。

建工书院：https://edu.cabplink.com

邮箱：jckj@cabp.com.cn　电话：（010）58337285

策　　划：陈　桦　柏铭泽

责任编辑：赵　莉　吉万旺

责任校对：张惠雯

碳中和城市与绿色智慧建筑系列教材

教育部高等学校建筑类专业教学指导委员会规划推荐教材

丛书主编　王建国

建筑与基础设施碳排放管理

Carbon Emission Management in Buildings and Infrastructure

李德智　张林锋　吴刚　袁竞峰 等　编著

王建国　主审

*

中国建筑工业出版社出版、发行（北京海淀三里河路9号）

各地新华书店、建筑书店经销

北京海视强森图文设计有限公司制版

北京中科印刷有限公司印刷

*

开本：787毫米 × 1092毫米　1/16　印张：$22^3/_4$　字数：442千字

2024 年 12 月第一版　2024 年 12 月第一次印刷

定价：68.00元（赠教师课件）

ISBN 978-7-112-30523-0

（43617）

《碳中和城市与绿色智慧建筑系列教材》
编审委员会

《建筑与基础设施碳排放管理》
编委会

《碳中和城市与绿色智慧建筑系列教材》

总序

建筑是全球三大能源消费领域（工业、交通、建筑）之一。建筑从设计、建材、运输、建造到运维全生命周期过程中所涉及的“碳足迹”及其能源消耗是建筑领域碳排放的主要来源，也是城市和建筑碳达峰、碳中和的主要方面。城市和建筑“双碳”目标实现及相关研究由2030年的“碳达峰”和2060年的“碳中和”两个时间节点约束而成，由“绿色、节能、环保”和“低碳、近零碳、零碳”相互交织、动态耦合的多途径减碳递进与碳中和递归的建筑科学迭代进阶是当下主流的建筑类学科前沿科学研究领域。

本系列教材主要聚焦建筑类学科专业在国家“双碳”目标实施行动中的前沿科技探索、知识体系进阶和教学教案变革的重大战略需求，同时满足教育部碳中和新兴领域系列教材的规划布局和“高阶性、创新性、挑战度”的编写要求。

自第一次工业革命开始至今，人类社会正在经历一个巨量碳排放的时期，碳排放导致的全球气候变暖引发一系列自然灾害和生态失衡等环境问题。早在20世纪末，全球社会就意识到了碳排放引发的气候变化对人居环境所造成的巨大影响。联合国政府间气候变化专门委员会（IPCC）自1990年始发布五年一次的气候变化报告，相关应对气候变化的《京都议定书》（1997）和《巴黎气候协定》（2015）先后签订。《巴黎气候协定》希望2100年全球气温总的温升幅度控制在1.5℃，极值不超过2℃。但是，按照现在全球碳排放的情况，那2100年全球温升预期是2.1~3.5℃，所以，必须减碳。

2020年9月22日，国家主席习近平在第七十五届联合国大会向国际社会郑重承诺，中国将力争在2030年前达到二氧化碳排放峰值，努力争取在2060年前实现碳中和。自此，“双碳”目标开始成为我国生态文明建设的首要抓手。党的二十大报告中提出，“积极稳妥推进碳达峰碳中和，立足我国能源资源禀赋，坚持先立后破，有计划分步骤实施碳达峰行动，深入推进能源革命……”，传递了党中央对我国碳达峰、碳中和的最新战略部署。

国务院印发的《2030年前碳达峰行动方案》提出，将碳达峰贯穿于经济社会发展全过程和各方面，重点实施“碳达峰十大行动”。在“双碳”目标战略时间表的控制下，建筑领域作为三大能源消费领域（工业、交通、建筑）之一，尽早实现碳中和对于“双碳”目标战略路径的整体实现具有重要意义。

为贯彻落实国家“双碳”目标任务和要求，东南大学联合中国建筑出版传媒有限公司，于2021年至2022年承担了教育部高等教育司新兴领域教材研究与实践项目，就“碳中和城市与绿色智慧建筑”教材建设开展了研究，初步架构了该领域的知识体系，提出了教材体系建设的全新框架和编写思路等成果。2023年3月，教育部办公厅发布《关于组织开展战略性新兴领域“十四五”高等教育教材体系建设工作的通知》（以下简称《通知》），《通知》中明确提出，要充分发挥“新兴领域教材体系建设研究与实践”项目成果作用，以《战略性新兴领域规划教材体系建议目录》为基础，开展专业核心教材建设，并同步开展核心课程、重点实践项目、高水平教学团队建设工作。课题组与教材建设团队代表于2023年4月8日在东南大学召开系列教材的编写启动会议，系列教材主编、中国工程院院士、东南大学建筑学院教授王建国发表系列教材整体编写指导意见；中国工程院院士、西安建筑科技大学教授刘加平和中国工程院院士、清华大学教授庄惟敏分享分册编写成果。编写团队由3位院士领衔，8所高校和3家企业的80余位团队成员参与。

2023年4月，课题团队向教育部正式提交了战略性新兴领域“碳中和城市与绿色智慧建筑系列教材”建设方案，回应国家和社会发展实施碳达峰碳中和战略的重大需求。2023年11月，由东南大学王建国院士牵头的未来产业（碳中和）板块教材建设团队获批教育部战略性新兴领域“十四五”高等教育教材体系建设团队，建议建设系列教材16种，后考虑跨学科和知识体系完整性增加到20种。

本系列教材锚定国家“双碳”目标，面对建筑类学科绿色低碳知识体系更新、迭代、演进的全球趋势，立足前沿引领、知识重构、教研融合、探索开拓的编写定位和思路。教材内容包含了碳中和概念和技术、绿色城市设计、低碳建筑前策划后评估、绿色低碳建筑设计、绿色智慧建筑、国土空间生态资源规划、生态城区与绿色建筑、城镇建筑生态性能改造、城市建筑智慧运维、建筑碳排放计算、建筑性能智能化集成以及健康人居环境等多个专业方向。

教材编写主要立足于以下几点原则：一是根据教育部碳中和新兴领域系列教材的规划布局和“高阶性、创新性、挑战度”的编写要求，立足建筑类专业本科生高年级和研究生整体培养目标，在原有课程知识课堂教授和实验教学基础上，专门突出了碳中和新兴领域学科前沿最新内容；二是注意建筑类专业中“双碳”目标导向的知识体系建构、教授及其与已有建筑类相关课程内容的差异性和相关性；三是突出基本原理讲授，合理安排理论、方法、实验和案例分析的内容；四是强调理论联系实际，强调实践案例和翔实的示范作业介绍。总体力求高瞻远瞩、科学合理、可教可学、简明实用。

本系列教材使用场景主要为高等学校建筑类专业及相关专业的碳中和新兴学科知识传授、课程建设和教研学产融合的实践教学。适用专业主要包括建筑学、城乡规划、风景园林、土木工程、建筑材料、建筑设备，以及城市管理、城市经济、城市地理等。系列教材既可以作为教学主干课使用，也可以作为上述相关专业的教学参考书。

本教材编写工作由国内一流高校和企业的院士、专家学者和教授完成，他们在相关低碳绿色研究、教学和实践方面取得的先期领先成果，是本系列教材得以顺利编写完成的重要保证。作为新兴领域教材的补缺，本系列教材很多内容属于全球和国家双碳研究和实施行动中比较前沿且正在探索的内容，尚处于知识进阶的活跃变动期。因此，系列教材的知识结构和内容安排、知识领域覆盖、全书统稿要求等虽经编写组反复讨论确定，并且在较多学术和教学研讨会上交流，吸收同行专家意见和建议，但编写组水平毕竟有限，编写时间也比较紧，不当之处甚或错误在所难免，望读者给予意见反馈并及时指正，以使本教材有机会在重印时加以纠正。

感谢所有为本系列教材前期研究、编写工作、评议工作、教案提供、课程作业作出贡献的同志以及参考文献作者，特别感谢中国建筑出版传媒有限公司的大力支持，没有大家的共同努力，本系列教材在任务重、要求高、时间紧的情况下按期完成是不可能的。

是为序。

王建国

丛书主编、东南大学建筑学院教授、中国工程院院士

前言

建筑与基础设施是推动经济增长、提高国家和地区竞争力、实现高质量发展的关键要素，是满足人民日益增长的美好生活需要的“国之大者”，其建设与管理的意义重大。其中，建筑一般是指可满足人们居住、工作、学习、娱乐和生产等社会活动要求的人工创造的空间环境，包括住宅建筑、办公建筑、商业建筑等；基础设施一般是指城市生存和发展所必须具备的工程性基础设施（如交通基础设施、环境基础设施、能源基础设施等）和社会性基础设施（如教育基础设施、医疗卫生基础设施、体育基础设施等）。2018 年之后，基础设施领域又出现了国家大力倡导的新型基础设施，包括信息基础设施（以 5G、物联网等为代表的通信网络基础设施，以人工智能、云计算、区块链等为代表的新技术基础设施，以及以数据中心、智能计算中心为代表的运算基础设施等）、融合基础设施（包括以工业互联网、智慧交通物流设施、智慧能源系统为代表的新型生产性设施和以智慧民生基础设施、智慧环境资源设施、智慧城市基础设施等为代表的新型社会性设施）以及创新基础设施（包括重大科技基础设施、科教基础设施、产业技术创新基础设施等）。

根据联合国环境规划署发布的《2022 Global Status Report for Buildings and Construction》、全球能源基础设施排放数据库工作组发起和完成的《全球能源基础设施碳排放及锁定效应（2022）》等研究报告，建筑与基础设施领域是全球碳排放的主要来源，总量大且占比高，应成为控制和减少温室气体排放的重要领域和优先领域。因此，建筑与基础设施碳排放管理成为国际学术研究热点，也得到许多发达国家和地区的高度重视。譬如，英国皇家建筑师学会（RIBA）和英国政府数字工作计划草案针对英国建筑与基础设施碳排放管理开展系统性研究，住宅、公共建筑以及公共交通被列入 2020 年英国出台的《绿色工业革命战略》10 大领域之中，同年英国政府颁布的《国家基础设施战略》以 2050 年实现净零排放为中心目标，从政策层面引导其数字、交通和能源基础设施的低碳化转型；美国制定《新建筑物结构中的节能法规》《可持续基础设施与公平清洁能源未来计划》等法律和政策文件，提出 BEES 模型、Scout 模型等建筑与基础设施相关碳排放计算模型，推出 Architecture 2030 架构的 ZERO Code、ILFI 开发的 Zero Carbon Standard 以及 USGBC 开发的 LEED Zero 等碳排放认证体系。但是，由于国情不同，这些发达国家和地区建筑与基础设施碳排放的管理政策、管理主体、管理方法等差异较大，相关模型、认证体系等存在被“卡脖子”的风险，只能借鉴，而不宜在我国直接使用。

根据中国建筑节能协会发布的《中国建筑能耗与碳排放研究报告（2022）》，2021 年我国建筑全过程碳排放总量为 52.2 亿 t，占全国碳排放总量的 50.9%。同时，根据《全球能源基础设施碳排放及锁定效应（2022）》报告，2021 年我国交通运输领域碳排放占我国碳排放总量的 10.4%，其中公路基础设施建设和养护阶段二氧化碳排放量占交通运输领域碳排放总量的 10%~20%。因此，建筑与基础设施领域低碳建设是降低我国碳排放总量的重要抓手，也是助力我国“双碳”目标实现的关键环节。因此，在我国建立碳达峰碳中和“1+N”政策体系（其中，“1”由 2021 年 10 月发布的《中共中央 国务院关于完整准确全面贯彻新发展理念做好碳达峰碳中和工作的意见》、《2030 年前碳达峰行动方案》两个纲领性文件共同构成，“N”是重点领域、重点行业实施方案及相关支撑保障方案，包括节能降碳增效行动、城乡建设碳达峰行动、绿色低碳科技创新行动以及各地区梯次有序碳达峰行动等）中，均将建筑与基础设施领域碳排放管理领域作为工作重点，许多地方政府也在积极探索，主要特点包括：华东地区依靠长江经济带着重进行城市更新建设、建筑节能改造、碳排放监测、碳排放交易体系构建等；华北地区聚焦于建材领域节能以及各产业绿色转型，以实现减碳降污协同作用；华中地区以建筑节能监管、科技创新支撑碳排放管理为特色，推动绿色建筑、绿色建材发展以及支持探索零碳示范创建；华南地区注重绿色清洁能源的开发及使用以及低碳城市、低碳社区、低碳园区、低碳企业等试点建设。

为服务我国建筑与基础设施领域“双碳”重大战略，东南大学吴刚教授秉持学校“以科学名世、以人才报国”的办学理念，整合土木工程、建筑学、计算机科学与技术、动力工程及工程热物理、环境科学与工程等优势学科群，以及基于这些多学科交叉设立的“智慧建造与运维国家地方联合工程研究中心”等相关科研平台，组建学科融合、校企协同的低碳基础设施研究团队。近年来，该团队积极发力，包括研发国内第一款轻量化建筑碳排放计算分析专用软件“东禾”1.0~3.0 版，出版我国首部系统阐释建筑碳排放计算的专著——《建筑碳排放计算》，主编和参编 10 余部建筑与基础设施领域的碳排放计算标准（含主编我国第一部涵盖全阶段多系统的民用建筑碳排放计算导则——《江苏省民用建筑碳排放计算导则》），承担江苏省碳达峰碳中和建筑领域重大科技示范工程“低碳未来建筑关键技术研究与工程示范”、江苏省绿色建筑发展专项资金项目“建筑碳排放计算方法研究与软件平台研发”等课题多项，牵头发起和成功举办低碳基础设施领域首次全国性学术会议——2023基础设施低碳建造与运维学术论坛，技术领军“江苏省建材与建筑碳排放计算与监测技术公共服务平台建设”，为中江国际集团新总部大楼建设项目、G330国道淳安千岛湖大桥至临岐改建工程等多个建筑与基础设施项目低碳管理提供技术支撑，社会效益显著。

按照《教育部办公厅关于组织开展战略性新兴领域“十四五”高等教育教材体系建设工作的通知》要求，以及教育部高等学校建筑类专业教学指导委员会、高等学校土建类专业课程教材与教学资源专家委员会关于“碳中和城市与绿色智慧建筑系列教材”编写说明要求，在前述建筑与基础设施领域方法创新、软件研发和工程实践等扎实工作的基础上，吴刚教授组织东南大学低碳基础设施研究团队，以及土木工程学院、建筑学院、电气工程学院的相关学者，联合南京工业大学副校长陆伟东教授团队、江苏东印智慧工程技术研究院等相关专家，创新性地完成《建筑与基础设施碳排放管理》教材。该教材采用“理论－工具－案例”融合的教学理念及“过程－类型－主体”协同的研究理念，将12章内容划分为理论篇、专题篇以及工具篇，其中：理论篇共4章，主要涵盖绪论以及建筑与基础设施碳排放管理的阶段、主体、方法，重点阐明“管理什么、谁来管理以及怎么管理”三个主要问题；专题篇共6章，针对建筑与基础设施主要类型，选取建筑、交通基础设施、环境基础设施、能源基础设施、社会性基础设施以及新型基础设施进行专题分析；工具篇共2章，分别阐释建筑与基础设施的碳交易管理、碳排放管理软件。

综合而言，《建筑与基础设施碳排放管理》教材面向国家“双碳”重大战略，瞄准建筑与基础设施碳排放管理的时代所急、行业所需、人才所要、知识之本，强调理论与实践结合，通过图文并茂、二维码等形式，系统性解构建筑与基础设施碳排放管理的阶段、主体、方法、内容和工具，逻辑清晰，深入浅出，图文并茂，可读性强，既可以作为建筑与基础设施相关学科高年级本科生和研究生的教材，也可以供对碳排放管理感兴趣的建筑与基础设施领域从业人员参考。

目录

第1章 绪论

【本章导读】

建筑与基础设施作为碳排放的主要来源，构建“低碳化、标准化、通用化”的碳排放管理模式已成必然趋势。国外典型发达国家对建筑与基础设施碳排放管理进行了积极探索，积累了丰富经验。然而，建筑与基础设施碳排放管理在我国作为一个全新课题，实际操作中“懂技术、熟标准、会规划、能评估”的碳排放管理技术人员需求量巨大，且缺乏成熟的理论和实践经验指导。鉴于此，本章首先界定了建筑与基础设施碳排放管理相关概念内涵；其次，选取美国、英国、新加坡典型发达国家进行建筑与基础设施碳排放管理先进经验总结；最后，通过梳理我国建筑与基础设施碳排放管理相关政策文本，明晰我国建筑与基础设施碳排放管理的难点与方向。本章逻辑框架如图 1-1 所示。

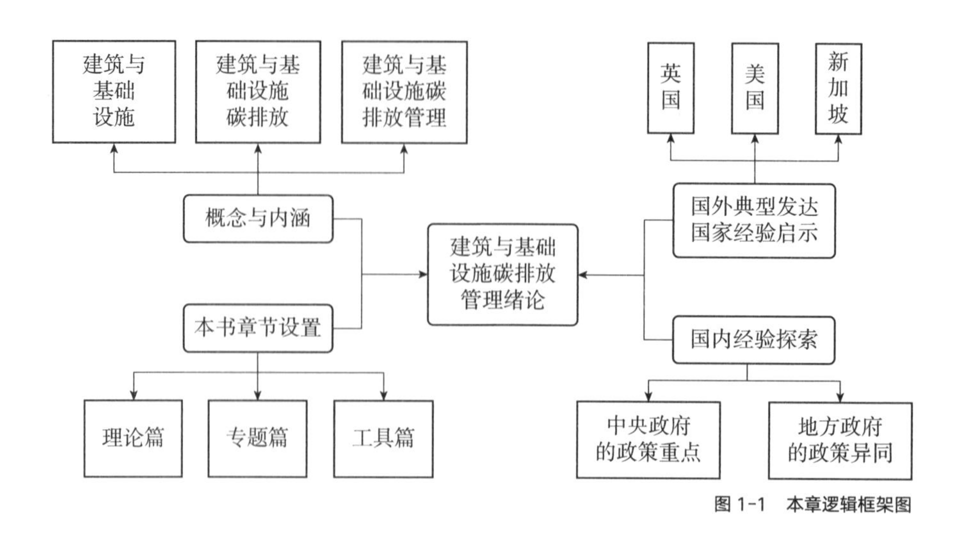

图 1-1　本章逻辑框架图

【本章重点难点】

掌握建筑与基础设施碳排放管理主体、阶段以及方法的概念内涵；熟悉我国建筑与基础设施碳排放管理中央政府政策重点以及地方政府政策差异；熟悉发达国家建筑与基础设施碳排放管理经验对我国发展的启示；了解本书框架逻辑与章节内容。

1.1.1 建筑与基础设施

1）建筑与基础设施内涵界定

建筑一般是指可满足人们居住、工作、学习、娱乐和生产等社会活动要求的人工创造的空间环境。建筑的定义主要包含三个层次：①功能需要（物质功能和精神功能）；②相关条件（物质条件和社会条件，如经济、材料、工艺、技术及风俗习惯等）；③人为空间（内部空间、外部空间及实体空间）。按照建筑功能一般将建筑分为生产性建筑和非生产性建筑两大类。其中，生产性建筑以厂房等工业建筑为主，此外还包括饲养场、农作物大棚等农业建筑；非生产性建筑又称为民用建筑，是供人们居住和进行各种公共活动的建筑的总称。民用建筑包括居住建筑和公共建筑，其中居住建筑为人们日常生活中的起居饮食等较为私密的活动提供空间，按照使用者构成分为住宅和宿舍；公共建筑是指供人们进行各种公共活动的建筑，主要类型有办公建筑、商业服务建筑、教育建筑、医疗建筑、交通建筑和社会民生类建筑等，其中办公建筑和商业服务建筑是日常工作生活中最为常见的两种类型。《住宅设计规范》GB 50096—2011 中规定：单体建筑是指建筑物的单个独立的构筑物，具有自主的功能和使用要求。在本书中，“建筑”一词多指代民用建筑中的单体建筑。

基础设施一般是指为社会生产和居民生活提供公共服务的物质工程设施，是用于保证国家或地区社会经济活动正常进行的公共服务系统，是社会赖以生存发展的一般物质条件。1998 年，原建设部颁布《城市规划基本术语标准》，该标准将基础设施定义为“城市生存和发展所必须具备的工程性基础设施和社会性基础设施”。其中，工程性基础设施一般指交通运输、给水排水、能源供应、邮电通信、环境保护、防灾安全等工程设施；社会性基础设施则指文化教育、医疗卫生等设施，如图 1-2 所示。

随着人类科技发展从工业时代到信息时代蜕变，我国在 2018 年 12 月中央经济工作会议上再次丰富了传统基础设施建设范畴，提出了包括 5G 基站

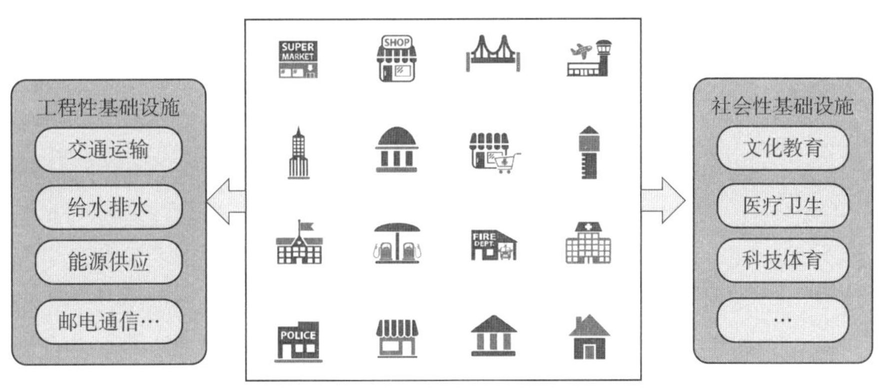

图 1-2　基础设施类别

建设、特高压、城际高速铁路和城市轨道交通、新能源汽车充电桩、大数据中心、人工智能、工业互联网七大领域，涉及诸多产业链的新型基础设施建设（新基建）发展理念。2020年4月20日，国家发展改革委首次明确了新型基础设施的内涵和范围，提出“新基建”主要包括信息基础设施（5G、物联网、人工智能、大数据中心等）、融合基础设施（智能交通基础设施、智慧能源基础设施等）和创新基础设施（重大科技基础设施、科教基础设施、产业技术创新基础设施等）。“新基建”与传统基建的最大区别在于它不仅是基建，还是新产业增长支柱、创新投资渠道与新的消费，旨在传统基础设施建设的基础上打造以技术创新为驱动，以信息网络为基础，面向高质量发展需要，提供数字转型、智能升级、融合创新等服务的新型基础设施体系，如图1-3所示。

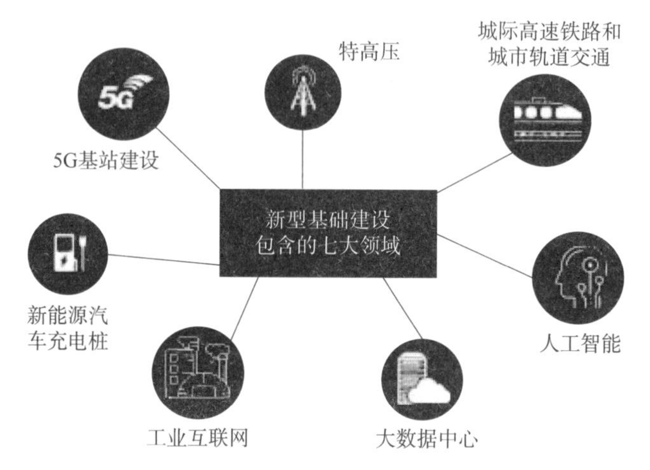

图1-3　新型基础设施具体范畴内容

2）建筑与基础设施论述对象界定

依据上述建筑与基础设施内涵的界定，本书选取如下建筑与基础设施作为论述的主要对象（图1-4）。对于建筑，选取民用建筑中的住宅建筑、办公建筑以及商业服务建筑为主要论述对象；对于基础设施，选取交通基础设施、环境基础设施、能源基础设施、社会性基础设施以及新型基础设施为主要论述对象。

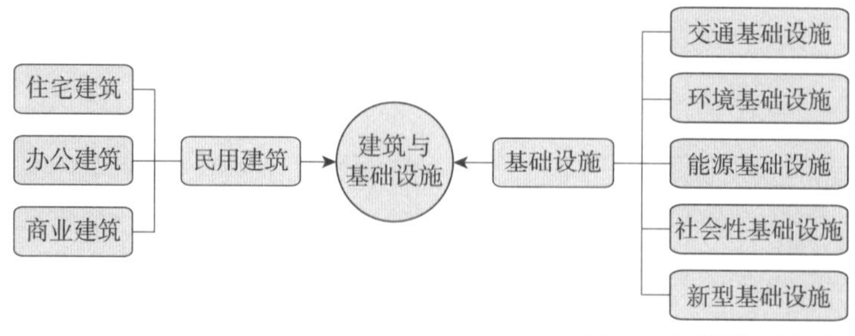

图1-4　本书研究对象界定

1.1.2 建筑与基础设施碳排放

1）温室气体的概念及其排放现状

温室气体指的是大气中能吸收地面反射的长波辐射，并重新发射辐射的一些气体，如水蒸气、二氧化碳、大部分制冷剂等。它们的作用是使地球表面变得更暖，类似于温室截留太阳辐射，并加热温室内空气的作用。这种温室气体使地球变得更温暖的影响称为“温室效应”。其中，在温室气体的总增温效应中，二氧化碳（CO_2）贡献约占63%，甲烷（CH_4）贡献约占18%，氧化亚氮（N_2O）贡献约占6%，其他贡献约占13%。为统一度量整体温室效应的结果，需要一种能够比较不同温室气体排放的量度单位，由于二氧化碳增温效益的贡献最大，因此规定二氧化碳当量为度量温室效应的基本单位。

自工业革命以来，人类生产活动使用的大量化石燃料产生了规模庞大的二氧化碳等温室气体，被认为是导致全球气候变暖的罪魁祸首。联合国政府间气候变化专门委员会（IPCC，2022）指出，1993~2022年是过去1400年间气候最暖的30年，由此引发了多种灾害频繁发生，如图1-5所示。据联合国减少灾害风险办公室（UNODRR）报道，在2005~2020年间，受极端气候的影响，全球超过60万人遇害、41亿人受伤，经济损失高达1.9万亿美元。因此，减少二氧化碳等温室气体排放以缓解气候变暖是各国政府当前亟待解决的关键问题。

2）建筑与基础设施碳排放的内涵界定

建筑与基础设施工程项目具有技术含量高、施工周期长、风险高、涉及单位众多等特点。从建筑与基础设施涉及的材料与构件生产、规划与设计、建造与运输、运行与维护直到拆除与处理等职能领域内容，建筑与基础设施的全生命周期具体可以分为前期规划阶段、设计阶段、施工阶段和运营阶

山火频发　岛国被淹　洪灾涝灾　干旱天气　物种灭绝

图1-5　全球气候风险问题

段。而在建筑与基础设施全生命周期中的建材生产及运输、建造及拆除、运行阶段产生的温室气体总量即为建筑与基础设施碳排放。因此，从建筑与基础设施全生命周期视角细化其碳排放过程，大致包含以下四个阶段：（1）建材生产和运输阶段的碳排放（包括钢筋、混凝土、玻璃等主要建材生产过程中的碳排放以及从生产地到施工现场的运输过程中产生的碳排放）；（2）施工建造阶段的碳排放（包括完成各分部分项工程施工产生的碳排放和各项措施实施过程中产生的碳排放）；（3）运营阶段的碳排放（包括暖通空调、生活热水、照明及电梯、燃气等能源消耗产生的碳排放）；（4）拆除阶段的碳排放（包括人工拆除、使用小型机具机械拆除使用的机械设备消耗的各种能源动力产生的碳排放和废料回收运输、填埋、焚烧产生的碳排放）。针对建筑与基础设施全生命周期产生的碳排放管理过程，则应该引入建设与工程管理学视角，将其划分为五个管理阶段，即前期策划阶段碳排放管理、设计阶段碳排放管理、物化阶段碳排放管理、运维阶段碳排放管理以及拆除阶段碳排放管理。建筑与基础设施全生命周期碳排放与碳排放管理阶段划分如图 1-6 所示。

3）建筑与基础设施碳排放特点

（1）建筑与基础设施碳排放量大且占比高

中国作为全球碳排放量最大的国家，2014 年碳排放总量超过美国和欧盟总和，2022 年碳排放量为 114.8 亿 t，占全球碳排放总量的 45%。其中，建筑与基础设施领域作为碳排放的主要来源，其碳排放量大且占比高。据《中国建筑能耗与碳排放研究报告（2022）》，2021 年我国建筑全过程碳排放总量为 52.2 亿 t，占全国碳排放总量的 50.9%；据《全球能源基础设施碳排放及锁定

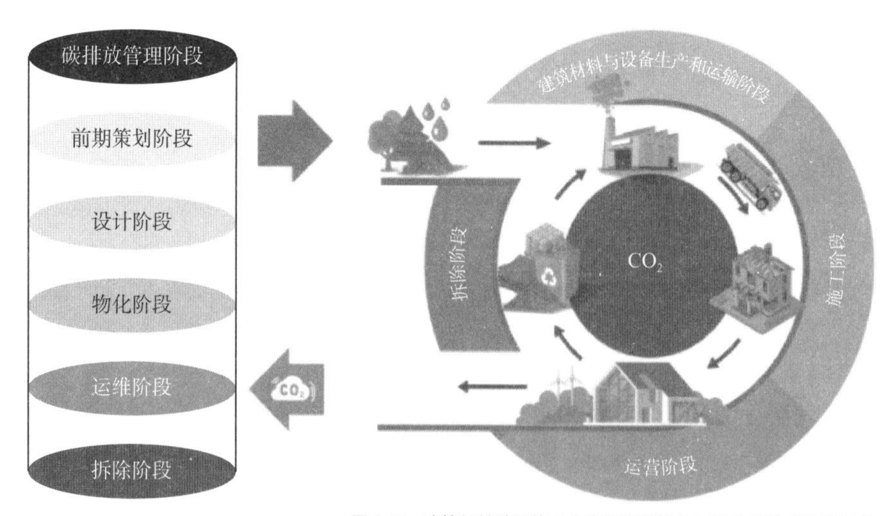

图 1-6　建筑与基础设施全生命周期碳排放与碳排放管理阶段划分

效应（2022）》报告，2021 年我国交通运输领域碳排放占我国碳排放总量的 10.4%，其中公路基础设施建设和养护阶段二氧化碳排放量占交通运输领域碳排放总量的 10%~20%。因此，建筑与基础设施领域低碳建设不仅是降低我国碳排放总量的重要抓手，也是助力我国“双碳”目标实现的关键环节，如图 1-7 所示。

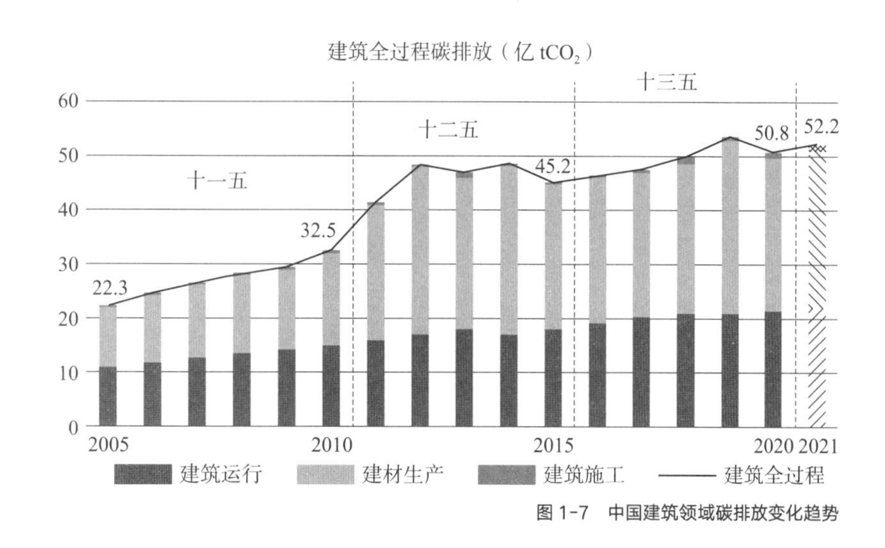

图 1-7　中国建筑领域碳排放变化趋势

（2）建筑与基础设施碳减排潜力巨大且减碳亟须提速

建筑与基础设施不仅是控制和减少温室气体排放的重要领域，更是优先领域。根据中科院技术科学部咨询报告的研究，建筑与基础设施只要节能设计合理、运营管理科学，可以取得 30%~70% 的节能效果。同时，建筑与基础设施领域也是碳减排成本相对较低的领域。联合国环境规划署的相关报告表明，无论未来碳减排成本如何变化，建筑与基础设施领域始终是成本效益最大的。据麦肯锡全球研究所关于节能的一项研究指出，降低温室气体排放最具成本效益的五项措施中，建筑与基础设施节能减排措施就占了四项，包括建筑物的保温隔热系统、照明系统、空调系统以及热水系统。

当前我国建筑与基础设施领域碳减排存在诸多难点，亟须提速。《Global Status Report for Buildings and Construction（2022）》报告数据显示，随着建筑与基础设施能源强度以及碳排放总量的不断增加，建筑与基础设施碳减排理想路径与实际路径间的差值越来越大。如图 1-8 所示，两者间的差值在 2019 年为 6.6%，但到 2021 年增加至 9.0%。与国际情况类似，我国也处于相似的窘境。导致这种窘境的原因是多方面的，包括但不限于如下方面：首

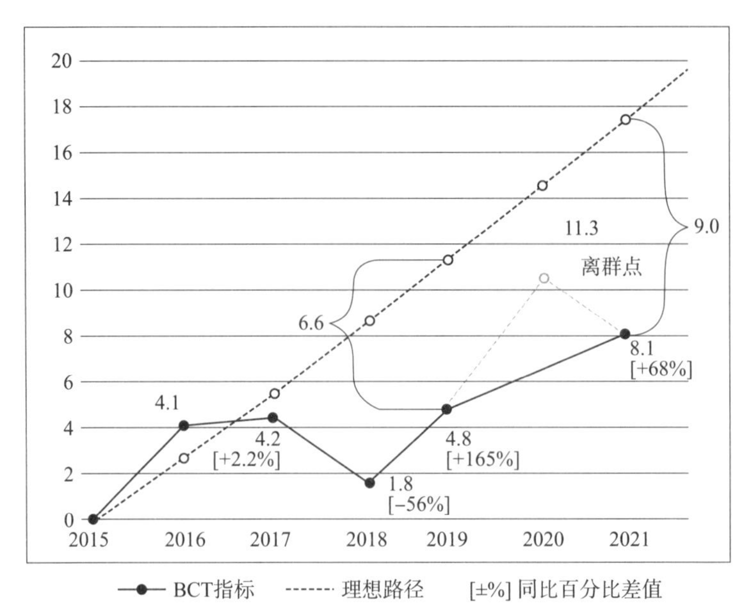

图 1-8　2015 年至 2021 年全球建筑理想路径与实际路径对比

注：BCT 指标是路径为建筑与基础设施碳减排实际路径；理想路径为全球零碳建筑存量与上一年相比百分比变化的理想趋势；实际路径为全球零碳建筑存量与上一年相比百分比的实际变化；离群点为新冠疫情导致的例外情况（《Global Status Report for Buildings and Construction（2022）》）。

先，我国建筑与基础设施领域碳减排顶层设计落后于减排形势需求，如我国执行的现有建筑与基础设施节能减排标准与拥有同等气候条件的发达国家相比仍然偏低；标准执行质量参差不齐，缺乏统一的建筑与基础设施碳排放标准规范。其次，建筑与基础设施领域协同减排意识、专业能力和配套措施需要全面提升。建筑与基础设施领域减排涉及发展改革、生态环境、财政、自然资源、住房城乡建设、农业农村等多个部门。但是现阶段区域和/或部门间业务协同管控存在一定阻力。再次，建筑与基础设施具有体量大、链条长、环节多、精细管理难等特点，传统建筑与基础设施管理模式极大限制了建筑与基础设施领域温室气体排放清单编制和减排效果评估，导致脱碳进程缓慢。最后，绿色高新技术和智慧科技支撑体系不完善等问题也会对建筑与基础设施领域的减碳构成一定阻力。考虑以上诸多方面的原因，我国建筑与基础设施领域的减碳提速亟须顶层设计、专业/部门/区域协同、绿色低碳科技等多方面的支撑。

1.1.3　建筑与基础设施碳排放管理

1）建筑与基础设施碳排放核算边界

在明晰建筑与基础设施碳排放内容的基础上，如何定量计算建筑与基础设施碳排放是当前国内外研究的热点问题。依据国际标准，碳排放核算范畴分为直接碳排放、间接碳排放。因此，本书将建筑与基础设施碳排放核算边界分为直接碳排放、间接碳排放：建筑与基础设施直接碳排放主要指直接消费化石能源带来的碳排放，主要产生于热水、分散取暖等活动，我国生态环境部发布的《省级二氧化碳排放达峰行动方案编制指南》按照此口径划分行业碳排放边界。建筑与基础设施间接碳排放主要指运行阶段消费的电力和热力两大二次能源产生的碳排放，这是建筑与基础设施运行阶段碳排放的主要来源，值得注意的是，建筑与基础设施直接碳排放和间接碳排放相加即为建筑与基础设施运行碳排放。除此划分方式外，建筑与基础设施隐含碳排放也经常被提及，其主要指建筑与基础设施所需建材生产及运输、施工带来的碳排放，也称为建筑与基础设施建造碳排放或物化阶段碳排放。其中，建筑与基础设施施工碳排放包括建造阶段施工、使用阶段维护施工和建筑与基础设施到寿命拆除施工的碳排放。

2）建筑与基础设施碳排放管理内容

从管理的角度，建筑与基础设施碳排放管理是针对建筑与基础设施碳排放设定碳排放或者碳减排目标、提出管理方案及措施、控制纠偏以实现目标的过程。总结分析国内外相关研究发现，关于建筑与基础设施碳排放管理的内涵比较杂乱，缺乏全面清楚的界定，概括为以下几个方面：（1）多强调建筑与基础设施碳排放管理的状态结果，少强调管理的过程；（2）多强调建筑与基础设施碳排放类型或主体的单一考量，少强调建筑与基础设施碳排放管理“过程－类型－主体”的协同分析；（3）多强调建筑与基础设施碳排放管理的理论分析，少强调“理论－工具－案例”的实践融合。

3）建筑与基础设施碳排放管理现状

建筑与基础设施领域碳排放涉及建材生产及运输、建造、运行和拆除等诸多复杂过程，而当前管理人员和从业人员缺乏建筑与基础设施领域减排所需的能源管理和碳排放控制等方面相关专业知识，对碳排放量计算、产品碳足迹刻画等相关技术方法不熟悉，导致懂技术、熟标准、会规划、能评估的碳排放管理技术人员缺口巨大。此外，低碳发展作为国家战略，在国家发布的“1+N”双碳政策体系中反复强调了建筑与基础设施领域碳排放管理的重要性。因此，为助力实现我国“双碳”目标，建筑与基础设施碳排放管理模式低碳转型势在必行。

结合以上现状，本书认为建筑与基础设施碳排放管理应涵盖“管理阶段、管理主体以及管理方法”三部分主要内容，旨在阐明“过程－类型－主体”的多元协同，服务于“理论－工具－案例”的实践融合，为建筑与基础设施碳排放管理人才培养提供支撑。

本节选取英国、美国、新加坡作为欧洲、美洲、亚洲的低碳建设代表国家，针对它们的建筑与基础设施碳排放管理阶段、管理主体以及管理方法，总结分析这些国家建筑与基础设施碳排放管理经验，为我国建筑与基础设施碳排放管理提供启示及经验借鉴。

1.2.1 英国建筑与基础设施碳排放管理经验

1）建筑与基础设施碳排放管理阶段

英国建筑与基础设施碳排放管理以全生命周期的视角切入，辐射到战略规划、设计、建造与调试、移交与决算、运营、寿命终止等阶段。英国皇家建筑师学会（RIBA）和英国政府数字工作计划草案针对英国建筑与基础设施碳排放管理的阶段都进行了研究，如图 1-9（1）左侧，在此基础上英国 BREEAM 认证评估体系逐渐发展。著名的英国 BREEAM 绿色建筑评估体系包括建筑评估体系和基础设施评估体系。BREEAM 建筑评估体系划分为多个方向，包括新建建筑、既有建筑、翻新和装修改造建筑、城市区域总体规划等，从建筑项目的规划阶段、设计阶段、建造阶段进行评估，如图 1-9（1）右侧所示。BREEAM 基础设施评估体系从基础设施的战略规划阶段、设计阶段、建造阶段进行评估管理，如图 1-9（2）所示。基础设施的碳排放与其建设过程中能源、自然资料、建设材料等之间关系密切，能源、自然资源使用和材料数量都可以通过碳排放核算方法、碳排放因子等换算为碳。英国政府在 2013 年通过财政部的基础设施碳审查报告强调了在建筑与基础设施全生命周期最早阶段——设计阶段着手解决碳排放问题的重要性。在设计阶段可做出影响力较大的设计决策，使碳减排具备最大潜力。越往后期，可供选择的碳减排方案逐渐减少，碳减排潜力逐渐降低。

二维码 1-1 英国建筑与基础设施碳排放相关拓展资料

2）建筑与基础设施碳排放管理主体

英国建筑与基础设施碳排放管理主体主要包括政府管理单位、行业内单位、社会公众等。其中，政府管理单位通过制度建设和行政管制等对建筑与基础设施碳排放进行管理。英国已于 2019 年制定《气候变化法案（2050 年目标修正案）》，以法律的形式明确规定 2050 年实现碳中和目标，成为全球第一个以法律形式明确净零排放的国家。2020 年，英国出台《绿色工业革命战略》，其内容涵盖 10 大领域，住宅和公共建筑以及公共交通位列其中。同年英国政府颁布的《国家基础设施战略》，旨在从政策层面改善英国的数字、交通和能源基础设施，以 2050 年实现英国的净零排放为中心目标。在此之后相继出台了《应对气候变化税收法》《气候变化和可持续能源法案》《可持续住宅法规》等法律政策。2021 年英国政府发布了《供热与建筑战略》，详

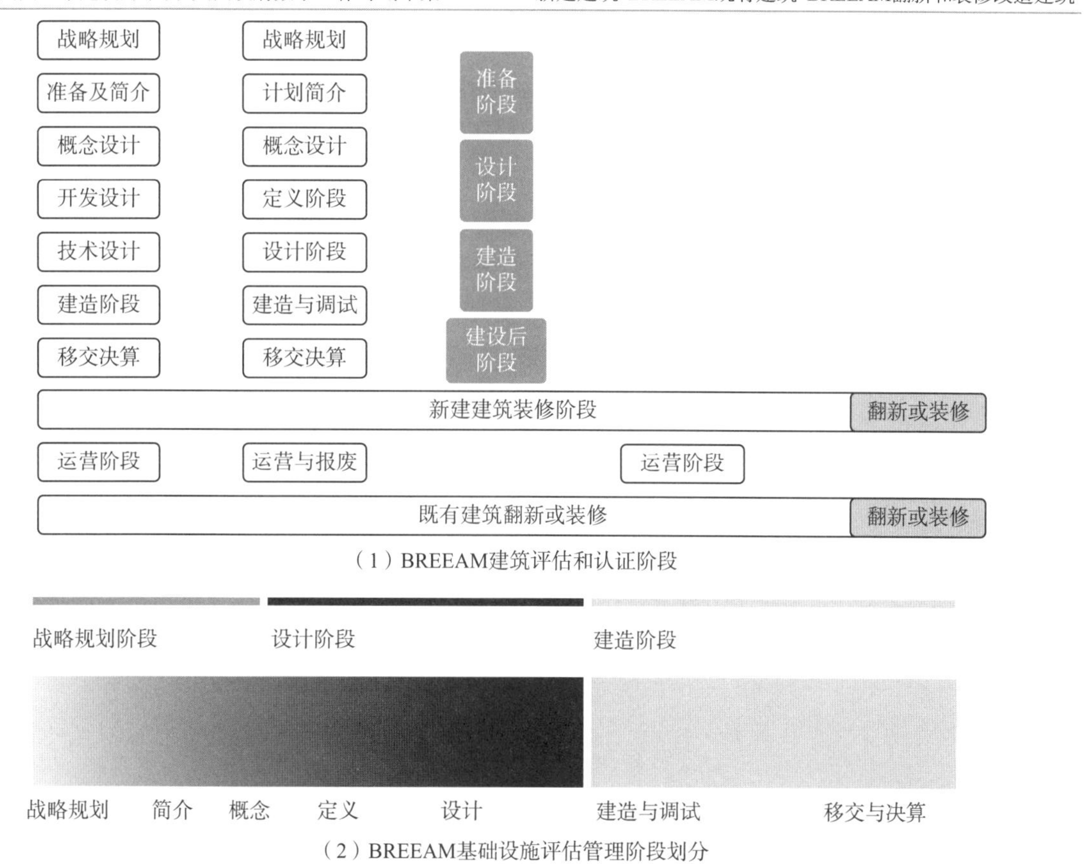

图 1-9　英国建筑与基础设施碳排放阶段划分

细制定了减少国家建筑存量碳排放的计划。在行政管制层面，英国运用能效标准、能效标签、节能认证、碳排放标签等行政管制方式对建筑与基础设施领域相关企业的用能和碳排放行为进行规范。此外，为推动各个行业积极进行碳减排，英国积极响应推动了一系列碳交易所的建立，其中就包括 2002 年试行的全球首个碳排放交易体系 UK ETS、2003 年伦敦设立的伦敦能源经纪协会（LEBA）。社会公众对于建筑与基础设施碳排放管理的参与主要是从形成绿色低碳共识、积极参与碳排放管理政策制定等维度进行实践。为了鼓励公众选择更加绿色低碳的生活方式，英国政府推出了一系列“气候变化与行为转变”措施，旨在从社区、街道层面鼓励公众加强加深对能源转型与气候变化的认识。由于这方面的鼓励和引导，社会公众积极转变消费与行为模式，将低碳、绿色落实到生活的方方面面，并积极参与政策制定。

3）建筑与基础设施碳排放管理方法

作为高碳经济模式的先驱以及在全球第一个倡导发展低碳经济并付诸

实践的国家，英国很早就将建筑与基础设施碳排放管理的理念和方法付诸实践，在实践中逐步发展优化。英国在建筑与基础设施碳排放核算方法、监测方法、碳排放管理评价方法与指标体系等方面有着许多先行的优势。

（1）建筑与基础设施碳排放核算

英国建筑与基础设施碳排放核算主要包括碳排放边界的确定以及建材与设备碳排放因子库优化管理等方面。在碳排放边界界定方面，目前已有成熟的 BREEAM 建筑评估体系进行界定，其中能源部分建筑碳排放计算边界包括供暖、通风、空调与照明。根据英国皇家建筑学会发布的《Embodied and whole life carbon assessment for architects》，建筑与基础设施碳排放核算边界应当分为三类：直接碳排放、间接碳排放、其他间接排放（又称为隐含碳排放）。此外，英国建筑成本黑皮书指出目前英国建筑与基础设施碳排放核算边界划分为直接碳排放和隐含碳排放。碳排放的系统核算边界如图 1-10 所示。

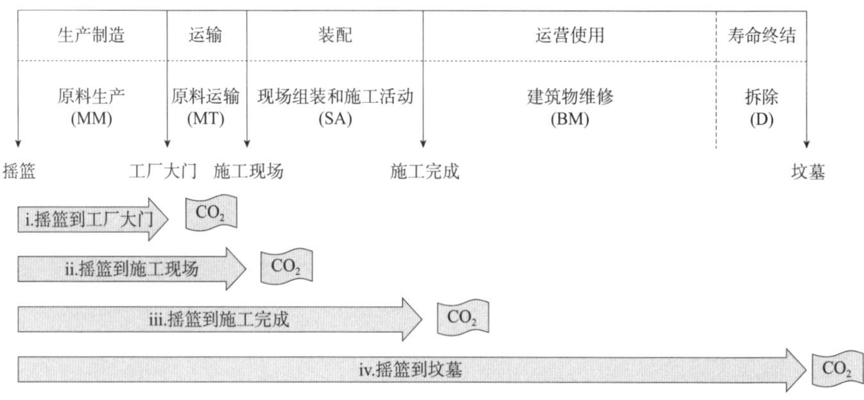

图 1-10　英国建筑与基础设施碳排放核算边界

在构建建材与设备碳排放因子库方面，英国搭建了 Inventory of Carbon and Energy（ICE）和 British Petroleum（BP）碳排放数据库。ICE 主要包括搜集各类不同材料不同年份的能耗散点图、所需能源类型、隐含碳排放数据、最优建材能耗浮动范围、度量边界范围等内容；BP 主要统计世界主要国家每年的碳排放量、能源消耗量和二次能源的消费量。目前 ICE 和 BP 在全世界范围内也受到了广泛认可，一些尚未搭建本国碳排放数据库的国家常以此为借鉴和参考。

（2）建筑与基础设施碳排放监测方法

英国建筑与基础设施碳排放监测、核算方法走在世界前列。目前英国建筑研究院（BRE）和英国环境、食品与农村事务部（DEFRA）基于建筑能量守恒原理，运用 SAP 模型（The Government’s Standard Assessment Procedure for Energy Rating of Dwellings）对建筑面积小于 450m^2 的住宅建筑单位建筑面积能耗、能源消费分数等进行测算。英国社区与地方政府管理局（DCLG）根据数据库已有的建筑数据对所有新建公共建筑碳排放量和目标碳排放限值进行测算。

（3）建筑与基础设施碳排放评价方法与指标体系

英国建筑与基础设施碳排放评价方法与指标体系已经较为成熟，目前广泛运用的为英国建筑研究院研发的 BREEAM 建筑评估体系。作为全球最广泛使用的绿色建筑评估方法之一，BREEAM 基于全生命周期的角度考虑建筑项目选材策略，旨在推行建筑在其建设过程中减少对环境污染建材的使用，实现绿色、可持续发展，且评估体系中的数据为建筑整体的碳排放提供了权威的建材碳排放数据库。此外，英国标准协会（BSI）、碳信托公司（Carbon Trust）和英国环境、食品与农村事务部（Defra）联合制定并发布《商品和服务在生命周期内的温室气体排放评价标准》（PAS 2050），作为第一部基于 ISO14040 和 ISO14044 通过统一的方法评估组织产品生命周期内温室气体排放的标准。目前很多国家和地区所进行的产品碳排放评估活动都不同程度地参考了 PAS 2050。

1.2.2 美国建筑与基础设施碳排放管理经验

1）建筑与基础设施碳排放管理阶段

二维码 1-2 美国建筑与基础设施碳排放相关拓展资料

美国主要采用欧洲标准化委员会发布的BS EN 15978：2011，将建筑与基础设施碳排放管理阶段划分为四个阶段（图 1-11）：A 阶段包括原材料生产到建筑与基础设施施工；B 阶段包括建筑与基础设施的使用、改造和维修；C 阶段为建筑与基础设施寿命终结阶段，即拆除回收阶段；D 阶段通常包括其他阶段没有具体涉及的项目。

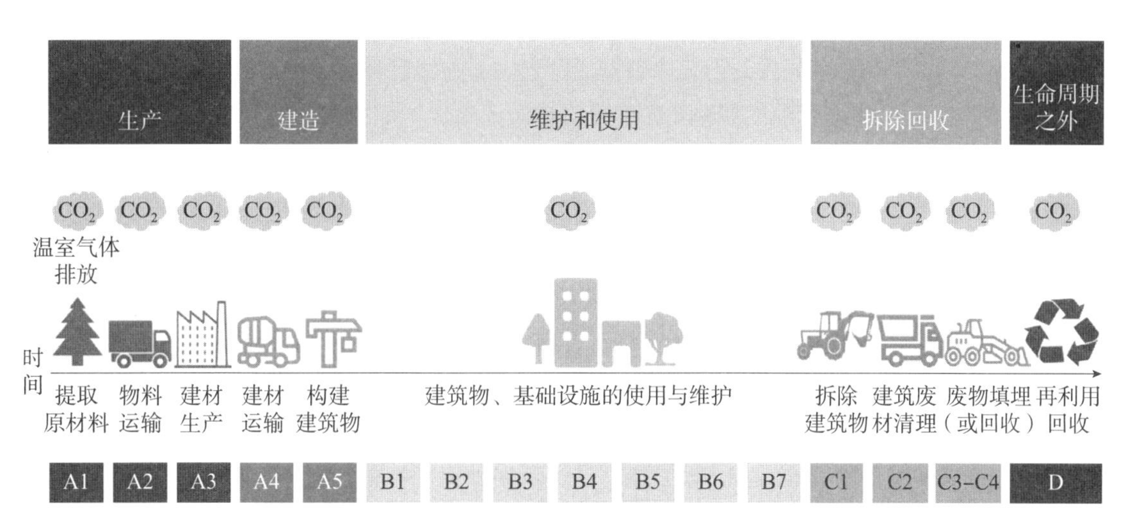

图 1-11 美国建筑与基础设施碳排放管理阶段划分

2）建筑与基础设施碳排放管理主体

美国建筑与基础设施碳排放管理主体主要为政府管理单位、行业组织、专业协会等。各方主体通过协作关系来实现碳排放管理，其协作关系如图 1-12 所示。

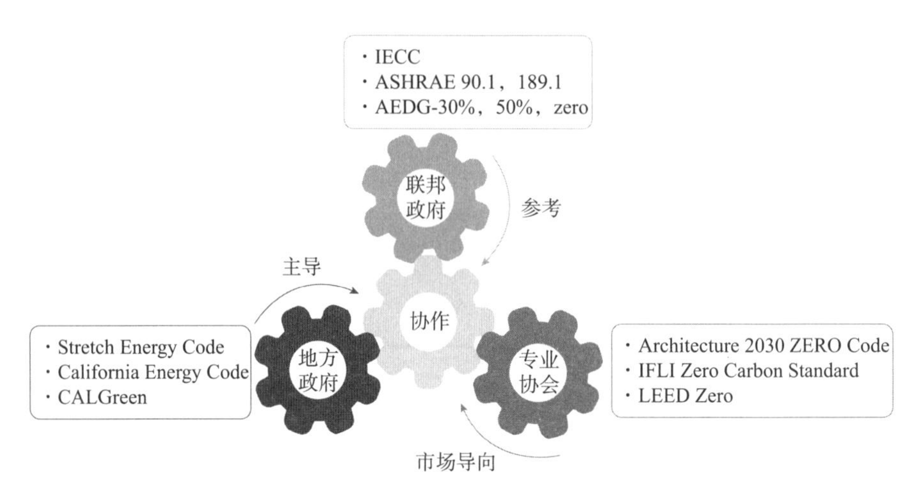

图 1-12 美国联邦政府、地方政府和专业协会层面协作关系

美国建筑与基础设施碳排放管理政府单位主要指联邦政府和地方州政府，其通过制定法律法规和政策规范来督促建筑与基础设施的碳排放管理。代表性法案如《新建筑物结构中的节能法规》《节能建筑认证法案》《基础设施投资和就业法案》等；代表性政策规范如《可持续基础设施与公平清洁能源未来计划》等。美国建筑与基础设施代表性行业组织有美国建筑师协会（AIA），美国供暖、制冷和空调工程师协会（ASHRAE），美国绿色建筑委员会（USGBC），国际生活未来研究所（ILFI）等。这些行业组织与美国联邦和地方政府共同制定相关法规、实施标准和进行零碳建筑实践应用，共同推动行业内碳排放管理。美国建筑与基础设施的相关专业协会组织侧重于通过零碳建筑的推广和认证来促进碳排放管理，其中比较突出的有 Architecture 2030 架构的"ZERO Code"、ILFI 开发的"Zero Carbon Standard"以及 USGBC 开发的"LEED Zero"。Architecture 2030 架构的"ZERO Code"可适用于所有新的商业建筑、中层和高层住宅；ILFI 开发的"Zero Carbon Standard"需要使用批准的生命周期评估（LCA）工具计算项目的总隐含碳排放量，包括与基础、结构、围护结构和内部相关的每种最终建筑材料和工艺的影响，它可以用于建筑物运营碳和隐含碳的计算；USGBC 开发的"LEED Zero"通过在 12 个月内避免或抵消碳排放来确认建筑生产能源消耗的净零碳排放，对 LEED 认证系列进行了补充。美国联邦政府、地方政府和专业协会层面合作制定规范和标准，或者进行相关的碳排放管理。

3）建筑与基础设施碳排放管理方法

（1）建筑与基础设施碳排放核算

美国建筑与基础设施碳排放核算边界目前有两个被广泛认可的标准：一是美国绿色建筑委员会 2018 年推出的 LEED Zero Carbon 认证体系，指出碳排放应包括建筑所用的电力和燃料消耗产生的碳排放，同时将人员交通产生的碳排放计算在内；二是美国“Architecture 2030”出台的 Zero Code 2.0 要求对供暖、通风、空调、照明、生活热水和插座的碳排放进行计算。此外，也有研究学者沿用世界资源研究所（WRI）的碳足迹核算标准，基于输入－输出的 LCA 评估方法对美国住宅和商业建筑的碳足迹分析进行评估。建筑物温室气体排放可分为 3 个不同的边界，分别为与化石燃料燃烧有关的现场排放物、采购电力和蒸汽 / 热产生的排放、上游温室气体排放（如图 1-13 所示）。其中上游温室气体排放是指供应商排放，包括生产采购建筑材料产生的间接排放。根据国际公认的对于碳排放划分类型的定义，可总结为直接碳排放、间接碳排放和隐含碳排放。

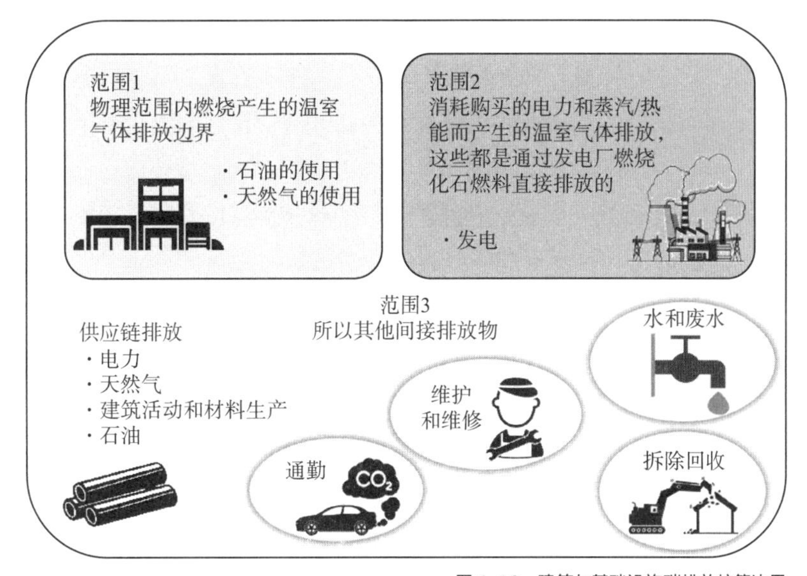

图 1-13　建筑与基础设施碳排放核算边界

美国对于绿色建材碳排放因子的搜集及优化以数据库呈现。通过积极探索新技术和开发新工具，美国目前的建筑与基础设施碳排放因子库较为完善，受到世界众多国家和地区的认可。目前周知的是 U.S. EIA（Energy Information Administration）数据库和 US life-cycle inventory database。前者主要统计美国及世界主要国家的二氧化碳排放量和美国一些能源或材料的碳排放因子，后者聚焦于在美国生产材料、元件和集合物所产生的能量流与物质流的统计收集。这些数据库的数据来源丰富，被广泛应用于建筑、交通运输等领域。

（2）建筑与基础设施碳排放监测方法

美国常用的建筑与基础设施碳排放监测方法为烟气在线连续监测系统CEMS，用于直接测量排放量。通过气体取样和条件控制系统、气体监测和分析系统、数据采集和控制系统等，CEMS 可对建筑与基础设施行业内生产设施，如固定燃料燃烧排放源、水泥窑、石灰窑等，进行连续监测。此外，美国常用的建筑与基础设施碳排放核算方法还包括强制性温室气体排放清单报告制度（GHGRP），也称为美国全国的统一计量体系。GHGRP 制度规定企业温室气体排放清单报告必须委托第三方核查机构核查并提交，美国环境保护署对企业上报的碳核查报告的相关数据、量化过程等进行查验，其中就包括对水泥、石灰、钢铁等建材生产的碳排放计量。此外美国环境保护署定期核查温室气体排放设施，以便全面、准确地掌握美国温室气体排放情况。

（3）建筑与基础设施碳排放评价方法与指标体系

美国对于建筑与基础设施碳排放的评价方法与指标体系已较为完善。美国国家标准与技术局（NIST）能源实验室运用 BEES（Building for Environmental and Economic Sustainability）模型计算建筑行业功能单元的每一种材料的 LCIA 得分，定性评价建筑物的环境和经济效益，将碳排放作为环境得分的一方面，为设计者、建造者提供参考。美国劳伦斯伯克利国家实验室和能源部国家可再生能源实验室基于自下而上的物理模型和自上而下的经济模型结合的方法，即运用 Scout 模型，对各类住宅和商业建筑节能措施对建筑碳排放产生的影响进行评估。

1.2.3 新加坡建筑与基础设施碳排放管理经验

二维码 1-3 新加坡建筑与基础设施碳排放相关拓展资料

1）建筑与基础设施碳排放管理阶段

以全生命周期的视角切入，新加坡建设局以英国皇家建筑师学会发布的《Embodied and whole life carbon assessment for architects》为参考，于 2021 年最新修订发布了绿色建筑评价标准 Green Mark 2021。此标准将全生命周期碳排放（WHOLE LIFE CARBON）计算界定为五大阶段：生产阶段（A1–A3）、施工阶段（A4–A5）、维护阶段（B2）、替换阶段（B4）、运营能源阶段（B6）（如图 1–14 所示）。此外，此标准指出在其计算过程中应当考虑到建筑物的上部结构元素和下部结构元素。新加坡在进行碳排放管理阶段划分时，不仅借鉴其他国家或组织经验，也结合了自身国情进行了有关调整。

2）建筑与基础设施碳排放管理主体

新加坡建筑与基础设施碳排放管理主体具体包括政府管理单位、行业自

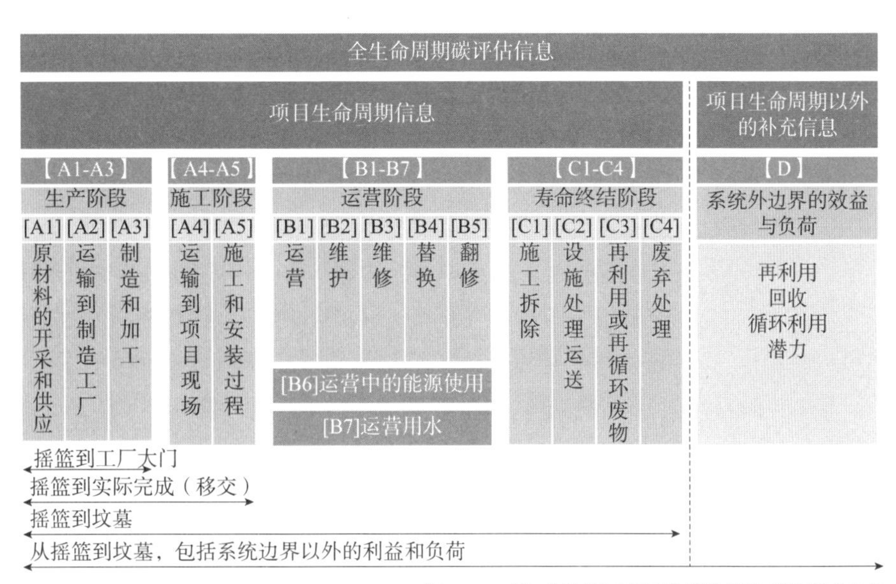

图 1-14 新加坡建筑与基础设施碳排放管理阶段划分参考

律机构、社会公众等。其中，新加坡政府管理单位通过发布法律法规、计划倡议等形式推动其国内建筑与基础设施碳排放管理。新加坡政府 2020 年提出，到 2030 年，温室气体排放总量达峰，并同时发布《规划新加坡低碳和适应气候的未来》的长期低排放发展战略（LEDS），力争 2050 年实现净零排放。该战略从能源、工业、交通、建筑、家庭、垃圾和水等方面提出节能减排对策，其中对建筑领域的碳排放要求从源头进行控制，并深化绿色建筑标准的优化制定。在绿建标准层面，新加坡政府 2005 年提出"绿建标准认证计划"，计划表明截至 2020 年底，新加坡 43% 的建筑获得了绿色标志认证，并设定了到 2030 年将绿色建筑的比例提高到 80% 的中期目标。此外，随着全球物联网大数据的爆炸性发展，新加坡也推出了"超低能耗计划"，鼓励运用物联网智能能源管理系统、大数据分析和先进传感器等先进技术推进绿色节能低碳建筑的发展。建筑与基础设施行业自律机构，如新加坡绿色建筑委员会（SGBC），通过其成员、认证和推广计划，支持整个建筑和施工价值链的可持续性，倡导能力发展和创新解决方案，支持行业转型。其他行业利益相关者单位，如业主 / 运营单位、设计单位、建设单位、材料提供单位等，以及社区公众等更多积极响应当局政府的倡议、行业推广计划等，并积极参与到碳交易体系和碳税制度中。

3）建筑与基础设施碳排放管理方法

新加坡基于自身国情，借鉴参考了许多低碳治理先行国家的理念和方法，并进行适应性改造。新加坡在建筑与基础设施碳排放核算、监测方法、碳排放管理评价方法与指标体系等方面进行了系统性的研究。

（1）建筑与基础设施碳排放核算

新加坡建筑与基础设施碳排放核算主要包括碳排放边界的确定以及建材与设备碳排放因子库优化管理等方面。碳排放核算边界主要参考英国皇家特许测量师学会（RICS）和英国皇家建筑学会（RIBA）发布的《建筑隐含碳和全生命周期碳排放核算》，其中指出模块A1–A5、B1–B5、C1–C4和D表征的是全生命周期中的隐含碳排放，模块B6–B7表征的是全生命周期的运营碳排放。根据前文所述GM2021规定的新加坡碳排放核算阶段可知，新加坡建筑与基础设施碳排放核算边界主要包括产品生产阶段（A1–A3）、施工阶段（A4–A5）、维护阶段（B2）、替换阶段（B4）的隐含碳排放以及运营能源阶段（B6）的运营碳排放。

在构建建材与设备碳排放因子库方面，新加坡目前暂时没有独立开发碳排放因子数据库。新加坡参考借鉴低碳治理先行国家和地区如英国、欧盟等地的成熟碳排放因子数据库，如英国的ICE数据库以及英国皇家特许测量师学会搭建的RICS建筑碳数据库等。

（2）建筑与基础设施碳排放监测方法

新加坡建筑与基础设施碳排放监测、核算方法的研究主要基于其他国家已有的碳排放测算工具和软件，如Green Mark 2021（GM2021）中指出隐含碳的计算使用BCA隐含碳计算器或隐含碳计算软件工具。这些工具与ICE数据库、RICS建筑碳数据库等强大的碳数据集相连。

（3）建筑与基础设施碳排放评价方法与指标体系

在多年的绿色建筑发展实践基础上，新加坡建设局2021年最新修订发布了绿色建筑评价标准GM2021，旨在提升绿色建筑的节能水平和可持续性，综合体现出新加坡推动绿色建筑朝着智能、韧性、净零碳、可维护性、健康等方向发展。GM2021重点关注建筑全寿命周期的碳排放，从建筑碳足迹的角度对建筑隐含碳、可持续建造及减碳装修等重点评估。GM2021提出的2030净零碳建筑过渡计划、绿色租赁、碳补偿等为我国绿色建筑减碳降碳工作提供了新的参考和借鉴。

1.2.4 建筑与基础设施碳排放管理经验启示

综观美国、英国、新加坡在建筑与基础设施碳排放管理阶段、主体和方法方面的实践经验，对我国建筑与基础设施碳排放管理的经验启示可以总结为以下几个方面：

1）细化底层设计，完善阶段划分工作。美国、英国、新加坡对于建筑与基础设施碳排放管理阶段划分存在差异，但从三个国家的管理实践可以看出，各国管理阶段划分明确，大体上按照欧盟BS EN 15978标准的模块结构并根据不同国家国情进行相关调整。经验丰富的管理者更能将管理阶段进行规范化、标准化，进而方便各业务内容、各利益相关方明确管理流程和重点，促进管理目标实现和管理能力的达成及综合提升。

2）**创新治理模式，发挥机构协同作用。**从国外先进管理经验中可知，完善的管理机构和配套体系为管理的实践奠定了良好的基础。美国联邦政府、地方政府、行业组织等协同合作；英国政府机构和行业自律组织、社会公众之间的积极合作等。良好的治理模式更好地发挥各管理机构的协同作用，提升建筑与基础设施碳排放管理的效果，共同推动建筑与基础设施碳排放管理的标准化和流程化。

3）**推动方法创新，助力低碳工具升级。**统一且成熟的建筑与基础设施碳排放监测、核算、评估指南为各管理主体在管理实践过程中提供了规范化的指导和参考。统筹构建标准化的碳排放监测、核算、评估体系可为整个碳排放管理做出流程指引。同时，制定完善建筑与基础设施碳排放管理、绿色技术、绿色建材等方面的技术标准，积极探索碳排放评价机制，可为绿色建造的推广应用方面提供技术支持，整体提升碳排放管理成效。

4）**发挥市场作用，拓宽低碳管理渠道。**纵观美国、英国、新加坡的建筑与基础设施碳排放管理实践，除了政府机构发布的法规、政策以及行业组织发布的评估认证体系等外，往往还伴随着经济手段，如征收碳排放税、碳交易税、低碳能源补贴等。此外，在碳排放管理相关政策发布的同时往往伴随着绿色金融政策的补充发布，以经济手段进一步促进碳排放管理。

5）**提倡环境保护，构建低碳价值理念。**理念引领发展，通过政府推动、行业助力、公众参与等方式推进整个社会绿色低碳价值理念的培育以及低碳生活出行方式的激励。探索政府主导、企业和社会各界参与、市场化运作推动可持续建筑产品价值的实现，积极举办具有较大影响力的低碳城市展会、高峰论坛以及开展环境保护活动，面向社会扩大低碳城市创新和创意资源引流，形成社会层面节能低碳减排的大趋势，这也为管理主体进行建筑与基础设施碳排放管理实践创造了良好的氛围及条件。

基于国外碳排放管理领域的先进经验，基于我国现实情境，立足新发展阶段，坚持系统观念，我国也对建筑与基础设施碳排放管理开展了一系列研究探索。研究重点突出标准顶层设计、强化标准有效供给、注重标准实施效益，同时也统筹推进国内国际碳排放管理的接轨。此外，通过构建碳达峰碳中和“1+N”政策体系持续健全标准体系，高质量、准时效地实现碳达峰、碳中和的目标。鉴于我国政策引导的重要性及影响显著性，下面将对我国建筑与基础设施碳排放管理的政策概况、中央政府政策重点以及地方政府政策对比进行细化分析。

1.3.1 我国建筑与基础设施碳排放管理的政策概况

目前，我国已建立碳达峰碳中和“1+N”政策体系。“1”是2021年发布的《中共中央 国务院关于完整准确全面贯彻新发展理念做好碳达峰碳中和工作的意见》。“N”是重点领域、重点行业实施方案及相关支撑保障方案，包括节能降碳增效行动、城乡建设碳达峰行动、绿色低碳科技创新行动以及各地区梯次有序碳达峰行动。其中，《2030年前碳达峰行动方案》是“N”中为首的政策文件，各地区梯次有序碳达峰行动可以从各省区市均制定的该地区碳达峰实施方案体现。除了省级碳达峰实施方案，部分省份还发布了城乡建设领域、新型基础设施领域等的碳达峰实施方案。总体上已构建起目标明确、分工合理、措施有力、衔接有序的碳达峰碳中和政策体系。此外，2023年4月22日国家标准委、国家发展改革委、工业和信息化部等11个部门共同发布《碳达峰碳中和标准体系建设指南》，计划到2025年碳达峰碳中和的国家标准和行业标准制定不少于1000项。此指南“基础通用标准子体系”中涵盖了“低碳管理及评价标准”以及“碳减排标准子体系”，其中“生产和服务过程减排标准”详细阐述的交通运输绿色低碳领域、基础设施建设和运行减碳领域都对建筑与基础设施碳排放标准的制定进行了系统布局和统筹规划，是我国建筑与基础设施碳排放管理顶层设计的关键一环。

深入地研究中央政府、地方政府两级层面的建筑与基础设施碳排放管理政策，明晰我国目前建筑与基础设施碳排放管理政策的现状，厘清中央政府建筑与基础设施碳排放管理的政策重点，对比分析地方政府建筑与基础设施碳排放管理的政策，可以为今后有效地进行建筑与基础设施碳排放管理提供借鉴和参考。为了实现以上目标，本小节及后续两小节从政策文本检索和收集、对比分析等方面进行详细阐述。

1.3.2 中央政府建筑与基础设施碳排放管理的政策重点

根据对上文中央层级建筑与基础设施碳排放管理相关政策文本的梳理，可知中央政府相关政策文本时序演进的规律以及相关政策文本要点。

1）中央政府相关政策文本时序演进

梳理我国中央政府建筑与基础设施碳排放管理相关政策文本，根据政策数量分布可以将我国建筑与基础设施碳排放管理政策大致划分为三个阶段。

（1）政策孕育期（2000~2010 年）

政策孕育阶段源于 2000 年后我国对待碳减排的立场转变。20 世纪后期，极端事件频发，气候科学研究逐步认识到生态的脆弱性；国外对中国减排压力日增，同时国内能源需求剧增，迫切需要发展清洁能源以减少石化能源依赖。2000 年后，我国对待碳减排的立场有所转变，开始主动参与国际谈判，积极参与清洁发展机制（CDM）谈判，并组建专门负责我国气候变化研究的团队。2002 年，时任国务院总理朱镕基宣布我国核准《京都议定书》；2006 年，中国国家气候变化专家委员会组建完成，作为中国参与气候谈判的有效支撑，被称为中国“气候变化智囊团”；2009 年，时任国务院总理温家宝于哥本哈根气候大会正式宣布我国控制温室气体排放的行动目标，到 2020 年单位国内生产总值 GDP 二氧化碳排放较 2005 年下降 40%~45%。此外，2007 年国务院发布《中国应对气候变化国家方案》。此方案作为我国首份针对气候变化的政策性文件，首次明确了将应对气候变化纳入国民经济和社会发展的总体规划之中，为我国建筑与基础设施碳排放管理政策的孕育提供了良好的土壤。

（2）政策萌芽期（2011~2019 年）

政策萌芽阶段源于 2011 年国家发展改革委《关于开展碳排放交易试点工作的通知》的发布。2011 年 10 月，国家发展改革委发布《关于开展碳排放交易试点工作的通知》，批准北京、天津、上海、重庆、广东、湖北、深圳等七省市于 2013~2015 年开展碳排放权交易试点工作；至此，我国碳交易市场开始布局。2013 年七大交易试点逐步开始运行。迄今已良好运行 11 年，为全国统一碳交易市场积累宝贵经验。同年，国家发展改革委发布《国家适应气候变化战略》，积极响应全球适应气候变化的要求。同时，在此阶段我国与美国、印度、法国等多国签订气候变化声明，向世界表明中国减排目标。2014 年 11 月颁布的《中美气候变化联合声明》宣布中国计划于 2030 年左右实现二氧化碳排放达到峰值且将努力早日达峰。2015 年 9 月发布的《中美元首气候变化联合声明》再次强调中国到 2030 年单位国内生产总值二氧化碳排放将比 2005 年下降 60%~65%，并计划 2017 年启动全国碳排放交易体系。

全国碳排放交易体系将覆盖钢铁、建材等重点工业行业，并承诺将推动低碳建筑发展，到 2020 年城镇新建建筑中绿色建筑占比达到 50%。2015 年 11 月 30 日，习近平主席在气候变化巴黎大会开幕式上的讲话强调将于 2030 年左右使二氧化碳排放达到峰值并争取尽早实现，2030 年单位国内生产总值二氧化碳排放比 2005 年下降 60%~65%，非化石能源占一次能源消费比重达到 20% 左右，森林蓄积量比 2005 年增加 45 亿 m^3 左右，并计划于 2016 年启动在发展中国家开展 10 个低碳示范区、100 个减缓和适应气候变化项目及 1000 个应对气候变化培训名额的合作项目。

（3）政策发展期（2020 年至今）

政策发展期从 2020 年开始延续至今，其间我国中央政府建筑与基础设施碳排放管理政策开始呈体系化、系统化发展。2020 年 9 月 22 日，习近平主席在第七十五届联合国大会上正式宣布双碳目标，即 2030 年前实现碳达峰、2060 年前实现碳中和。2021 年 10 月发布的《中共中央 国务院关于完整准确全面贯彻新发展理念做好碳达峰碳中和工作的意见》《2030 年前碳达峰行动方案》两个纲领性文件打开了我国碳达峰碳中和“1+N”政策体系的阀门。自此“N”逐步发展，重点领域、重点行业实施方案及相关支撑保障方案陆续发布，如国家机关事务管理局、国家发展改革委于 2021 年 6 月 1 日印发的《“十四五”公共机构节约能源资源工作规划》，国务院于 2022 年 1 月 24 日印发的《“十四五”节能减排综合工作方案》，中共中央办公厅、国务院办公厅于 2021 年 10 月 21 日印发的《关于推动城乡建设绿色发展的意见》，住房和城乡建设部于 2022 年 1 月 25 日印发的《“十四五”建筑业发展规划》等。同时，各省区市均已制定了本地区碳达峰实施方案，上海市人民政府于 2022 年 7 月 8 日印发的《上海市碳达峰实施方案》，江苏省人民政府于 2022 年 10 月 14 日印发的《江苏省碳达峰实施方案》，以及其他省市相继发布的《碳达峰实施方案》，此外，还有诸如江苏省住房和城乡建设厅关于印发江苏省建筑业“十四五”发展规划的通知，江苏省住房和城乡建设厅、省发展和改革委员会关于印发《江苏省城乡建设领域碳达峰实施方案》的通知等针对建筑与基础设施领域碳排放管理的政策。总体上已构建起目标明确、分工合理、措施有力、衔接有序的建筑与基础设施碳达峰碳中和政策体系。

图 1-15　建筑与基础设施碳排放管理要点词云图

2）中央政府相关政策文本要点

通过文本分析，对上述中央政府建筑与基础设施碳排放管理相关政策文本的政策要点进行分析，得到相关政策文本中建筑与基础设施碳排放管理要点词云图，如图 1-15 所示。

通过对建筑与基础设施碳排放管理要点词云图以及网络关系分析可以发现，当前中央政府主要关注以下八项重点任务：(1)提升建筑与基础设施绿色发展质量；(2)提升新建建筑与基础设施节能水平；(3)加强既有建筑与基础设施节能绿色改造；(4)推动可再生能源应用(主要为太阳能/地热能)；(5)实施建筑电气化工程；(6)推广新型绿色建造方式；(7)促进绿色建材推广应用；(8)推进区域建筑能源协同。在这些政策的指导下，中央广泛推进建筑与基础设施碳排放管理的实际应用探索。北京、天津、上海、重庆、广东、湖北、深圳七大碳排放交易试点良好运行11年，为全国统一碳交易市场奠定基础；《近零能耗建筑技术标准》《建筑节能与可再生能源利用通用规范》《重点领域节能降碳改造升级实施指南》等相关标准相继发布，有效提升新建建筑和改建建筑的能效；持续开展绿色建筑创建行动，推动三批32个公共建筑能效提升重点城市建设；积极完善绿色建材产品认证制度，扩大政府支持采购绿色建材以及举办绿色建材下乡活动；加强区域能源协同的先行示范，如京津冀区域能源协同已建设崇礼“低碳奥运专区”、张北可再生能源柔性直流电网试验示范工程等。

1.3.3 地方政府建筑与基础设施碳排放管理的政策对比

根据对上文地方层级建筑与基础设施碳排放管理相关政策文本的梳理和分析，可知地方政府相关政策因区位条件和地理条件的不同而存在较大差异，据此可得到地方政府相关政策文本空间特征及相关政策文本区域差异。以下地方政府政策统计均不包含香港、澳门、台湾。

1）地方政府相关政策文本空间特征

从省份分布来看，北京、上海、江苏、天津、浙江、广东是发布政策数量较多的地区。各省建筑与基础设施碳排放管理政策的频数如图1-16所示。北京在所有省级层面相关政策的占比为7.23%，位列第一；上海、江苏、浙江、天津等地位居前列；黑龙江、吉林、辽宁等地占比较低。这个结果与各省市经济发展的程度、城市治理水平和区位差异相关。通常而言，经济发展程度越好、省市治理水平越高、区位分布越具备优势，则该地区建筑与基础设施碳排放管理的政策越加完善。提取各地区建筑与基础设施碳排放管理政策的高频词汇和特征词汇，结果显示各省份在紧跟中央建筑与基础设施碳排放管理的基础上，各自根据该省自有条件进行了针对性尝试。

2）地方政府相关政策文本区域差异

我国地理区划一般分为华东、华北、华中、华南、西南、西北、东北七

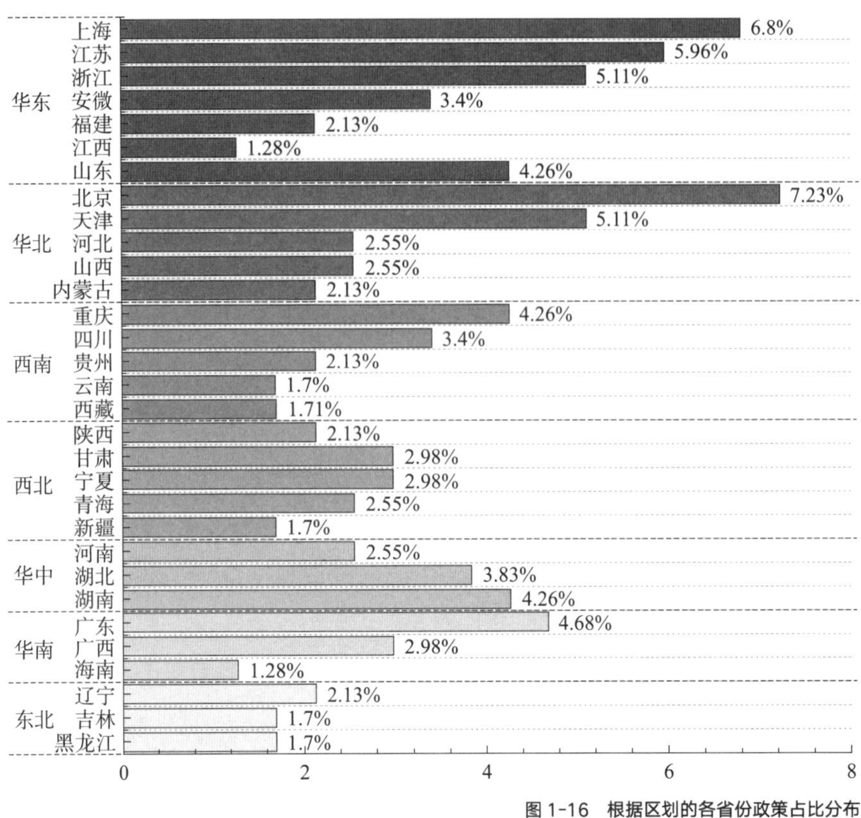

图 1-16　根据区划的各省份政策占比分布

大区域。对地方政府的建筑与基础设施碳排放管理的政策按地理区域进行梳理，分析其数量、详细分布、内容主体，得到表 1-1。结果显示，我国建筑与基础设施碳排放管理的政策分布数量及侧重点根据地区不同而有所差异。总量而言，华东地区政策数量遥遥领先，其次是华北等地区，而东北地区的政策数量相对较少；地区详细分布而言，华东地区、华北地区、华中地区等地的省份及直辖市相关政策发布相对较多，西北地区、东北地区等地相关政策发布相对较少。

地方政府建筑与基础设施碳排放管理相关政策梳理　　表 1-1

地区	数量	详细分布	内容主题
华东	68	上海（16）、江苏（14）、浙江（12）、安徽（8）、江西（3）、福建（5）、山东（10）	建筑节能改造、碳排放监测
华北	47	北京（17）、天津（12）、河北（6）、山西（6）、内蒙古（6）	建材领域节能、能源产业绿色转型
西南	31	西藏（4）、云南（4）、四川（8）、重庆（10）、贵州（5）	区域协同联动、示范园区建设
西北	29	新疆（4）、青海（6）、甘肃（7）、宁夏（7）、陕西（5）	能源结构调整、自然生态保护

续表

地区	数量	详细分布	内容主题
华中	26	湖南（10）、湖北（10）、河南（6）	建筑节能监管、科技创新支撑
华南	21	广西（7）、广东（11）、海南（3）	可再生能源应用、低碳试点建设
东北	13	黑龙江（4）、吉林（4）、辽宁（5）	节能降碳、清洁生产、资源集约化利用

各地区在发展方向上也初步展现了一定的地方特色：（1）华东地区依靠长江经济带着重进行城市更新建设、建筑节能改造、碳排放监测、碳排放交易体系构建等；（2）华北地区更聚焦于建材领域节能以及各产业绿色转型，以实现减碳降污协同作用；（3）西南地区依托于西三角经济圈，发挥区域协同联动作用，着力打造绿色低碳示范园区；（4）西北地区由于其自身的独特气候条件，更注重于调整能源结构，推动资源清洁化、高效化利用，注重当地自然生态的保护；（5）华中地区以建筑节能监管、科技创新支撑碳排放管理为特色，推动绿色建筑、绿色建材发展以及支持探索零碳示范区创建；（6）华南地区深耕于南海经济圈，注重绿色清洁能源的开发及使用，以及低碳城市、低碳社区、低碳园区、低碳企业等试点建设；（7）东北地区由于历史的发展原因，注重节能降碳、清洁生产以及资源集约化利用。

同时，在中央政策及各地政策的引导下，各地区开展了一系列的实际应用探索。华东地区陆续建设12个绿色产业示范基地，推动建筑与基础设施绿色升级；华北地区推进能源领域国家实验室建设，实施新型基础设施建设，开发智能水平运输系统；西南地区着力建设绿色低碳示范园区，如云南已建成10家绿色低碳示范产业园区，并取得了良好成效；西北地区推动能源结构转型，甘肃、青海、宁夏等地大型风电、光伏基地项目卓有成效；华中地区侧重城乡区域绿色低碳转型，鼓励以公共交通为导向的TOD模式城市规划，深入推进近零碳排放区示范工程建设；华南地区聚焦于绿色金融，建设金融机构落地林业碳汇项目、碳排放权抵质押融资以及公益林生态补偿贷款，广东成为全国首批绿色金融改革创新试验区之一，同时厦门东坪山片区近零碳排放区示范工程高效运转、创新引领；东北地区注重清洁取暖，充分利用中俄东线天然气资源试点，推动天然气供暖直接交易。各地区建筑与基础设施碳排放管理实际操作取得了良好的进展，正稳步实现“双碳”目标中城乡建设领域的目标要求。

1.4 本书章节设置

1.4.1 框架逻辑

本书基于“理论－工具－案例”融合的教学理念及“过程－类型－主体”协同的研究理念，将研究内容划分为理论篇、专题篇以及工具篇，如图1-17所示。其中，理论篇主要涵盖建筑与基础设施碳排放管理阶段、管理主体以及管理方法三部分主要内容，旨在阐明“管理什么、谁来管理以及怎么管理”三个主要问题。专题篇针对建筑与基础设施具体类型，选取民用建筑、交通基础设施、环境基础设施、能源基础设施、社会性基础设施以及新型基础设施进行专题分析。工具篇涵盖了建筑与基础设施碳交易及碳排放管理软件两部分具体内容。

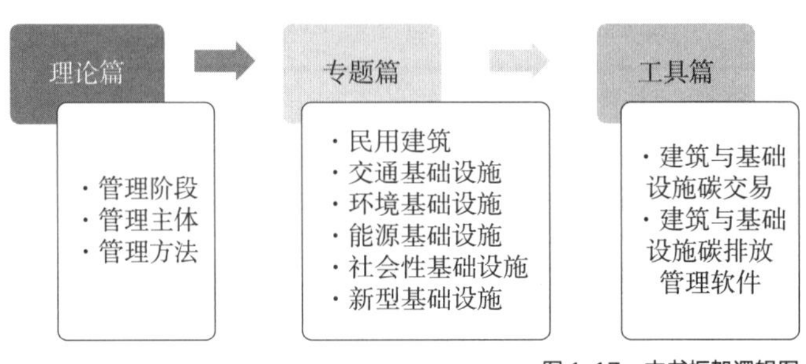

图1-17　本书框架逻辑图

具体来讲，建筑与基础设施碳排放管理阶段旨在基于全生命周期视角，从前期规划、设计、施工建造、运维更新四个阶段分析建筑与基础设施碳排放管理内容；建筑与基础设施碳排放管理主体旨在基于多元主体参与视角，对政府机构、项目建设主体、项目使用主体以及专业使用机构四大主体的主体责任与动态关系进行总结；建筑与基础设施碳排放管理方法旨在实现通用化和标准化目的，明晰了建筑与基础设施碳排放核算边界，总结了建筑与基础设施碳排放监测以及核算方法，构建了建筑与基础设施碳排放管理评价方法指标体系，并对当前建材与设备碳排放因子库进行优化管理，如图1-18所示。

1.4.2 章节内容

第1章　绪论：界定建筑与基础设施的概念及分类，剖析建筑与基础设施碳排放的现状及特征，明晰建筑与基础设施碳排放管理主要内容；选取美国、英国、新加坡等典型发达国家分析其建筑与基础设施碳排放管理领域先进经验，总结对我国建筑与基础设施碳排放管理的经验启示；梳理我国建筑与基础设施碳排放管理相关政策文本，通过对中央政府政策重点

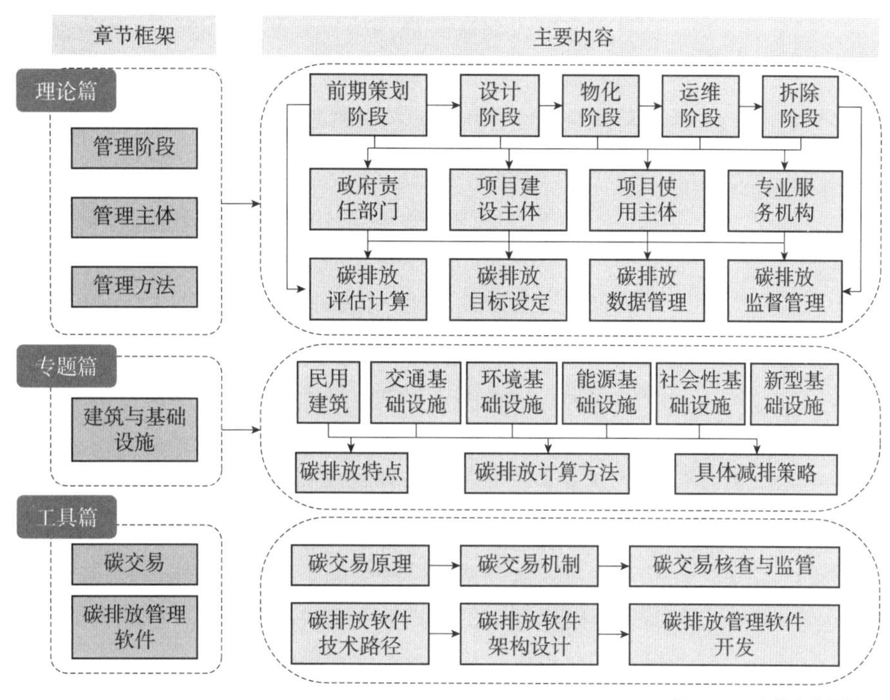

图 1-18　本书内容逻辑图

的分析以及地方政府的政策对比明晰我国建筑与基础设施碳排放管理的难点与方向。

● **理论篇**

第 2 章　建筑与基础设施碳排放管理阶段：从全生命周期视角，将建筑与基础设施碳排放管理阶段划分为前期策划、设计、物化、运维以及拆除五个阶段。其中，前期策划阶段包括项目建议书和可行性研究阶段的碳排放管理；设计阶段包括平面设计、建筑结构设计、电气系统设计、给水排水系统设计以及暖通空调与热能动力系统设计的碳排放管理；物化阶段包括建材生产与运输、施工阶段的碳排放管理；运维阶段包括建筑运行、维护阶段的碳排放管理；拆除阶段包括拆除与现场处置、废弃物运输以及场外处置阶段的碳排放管理。

第 3 章　建筑与基础设施碳排放管理主体：基于利益相关者等相关理论识别建筑与基础设施碳排放管理参与主体，即政府责任部门、项目建设主体、项目使用主体以及专业服务机构；并细化建筑与基础设施碳排放管理活动的主体责任，如碳排放策划与支持、碳排放实施与核算、碳排放监测与评价等。

第 4 章　建筑与基础设施碳排放管理方法：明晰建筑与基础设施碳排放管理方法的意义与组成；识别建筑与基础设施碳排放量的评估方法以及评估流程；设定建筑与基础设施碳排放目标，基于碳配额分配原则及方法，提出建筑与基础设施碳减排措施；分析建筑与基础设施碳排放因子库测算方法，构建建筑与基础设施碳排放因子库；通过设计建筑与基础设施碳排放信息报告与核查制度，构建建筑与基础设施碳排放监督机制。

- **专题篇**

第 5 章　民用建筑碳排放管理：总结分析建筑功能等属性影响下各类建筑的碳排放特点；遵循管理活动的整体性、目标导向等特点，根据建筑功能等属性设置合理的碳排放控制目标；以目标为导向，有效组织并协调相关责任主体，对民用建筑碳排放进行全过程管理，并以商业办公建筑大梅沙万科中心为例，根据建设管理方提供的资料，实证分析其所采用的绿色低碳技术和碳排放管理措施。

第 6 章　交通基础设施碳排放管理：明晰交通基础设施碳排放的来源、特征以及分类；分别对交通基础设施中的交通场站基础设施（地铁站、高铁站、机场以及高速公路服务区）与交通线路基础设施（道路工程、桥梁工程以及隧道工程）的碳排放管理进行分析，并选取代表性交通基础设施作为案例分析，提出具体的碳排放管理措施。

第 7 章　环境基础设施碳排放管理：明晰市政基础设施碳排放的来源、特征与分类；分别对环境基础设施中的给水基础设施、排水处理基础设施、一般固体废弃物处理基础设施所包含的设施体系及主要碳排放源、碳排放检测核算与具体降碳措施进行分析，并选取代表性环境基础设施作为案例分析，提出具体的碳排放管理措施。

第 8 章　能源基础设施碳排放管理：基于能源基础设施碳排概况以及综合能源系统多能流关联特征构建多能互补的能源基础设施碳排放体系，然后依次明晰化石能源基础设施碳排放管理的现状与评估方法，分析新能源基础设施碳排放的特征，评估减碳效益以及新能源与传统能源协同发展机制，探究“碳视角”下新型电力系统的碳计量与碳追踪、碳减排与碳优化以及碳市场与碳交易，并选取代表性能源基础设施作为案例分析，提出具体的碳排放管理措施。

第 9 章　社会性基础设施碳排放管理：明晰社会性基础设施碳排放的来源与分类；分别对社会性基础设施中的教育基础设施、医疗卫生基础设施、体育基础设施以及文化基础设施的碳排放特点与碳排放管理优化策略进行分析，并选取代表性社会性基础设施作为案例分析，提出具体的碳排放管理措施。

第 10 章　新型基础设施碳排放管理：明晰新型基础设施碳排放的来源、特征与分类，分析信息基础设施的碳排放特征与管理策略，探究融合基础设施碳排放管理的意义与策略，明晰创新基础设施与碳达峰碳中和间的关系，设计科技助力创新基础设施实现碳达峰碳中和的具体政策路径，并选取代表性新型基础设施作为案例分析，提出具体的碳排放管理措施。

● **工具篇**

第 11 章　建筑与基础设施碳交易：总结我国建筑与基础设施碳交易的发展历程，分析我国建筑与基础设施碳交易的现存问题，基于建筑与基础设施碳交易基本原理，设计建筑与基础设施碳交易机制（碳交易定价机制、碳配额分配机制、碳交易履约保障机制以及 CCER 机制），明晰我国建筑与基础设施碳核查与监管内容、国外碳交易核查与监管经验以及建筑与基础设施碳交易信息披露制度。

第 12 章　建筑与基础设施碳排放管理软件：总结国内外碳排放信息化管理现状，通过对比分析碳排放管理软件，明晰当前碳排放管理信息技术创新应用趋势，设计碳排放数据管理技术路径，开发碳排放管理软件（前后端架构、功能模块与数据库架构、云服务与协同管理架构），并具体分析东禾建筑碳排放计算分析软件基本情况以及软件应用前景。

1.5 本章小结

本章首先通过界定建筑与基础设施的概念及分类，剖析建筑与基础设施碳排放的现状及特征；然后，选取美国、英国、新加坡等典型发达国家分析其建筑与基础设施碳排放管理领域先进经验，总结出对我国建筑与基础设施碳排放管理的经验启示；最后，梳理我国建筑与基础设施碳排放管理相关政策文本，通过对中央政府政策重点的分析以及地方政府的政策对比明晰我国建筑与基础设施碳排放管理的难点与方向。

思考题

1-1　建筑与基础设施碳排放管理的概念内涵是什么?

（提示：基于“过程－类型－主体”多元协同理念将建筑与基础设施碳排放管理细化为管理阶段、管理主体以及管理方法三部分主要内容。）

1-2　我国当前建筑与基础设施碳排放管理重点是什么?

（提示：当前我国建筑与基础设施碳排放管理主要关注以下八项重点任务：① 提升建筑与基础设施绿色发展质量；②提升新建建筑与基础设施节能水平；③加强既有建筑与基础设施节能绿色改造；④推动可再生能源应用（主要为太阳能、地热能）；⑤实施建筑电气化工程；⑥推广新型绿色建造方式；⑦促进绿色建材推广应用；⑧推进区域建筑能源协同。）

1-3　国外建筑与基础设施碳排放管理经验对我国有哪些启示?

（提示：国外建筑与基础设施碳排放管理经验对我国发展启示主要包括以下几个方面；①细化底层设计，完善阶段划分工作；②创新治理模式，发挥机构协同作用；③推动方法创新，助力低碳工具升级；④发挥市场作用，拓宽低碳管理渠道；⑤提倡环境保护，构建低碳价值理念。）

第2章 建筑与基础设施碳排放管理阶段

【本章导读】

工程全生命周期是指从策划、设计、施工到运行及维护、拆除的全过程，可将其划定为前期策划、设计、物化、运维及拆除这5个主要阶段。因此，在进行建筑与基础设施碳排放管理的过程中也应在明确各阶段主要工作任务的基础上，识别各阶段活动内容与碳排放来源，按照法律法规及政策性文件要求，设定碳排放管理与控制目标、形成建筑全生命周期系统化碳排放管理体系，并针对不同阶段碳排放构成及特点实施相应的碳减排举措。本章逻辑框架如图2-1所示。

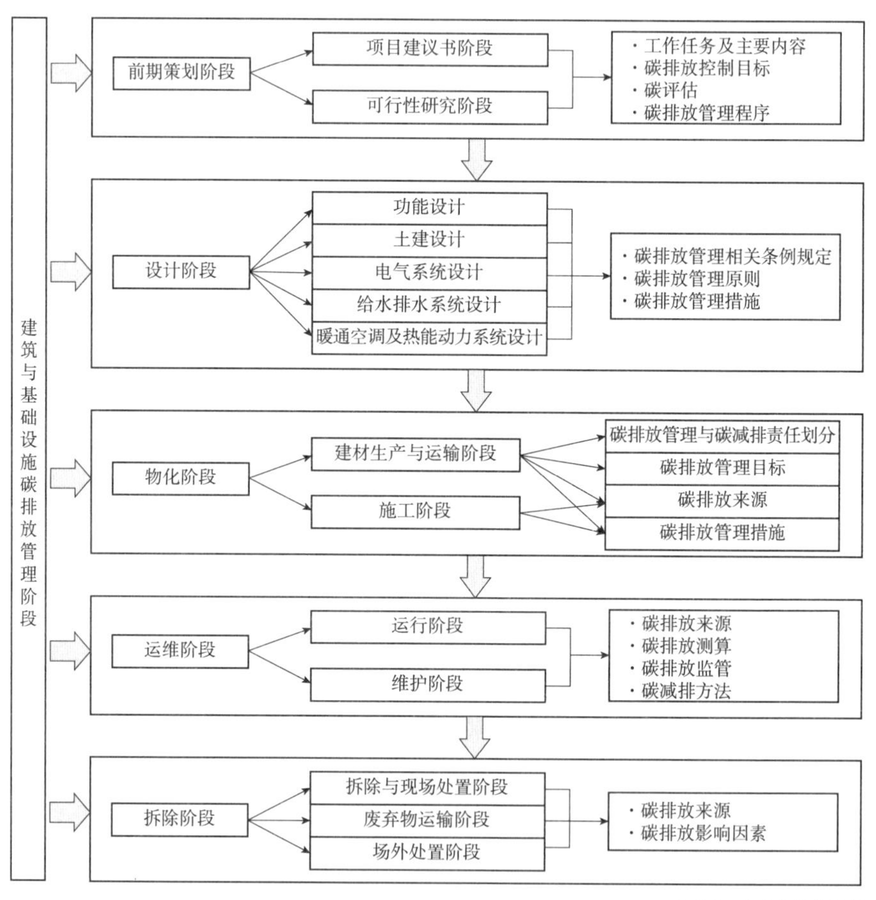

图2-1 本章逻辑框架图

【本章重点难点】

厘清建筑与基础设施碳排放管理的阶段划分，了解各主要阶段下各子阶段对应的碳排放管理方法与减排举措，熟悉策划阶段与设计阶段碳排放管理相关政策法规及指导性文件内容，明确物化阶段、运维阶段及拆除阶段碳排放来源及主要影响因素。

2.1.1 项目建议书阶段碳排放管理

在项目建议书阶段，对于碳排放管理，首先需要明确管理责任和实施部门，以确保碳排放管理工作的有序开展。同时，对相关法律、法规、政策、标准进行广泛收集分析，设定碳排放管理目标值。对项目碳排放进行评估，与目标值进行比较，据此制定减碳方案并有效执行。最后，对碳排放管理工作开展绩效评价，总结管理经验，以不断提高碳排放管理水平。

1）项目建议书阶段工作任务及主要内容

项目建议书是指根据特定地区国民经济和社会发展的中长期规划、产业政策、地区发展规划和技术经济相关政策等，结合该地区的资源情况、建设布局、发展现状等条件和要求，经过调查、分析和预测，提出特定项目的建议，对该项目建设的必要性进行充分论证，是政府或企事业单位投资项目立项的重要依据。参考传统项目建议书内容，融合碳排放管理的项目建议书应主要包括以下内容：

（1）建设项目提出的必要性和依据。说明项目提出的背景，阐述项目与规划政策的符合性，综合论证项目建设的必要性。

（2）拟建项目规模和建设地点的初步设想。对建设规模开展合理性评价。建设地点论证，分析项目拟建设地点的自然条件和社会条件，建设地点是否符合城市布局的要求。建设规模很大程度上影响了项目的碳排放总量，是对碳排放进行估算、控制的重点。建设地点决定了温度、日照、降水等自然环境特性，对碳排放有关键性影响。

（3）资源情况、建设条件和协作关系。分析建设项目的资源供应是否具有可能性，具备可靠性和合理性。建设条件包括供水、供电、交通、通信等是否便捷，能否适应外部的自然环境，以及建设场地是否满足建设项目相关的部品部件生产工艺要求等，有关协作条件如地方材料供应是否满足工程建设需要等。项目碳排放与资源情况、建设条件、材料供应密切相关，比如资源情况很大程度上决定了建设项目未来运行阶段的能源使用和能源结构，交通的便利程度以及当地资源条件影响着建筑与基础设施材料的选用与运输。

（4）建设项目技术工艺初步方案以及相关技术先进合理性初步分析。对建设项目涉及的主要设备、技术进行合理性分析，形成初步的建设项目技术工艺方案。生产技术方案主要与建设项目运行阶段的碳排放有关，制定节能低碳的生产方案有助于降低运行阶段碳排放。

（5）环境保护方案及分析。要求分析拟采用的环境保护措施，对其环保效果进行预估，并综合分析项目环保达标情况。对于建筑与基础设施项目，应对项目潜在减碳措施进行量化分析，综合分析项目碳排放是否符合相关政策、标准规定。

（6）投资估算与资金来源。对项目总投资进行估算，说明资金来源，提出资金筹措设想。

（7）经济效果和社会效益的初步估计。包括初步的财务分析以及国民经济评价，通过项目经济指标反映。根据项目建议书编制的要求，项目建议书重点在于论证项目是否符合国家宏观经济政策的要求，尤其是是否符合产业政策和产品结构要求。针对碳排放问题，可以分析判断项目减排可能带来的效益。

2）项目建议书阶段碳排放控制目标设定

（1）合规义务识别

近年来，我国关于建筑能耗以及建筑碳排放的相关规范与标准进一步完善，各地区也出台地区性政策文件，对建筑碳排放量提出了具体的要求。《建筑节能与可再生能源利用通用规范》GB 55015—2021 提出，碳排放强度平均降低 $7kgCO_2/(m^2 \cdot a)$ 以上。因此，项目建议书中应对相关政策、标准进行梳理分析，明确提出项目节能降碳的具体数值或指标，作为项目碳排放管理的总强度控制目标，并通过后续的碳排放管理工作保证目标的实现。

二维码 2-1　新建建筑节能减碳相关政策

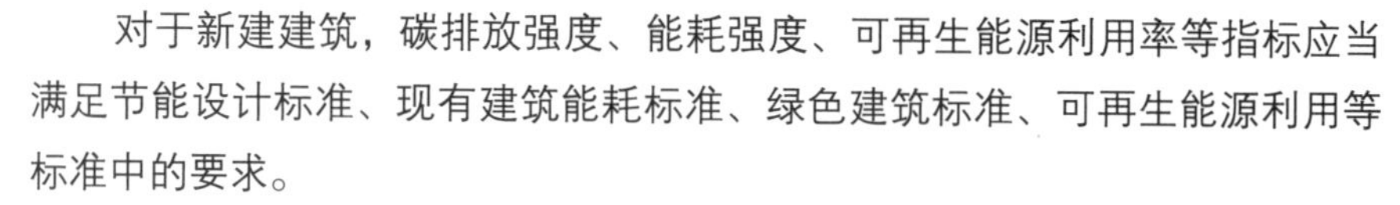

对于新建建筑，碳排放强度、能耗强度、可再生能源利用率等指标应当满足节能设计标准、现有建筑能耗标准、绿色建筑标准、可再生能源利用等标准中的要求。

（2）目标值设定

除满足合规性标准的硬性规定外，建设单位应结合自身控制目标，进一步对碳排放控制目标进行设定，以充分发挥项目节能减排潜能。选择碳排放先进值目标时可考虑国内同行业先进水平、国际同行业先进水平、碳排放单位自身的历史最佳水平等。江苏省在“十四五”建筑业发展规划中提出，到 2025 年，新建超低能耗建筑总面积应达到 500 万 m^2。河北省住房和城乡建设厅印发《中国式现代化河北绿色智能低碳建筑场景行动方案》提出到 2025 年累计建设被动式超低能耗建筑 1350 万 m^2。超低能耗建筑标准可为碳排放管理目标值的设定提供了参考与导向。

3）项目建议书阶段碳评估

（1）项目建议书阶段碳排放估算

碳排放估算是对项目碳排放进行评估，预估管理目标的可能实现程度，从而制定合理的碳排放管理方案。根据对项目建议书内容的分析可以发现，项目建议书阶段缺少工程量、机械台班消耗量等内容。因此，无法直接使用《建筑碳排放计算标准》GB/T 51366—2019，需要根据项目建议书阶段数据特征，制定针对性的估算方式，从而对碳排放进行分析和预控。目前，在建设项目前期策划阶段对碳排放进行估算的方法主要基于历史案例信息，根据历史案例数据进行估算。

①基线法、强度指标法：对大量案例进行调研计算分析后，可以形成各类建筑的能耗、材料用量、碳排放指标与基准值。规划者可根据拟建建筑的面积、功能类型、结构形式，匹配对应的基准值或指标，对建筑碳排放进行估算。比如《建筑节能与可再生能源利用通用规范》GB 55015—2021 中针对各气候区新建居住建筑、公共建筑设定了平均能耗指标，因此可以根据单位面积能耗强度指标和拟建项目面积，对碳排放进行估算。

②线性回归预测模型：根据大量历史案例信息，构建基于建筑特征信息的碳排放线性回归预测模型。有研究根据大量办公建筑的物化阶段碳排放计算结果，构建了基于建筑层数的办公建筑物化碳排放估算模型，根据层数即可对碳排放进行估算。在有充足类似建筑与基础设施案例数据的情况下，可以采用此方式，构建建筑与基础设施碳排放回归预测模型，通过高度、层数、面积等建筑与基础设施特征数据进行碳排放预测。

（2）项目全生命周期碳源识别

根据碳排放估算过程，需要对影响碳排放的主要因素进行识别。项目建议书编制过程中，应根据选择的碳排放估算方法，将估算数值与目标值进行比较，从而确定主要影响因素的改进目标，将碳排放管理目标进行分解，落实到具体参数层面，为后续策划方案的改进提供参考目标。由于采用的数据为建筑与基础设施的面积、层数及规模等信息，通过强度指标对碳排放进行计算，因此在项目建议书阶段对碳排放进行管理，重点在于对建筑与基础设施面积、绿地面积等进行控制，在满足功能需求的前提下，应尽量降低建筑与基础设施面积，增加绿化面积。而从强度指标角度来看，主要由管理人员考虑政策规划、标准规定、资源条件、单位自身需求等因素进行设定，数值的选择应有合理依据并按照相关要求开展管理工作。

（3）减碳措施效益分析

碳排放管理应对不同建设方案碳排放与建设方案成本进行估算，开展减碳措施成本效益分析。充分考虑建筑与基础设施由于应用低碳技术措施所产生的资源和能源节约带来的直接经济效益，企业通过承担节能减碳等社会责任带来的社会价值，及这些碳减排措施在未来碳市场上可能带来的价值。其中经济效益比较容易度量，可通过能源节约量以及能源价格进行直接计算，管理人员可以通过评价结果应遵循指标量化原则，通过节能潜力、净现值、投资回报期、年节能收益等，体现减碳措施效益。而社会、环境效益一般可以通过碳排放量、污染改善程度、公众满意度等指标进行度量。最后，可借助多目标优化等分析工具，综合考虑措施的多维度效益，对减碳方案进行优选。

4）项目建议书阶段碳排放管理程序

（1）明确管理责任与实施部门。如图 2-2 所示，明确管理责任与实施部门是管理工作开展的基础，是将碳排放管理责任落实到实际管理活动中的先要条件。在碳排放管理工作开展之前，需要明确项目建议书阶段碳排放管理责任与具体实施部门，通过碳排放管理责任表等形式，明确主管部门、配合部门、参与部门，帮助各部门更清晰地了解工作任务，避免权责不清的现象。此外，还可以借助工作手册、业务导图、管理指南、分工表等工具，明确建设单位内部碳排放管理流程，实现工作流程制度化、标准化。

（2）制定减排控制目标。在项目建议书阶段，需要确定的目标主要包括规模目标和强度目标两类。具体来看，规模目标主要指各类型建筑与基础设施的面积、高度、层数和绿地面积等。强度指标主要包括单位面积能耗指标、单位面积碳排放指标、单位面积供暖与制冷耗电量、单位面积耗材量等，其中能耗强度指标等主要通过历史案例数据、节能减排政策标准要求等确定，耗材量指标主要参考相关工程造价定额数据制定。

（3）减碳方案制定与执行。减碳方案的制定与执行是实现碳排放管理目标具体实践活动。减碳方案的制定要求对可能的减碳措施进行识别，对其成本以及减碳效益进行预测，通过成本效益分析，优选合理的减碳措施，组合形成项目建议书阶段减碳方案。在项目建议书阶段可以采用的措施包括调整拟建项目规模、调整功能分区、控制容积率、增加绿地面积、加强可再生能源利用等。

（4）碳排放管理绩效评价。绩效评价的目的在于强化责任落实，体现结果导向，提高管理效率，并为后续项目的碳管理工作提供经验参考。首先要构建项目建议书阶段碳排放管理绩效评价体系，可从效益角度出发，从经济效益、减碳效益等维度出发，选择评价指标，对项目建议书阶段的碳管理工作进行绩效评价。也可从流程逻辑的角度出发，重视工作过程的系统性、持续性，对管理工作的执行情况进行评价。

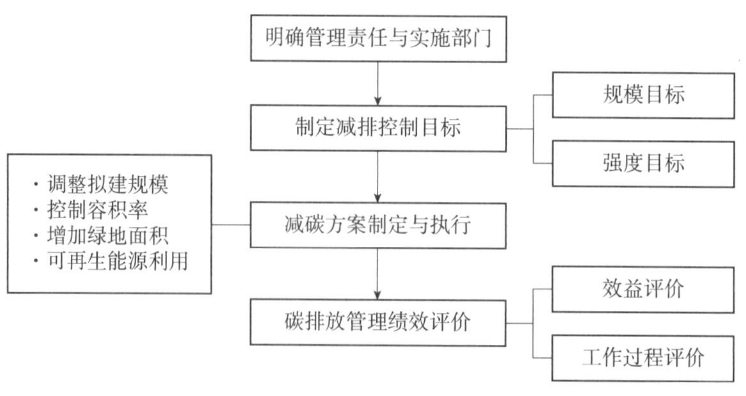

图 2-2　项目建议书阶段碳排放管理程序图

2.1.2 可行性研究阶段碳排放管理

可行性研究阶段碳排放管理首先应明确管理责任与实施部门，建立多部门协作沟通的机制，为碳排放管理做好组织保障。首先，建立多层级碳排放目标管理体系，将总碳排放目标管理目标进行有效分解，为各部门碳排放管理工作制定具体工作目标。之后，由各部门根据自身专业分析各项措施成本、节能收益、减碳效果，比选形成可行性研究阶段减碳方案。最后，对碳排放管理工作开展绩效评价，总结管理经验。

1）可行性研究阶段工作任务及主要内容

可行性研究是在投资决策之前，对拟建项目进行全面技术经济分析和论证的过程，是投资项目前期工作的重要内容和基本建设程序的重要环节。可行性研究要求对项目有关的社会、技术和经济等方面进行深入的调查研究，论证项目建设的必要性，并对各种可能的建设方案进行技术经济分析和比较，对项目建成后的经济效益进行科学的预测和评价，是决策建设项目能否成立的依据和基础。参考《政府投资项目可行性研究报告编写通用大纲（2023年版）》和《企业投资项目可行性研究报告编写参考大纲（2023年版）》，可行性研究报告主要内容见表2-1。

可行性研究报告主要内容　　表2-1

章节	具体内容
概述	项目概况、项目单位/企业概况、编制依据、主要结论和建议
项目建设背景和必要性	项目建设背景、规划政策符合性、项目建设必要性
项目需求分析与产出方案	需求分析、企业发展战略需求分析、建设内容和规模、项目产出方案、项目商业模式
项目选址与要素保障	项目选址或选线、项目建设条件、要素保障分析
项目建设方案	技术方案、设备方案、工程方案、资源开发方案、用地用海征收补偿（安置）方案、数字化方案、建设管理方案
项目运营方案	运营模式选择、运营模式选择、安全保障方案、绩效管理方案
项目投融资与财务方案	投资估算、盈利能力分析、融资方案、债务清偿能力分析、财务可持续性分析
项目影响效果分析	经济影响分析、社会影响分析、生态环境影响分析、资源和能源利用效果分析、碳达峰碳中和分析
项目风险管控方案	风险识别与评价、风险管控方案、风险应急预案
研究结论及建议	主要研究结论、问题与建议

其中规划政策符合性中要求对项目的节能减排、碳达峰碳中和等重大政策目标的符合性进行论述；建设内容和规模中需要论证项目的主要建设内容以及规模；要素保障分析要求开展资源环境要素保障分析，分析项目总取水量、能耗、碳排放强度等；工程方案中需要通过方案比选提出工程建设标

准、工程总体布置、主要建（构）筑物和系统设计方案，以及绿色和韧性工程相关内容；建设管理方案中应提出新材料、新设备、新技术、新工艺的具体应用措施；资源和能源利用效果分析中应通过单位生产能力主要资源消耗量等指标分析，提出资源节约措施，计算具体节能量；碳达峰碳中和分析要求预测并核算项目年度碳排放总量，明确拟采取减少碳排放的路径与方式。

2）可行性研究阶段碳排放控制目标设定

（1）合规义务识别

2023 年 3 月 23 日，国家发展改革委颁布《关于印发投资项目可行性研究报告编写大纲及说明的通知》（发改投资规〔2023〕304 号），其中指出“规划政策符合性”应从节能减排、碳达峰碳中和等重大政策目标层面进行分析。《建筑节能与可再生能源利用通用规范》GB 55015—2021 中强制性要求建设项目在可行性研究阶段及方案设计阶段提供碳排放报告，要求建设单位在可行性研究碳排放管理工作中，着重对碳排放进行合理预估和分析。在建设方案的碳排放管理过程中，重点需要关注绿色建材比例、装配率、建材回收率等指标。运行阶段碳排放相关要求，与建设项目建议书阶段类似，主要参考节能设计、绿色建筑相关标准。

（2）目标值设定

选择碳排放先进值时可考虑国内同行业先进水平、国际同行业先进水平、碳排放单位自身的历史最佳水平等，现有政策的导向性数据、目标值也可作为目标值设定的参考。建筑运行阶段能耗要求与项目建议书阶段类似，表 2-2 主要梳理物化阶段碳排放管理重要指标（物化阶段的定义见本章 2.3 节）。

3）可行性研究阶段碳评估

（1）可行性研究阶段碳排放估算

可行性研究阶段数据特点与项目建议书阶段类似，运行阶段碳排放估算方法可参考项目建议书阶段方法，即采用强度指标法、基准值法。可行性研究阶段确定了各类建筑与基础设施的建设规模以及总平面布局，可结合各类型建筑与基础设施的碳排放强度指标，对碳排放进行估算。

可行性研究阶段，随着项目投资数据的细化，可根据造价指标对各类型建筑与基础设施主要建材用量进行预估。有研究指出，钢、混凝土、墙体材料、砂浆、铜芯导线电缆、建筑陶瓷、PVC 管材、保温材料、门窗和水性涂料等建材的碳排放占物化总碳排放的 99%，是物化碳排放最为主要的十类建材。而根据《2022 中国建筑能耗与碳排放研究报告》其中钢材、混凝土两类材料，碳排放占比更是可以达到 96%。因此，可通过造价指标，对几种主要材料用量进行预估，扩大一定比例对建材生产及运输碳排放进行估算，可以作为碳排放管理的依据。

建筑物化阶段碳排放管理重要指标政策要求 表 2-2

政策名称	具体要求
《“十四五”循环经济发展规划》	再生资源对原生资源的替代比例进一步提高，循环经济对资源安全的支撑保障作用进一步凸显，建筑垃圾综合利用率达到 60%
《浙江省住房和城乡建设厅关于进一步规范建筑垃圾治理工作的实施意见》	要求到 2025 年底，建筑垃圾综合利用率达 90% 以上
《上海市建筑废弃混凝土回收利用管理办法》	本市 C25 及以下强度等级混凝土生产企业应当按照相关标准要求，在确保质量基础上合理使用再生骨料，再生骨料对同类材料的取代率不得低于 15%
《江苏省装配式建筑综合评定标准》DB32/T 3753—2020	公共建筑预制装配率不应低于 45%，居住建筑预制装配率不应低于 50%
《北京市民用建筑节能降碳工作方案暨“十四五”时期民用建筑绿色发展规划》	到 2025 年新建建筑中装配式建筑比例达到 55%，新建建筑绿色建材应用比例达到 70%
《湖北省应对气候变化“十四五”规划》	未来城镇绿色建材应用比例将达到 50%、全省城市建成区绿地率达到 36% 以上等目标
《广东省建筑节能与绿色建筑发展“十四五”规划》	城镇新建建筑中装配式建筑比例达到 30%；水泥散装率达到 75% 以上，预拌混凝土企业绿色生产全面达标，新型墙材在城镇新建建筑中得到全面应用，绿色建材应用比例大幅提升
《重庆市绿色建筑“十四五”规划》	绿色建材应用比例逐步达到 60%，内隔墙非砌筑比例不小于 50%，预制装配式楼板应用面积不低于单体建筑地上建筑面积的 60%
《江西省住房城乡建设领域“十四五”建筑节能与绿色建筑发展规划》	到 2025 年装配式建筑占当年城镇新建建筑的比例力争达到 40%，推广建筑材料工厂化精准加工、精细化管理，到 2030 年施工现场建筑材料损耗率比 2020 年降低 20%

（2）项目全生命周期碳源识别

可行性研究阶段需对建设需求进行分析，确定建设规模，建筑容积率、建筑面积、建筑密度、绿地面积是碳排放管理工作的重点指标。与项目建议书阶段相比，可行性研究阶段应对建设方案进行进一步细化，其中公用工程方案中要求对给水排水工程、暖通工程、电气工程等进行初步的设计，根据需求情况对用水量、用电负荷进行估算，因此整体建设规模的控制同样也是可行性研究阶段碳排放管理工作的重点。

（3）减碳措施效益分析

《关于印发投资项目可行性研究报告编写大纲及说明的通知》（发改投资规〔2023〕304 号）指出可行性研究报告中的“工程方案”应重视节约集约用地、绿色建材、绿色建筑、超低能耗建筑、装配式建筑、生态修复等绿色及韧性工程相关内容，要求对各类节能措施进行分析，与碳评估工作共通。在此阶段，分析各项措施成本、节能收益、减碳效果，比选形成可行性研究阶段减碳方案。相较于项目建议书阶段，可行性研究阶段对于建设方案的分析更为细化，节能措施也更为具体，例如，建筑围护结构热工性能、太阳能热水系统供水量、空调机组能效提升、节能灯具比例、光伏系统发电量等。措施节能效益的分析可采用理论公式计算、历史经验数据等方式进行，而随着建筑模型的细化，也可采用 PKPM、DeST、EnergyPlus、openstudio、eQUEST 等能耗软件通过模拟等方式计算节能量。

4）可行性研究阶段碳排放管理程序

（1）明确管理责任与实施部门。如图 2–3 所示，由于可行性研究阶段碳排放管理工作的细化，更多的专业部门如建筑、结构、机电等，需要加入可行性研究报告编制以及碳排放管理的过程中。鉴于可行性研究阶段碳排放管理工作的系统性、整体性，要求加强各部门的协同，在明确各项工作落实部门的基础上，需要加强部门之间的沟通交流。可以通过会议制度设立、组织集中交流学习、充分研讨等管理手段以及协同办公平台建设等技术手段，强化组织内部的知识交流。

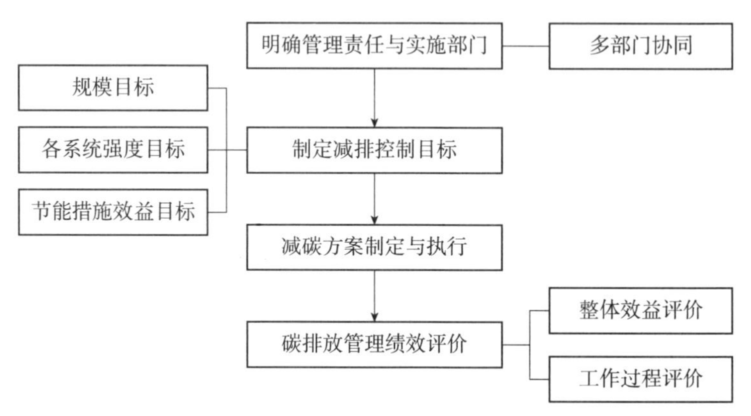

图 2–3　可行性研究阶段碳排放管理程序

（2）制定减排控制目标。在可行性研究阶段，需要确定的目标主要包括规模目标、强度目标、节能目标三类。规模目标不仅包括项目的建设规模，更要求对能耗需求进行分析，设定用电量、用水量、用气量等规模指标。强度指标与项目建议书阶段相比更为细化，可分解到各个系统上，如暖通空调系统能耗指标、照明系统照度指标等。节能措施的分析中，需要对潜在的节能措施进行分析，量化减碳效益，从而制定各项节能措施的效益目标，为后续设计、施工和运维等提供控制目标。

（3）减碳方案制定与执行。可行性研究报告中的节能、节水、节材分析，是减碳方案最终呈现的形式。措施的选择应经过成本效益的综合分析得到，明确各项拟采用的节能措施的减碳效益。可行性研究阶段可采用的节能措施更为具体，包括体形系数调整、平面布局优化、围护结构热工性能提升、给水系统优化、空调机组能效提升、照明系统节能、可再生能源利用等。

（4）碳排放管理绩效评价。可行性研究阶段碳排放管理的绩效评价除对可行性研究报告编制完成后所提出的整体碳减排规模目标、强度目标、节能目标等进行评价外，还要求对具体的各项减排措施的分析过程以及效益进行评价，包括规模目标与强度目标是否合理、成本估算是否合理、设计阶段是否能够实现规划的节能措施、最终是否达到碳减排效益目标等。

由于基础设施不同主体间设计差距大、设计程序复杂、无统一的设计标准，依据《建筑工程设计文件编制深度规定》(2016 年版)，本章设计阶段碳排放管理主要从民用建筑的角度展开。

设计阶段碳排放管理主要包含功能设计、土建设计、电气系统设计、给水排水系统设计、暖通空调及热能动力系统设计五个方面。本小节主要针对五大系统的设计，介绍相应的碳排放管理措施，如图 2-4 所示。

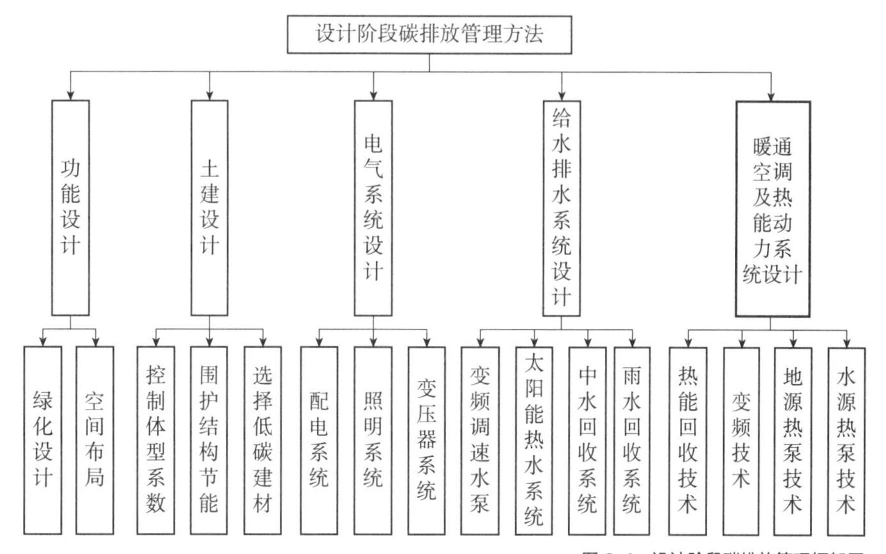

图 2-4　设计阶段碳排放管理框架图

2.2.1　功能设计碳排放管理

1）功能设计碳排放管理相关条例规定

《建筑节能与可再生能源利用通用规范》GB 55015—2021 指出，设计师在设计工作的过程中需要注意减少建筑碳排放。《建筑工程设计文件编制深度规定》(2016 年版) 3.3.2 条规定：对于平面设计，要综合考虑地形、地质、日照、通风、防火、卫生、交通及环境保护等要求进行总体布局，使其满足使用功能、城市规划要求以及技术安全、经济合理性、节能、节地、节水、节材等要求。明确指出平面设计要考虑节能节水要求。

2）功能设计碳排放管理原则

建筑平面布置应根据建筑功能合理排布，提高空间的灵活性、可变性。对于公共建筑应采取通用开放、自由分隔的使用空间设计，对于住宅建筑宜考虑住宅全生命周期的适用性，预留局部功能空间改造的可能性。

3）功能设计碳排放管理措施

（1）增加绿化面积。在平面布置时应增加建筑物绿化。建筑物绿化是指通过在建筑物上直接或间接附着可供绿化植物生长的环境，如花盆、种植毯等，为建筑物的外立面和内部营造绿化环境，能够改善环境、提高美观度、节约降低、实现碳汇。

（2）优化建筑平面空间布局能获得较为满意的节能减排效果。比如为阻挡日射，可以将楼梯、机房、电梯、管道井等布置在建筑物的北侧或西侧，利用自然通风降低温度。通过平面空间和门窗的合理设置形成通风口，既改善居住环境，也节约空调电力消耗与碳排放，形成自然通风，改善室内空气品质。

2.2.2 土建设计碳排放管理

1）土建设计碳排放管理相关条例规定

《建筑工程设计文件编制深度规定》（2016 年版）3.4.2.7 条规定：建筑设计说明书需要简述建筑的节能设计，确定体型系数（按不同气候区要求）、窗墙比、屋顶透光部分比等主要参数，明确屋面、外墙（非透光幕墙）、外窗（透光幕墙）等围护结构的热工性能及节能构造措施。

《建筑节能与可再生能源利用通用规范》GB 55015—2021 第 1.0.3 条规定：建筑节能应以保证生活和生产所必需的室内环境参数和使用功能为前提，遵循被动节能措施优先的原则；应充分利用天然采光、自然通风，改善围护结构保温隔热性能，提高建筑设备及系统的能源利用效率，降低建筑的用能需求。

2）土建设计碳排放管理原则

在建筑结构设计中，要注意节能环保建筑外形及围护结构设计，在规划上要增强环保意识，重视环境影响因素。在建筑设计中应严格控制建筑节能，根据节能设计标准和相关规定进行合理的优化设计，通过提高节能性能，达到降低碳排放的目标。

3）土建设计碳排放管理措施

（1）控制体形系数。建筑造型方面应简约，减少建筑形体变化。有研究表明，体形系数每增加 1%，耗热量指标增加 2.5%。合理的建筑体型能够减少建筑物与外界的热交换。建筑物的外形简单，意味着其体型系数小，单位面积散热量也会减少，热交换量也就减少。

（2）围护结构节能。建筑围护结构是指建筑物及房间各面的围护物，如墙、屋面、地板、顶棚等不透明围护结构和窗户、天窗、阳台门、玻璃隔断等透明围护结构。有研究表明，建筑气密性是建筑的一个重要性能参数，显著影响建筑空调耗冷量和采暖耗热量。提高围护结构气密性，对提高建筑的能效有重要影响，能够有效减少能源消耗和碳排放。相关研究提出，适当减少换气次数能够提高建筑气密性，同时为了满足通风换气次数和空气品质的要求，可采用机械通风装置和室内外空气热回收装置回收热量，从而减少空调或供暖能耗。

二维码 2-2　几种主要的围护结构节能措施

（3）选择低碳建材。建筑材料应优先选择绿色环保的新型材料、可再生材料、可重复利用材料、本地材料，减少对环境的影响，减少额外交通运输带来的环境污染和碳排放，未来逐渐向高端化、低碳化和智能化等方向发展。根据国家质量监督检验检疫总局《节能低碳产品认证管理办法》，选择通过节能低碳产品认证的建筑材料，可证明相关建筑材料的温室气体排放量符合相应低碳产品评价标准或者技术规范要求。中华人民共和国国家发展改革委员会同工业和信息化部、自然资源部、生态环境部、住房和城乡建设部、交通运输部、中国人民银行、金融监管总局、中国证监会、国家能源局于2024年2月2日印发了《绿色低碳转型产业指导目录（2024年版）》，其中多项涉及建材领域，“绿色建筑材料制造”包括节能墙体材料、外墙保温材料、节能玻璃、装配式建筑部品部件、预拌混凝土、预拌砂浆、绿色工业化定制家装等绿色建材产品制造，对推动经济社会发展绿色低碳转型提供支撑。

2.2.3　电气系统设计碳排放管理

1）电气系统设计碳排放管理相关条例规定

《建筑工程设计文件编制深度规定》（2016年版）3.6.2.7条规定：电气系统设计说明书要明确规定电气节能及环保措施，包括拟采用的电气节能和环保措施，并表述电气节能、环保产品的选用情况。3.6.2.7条针对绿色建筑的电气系统设计明确规定：绿色建筑电气设计中包含建筑电气节能与能源利用设计内容。

2）电气系统设计碳排放管理原则

建筑电气节能设计的基本原则应以实用性为出发点，做到技术可靠、先进安全，并考虑经济效益，应重视对设备造价的控制，均衡节能设备的投入与运行能耗的减少，部分增加的投资能在较短的时间内通过运行用能费用的减少得到回收。建筑电气节能设计应节省无谓消耗的能量，在综合考虑资金成本、运行效果和技术先进性的基础上，基于其原理、性能、效果，从技术和经济方面进行比较，选用符合实际要求和技术先进合理的节能新设备。

3）电气系统设计碳排放管理措施

电气系统中配电系统、照明系统、变压器系统的节能设计技术方法如表 2-3 所示。

电气系统节能减排技术 表 2-3

技术方法	原则
配电系统节能设计	合理考虑配电系统的设置，确定配电机房和竖井的位置，做好线路的布局和规划工作，协调好电气和配电线路之间的关系，合理安排线路的位置，将建筑电气系统的供配电设备、变配电靠近电气系统的负荷中心，缩短配电系统的配电半径和配电线长度； 确保所选择的配电线路材质符合规定要求，如铜芯等负载率较大、稳定性较强、能够延长配电线路使用时间的材料
照明系统节能设计	合理选择照明灯具。建筑照明数量和质量指标应符合国家标准规定，根据不同功能分区和空间位置，确定照明灯具的照明度和照明范围，根据视觉特点选择合理照度值，并据此选择合适的照明灯具设备； 优先选用高效节能光源或绿色光源。可选用 LED 光源，声光控制、开关控制、智能控制的灯具，太阳能照明等新型绿色光源，降低建筑照明系统对电能的使用需求，达到照明设备系统节能设计的目的
变压器系统节能技术	选择节能型变压器，针对低能耗的高效变压器，充分考虑电气系统变压器的数量、容量等因素，在使用过程中保证变压器运行状态稳定，负荷率数值维持在最佳状态； 选用专用变压器，针对季节性负荷冲击较大的问题，通过专用变压器减缓季节变化产生的用电冲击

2.2.4 给水排水系统设计碳排放管理

1）给水排水系统设计碳排放管理相关条例规定

《建筑工程设计文件编制深度规定》(2016 年版)3.7.2 条规定：给水排水系统设计说明书中需包含系统节水、节能减排措施，并说明高效节水、节能减排器具和设备及系统设计中采用的技术措施等。

2）给水排水系统设计碳排放管理原则

在给水排水工程设计的过程中，必须要遵循节能减排方案，优化各个环节。按照城市总体规划，结合当地实际情况布置给水排水管网，给水排水方案应满足经济性、科学性、实用性、合理性和安全性的要求。

3）给水排水系统设计碳排放管理措施

常见的建筑给水排水系统节能措施。表 2-4 展示了不同给水排水系统的节能减排技术。

给水排水系统节能减排技术 表 2-4

技术方法	原则
变频调速水泵技术	在利用水资源时，精准调节水泵转速，根据实际情况调整水源供给范围，调节水泵压力，防止水资源浪费，减少电能损耗
太阳能热水系统技术	宜优先采用太阳能作为热水供应热源，主要运行方式为自然循环、热循环和直流式三种，系统构成包括集热器、管道系统、绝热储水箱、控制系统及其他装置。利用可再生能源，减少电能的使用
中水回收利用	主要包括优质杂排水、杂排水、综合生活污水等，但不包括厨房和厕所排水，采用生物处理工艺和膜分离工艺等处理方法，将积攒下来的水资源进行合理运用，应用在绿化带高效率灌溉、公共空间冲洗清洁等环节，达到节水的目的
雨水收集利用	雨水收集。通过屋面路面等雨水收集系统、截污系统、调蓄系统、净化处理系统、配水系统等，对雨水资源进行综合利用； 雨水渗透。采用低势绿地、人造透水地面、渗透池、渗透管渠等雨水渗透设施，补充和涵养地下水，发挥拦水、截水、蓄水、净水等作用，使水资源充分循环与再利用

2.2.5 暖通空调系统设计碳排放管理

1）暖通空调系统设计碳排放管理相关条例规定

《建筑工程设计文件编制深度规定》(2016 年版)3.8.2 条规定：暖通空调系统设计说明中需包含节能设计采用的各项措施。

《独立新风空调设备评价要求》GB/T 40390—2021 规定：独立新风空调设备主要由新风净化设备、能量回收设备、新风处理冷源设备、末端设备组成，主要部件应使用安全、无害、无异味、不造成二次污染的材料制作，并应坚固耐用。

《建筑工程设计文件编制深度规定》(2016 年版)3.2.2 条规定：热能动力系统设计说明书中需包含节能、环保、消防、安全措施等的说明。

2）暖通空调及热能动力系统设计碳排放管理原则

建筑暖通空调及热能动力系统中运用节能技术不仅可以实现节能减排，通过标准化节能技术的应用可以降低能源消耗，相关技术采用应符合经济可行、安全可靠和节能环保的原则。

3）暖通空调系统设计碳排放管理措施

随着建筑节能与碳排放控制的要求不断提高，暖通空调系统的节能与碳排放控制至关重要。为了提升建筑与基础设施的环保性，必须解决暖通空调能耗过高的问题，通过采取切实有效的控制方法减少能源消耗，促进能源的高效利用。表 2-5 列出了几种可以采取的节能减排技术。

暖通空调节能减排技术　　表 2–5

技术方法	原则
热能回收技术	通过对暖通空调系统中的余热进行回收利用，能够降低建筑热能消耗，提高暖通空调系统能源利用率。排风余热回收是热能回收的主要方式，可分为全热回收和显热回收两种，回收设备一般为板翘式全热交换器、转轮式全热交换器、板式显热交换器等
空调变频技术	变频技术是通过变频器来自动调节暖通空调压缩机的运行频率，进而有效控制压缩机的运行功率。变频器内部的传感器能够自动感知室内温度，并根据室内温度变化来调节压缩机的运行功率，从而在保证人员居住舒适度的基础上达到节能的目的
水源热泵技术	采用热泵原理，将浅层水源形成的低温低位热能资源转化为可以利用的高位能，如将建筑物内的热量转移到水源中，在冬天为建筑提供恒定而舒适的温度，相对于电供暖，能降低 70% 的能耗
地源热泵技术	土壤耦合热泵：以地表浅层泥土为主要热源； 地下水热泵：通过地下深井水来转换热能； 地表水热泵：通过土壤热交换装置来实现供热

2.3 物化阶段碳排放管理

建筑与基础设施物化阶段是指建筑与基础设施在投入使用之前，形成工程实体所需要的建材生产、构配件加工制造、运输以及现场施工安装过程，是建筑与基础设施从“无形”到“有形”、从设计图纸到工程实体的全过程。此阶段的碳排放主要来源于三个方面：一是建筑材料、构件的生产制造中产生的碳排放；二是建材、构件与设备运输过程中产生的碳排放；三是建造施工过程中因消耗化石能源及使用外购电力、热力而产生的直接与间接碳排放。根据《中国建筑节能年度发展研究报告 2022（公共建筑专题）》数据，2004 年至 2020 年，中国建筑业建造能耗从接近 4 亿 tce 增长到 13.5 亿 tce。建材生产的能耗是建筑业建造能耗的最主要组成部分，其中钢铁和水泥的生产能耗占到建筑业建造总能耗的 70% 以上。另外，《中国建筑能耗与碳排放研究报告（2022）》中指出，近年来我国建筑碳排放总量整体呈现出持续增长趋势，2020 年全国建筑全过程碳排放总量为 50.8 亿 tCO_2，居所有行业之首，其中，建材生产阶段碳排放 28.2 亿 tCO_2，占全国碳排放的比重为 28.2%，建筑施工阶段碳排放 1.0 亿 tCO_2，占全国碳排放的比重为 1.0%。由此可见，物化阶段中由建材生产与施工现场作业、办公、生活等活动产生的碳排放已近全国碳排放总量的三成。

国家统计局数据显示，2007~2022 年，我国建筑业企业房屋施工面积从 48.2 亿 m^2 增长至 156.45 亿 m^2。据住房和城乡建设部统计，2022 年全国新开工改造城镇老旧小区 5.25 万个、876 万户。另外，我国基础设施网络持续完善，交通运输部发布统计公报数据显示，截至 2022 年底，我国高速公路通车里程已达 17.7 万 km，铁路营运总里程突破 15 万 km，其中高铁营业里程 4.2 万 km，建成世界上最现代化的铁路网和最发达的高铁网、全球规模最大的高速公路网络。同时，以 5G 基站、大数据中心、工业互联网为代表的新型基础设施也相继建成运行。在我国房屋建筑施工面积不断增加、基础设施高质量发展及城市更新行动加速推进的背景下，若不及时采取切实有效的碳减排举措，将难以抑制物化阶段碳排放量不断上涨的整体趋势。此外，考虑到我国建筑与基础设施项目数量众多、工程体量巨大、建设周期时间集中的特点，且从全生命视角分析，物化阶段产生的碳排放相较于运维阶段表现为短时间内更集中、强度更大的排放，因此，严格管理并采取科学方法降低建筑与基础设施物化阶段的二氧化碳排放是国家和全球碳减排目标的重要手段。

此外，国家标准《建筑碳排放计算标准》GB/T 51366—2019 中定义建筑碳排放是指建筑物在与其有关的建材生产与运输、建造及拆除、运行阶段产生的温室气体排放的总和，相应地，建筑碳排放的计算边界即与建筑物建材生产及运输、建造及拆除、运行等活动相关的温室气体排放的计算范围。因此，物化阶段的碳排放管理重点集中在建材的生产与运输以及现场施工建造这两方面。

2.3.1 建材生产与运输阶段碳排放管理

建材生产是指建筑材料从原始材料状态经过开采、运输、制造等工序形成建材成品的全过程，建材生产的碳排放主要是指主体结构、围护结构和填充体使用的材料、构件、部品、设备的获取、生产过程中由于消耗能源而产生的碳排放；而建材运输是指将成品建材送至施工现场的过程，该阶段的碳排放主要来自建材从生产地到施工现场的运输过程所耗能源的碳排放。

1）建材生产与运输阶段碳排放与碳减排责任划分

根据《中国统计年鉴 2022》公布的数据，2020 年我国工业能源消费量占全国能源消费总量的比重达 67%，其中，钢铁、有色、建材三大传统高耗能行业是导致我国工业部门“高污染、高能耗、高碳排”现状的主要成因。进入 21 世纪以来，我国土木工程建设高速发展，三峡大坝、港珠澳大桥、川藏铁路等超级工程层出不穷。近 10 年来，我国建筑业生产规模不断扩大，行业结构不断优化，技术与理念不断革新，智能建造引领行业转型升级，绿色建筑助力城市可持续发展，“新基建”为我国经济发展积聚新动能。

然而，伴随我国建筑业与基础设施投资建造的蓬勃发展，导致对钢铁、建材和有色金属产品的需求激增。我国钢铁产品的 70%、建材产品的 90%、有色金属产品的 20% 都用于建筑与基础设施建造，其中一半以上用于房屋建造。上述各类产品原材料的开采、加工、运输过程中都不可避免地产生大量碳排放。一般来讲，建材生产运输的碳排放被计入工业生产和交通运输的碳排放中，但是考虑到大规模生产和运输各类建材是为了满足建筑市场的需求，有研究认为建材生产部分碳排放应由建设过程相关部门分担其减排责任，建材运输活动产生的碳排放也应由建设过程相关部门对其进行管理。

2）建材生产与运输阶段碳排放管理目标

根据中国建筑节能协会建筑能耗与碳排放数据专业委员会发布的《中国建筑能耗与碳排放研究报告（2022）》，钢铁和水泥生产的碳排放占全国建材生产碳排放量的 96% 以上，其中钢铁占 52%，水泥占 44%。有学者通过对大量城市住宅建筑项目进行整理分析，研究发现单位面积的住宅建筑中，钢、商品混凝土、墙体材料、砂浆、铜芯导线电缆、PVC 管材、保温材料、建筑陶瓷、门窗、水性涂料这 10 类建材产生的碳排放量达到了建筑物化阶段总建材碳排放量的 99%。其中，砂浆、钢、商品混凝土和墙体材料，这四种建材的碳排放量比例超过了 70%。因此，对于建材生产阶段碳排放管理应重点关注上述高碳排放贡献率的建材生产企业，由主管部门制定相应法律法规与指导性文件，适时引入碳交易市场机制，优化能源结构、普及推广低碳工艺与碳中和技术。

以水泥行业为例，作为高污染、高碳排的能源密集型产业，其贡献了全球范围内碳排放总量的7%。我国自1985年以来水泥产量一直位居世界之首，2020年我国水泥行业碳排放已达13.75亿t，占全国二氧化碳排放的13%左右。由此可见，我国水泥行业碳减排形势严峻，任务艰巨。工业和信息化部、国家发展改革委、生态环境部印发的《工业领域碳达峰实施方案》中要求：①推动低碳原料替代，在保证水泥产品质量的前提下，推广高固废掺量的低碳水泥生产技术；②严格执行水泥、钢铁、平板玻璃等行业产能置换政策，依法依规淘汰落后产能，到2025年，水泥熟料单位产品综合能耗水平下降3%以上；③以水泥、钢铁、石化化工、电解铝等行业为重点，聚焦低碳原料替代、短流程制造等关键技术，推进生产制造工艺革新和设备改造，减少工业过程温室气体排放；④将水泥、玻璃、陶瓷、石灰、墙体材料等产品碳排放指标纳入绿色建材标准体系，加快推进绿色建材产品认证。《冶金、建材重点行业严格能效约束推动节能降碳行动方案（2021—2025年）》要求，到2025年，通过实施节能降碳行动，水泥行业能效达到标杆水平的产能比例超过30%，行业整体能效水平明显提升，碳排放强度明显下降，绿色低碳发展能力显著增强。因此，亟须根据国家政策及行业发展现状，设定水泥行业的碳达峰时间与总量目标，并制定以技改和替代燃料为基础、碳捕集技术为未来发展与应用方向的水泥行业碳减排路径，逐步实现水泥行业碳达峰与碳中和目标。

3）建材生产与运输阶段碳排放管理措施

生产周期长、资源和能源消耗量大、建筑垃圾产生多等是建筑物化阶段独有的特点，有学者研究指出，建筑材料的使用、能源及水资源的消耗、建材设备的运输及土地利用等是物化阶段碳排放主要影响因素。同时，现有研究数据表明建材生产阶段是整个物化阶段碳排放最高的阶段，达到94%左右，其中混凝土、钢铁、水泥砂浆和石灰这四种建筑材料的碳浓度占总材料碳浓度的97%左右。据此，从建筑施工全生命周期视角出发，建材生产阶段碳排放管理工作应从如下方面开展：

（1）推广应用绿色低碳建材

《绿色建材产业高质量发展实施方案》指出绿色建材是指在全生命周期内，资源能源消耗少、生态环境影响小、具有“节能、减排、低碳、安全、便利和可循环”特征的高品质建材产品。在我国大力发展绿色低碳建筑的背景下，新型胶凝材料、低碳混凝土、固碳混凝土、木竹建材、Low-E玻璃（Low Emissivity Glass）等绿色低碳建材已广泛应用于主体结构、外墙、屋顶、门窗等施工活动中。绿色低碳建材产品不仅有助于降低碳排放，还能提高建筑品质和使用寿命。

（2）提高建材的回收利用率

对建材回收再利用可避免浪费并减少资源消耗，从而有效降低隐含碳排放。因此，应加大对建材回收技术的研发力度，提高回收材料的品质和再利用率，推广循环经济理念，强调资源的有效利用和循环利用。同时，政府应出台相关政策，鼓励和支持建材回收行业的发展，建立有效的补贴激励机制，鼓励企业和个人积极参与废旧建材的回收工作。可回收建材主要包括金属建材、混凝土、木材、玻璃、隔热保温材料等。常用建材的再利用率如表 2-6 所示。

常用建材的再利用率　　表 2-6

建材种类	再利用率（%）	建材种类	再利用率（%）
钢材	95	废铁金属	90
铝材	75	玻璃	80
混凝土	60	木材	65
碎石	60	塑料	25
门窗	80	PVC 管材	35

（3）使用高性能建材

高性能建材具有优异的物理、化学和机械性能，与一般建材相比，其制备过程具备更高的能源效率和环保特性。例如，绿色高性能混凝土通过采用特定骨料和掺合料，可以有效提高混凝土的强度和耐久性，从而延长建筑的使用寿命。同时，其良好的隔热性能可以提高建筑能效，降低建筑的能源消耗，并减少因采暖和制冷产生的碳排放。

（4）改进建材生产工艺和技术

落后、粗犷的生产工艺会造成建筑材料的严重浪费，并在生产过程中产生更高的碳排放，因此应采用余热回收利用等先进节能技术、推广节能降碳技术装备、鼓励企业建设绿色工厂，提高能源利用效率，减少对原始资源的需求，有效降低建材生产过程中的能源、资源消耗及碳排放量。

建材运输阶段的碳排放主要由运输材料的种类与质量、运输距离、运输方式和运输工具等因素决定，因此选择不同的运输机械、运输形式，优化调整运输距离会对建材运输阶段的碳排放产生较大影响。据此，建材运输阶段碳减排工作可从以下两方面开展：

（1）选用本地化建材

以降低运输过程的能源消耗为目标，选用本地加工制作的建材，从而缩短建材运输距离，减少建材运输阶段的碳排放。

（2）选择合适的运输机械

在运输机械的选择上，应根据建材实际重量和运输线路实际情况，选取满足运输需求、适当载重、低碳排放因子的运输机械。

2.3.2 施工阶段碳排放管理

施工阶段的碳排放来源为施工生产与办公生活产生的能源消耗，包含了施工过程中使用各种机械设备的能源消耗与施工现场人员办公生活的能源消耗。施工机械消耗的能源类型为化石能源和电力，其碳排放的影响因素为施工机械规格型号、机械台班消耗量等，办公生活所消耗的能源主要为电力和热力，如照明设备、各类办公设备、空调、暖气等，其中施工机械设备产生的碳排放是施工阶段碳排放的主要来源。

为有效管理建设施工过程中的碳排放，需制定科学合理的绿色低碳施工方案。施工技术方面，优先选用灌注桩干式施工法等绿色施工方法，相较于湿式作业法，其能够有效降低施工噪声、缩短工期，并减少运输车辆的投入使用，降低资源消耗，因此更为高效、经济、减碳。施工管理方面，推行绿色施工管理模式，建立绿色施工管理体系，合理安排施工时间，并定期维护施工机械设备，同时积极推广可再生能源应用、雨水收集、废弃物循环再利用等绿色技术。此外，使用节能起重机、节能载重汽车、节能泥浆泵等新型节能机械设备替换原有高耗能设备，降低施工机械能耗与碳排放。

能够在可行范围内减少材料与人员的运输次数，简化施工与拆除流程中的操作步骤，并优先选用节能型的施工机械设备，实现机械使用效率的最优化，进而降低施工过程中的碳排放量。

尽管从全寿命周期来看，施工阶段碳排放量所占比重相对较小，但该阶段具有碳排放集中、单位时间碳排放高的特点，因此不能忽视。施工阶段碳减排工作可从以下几个方面开展：

（1）采用绿色低碳的施工技术

在保证工程质量和安全的基础上，绿色低碳的施工可采用干式施工法、装配式建筑等，强调最大程度地节约资源、减少对环境的负面影响，从而有效节约施工资源并减少对环境的污染。同时，需要对施工现场能源结构进行优化，可使用光伏、风力等可再生能源代替化石能源，减少化石能源的使用。

（2）增加绿化面积

增大施工现场的绿化面积，通过更多的植被吸收大气中的CO_2，减少因土地利用而降低的土地碳汇，降低碳排放，并改善生态环境。应尽量采用屋顶绿化与乔、灌、草结合的复层绿化，并通过合理搭配乔木、灌木和草本植物，实现绿地的空间高效利用，并大幅度提升绿量。

（3）优化项目管理方式

采用各类新兴技术，如BIM、建筑机器人、智慧工地等，促进建筑业和智能化、工业化深度融合，通过优化项目管理方式方法，提高效率。可通过物联网及无线传感等技术对工地实施动态监控并实时传输数据，同时对水电气等消耗以及环境指标进行监测、统计、分析与措施整改，促进精细化动态管理，减少材料与能源消耗，从而降低碳排放。

2.4.1 运行阶段碳排放管理

1）运行阶段碳排放源

建筑与基础设施运行阶段碳排放主要来源于为满足住户日常生活以及基础设施功能的设备系统在运行时耗能产生的碳排放。运行阶段是从建筑物及基础设施投入运营使用到使用期结束的阶段，即建筑物与基础设施设计使用寿命。根据联合国政府间气候变化专门委员会（IPCC）2019 发布的《2006 年 IPCC 国家温室气体清单指南 2019 修订版》、国际标准化组织（ISO）在 2018 年发布的 ISO 14064—1《组织层面上对温室气体排放和清除的量化和报告的规范及指南》《建筑碳排放计算标准》GB/T 51366—2019，建筑与基础设施在该阶段碳排放来源可划分为：暖通空调、生活热水、照明及电梯、可再生能源和碳汇系统，如图 2-5 所示。

（1）暖通空调系统

暖通空调系统碳排放主要为能源消耗碳排放与制冷剂碳排放，其中能源消耗碳排放包括冷源能耗碳排放、热源能耗碳排放、输配系统碳排放和末端空气处理设备能耗碳排放。建筑暖通空调系统碳排放与建筑物运行特征密切相关，包括建筑类型、房间类型、是否安装空调、是否供暖、夏季与冬季设计温度和湿度、设计照度、设备能耗密度等参数。

（2）生活热水系统

生活热水系统碳排放主要为加热冷水至热水所消耗能源产生的碳排放，应根据生活热水耗热量计算。生活热水耗热量应根据生活热水单位耗热量、生活热水使用时间与热水用水定额测算，其中热水用水定额应按现行国家标

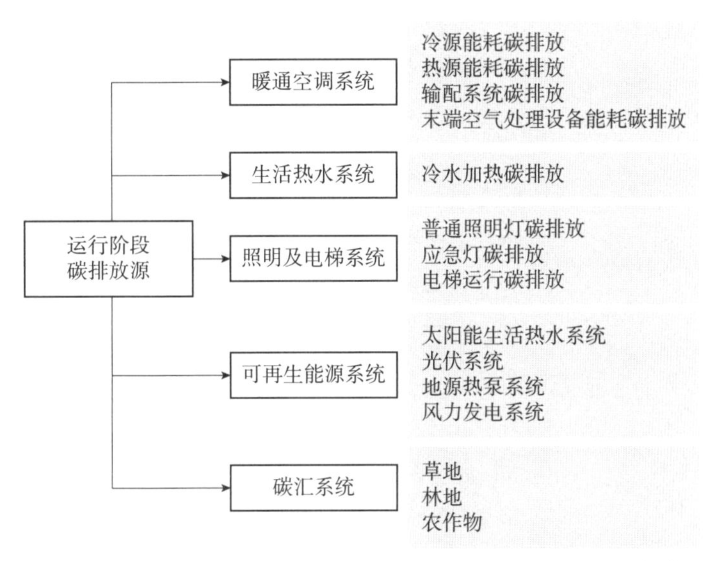

图 2-5　建筑与基础设施运行阶段碳排放源

准《民用建筑节水设计标准》GB 50555 确定。

（3）照明及电梯系统

照明及电梯系统碳排放主要为照明系统与电梯系统运营所消耗电力产生的碳排放。其中，照明系统包括普通照明与应急灯，普通照明系统碳排放与照明功率密度、照明面积、照明时间均有关，应急灯系统碳排放与应急灯照明功率密度和建筑面积有关。电梯运行碳排放与电梯运行速度、额定载重量、特定能量消耗等参数有关。

（4）可再生能源系统

可再生能源系统应包括太阳能生活热水系统、光伏系统、地源热泵系统和风力发电系统。其中，太阳能生活热水系统提供的能源主要为太阳能集热器将太阳能转化为热能；光伏系统主要通过光伏面板将太阳能转换为电能；地源热泵系统主要通过热泵系统将地热能转化为电能，提供给暖通空调系统；风力发电系统将风能转换为电能。

（5）碳汇系统

碳汇系统为建筑物周围绿化对碳排放的抵消，包括草地、树木等。绿化植被能够将大气中的 CO_2 作为有机物长期储存于植物和土壤当中。在众多绿色设施中，植被缓冲带、生物滞留设施、雨水花园、绿色屋顶的固碳量显著。但由于建筑物周围绿化面积较小，对碳排放抵消数量较小，一般情况下不予考虑。

2）运行阶段碳排放测算

根据《公共建筑运营企业温室气体排放核算方法和报告指南》，将运行中的建筑物作为一个整体进行考察，一般按照以下工作流程核算建筑运行碳排放。

（1）确定核算边界；

（2）识别排放源；

（3）收集活动水平数据；

（4）选择和获取排放因子数据；

（5）分别计算化石燃料燃烧排放、净购入使用的电力和热力对应的排放；

（6）汇总建筑碳排放量。

运行阶段的碳排放总量等于建筑边界内所有使用者的燃料燃烧排放、购入电力和热力所对应的 CO_2 排放量之和。

3）运行阶段碳排放监管

完善运行阶段碳排放数据监测体系，建立健全运行阶段碳排放数据统计制度。借助数字化工具，破除数据壁垒，在保证数据安全的前提下实现数据共享，提升数据应用效率。建立科学合理且有制度保障的数据采集、校核及发布机制，有效提升碳排放数据统计、监测和核算质量。

运行阶段碳排放相关数据主要包括水电气数据，可安装智能电表、智能水表等采集装置进行自动采集，或者由能源供应企业提供数据接口采集数据，运行主体构建碳排放监测平台，将用能数据接入平台，可进一步开展数据校核、对异常数据进行自动预警等工作，政府主管部门可定期组织对能耗及碳排放数据进行抽查和监管。

4）运行阶段碳减排方法

对于运行阶段碳排放，主要有以下几种碳减排方法：

（1）能源管理系统优化

传统能源管理收集数据模式较为粗放，主要由人工进行，效率低下。智能能源管理系统，在设计阶段构建 BIM 系统，在运行阶段通过增加传感器和反馈控制装置，实现建筑与基础设施的数字孪生，实时汇总内部用能情况，智能调节用能，有效改善传统用能习惯带来的能源浪费现象。

（2）照明系统优化

照明系统优化应在确保照明质量的前提下同时兼顾能源节约。主要原则为：充分利用天然光源，考虑不同照明需求进行自动控制，采用高效节能和适宜性的照明灯具。有研究指出，照明系统的优化策略包括能效优化、舒适度优化和用户体验优化，结合高效 LED 灯具、智能感应器，通过人工智能算法进行智能调光和自适应照明控制，实现自动开关灯光、光照强度调节、色温调节等，促进能源高效利用，有效降低照明系统的能耗和碳排放。

（3）暖通空调系统优化

有研究指出，暖通空调系统是运维阶段的重要用能对象，应根据建筑与基础设施本身情况和用户实际需求对暖通空调系统进行优化，实现对采暖、通风和空气调节三大功能各个分项的精准控制。利用好自然资源，适时调节温湿度和送风量，如空调水系统能根据负荷变化自动变频、变流量运行；空调风系统能在排风以及热回收功能上进行优化；空调末端系统能够进行送风量和空气温度参数的优化调节等。

2.4.2 维护阶段碳排放管理

1）维护阶段碳排放源

维护阶段碳排放源主要包括建材更换和维修施工所产生的碳排放。其中建材更换碳排放主要为建材生产全过程所产生的碳排放，常见建材在建筑寿命（50 年）内所需更换的次数见表 2-7，维修施工碳排放主要为施工过程中使用施工机械消耗能源所产生的碳排放。

常见建材更换次数　表 2–7

名称	使用寿命（年）	更换次数
建筑框架结构	50	0
输水管	50	0
电线、电缆	50	0
通风管道	50	0
木质装饰板	30	1
屋面防水卷材	30	1
墙地面瓷砖	30	1
木门	25	1
铝合金窗	25	1
铸铁水管	30	1
地暖 PPR 管	15	3
涂料	10	4
天花板	25	1
地板	50	0
地板漆	16	2
画壁纸	10	4

2）维护阶段碳减排方法

由于建筑与基础设施用能主要集中在空调系统、生活热水系统、照明系统等。在这些用能系统中，不合理使用情况较多，因此也可以采用相对应的节能改造技术进行节能减排。表 2–8 为当前常见的可供选择的节能技术以及相应的投资回收期。

建筑节能改造技术概览　表 2–8

设备系统	节能改造技术	投资回收期（年）
照明系统	光伏发电项目	3~5
	更换节能灯具	1~2
空调系统	更换高效制冷机	5~8
	水泵变频	2~4
	锅炉改市政热力	2~4
	烟气余热回收	2~5
	蒸汽冷凝水回收	1~4
	建筑围护结构改造	1~2
	供暖末端控制	1~2
	更换高效空调产品	0.5~1

续表

设备系统	节能改造技术	投资回收期（年）
变配电系统	更换节能型变压器	1~3
机电系统	升降电梯节能	2~4
供暖系统	热源节能改造	3~5
	热网节能改造	3~5

建筑与基础设施维护阶段的碳减排改造要针对不同类型建筑与基础设施的特点开展工作，可以按照“专业评估→耗能设备维保与改造”的流程推进。首先，应由专业机构进行碳排放评估，确定主要碳排放来源，提出碳排放改造的建议；其次，应对不同的耗能设备进行维保，提高能效，或进行节能技术改造，如在医院建筑中，主要针对电力系统、空调系统和水系统进行改造，如锅炉低氮燃烧器改造、更换节能灯具、采用变频空调、对雨水收集设置调节池、去除换热罐水垢、给水泵添加变频器等。同时，在改造过程中，要加强计量管理，推进基于计量数据驱动的系统实时调节。

建筑与基础设施拆除阶段碳排放源包括：拆除机械碳排放、运输碳排放、回收处理碳排放。拆除回收阶段是从建筑及基础设施拆除产生废弃物到废弃物最终处置的阶段。该阶段包括拆除、运输、回收处理三个过程。其中，拆除机械碳排放主要发生在拆除阶段，运输碳排放发生在建筑及基础设施废弃物运输阶段，回收处理碳排放主要发生在回收处理阶段。

2.5.1 拆除与现场处置碳排放管理

拆除过程是使用拆除机械设备对建筑及基础设施进行拆除并产生废弃物的过程，拆除施工机械设备消耗能源产生碳排放是该过程中碳排放的主要来源，与拆除施工机械设备的能源消耗效率和采用的能源类型、被拆除建筑及基础设施的规模等有关。

改革开放以来的建设项目，大部分仍处于设计使用寿命期内，未达到报废期，因此对该阶段碳排放主要采取估算方法。根据相关研究，可以假定拆除回收阶段产生的废弃物量与施工建造时使用的建筑材料量相同。因此，该阶段废弃物量可根据工程量清单结合工程定额确定，所使用的机械设备也可根据相关机械台班定额确定，比如《广东省建筑与装饰工程综合定额（2018）》。

2.5.2 废弃物运输碳排放管理

二维码 2-3 常见的各类建材运输方式碳排放因子

运输过程是指将建筑及基础设施施工中产生的废弃物运输到废弃物回收地点或废弃物填埋场的过程，运输工具运输废弃物产生的碳排放是该过程中的碳排放主要来源，与运输工具能源消耗效率和采用的能源类型、废弃物数量、废弃物运输距离等有关。

2.5.3 场外处置阶段碳排放管理

回收处理过程是指回收或填埋建筑及基础设施施工中产生的废弃物，回收处理可回收废弃物使用的机械设备能源消耗和建筑垃圾填埋场填埋不可回收废弃物使用的机械设备能源消耗，是该过程中两类主要的碳排放来源，与场外处置的机械设备能源消耗效率和采用的能源类型、需处置的废弃物量等有关。

相关研究表明，有序的建筑拆除回收能够促进节能减排，拆除回收的建筑材料经处理后可替代原材料，从而减少原材料开采，进而减少建筑材料开采、运输和加工而产生的碳排放。参考相关研究，常见的建材可回收利用系数以及废弃物回收替代原材料减少碳排放因子如表2-9、表2-10所示。其中，可回收系数为可回收量与总拆除量比值，替代原材料减少碳排放因子为在全生命周期中，回收1t建筑及基础设施废弃物能够抵消的碳排放量。

常见建材的可回收利用系数　　表2-9

材料名称	可回收系数	材料名称	可回收系数
PVC聚氯乙烯	0.80	铜管	0.90
UPVC水管	0.70	铝型材	0.85
钢筋	0.40	木材	0.75
塑料	0.10	焦油、沥青制品	0.75
非铁金属	0.90	铝	0.95

废弃物回收替代原材料减少碳排放因子　　表2-10

废弃物种类	替代的原材料	替代原材料减少碳排放因子（$kgCO_2e/t$）
钢铁	钢铁	−2268.648
铝	铝	−20074.169
木材	木材	−919.260
玻璃	玻璃	−1166.598
砖石废弃物	砂石	−2.425

2005年建设部发布《城市建筑垃圾管理规定》，要求建筑垃圾处置实行减量化、资源化、无害化和谁产生、谁承担处置责任的原则；2022年中华人民共和国住房和城乡建设部发布的《“十四五”建筑业发展规划》中要求，实现新建建筑施工现场建筑垃圾排放量每万平方米不高于300吨，其中装配式建筑排放量不高于200吨；2022年中华人民共和国住房和城乡建设部发布的《住房和城乡建设部 国家发展改革委关于印发“十四五”全国城市基础设施建设规划的通知》中要求，城市建筑垃圾综合利用率2025年达到50%以上；2024年2月，国务院办公厅发布的《国务院办公厅关于加快构建废弃物循环利用体系的意见》中提出推进废弃物精细管理和有效回收。因此，有研究指出，在拆除施工现场、设置现场可采用分类设备，将价值不同的废弃物分别运输至对应的回收加工场所或废弃物处置场所，构建分布式建筑垃圾处置模式，相较于传统将废弃物集中运输至堆积场所再做分类的模式，可减少废弃物运输距离，降低该阶段产生的碳排放。因此，应鼓励在建筑及基础设施生命周期结束后对建筑及基础设施进行有序拆除和分类回收利用废弃物，在拆除回收阶段设计现场分类回收方案，提高回收利用效率。

2.6 本章小结

本章从工程生命周期全过程视角，划定建筑与基础设施碳排放管理阶段。在此基础上，针对各阶段工作内容和主要活动，梳理我国有关政策要求和条例规定，明确碳排放管理程序及碳排放控制目标，通过对主要碳源进行识别，提出碳排放管理目标和相应的减排举措。本章的学习能够帮助读者了解建筑与基础设施碳排放管理的主要阶段，为后续有针对性地运用碳减排方法及进行碳排放管理决策提供帮助。

思考题

2-1　物化阶段碳排放来源于哪些方面？物化阶段碳排放在建筑全生命周期碳排放总量中占比较高的成因是什么？

（提示：参照第2.3小节。）

2-2　运维阶段是建筑全周期碳减排的重要阶段，你是如何理解的？

（提示：参照第2.4小节。）

2-3　你认为建筑拆除阶段碳减排重点应在哪些方面？

（提示：参照第2.5小节。）

第3章 建筑与基础设施碳排放管理主体

【本章导读】

碳排放管理活动需要依靠主体进行组织调度。由于建筑与基础设施项目的复杂性及其建设运营的长期性，相关碳排放管理活动往往涉及多类型主体，而各类主体各司其职方能确保碳排放管理的有效推进。本章旨在通过对碳排放管理主体类别的梳理以厘清碳排放管理活动中各参与主体的责任。首先，介绍与碳排放管理主体相关的理论，并在此基础上明确了碳排放管理主体类型及与其相关的碳排放管理活动。其次，详细介绍了各类型的碳排放管理主体的工作内容。最后，总结典型碳排放管理活动中的各方主体责任。本章的框架逻辑如图 3-1 所示。

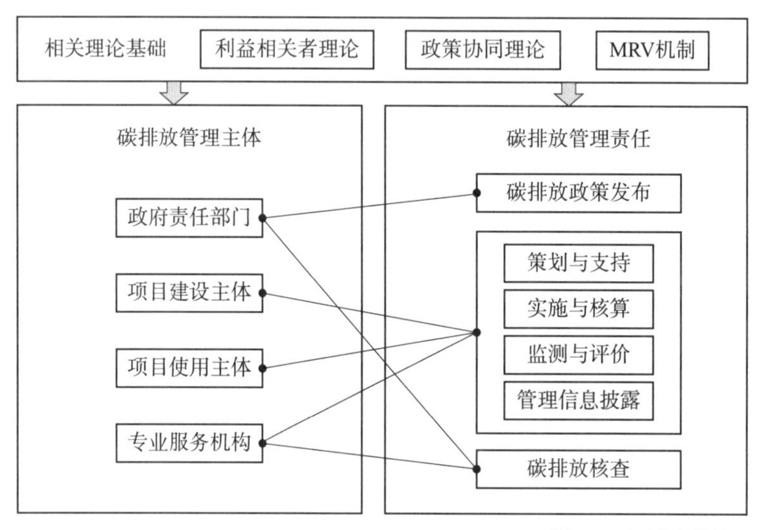

图 3-1　本章框架逻辑图

【本章重点难点】

了解利益相关者理论、政策协同理论、MRV 机制在建筑与基础设施碳排放管理主体研究方面的应用价值；掌握碳排放管理主体的类别及主要作用；熟悉建筑和基础设施项目全生命周期中涉及的各类型碳排放管理主体与其在碳排放管理活动中的责任对应关系及具体职责要求。

本节主要选取利益相关者理论、政策协同理论、MRV（Monitoring，Reporting，Verification）机制作为研究碳排放管理主体的重要理论基础。这三个理论存在着相互依存的紧密关系，其协同使用能够共同促进碳排放管理的有效实施和持续改进，其逻辑关系如图 3-2 所示。

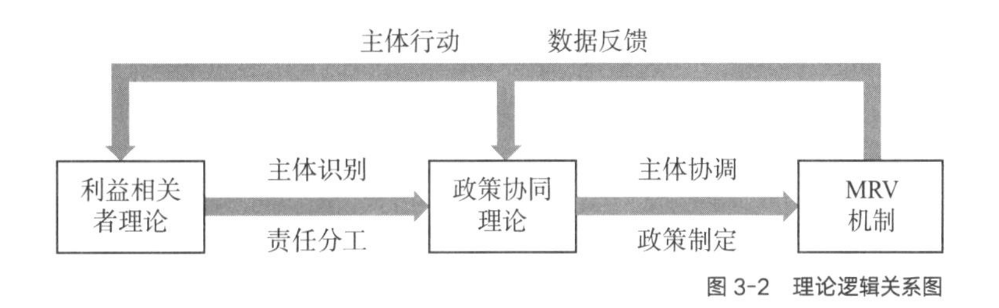

图 3-2 理论逻辑关系图

首先，利益相关者理论能够帮助识别和理解不同主体之间的利益关系和责任分工，为政策协同提供了基础。其次，政策协同理论帮助理顺各级政府部门之间的合作与协调机理，促进主体之间的资源整合和合作。最后，利用 MRV 机制可以提供数据支持，确保政策和行动的可监测性和可验证性；相关数据反馈给利益相关者和政策制定者，促使他们进行必要的调整和改进。

3.1.1 利益相关者理论

利益相关者理论最早应用于企业和公司管理。20 世纪 80 年代，Freeman 认为利益相关者是“任何能够影响组织目标实现或被组织目标实现过程所影响的团体或个人”。之后，随着利益相关者理论研究的发展以及项目实践中利益相关者对项目管理要求的加强，项目目标从实现“成本控制、进度控制、质量控制”逐渐向“让利益相关者满意”转变，工程项目建设与工程项目利益相关者间的有效沟通及管理成为项目成功的关键。Vinten 认为利益相关者管理的技能应是工程项目经理必须具备的一项关键技能。成功的项目经理要做到能够满足项目生命周期中各阶段利益相关者的需求。相反，无数工程项目失败的根源就在于对项目利益相关者的期望管理不成功，因为利益相关者掌握的项目资源和权力足以使项目夭折。因此，关于如何识别和管理利益相关者的利益关系研究已经较为成熟。

二维码 3-1 建设领域项目利益相关者分类研究

现如今，随着工程项目体量的不断扩大，面临的工程建设环境多变，涵盖的专业越来越多，涉及的利益相关者也随之不断增多。在已有的研究中，不同研究者从不同的角度和以不同的标准对项目的利益相关者进行了分类。作为一种管理理论，利益相关者理论强调在决策和管理过程中，应考虑到所有相关方的利益和需求，其在建筑碳排放管理的主体分类及责任研究中具有重要作用。

（1）利益相关者理论有助于识别和理解建筑碳排放管理项目中的各个利益相关者。通过了解每个利益相关者的特点、利益和影响力，决策者能够更好地制定碳排放管理策略，并在项目中更好地管理相关者之间的利益冲突和协作关系。

（2）借助利益相关者理论有助于建筑碳排放管理项目主体的分类。根据其对碳排放管理项目的影响力和利益程度，可以将主体划分为核心利益相关者和次要利益相关者。核心利益相关者可能是项目的建设主体和使用主体，他们对项目的决策和实施起着至关重要的作用。而次要利益相关者可能是政府机构和服务机构等，他们的参与和合作对于项目的成功也是必不可少的。通过主体分类，可以更有针对性地制定出碳排放管理策略，并将资源和精力集中在最关键的利益相关者身上。

（3）利益相关者理论有助于研究建筑碳排放管理项目中各个主体的责任和角色。不同的利益相关者承担着不同的责任和义务，他们在碳排放管理中的作用和职责也有所不同。通过研究每个主体的责任，我们可以明确各方的职责边界，促进合作和协调，并确保每个主体都履行其在碳排放管理中的责任。这有助于提高项目的执行效率和成果，最终实现减少碳排放的目标。

3.1.2 政策协同理论

1973 年 Haken 运用统计物理的观点结合信息论、控制论和突变论，运用逻辑类比的方法，正式提出协同这一概念。英国政府于 1999 年将“整体政府”的理念写成了《政府现代化白皮书》，试图通过减少各种政策之间的矛盾以达到政策协调。此后，希腊、加拿大和澳洲等亦开始实施了旨在推动政策协调的行政体制改革，政策协同理论开始步入了新公共管理理论体系中。

对于政策协同的概念，有学者认为政策协同是指两个以上的组织创造新规则或利用现有决策规则，共同应对相似任务环境的一个过程。也有学者认为政策协同是指政策制定过程中对跨界问题的管理。这些跨界问题超越现有政策领域的边界，也超越单个职能部门的职责范围，因而需要多元主体间的协同。虽然这些关于政策协同的概念在具体含义和着眼点上存在细微区别，但其共同点都是强调不同政策要素间的有效跨界合作，从而提升政策的公共价值。经济合作与发展组织（OECD）将政策协同归纳为三个层面的表现：横向维度上单一策略的对象和内涵互相协同；纵向维度上宏观对象、原始目标和具体效果之间的互相协同；时间维度上的稳定以及可持续有效运行。

随着政府中不同主体、不同层级、不同部门间网络化格局的出现，以及政府政策运行环境复杂性和共同应对经济危机、环境恶化、贫困及恐怖袭击等国际问题的需要，政策协同在政策分析和制定上具有关键作用。政府系统可以分为行政单位、成员、层级以及部门。此类主体大多基于自身利益进行协调从而实现一致、和谐与协作，有效提高政府的效能，为形成目标的实现创造可能。因此，政策协同是解决政府面临的复杂性问题、消除部门分化改革负面影响、提高政策实现效率、实现不同部门共同目标和推动经济社会可持续、高质量发展的有效途径。政策协同理论在建筑碳排放管理主体研究中具有重要的应用价值。

（1）政策协同理论可以帮助建筑碳排放管理项目中的各个主体实现合作与协调。在碳排放管理中，不同的主体往往存在各自的利益和目标，而政策协同理论通过制定相互配合的政策和措施，可以激励各主体在碳排放管理方面共同努力，减少信息不对称和协调困难。例如，政府可以出台相关政策，提供激励措施和规范要求，建设单位则可以在此基础上制定碳减排计划和实施方案。通过政策协同，各主体可以协同工作，共同推动建筑碳排放管理的实施。

（2）政策协同理论可以帮助建筑碳排放管理项目中的主体实现资源的优化配置。不同的主体在碳排放管理中可能拥有不同的资源，包括技术、资金和专业知识等。政策协同理论可以促使各主体通过信息共享、资源整合和互利合作等方式，实现资源的有效利用和共享。例如，政府可以通过政策引导，促使设计单位和施工单位采用低碳建筑材料和技术，建设单位则可以提供相应的资金支持。通过优化资源配置，可以提高碳排放管理项目的效率和成果。

（3）政策协同理论可以帮助建立建筑碳排放管理中的政策协同机制。政策协同机制是指通过政策的整合与协调，建立起各级政府部门之间、不同领域之间的合作与协调机制。在碳排放管理中，政策协同机制可以促使各级政府部门之间协同工作，形成统一的政策框架和执行机制。此外，政策协同机制还可以推动不同领域主体之间的合作，如设计单位与施工单位之间的合作。通过建立政策协同机制，可以实现碳排放管理政策的整体性、协调性和可持续性。

3.1.3 MRV 机制

MRV 是指碳排放的量化与数据质量保证的过程，包括监测（Monitoring）、报告（Reporting）、核查（Verification）。确立 MRV 机制的核心目标是获取碳排放单位真实、可信、可量化、可追溯、可核查的碳排放数据。其中，监测是指为了计算企业的碳排放而采取的一系列技术和管理措施，包括能源、物料等数据的测量、获取、分析、记录等。监测环节是碳排放基础数据的来源，要确定碳排放范围、数量、种类和水平，根据相关技术指南测量、计量或核算其温室气体排放量。报告是指对碳排放相关监测数据进行处理、整合、计算，并按照统一的报告格式向主管部门提交碳排放结果。报告环节是对监测结果输出的过程，输出内容包括基本信息、方式、周期、排放量和数据来源等，提交碳排放报告是核查工作的基础。核查是指通过文件审核和现场走访等方式对碳排放单位的碳排放信息报告进行核实，出具核查报告，确保数据真实可靠。核查环节是对监测和报告进行取证和确认的过程。核查有自我核查和第三方核查两类，在保证数据准确性的同时，也能帮助碳排放单位进一步完善监测和报告流程。

目前，与MRV机制相关的政策法规体系逐步建立完善。法规层面，2020年生态环境部发布的《碳排放权交易管理办法（试行）》成为碳市场建设的制度基础。技术层面，国家发展和改革委员会分三批次发布的涵盖24个行业的温室气体排放核算方法与报告指南用于指导监测工作；生态环境部发布的《企业温室气体排放报告核查指南（试行）》则用于指导报告和核查工作。操作层面，发布了各类报告及核查通知、控排企业名单等。如2022年3月，生态环境部官网发布了《关于做好2022年企业温室气体排放报告管理相关重点工作的通知》，对报送2021年温室气体排放报告的企业名单、内容、流程、核查要求等进行了详细说明。

在建筑和基础设施项目的碳排放管理中，构建并应用MRV机制对于实现低碳目标、推动行业可持续发展具有重要意义。MRV机制能够提供准确、可靠的碳排放数据，从而为管理主体提供数据基础，帮助他们了解建筑物的能耗和碳排放的情况。通过MRV机制，管理主体可以评估减排措施的效果，并监测碳排放目标的实现情况。此外，应用MRV机制还可以促进行业的透明度和问责机制，增加利益相关者的信任。

在国家层面，构建科学完善的MRV机制对于碳交易市场的平稳运行至关重要。MRV机制下的监测、核查后的排放量成为碳配额和平台交易的基础，直接影响碳交易体系的公信力。通过MRV机制，国家可以确保碳交易的准确性、可靠性和透明度，促进碳市场的稳定运行。此外，MRV机制还是提高碳排放数据质量的重要手段，为制定相关政策和法规提供基础，支持地区和国家的低碳宏观决策。在行业层面，一方面MRV机制确保减排目标实现的必要手段。通过提高排放数据质量，MRV机制为排放配额分配提供保障，有助于国家监管温室气体排放并实现气候减排目标；另一方面MRV机制可以帮助行业了解自身碳排放状况，建立温室气体排放管理体系，促进重点排放环节的减排。通过MRV机制，行业可以监测和评估碳排放情况，采取相应的措施实现碳减排目标，推动行业的可持续发展。在企业层面，MRV机制有助于优化供应链碳排放管理。在双碳背景下，企业面临供应链低碳发展的要求。通过MRV机制的实施，企业可以直观了解供应链各个环节中的温室气体数据，从而在科学的数据基础上有针对性地优化供应链的碳排放管理。通过MRV机制，企业可以识别和管理碳排放热点，减少碳排放，并积极参与供应链的碳减排合作。

基于利益相关者理论以及政策协同理论，本节主要将碳排放管理主体分为政府责任部门、项目建设主体、项目使用主体、专业服务机构四种类型，具体分类及主要作用如表 3-1 所示。

碳排放主体分类及主要作用　　表 3-1

主体类别	涉及主体	主要作用
政府责任部门	国务院、国家发展和改革委员会、生态环境部、住房和城乡建设部等，以及地方政府责任主体	制定政策和法规，监管执行和评估，推动建筑行业的碳排放管理和低碳发展
项目建设主体	建设单位、设计单位、施工单位、监理单位、材料设备供应单位等	在项目设计和实施阶段，采用节能技术和材料，控制施工过程中的能源消耗和排放，实现建筑碳排放的降低
项目使用主体	非生产性建筑业主、生产性建筑业主、基础设施项目业主等	负责建筑物的日常运营和管理，推行节能措施，提供低碳能源方案，实现建筑设施的高效使用，降低碳排放
专业服务机构	提供咨询、碳核算、碳监测机构、碳评价、碳核查等服务的第三方机构	提供碳排放评估、能源管理、节能改造等专业服务，协助建筑行业进行碳排放核算和管理，促进碳减排措施的实施和建筑行业的可持续发展

3.2.1 政府责任部门

1）国务院

随着国家双碳政策号角吹响，建筑行业在有着巨大碳排放占比与降碳压力的情况下，起到最关键作用的便是国务院。国务院即中央人民政府，是最高国家权力机关的执行机关，是最高国家行政机关，在我国碳排放管理过程中起到了颁布最新政策、给出发展方向、进行宏观调节、引导市场环境的作用，负责中国碳排放的顶层设计。

2021 年 5 月，中央层面成立了碳达峰碳中和工作领导小组，由国务院领导、多个部门和机构的高级官员组成，统筹国内国际工作协同和部署落实。此外，各级地方政府陆续成立碳达峰碳中和工作领导小组，编制完成本地区碳达峰实施方案，有序推进能源结构优化和产业结构调整，推动重点领域绿色低碳发展水平持续提升。

《2030 年前碳达峰行动方案》指出，碳达峰碳中和工作领导小组对碳达峰相关工作进行整体部署和系统推进，统筹研究重要事项、制定重大政策。碳达峰碳中和工作领导小组成员单位要按照党中央、国务院决策部署和领导小组工作要求，扎实推进相关工作。碳达峰碳中和工作领导小组办公室要加强统筹协调，定期对各地区和重点领域、重点行业工作进展情况进行调度，科学提出碳达峰分步骤的时间表、路线图，督促将各项目标任务落实落细。

此外，各地区碳达峰行动方案经碳达峰碳中和工作领导小组综合平衡、审核通过后，由地方自行印发实施。

2）国家发展和改革委员会

国家发展和改革委员会是综合研究拟定经济和社会发展政策，进行总量平衡，指导总体经济体制改革的宏观调控部门，其在建筑及基础设施碳管理中的作用主要体现在以下几个方面：

（1）制定发布与建筑碳排放领域相关的顶层政策。“十四五”以来，国家发展和改革委员会发布了《“十四五”现代能源体系规划》《关于加快建立统一规范的碳排放统计核算体系实施方案》《城乡建设领域碳达峰实施方案》《碳达峰碳中和标准体系建设指南》等。

（2）发布相关部门工作文件，组织温室气体排放报告工作、温室气体排放目标责任考核评价等的开展，规范碳排放报告与审查及排放监测计划制定。国家发展和改革委员会先后发布了三批共 24 个行业的温室气体排放核算指南，并主管《工业企业温室气体排放核算和报告通则》GB/T 32150—2015。

（3）不断扩充并完善碳排放权交易市场有关法规及行业政策，发布了《全国碳排放权交易市场建设方案（发电行业）》等指导文件。

此外，碳达峰碳中和工作领导小组办公室设立于国家发展和改革委员会，切实履行相关职能，研究制定制度转变工作方案，推动经济社会发展全面绿色转型。2021 年 8 月，碳达峰碳中和工作领导小组办公室成立碳排放统计核算工作组，负责组织协调全国及各地区、各行业碳排放统计核算等工作。此外，碳达峰碳中和工作领导小组办公室组织编制了《碳达峰碳中和政策汇编》一书，已于 2023 年 2 月 16 日出版发行。

3）生态环境部

生态环境部是负责中国生态环境保护、污染治理和监管的国家部门，其职责包括建立健全生态环境基本制度、重大生态环境问题的统筹协调和监督管理、监督管理国家减排目标的落实、生态环境领域固定资产投资规模和方向的规划和监督等。其在政策制定及法规发布，以及具体碳排放审查及碳排放权交易工作中具有重要作用。

政策制定及法规发布上，生态环境部参与发布了《关于加快建立统一规范的碳排放统计核算体系实施方案》《建立健全碳达峰碳中和标准计量体系实施方案》《建材行业碳达峰实施方案》等顶层设计方案；组织开展碳排放报告与核查及排放监测计划制定、企业温室气体排放报告管理、重点行业建设项目碳排放环境影响评价试点等工作，并先后印发了《企业温室气体排放报告核查指南（试行）》《企业温室气体排放核算与报告指南 发电设施》；组织开展碳排放权市场数据质量监督管理、碳排放权交易额分配等相关工作，并发布《碳排放权交易管理办法（试行）》《碳排放权登记管理规则（试行）》《碳排放权交易管理规则（试行）》《碳排放权结算管理规则（试行）》等有关文件。

在纵向的层级管理上，根据《碳排放权交易管理办法（试行）》第六条，生态环境部负责制定全国碳排放权交易及相关活动的技术规范，加强对地方碳排放配额分配、温室气体排放报告与核查的监督管理，并会同国务院其他有关部门对全国碳排放权交易及相关活动进行监督管理和指导；省级生态环境主管部门负责在本行政区域内组织开展碳排放额分配和清缴、温室气体排放报告的核查等相关活动，并进行监督管理；设区的市级生态环境主管部门负责配合省级生态环境主管部门落实相关具体工作，并根据本办法有关规定实施监督管理。

4）住房和城乡建设部

住房和城乡建设部的职责涵盖了城乡建设各个方面，包括住房保障、建筑管理、规划指导、质量安全监管等，体现了对住房和城乡建设领域全面监管和推动的责任。建筑碳排放是城乡建设领域碳排放的重点，住房和城乡建设部高度重视并积极推动建筑领域碳减排，主要体现在以下方面：

（1）积极推动建筑源头减碳。顶层设计上，住房和城乡建设部联合国家发展和改革委员会印发了《城乡建设领域碳达峰实施方案》等，在规划源头上避免了一些低效、无效建设项目；配合国家发展和改革委员会做好省级人民政府节能目标责任考核工作，将建筑节能作为其中的一项重要考核内容。标准引领上，住房和城乡建设部发布的《建筑节能与可再生能源利用通用规范》GB 55015—2021 对新建建筑和既有建筑的建筑能耗和碳排放强度等指标均作了强制性要求；发布的《建筑碳排放计算标准》GB/T 51366—2019 为建筑碳排放的计算方法提供了规范指导。

（2）积极发展绿色建筑。政策制定上，报请中共中央办公厅、国务院办公厅印发了《关于推动城乡建设绿色发展的意见》，明确了建设高品质绿色建筑的重点任务；印发《关于加强超高层建筑规划建设管理的通知》，提出加强超高层建筑节能管理等要求。规划编制上，印发《“十四五”建筑节能与绿色建筑发展规划》，对绿色建筑、超低能耗建筑、装配式建筑等均作出明确要求，并制定了具体目标。标准编制修订上，先后出台实施《绿色建筑评价标准》《既有建筑绿色改造评价标准》《建筑节能与可再生能源利用通用规范》《近零能耗建筑技术标准》等系列标准，推动绿色建筑、建筑节能、超低能耗建筑、装配式建筑等标准规范体系逐步完善。

5）其他中央政府部门

国务院的其他组成部门也参与了与碳排放相关的政策制定及发布。例如工业和信息化部发布了《“十四五”工业绿色发展规划》《工业领域碳达峰实施方案》等，编制完成了《工业领域碳达峰碳中和标准体系建设指南（2023版）》（征求意见稿）；科学技术部发布了《“十四五”生态环境领域科技创新专项规划》《科技支撑碳达峰碳中和实施方案（2022—2030年）》等；教育部发布了《绿色低碳发展国民教育体系建设实施方案》。国家机关事务管理局曾组织开展2012年度节能目标责任评价考核和控制温室气体排放目标责任试评价考核工作，国家认证认可监督管理委员会于2014年印发了《“十二五”国家科技支撑计划“国际背景下我国重点行业碳排放核查及低碳产品认证认可关键技术研究与示范”“区域优势特色有机产品认证关键技术研究与示范”项目实施意见》，财政部于2019年印发了《碳排放权交易有关会计处理暂行规定》。

6）地方政府及责任部门

当国务院及组成部门将相应政策制定并下发之后，各级地方政府结合自身发展情况，以国家颁布的相应宏观调控政策为基础，出台适合本省（市、区）的相应政策与法律规定，并付诸行动，进行低碳与绿色技术试点，落实到试点地区以及试点企业，从而大力支持碳排放管理以及减碳行动，与中央政府形成良好的政策循环互动。

在政策发布方面，以江苏省为例，自2021年以来，目前已有由省人民政府印发的《江苏省“十四五”新型基础设施建设规划》《江苏省碳达峰实施方案的通知》，由省住房和城乡建设厅印发的《江苏省建筑业“十四五”发展规划》，由省住房和城乡建设厅联合省发展和改革委员会印发的《江苏省城乡建设领域碳达峰实施方案》等一系列与建筑碳排放领域相关的因地制宜的政策文件。

在法规制定方面，目前已有广东省政府、上海市政府、深圳市政府颁布的地方碳排放管理试行办法，深圳市政府、福建省政府、湖北省政府颁布的地方碳排放权交易管理办法；此外，深圳市人大于2019年颁布了《深圳经济特区碳排放管理若干规定（2019修正）》的经济特区法规，陕西省生态环境厅与市场监督管理局于2023年印发了《陕西省碳排放数据质量管理办法（试行）》，湖北省生态环境厅于2022年印发了《湖北省碳排放第三方核查机构管理办法》，上海市生态环境局于2021年印发了《上海市碳排放核查第三方机构监督和考评细则》，重庆市生态环境局于2021年印发了《重庆市建设项目环境影响评价技术指南——碳排放评价（试行）》。

3.2.2 项目建设主体

1）建设单位

建设单位是指执行国家基本建设计划，组织、督促基本建设工作，支配、使用基本建设投资的基层单位。建设单位贯穿于项目全生命周期的整个过程，包括项目可行性研究、策划设计、材料设备采购、施工生产、验收交付以及后期维护管理等各个阶段。

建设单位虽然不像其他单位能够对项目建设碳排放产生较为直接的作用，但也能够在整个项目全生命周期内对项目碳排放进行一定的影响。建设单位可以紧跟国家政府制定的相关政策，例如对《城乡建设领域碳达峰实施方案》《"十四五"建筑节能与绿色建筑发展规划》《"十四五"建筑业发展规划》等一系列有关建筑碳排放的政策标准文件进行了解，吃透行业政策，从而可以指导其他单位，为其他单位进行本单位有关工作给出方向。同时，建设单位还应了解其他行业的碳排放政策以及碳交易权有关政策，包括《2021、2022 年度全国碳排放权交易配额总量设定与分配实施方案》《碳排放权交易管理条例》《全国碳排放权交易市场建设方案》等，从而能够在相关建设过程中有效地进行碳排放管理，控制好自身碳排放额度，使得自身企业能够在碳排放交易市场占据主导地位，从而推动项目成功建成。此外，建设单位还应该打通相关产业链，通过上下游进行助力，例如在建筑前期准备工作、建筑中期建设过程以及后期使用阶段利用数字化丰富减碳渠道、赋能减碳工作，充分贯彻实施绿色建筑发展政策。

2）设计单位

设计单位是指建设单位在项目实施前所委托的为建设单位的建设项目进行总体设计的单位，一般负责工程的初步设计、施工图设计，为监理单位提供工程监理的依据，为施工单位进行工程的建造提供依据。设计单位主要参与项目可行性研究以及项目初步设计、施工图设计以及后续深化设计。

在《建筑节能与可再生能源利用通用规范》GB 55015—2021 发布后，设计阶段又增加了一项任务，即减少建筑碳排放。勘察设计是决定建筑选材和建筑运行能否达到"双碳"目标的前置条件，通过规划设计的结构选型、设备选配、建筑选材和运行调试等，可以从源头开展以低碳为导向的优化设计。而在建筑设计初期，通过初始结构设计、选择低碳建材、优化建筑外形、选用适合当地气候的建筑材料、选择高效的热舒适系统、提高日光利用率、增加可再生能源利用等方式，能够从源头上大大减少碳排放。因此，设计单位通过遵循例如《建筑碳排放计算标准》《关于支持建筑领域绿色低碳发展若干措施》《减污降碳协同增效实施方案》等有关碳排放计算、减少碳排放技术措施、发展减排能源等政策标准，能够从源头摸清并控制建筑物碳排放，从而大大降低对应碳排放量。

3）施工单位

施工单位又称“承建单位”，指承担基本建设工程施工任务，具有独立组织机构并实行独立经济核算的单位。施工单位一般负责建设工程项目材料的采购、生产施工乃至验收交付等整个环节。如果说设计单位是从源头开始减少碳排放量，那么施工单位则是通过在整个工程项目施工过程中采取措施来减少碳排放。

建设项目施工过程就是一个进行大量碳排放的过程，因此施工单位应该切实按照国家政策与标准进行施工。根据《“十四五”住房和城乡建设科技发展规划》《“十四五”建筑业发展规划》《建筑节能与绿色建筑发展规划》等政策文件可以得出，施工单位应该遵守有关升级技术、更新材料等方面低碳政策，通过采取更高效环保的施工技术，例如装配式建筑施工、光伏建筑施工、建筑垃圾利用等，能够大大减少施工过程中的污染以及碳排放。同时落实打造绿色施工要求，将施工过程中项目现场材料、能耗管理纳入考核范围内，有效进行碳排放数据管理。另外，通过遵循《加强碳达峰碳中和高等教育人才培养体系建设工作方案》等有关培养全民低碳政策标准，可以首先大力对施工人员开展碳排放有关教育、宣讲会，再培养低碳施工人才等，提高整体施工队伍碳排放管理素质。在施工过程中，施工单位还应遵循《碳监测评估试点工作方案》《建筑碳排放计算标准》《碳监测评估体系框架》等有关碳排放计算标准文件，计算建设项目施工过程中各个方面的碳排放数据，并按照标准规定的格式将数据进行核查上报，从而进行合理有效的碳排放管理。

4）监理单位

监理单位是指经过建设行政主管部门的资质审查，受建设单位的委托，依照国家法律规定要求和建设单位要求，在建设单位委托的范围内对建设工程进行监督管理的单位。监理单位作为贯穿建设项目全生命周期的单位，在项目碳排放控制过程中主要起到监管与辅助作用。在施工设计阶段通过《“十四五”住房和城乡建设科技发展规划》《“十四五”建筑业发展规划》等政策文件对设计单位的设计成果进行审查，辅助设计单位进行减碳设计的工作。在施工过程乃至验收交付过程中，通过《建筑节能与绿色建筑发展规划》《城乡建设领域碳达峰实施方案》等政策文件对整个施工监督工作进行规划与部署，检查并核实施工单位所采取的技术以及设备是否符合低碳环保以及绿色建筑的标准，并同样通过《建筑碳排放计算标准》《碳监测评估体系框架》《民用建筑节能条例》等文件对施工单位碳排放数据计算以及记录的真实性与准确性进行核查，保障数据准确，形式规范，不弄虚作假。在材料供应过程中，通过《建材行业碳达峰方案》《城市绿色货运配送示范工程管理办法》等政策标准，对建筑材料的供应以及运输过程碳排放管理进行监管，使得管理高效有序。

5）材料设备供应单位

材料设备供应单位是指可以为建筑企业生产提供原材料、设备、工具及其他资源的企业单位，既可以是生产企业，也可以是流通企业。材料设备供应单位经过与施工单位联系之后，便将施工所需要的材料以及设备供应至施工现场，主要影响项目建设过程中的采购以及施工过程。而建筑与材料环节是建筑行业碳排放的第一大来源。

材料设备供应单位应遵循《建材行业碳达峰方案》《“十四五”可再生能源发展规划》等文件，以绿色建材生产应用为重点，构建绿色建材产业体系以及加快绿色建材生产和应用，包括将水泥、玻璃、石灰墙体材料等纳入绿色建材标准体系，加快推进绿色建材产品认证，扩大绿色建材产品供给，提升绿色建材产品质量等，并通过绿色新能源进行相应建筑材料的生产，有效利用建筑垃圾进行再回收利用，从而在建材设备供应方面大大降低项目建设的碳排放总量。另外，材料设备供应单位还应根据《城市绿色货运配送示范工程管理办法》《绿色交通“十四五”发展规划》等有关材料设备运输交通减碳标准文件，在材料设备运输过程中减少相应碳排放，做到绿色运输，低碳运输。对很难进行绿色建材改造且工业化程度很高的部分，例如钢筋这类用量巨大的材料，可以参考《“十四五”工业绿色发展规划》《关于促进钢铁工业高质量发展的指导意见》等工业碳达峰政策文件，在建筑材料工业化生产过程中采取绿色生产，低碳行动的措施进行一定程度的碳排放控制，从而使得建材碳排放能在一定程度上得到有效地降低。

3.2.3　项目使用主体

项目使用主体一般指业主或承租方，根据项目性质可以分为建筑业主和基础设施项目业主。建筑业主主要参与建筑全生命周期中的运行阶段，根据建筑的用途不同，业主使用不同建筑系统消耗能源而产生碳排放。基础设施项目业主主要参与基础设施项目全生命周期中的运行阶段，项目业主为了使基础设施发挥社会生产和为居民生活提供公共服务的功能使用各类设备系统而消耗能源从而产生碳排放。

我国建筑按使用性质的不同分为非生产性建筑和生产性建筑。非生产性建筑又称为民用建筑，包括居住建筑、公共建筑；生产性建筑分为工业建筑和农业建筑。基础设施项目则包括交通、能源、水利、物流等传统基础设施以及以信息网络为核心的新型基础设施。

对于非生产性建筑，业主应该遵循《民用建筑节能条例》中规定的在保证民用建筑使用功能和室内热环境质量的前提下，降低其使用过程中能源消耗的活动。例如使用可再生能源、保证建筑用能系统正常运行、不得人为损坏建筑围护结构和用能系统等。居住建筑业主为了满足其日常居住生活需求消耗能源而产生碳排放的主要活动包括供暖、通风、空调、照明和炊煮等。公共建筑根据使用用途，又可以细分为办公建筑、商业建筑、旅游建筑、科教文卫建筑、通信建筑和交通运输建筑等类型，其碳排放活动根据需求的不同而不同。根据《公共建筑运营企业温室气体排放核算方法和报告指南（试行）》，业主一般作为公共建筑碳排放管理的主体，如果公共建筑存在租赁使用，承租方有义务配合公共建筑业主管理公共建筑运营的温室气体排放，公共建筑物业方有义务督促承租方尽其责任。

对于生产性建筑，业主为了保障生产服务在厂房内从事生产活动消耗能源而产生碳排放。生产性建筑业主在工业生产过程中应重点关注钢铁、石化、化工、有色金属、建材、机械、造纸、纺织、汽车、食品加工等低碳固碳技术、低碳工艺及装备、非二氧化碳温室气体减排技术、原 / 燃料替代技术、低碳检测技术、低碳计量分析技术、绿色制造、节水等关键技术的利用。

对于基础设施项目，业主在基础设施运行过程中应关注建筑废物循环利用设备、空气源热泵设备的利用等，以及面向节能低碳目标的通信网络、数据中心、通信机房等信息通信基础设施的工程运维阶段减碳。

3.2.4 专业服务机构

在碳排放管理活动中，专业服务机构按照技术服务类型进行划分，包括咨询机构、碳核算机构、碳监测机构、碳评价机构和碳核查机构等。部分专业机构能够提供综合性的技术服务。政府责任部门可以通过备案方式、采购招标方式或政府服务购买方式委托专业服务机构开展相应工作。此外，专业服务机构也接受项目建设主体和项目使用主体的委托，提供客户所需的技术服务，实现委托方的碳排放管理目标。

二维码 3-2 部分省份专业碳排放服务机构

基于利益相关者理论和政策协同理论在主体分类及关系协调的指导作用，在 MRV“监测、报告、核查”的机制设定上，完善并丰富碳排放管理体系的活动，并依据现有的政策报告、法律法规、标准规范、行业案例等，将不同类型的参与主体与各类型碳排放管理活动进行对应，贯穿建筑与基础设施项目实施碳排放管理行为的全过程。本节首先介绍政府责任部门当前的政策发布情况，并参考现行的行业相关法律法规、标准指南等文件，梳理碳排放策划与支持、碳排放实施与核算、碳排放监测与评价、管理信息披露、碳排放核查等碳排放管理活动中具体的责任及要求。本节介绍的碳排放管理活动主体与责任的对应关系如表 3-2 所示。

碳排放管理活动主体与责任对应关系　　表 3-2

责任主体	主要职责	
政府责任部门	碳排放政策发布	
项目建设主体、项目使用主体	碳排放策划与支持	分析法律法规、标准及其他要求
		碳评估
		制定管理目标及实施方案
		资源配置
项目建设主体、项目使用主体、专业服务机构	碳排放实施与核算	设计、采购和运行控制
		核算与报告
项目建设主体、项目使用主体、专业服务机构	碳排放监测与评价	监测与分析
		合规性评价
		内部审核
		改进与纠正
项目建设主体、项目使用主体	碳排放管理信息披露	
政府责任部门、专业服务机构	碳排放核查	

3.3.2、3.3.3、3.3.4、3.3.5、3.3.6 节内容参考的相关文件有：《工业企业温室气体排放核算和报告通则》GB/T 32150—2015、《企业温室气体排放报告核查指南（试行）》、《碳管理体系要求及使用指南》T/CIECCPA 002—2021、《PAS 2080：2016——基础设施的碳管理》、《碳排放管理体系实施指南》DB11/T 1559—2018、《企业温室气体排放管理规范》DB51/T 2987—2022、《建筑物温室气体排放的量化和报告规范及指南（试行）》、《组织碳排放管理信息披露指南（征求意见稿）》等。

本节提及的“碳排放单位”包括项目建设主体及项目使用主体，作为碳排放管理活动的核心利益相关者，其管理者及从业人员应遵循好“策划－实施－监测－披露”的程序，针对碳排放管理活动进行有效策划并提供资源，通过实施控制及监测，发现问题及时改进，并将碳排放管理融入碳排放单位的日常活动中。

3.3.1 碳排放政策发布

国家主席习近平于 2021 年 10 月 12 日在《生物多样性公约》第十五次缔约方大会领导人峰会上发表主旨讲话并指出，为推动实现碳达峰和碳中和目标，中国将陆续发布重点领域和行业碳达峰实施方案和一系列支撑保障措施，构建起“1+N”政策体系。

“1+N”政策体系中的“1”是指 2021 年 5 月发布的《中共中央国务院关于完整准确全面贯彻新发展理念做好碳达峰碳中和工作的意见》，意见是党中央对碳达峰碳中和工作进行的系统谋划和总体部署，覆盖碳达峰、碳中和两个阶段，是管总管长远的顶层设计，在碳达峰碳中和政策体系中发挥统领作用。

“1+N”政策体系中的“N”则包括能源、工业、交通运输、城乡建设等分领域分行业碳达峰实施方案，以及科技支撑、能源保障、碳汇能力、财政金融价格政策、标准计量体系、督察考核等保障方案。2021 年 10 月印发的《2030 年前碳达峰行动方案》是“N”中为首的政策文件，有关部门和单位将根据方案部署制定能源、工业、城乡建设、交通运输、农业农村等领域以及具体行业的碳达峰实施方案，各地区也将按照方案要求制定本地区碳达峰行动方案。

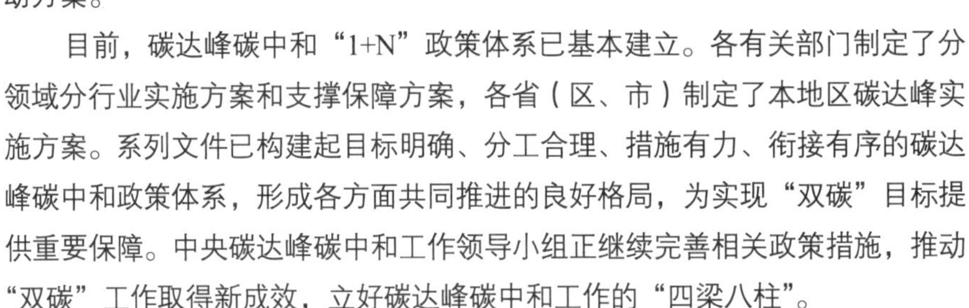

目前，碳达峰碳中和“1+N”政策体系已基本建立。各有关部门制定了分领域分行业实施方案和支撑保障方案，各省（区、市）制定了本地区碳达峰实施方案。系列文件已构建起目标明确、分工合理、措施有力、衔接有序的碳达峰碳中和政策体系，形成各方面共同推进的良好格局，为实现“双碳”目标提供重要保障。中央碳达峰碳中和工作领导小组正继续完善相关政策措施，推动“双碳”工作取得新成效，立好碳达峰碳中和工作的“四梁八柱”。

二维码 3-3 “十四五”以来碳排放相关政策

3.3.2 碳排放策划与支持

1）分析法律法规、标准及其他要求

碳排放单位应建立获取和识别法律法规、标准及其他要求的程序。具体内容包括：

（1）定期搜集和获取相关的法律法规、标准及其他要求；

（2）识别出适用于本单位的法律法规、政策、标准及其他要求的具体条款，形成碳排放单位应遵守的法律法规、标准及其他要求的清单；

（3）在规定的实施间隔内评审法律法规、标准及其他要求，以确保其适宜性；

（4）需要分析的其他要求包括但不限于：政府部门的行政要求、行业协会的要求、自愿减排协议、与顾客的合同、与供方的合同、碳排放单位对公众的承诺等。

2）碳评估

碳排放单位应定期开展碳评估。当碳排放单位发生重大生产变化及其他对排放量影响较大的事项时，应组织实施碳评估工作。碳评估步骤包括：

（1）确定碳评估范围和边界。

（2）确定碳排放源。碳排放单位应对识别出的碳排放源加以分类，应与所采用的核算和报告指南相一致；考虑已经纳入计划或新建设施产生的排放源。

（3）确定活动水平数据和排放因子。碳排放单位应评价监测计划和排放因子的适宜性；应在遵循相关核算和报告指南的前提下，优先采用可通过实际监测直接得到的活动水平和排放因子数据。

（4）依据适用的相关核算和报告指南计算排放量。

（5）识别影响碳排放的因素，包括但不限于建筑和基础设施项目特征、设备性能、建筑材料类型、能源品种、规章制度、人员能力与意识等。

（6）明确碳排放基准和先进值。碳排放基准的选择应具有代表性，可以是上一年度或典型年的数据，也可以是多年平均值；碳排放先进值建立目的是便于碳排放单位发现问题和找出减排潜力，选择碳排放先进值时可考虑国内同行业先进水平、国际同行业先进水平、碳排放单位自身的历史最佳水平等。

（7）完成碳评估报告。

3）制定管理目标及实施方案

碳排放管理目标及对应的管理实施方案应建立在对碳排放结果的数据分析基础上，并符合相关方和碳排放单位自身的需求。

碳排放单位应建立碳排放管理目标，目标主要指碳减排目标，涉及排放量及碳排放强度的变化等。此外，碳排放单位应根据客观情况的变化，适时调整碳排放管理目标，以适应变化的要求。碳排放管理目标应是有具体指向、可量化的，并顾及中期和长期的需求。在制定碳排放目标时，碳排放单位应考虑：

（1）法律法规及其他要求。

（2）自身的生产计划。

（3）现有的减排机会。

（4）行业碳排放强度先进值。

（5）其他应当考虑的因素，包括但不限于外部合规性要求、外部抵消机制等。

碳排放单位应针对识别出的碳排放影响因素，制定碳排放管理实施方案，用以支撑碳排放管理目标的实现。碳排放管理实施方案包括但不限于：

（1）主要措施和技术内容，以及预期的减排目标。

（2）责任部门及其职责。

（3）需要的资源，包括人力、物力和财力等。

（4）时间进度安排。

（5）对结果进行验证的方法。

4）资源配置

碳排放管理单位应为碳排放管理实施方案的正常运行配置相应的资源，包括但不限于：

（1）人力资源，包括但不限于熟悉碳排放核算与报告的人员等。

（2）设备设施，包括但不限于建筑物和相关设施、软件和硬件设备、运输资源信息和通信技术、监测计量设备等。

（3）资金支持，包括但不限于推行碳排放管理实施方案所需的资金、进行减排考核的奖励资金等。

（4）技术资源，包括但不限于第三方技术服务机构、先进适用的减排技术资讯等。

3.3.3 碳排放实施与核算

1）设计、采购和运行控制

设计控制指碳排放单位在新建和改进设施、设备、系统和过程的设计时，并对碳排放管理绩效具有重大影响的情况下，应考虑碳排放管理绩效改进的机会。设计单位应建立相关制度，一方面确保与施工单位及材料设备提供单位的合作，研究低碳解决方案的可行性，另一方面确保它们对建设单位的资产标准等提出质疑，以推动低碳解决方案的实施。适当时，碳排放管理绩效评价的结果应纳入相关项目的规范、设计和采购活动中。

采购控制指碳排放单位采购可能对碳排放产生影响的服务、产品或设备时，应考虑法律法规及标准等其他要求、供应商能力和信誉、采购标准或规范、与自身基础的匹配性等因素。材料设备提供单位应在其供应量中推广碳管理，并主动向其他碳排放管理主体传达碳信息，推广低碳解决方案。

运行控制指碳排放单位一方面应按照作业文件运行和维护设施、设备、系统和过程，另一方面推进实施碳排放管理实施方案，包括但不限于工艺设备更新、产品升级换代、燃料转换或替代、能效提升活动，以及在工艺过程的设计开发中提高新能源和可再生能源的利用程度，如太阳能和地热能等。

2）核算与报告

碳排放单位或被委托的提供核算服务的专业机构应根据适用的温室气体排放核算方法和报告指南进行核算与报告，确保核算和报告的数据与其预定的用途相符，以及核算和报告符合相关准则的要求。

碳排放核算与报告应遵循以下原则：

（1）相关性。应确保在编制碳排放报告时所采用的边界、资料、数据以及方法，能适当地反映有关建筑物的碳排放状况，并满足相关需要。

（2）完整性。在已选定的建筑物和运行边界内，应量化和报告所有的碳排放信息。任何例外均应该说明。

（3）一致性。对量化和报告不同时期内的建筑物运行过程碳排放，有关计算范围、边界及方法的变化应采用相同的方法，并记录清楚。

（4）准确性。应保证建筑物运行过程的碳排放信息来源和计算过程的可靠和正确。

（5）透明性。应充足、充分、透明地发布建筑物运行过程的碳排放信息的支撑材料。

碳排放核算与报告的工作流程及内容如下：

（1）确定碳排放核算边界。应确定碳排放核算边界与涉及的时间范围，明确工作对象；应按照国家标准化文件、行业标准化文件、本行政区域的地方标准化文件、主管部门制定政策文件和技术指南等温室气体排放核算与报告规范要求核算边界与范围。

（2）进行碳排放核算。应按照下列步骤开展碳排放核算：①识别碳排放源与种类；②选择碳排放核算方法；③选择与收集碳排放活动数据；④选择或测算碳排放因子；⑤核算汇总碳排放量及相关指标。

（3）核算工作质量保证。应加强碳排放数据质量管理工作，实施有效的内部质量管理，明确碳排放核算和报告编制的职责分工，不断提高自身监测能力，建立健全的碳排放数据记录管理体系，建立碳排放报告内部审核制度。

（4）编制温室气体排放报告。应根据核算结果编制碳排放报告。报告的具体内容应包括：①报告主体基本信息；②碳排放量；③活动数据及来源；④排放因子数据及来源。

3.3.4 碳排放监测与评价

1）监测与分析

碳排放单位或被委托的提供监测服务的专业机构应在项目建设运行过程中，对碳排放相关的关键参数进行监测和分析，并根据分析结果进行有效控制，应对监测结果形成记录。具体职责内容包括：

（1）应制定监测计划，监测计划应包括监测的内容、监测的责任部门、监测的形式、监测的频率、监测结果的记录形式等。

（2）监测的主要内容包括但不限于碳排放管理目标的实现程度、碳排放活动水平及排放因子、新增设施的排放量情况，及其他生产数据，如产品产量、建筑面积、产值等。

（3）应对监测结果进行分析，包括异常波动分析、与先进值对比分析等。当分析过程中发现碳排放状况出现重大偏差时，应及时分析原因并采取应对措施。

（4）应定期对管辖范围内的监测设备进行检定或校准，确保监测结果的准确性和可重复性。必要时，建立碳排放信息监控系统，实现碳排放数据的在线采集和实时监控。

2）合规性评价

碳排放单位应定期评价本单位对与碳排放相关的法律法规和其他要求的遵守情况，应重点评价其在碳排放和碳减排方面的合规性状况，应保存合规性评价结果的记录。

3）内部审核

内部审核是相对独立的活动，用以评价碳排放管理体系运行的符合性和有效性，为管理评审提供依据。内部审核宜由碳排放单位内部或委托专业服务机构成立审核组实施，具体职责内容包括：

（1）内部审核前应制定审核计划，审核计划至少包括审核目的、审核依据、审核范围、审核组组成、审核日程等。

（2）应将内部审核的结果形成报告，审核报告至少包括审核过程概述、不符合项说明、审核结论等。

（3）审核组应将审核发现和结果通知相关部门和人员，以便采取必要的纠正和预防措施。

4）改进与纠正

碳排放单位应通过纠正措施和预防措施来识别和处理实际或潜在的不符

合。纠正措施和预防措施应与实际或潜在问题的严重程度以及碳排放管理绩效结果相适应。具体职责内容包括：

（1）评审不符合或潜在不符合。

（2）确定不符合或潜在不符合的原因。

（3）评估采取措施的需求确保不符合不重复发生或不会发生。

（4）制定和实施所需的适宜的措施。

（5）保留纠正措施和预防措施的记录。

（6）评审所采取的纠正措施或预防措施的有效性。

3.3.5 管理信息披露

碳排放单位宜主动公开碳排放管理信息，开展碳排放管理信息披露。碳排放管理信息披露应遵循以下原则：

（1）完整性。披露的信息应全面、充分，不得遗漏、缺失关键信息。

（2）一致性。披露的信息应前后一致，以便分析发展变化情况。不同时期披露的信息应尽量使用一致的格式、表述方式及指标。

（3）准确性。披露的信息应真实、有效，不应有虚假或不相关信息。

（4）安全性。披露的信息应符合国家安全相关法律法规要求。应在披露过程中确保信息安全，保护商业秘密。

碳排放管理信息披露的具体职责包括：

（1）应说明概况，包括碳排放单位的基本情况、披露所依据的标准或规范、披露历史等。

（2）应说明相关信息所涉及的范围，可包括其拥有的、控制的、管理的或运行的组织、设施、设备和场所等，以及所涉及的时间范围。

（3）应说明碳排放管理相关的内部机构、制度和执行情况等。

（4）应说明符合碳排放管理相关法律法规和强制性标准的情况。

（5）应分别说明各组织、设施、设备和场所的碳排放量及确定碳排放量的标准及方式，包括是否由第三方验证。

（6）应分别说明碳排单位采取的各项碳减排措施，以及取得的碳减排效果和其确定依据和方法。

（7）应说明碳排放管理外部变化对其生产经营活动的可能影响。

3.3.6 碳排放核查

碳排放核查指对碳排放单位的碳排放量和相关信息进行全面核实、查证的过程。碳排放核查应遵循客观独立、诚实守信、公正公平、专业严谨的原则。政府责任部门中的生态环境主管部门应综合考虑核查任务、进度安排及所需资源组织开展核查工作，也可以通过政府购买服务的方式委托技术服务机构开展。

碳排放核查的流程及相关职责内容如下：

（1）建立核查技术工作组并开展文件评审。应根据核查任务和进度安排，建立一个或多个核查技术工作组。技术工作组应根据相应行业的温室气体排放核算方法与报告指南、相关技术规范，对重点排放单位提交的排放报告及数据质量控制计划等支撑材料进行文件评审。

（2）建立现场核查组并实施现场核查。应根据核查任务和进度安排，建立一个或多个现场核查组。现场核查组可采用查、问、看、验等方法开展工作。现场核查组应验证现场收集的证据的真实性，确保其能够满足核查的需要。

（3）出具核查结论。技术工作组应根据要求出具核查结论相关文件，并提交责任部门。

（4）告知核查结果。责任部门应将核查结论告知碳排放单位。如认为有必要进一步提高数据质量，可在告知核查结果之前，采用复查的方式对核查过程和核查结论进行书面或现场评审。

（5）保存核查记录。责任部门应以安全和保密的方式保管核查的全部书面（含电子）文件至少 5 年。技术服务机构应将核查过程的所有记录、支撑材料、内部技术评审记录等进行归档保存至少 10 年。

3.4 本章小结

本章介绍了利益相关者理论、政策协同理论、MRV机制等与建筑与基础设施碳排放管理主体相关的理论。在此基础上将碳排放管理主体划分为政府责任部门、项目责任主体、项目使用主体、专业服务机构等四种类型。最后总结了典型碳排放管理活动中的各方主体责任。通过本章的学习可以了解碳排放管理的相关理论和实践，明确各参与主体的责任和作用，为今后各方主体有效参与碳排放管理活动提供指导。

思考题

3-1 利益相关者理论在建筑与基础设施碳排放管理中的作用是什么？为什么理解和合理应对利益相关者的需求和期望对于碳排放管理至关重要？

（提示：参考3.1.1节中相关内容。）

3-2 MRV机制是什么？它在建筑与基础设施碳排放管理中的作用是什么？

（提示：参考3.1.1节相关内容。）

3-3 建筑和基础设施碳排放管理主体可以分为哪几种类别？是否有其他的主体划分方式？

（提示：参考3.2节相关内容。）

3-4 选取一个具体的建筑与基础设施碳排放管理案例，罗列案例涉及的碳排放管理主体，并简述各主体的职责。

（提示：结合3.2节与3.3节相关内容。）

3-5 未来建筑和基础设施碳排放管理主体的角色将如何演变？它们将面临哪些新的挑战和机遇？

（提示：需要考虑未来的社会和技术发展趋势，以及碳排放管理政策和法规的变化，全面分析未来建筑和基础设施碳排放管理主体的角色和责任。）

第4章

建筑与基础设施碳排放管理方法

【本章导读】

制定明确清晰的建筑与基础设施碳排放管理方法对于准确高效实现建筑与基础设施行业的节能减排至关重要。建筑与基础设施碳排放管理方法是能够实现建筑与基础设施碳排放整体战略目标的手段、方式、途径和程序的总和。当前我国缺乏建筑与基础设施碳排放管理方面的专业知识和标准化流程，导致碳排放管理较为混乱，减排效果难达预期。因此，必须制定有针对性的、标准化的、相对完善的建筑与基础设施碳排放管理方法。本章旨在通过对建筑与基础设施碳排放管理方法的梳理，对碳排放管理方法组成的分步骤论述，帮助各管理主体更高效更精准实现碳减排目标。本章的框架逻辑如图 4-1 所示。

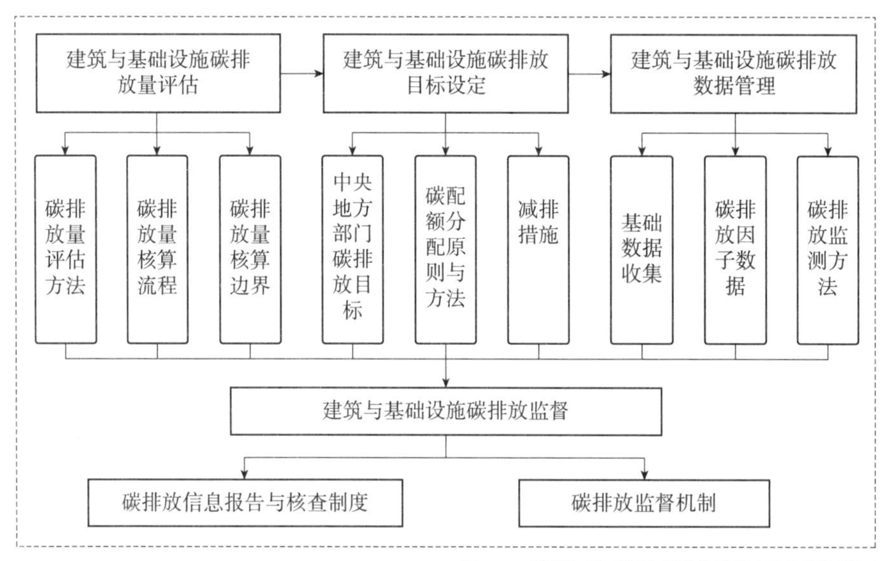

图 4-1　建筑与基础设施碳排放管理方法框架逻辑图

【本章重点难点】

了解建筑与基础设施碳排放管理方法的概念、意义和组成。熟悉建筑与基础设施碳排放量评估流程、碳排放目标设定和碳排放监督机制。明晰建筑与基础设施碳排放数据，并掌握建筑和基础设施碳排放评估方法、建筑与基础设施碳排放核算边界和建筑与基础设施碳排放减排措施。

建筑与基础设施碳排放管理方法是将建筑与基础设施碳排放资源有效地协调，从而实现建筑与基础设施碳排放整体战略目标的手段、方式、途径和程序的总和。建筑与基础设施领域碳排放涉及设计、建造、运行和拆除等建筑全生命周期中诸多复杂过程，而当前缺乏建筑与基础设施碳排放管理等方面相关专业知识和相对标准化流程，对碳排放量评估和计算、目标设定、数据管理、监测管理等相关知识技术方法不熟悉，导致碳排放管理流程混乱，难以达到预期目标。低碳发展是国家重要的发展战略之一，国家在发布的“1+N”双碳政策体系中也反复强调了建筑与基础设施碳排放管理方法的重要性。本节先论述了完善建筑与基础设施碳排放管理方法的意义，后从建筑与基础设施碳排放量评估、碳排放目标设定、碳排放数据管理和碳排放监督四个方面讲述建筑与基础设施碳排放管理方法的组成。

4.1.1 建筑与基础设施碳排放管理方法的意义

碳排放管理方法可以帮助企业、地方和国家更精准地实现各自的碳排放战略目标，提高碳排放管理效率和改善碳排放管理服务质量，在“双碳”战略下越来越受到重视。企业能够有效地管理建筑与基础设施碳排放活动，有助于识别碳排放管理潜在的瓶颈，解决当前碳排放管理的难题，创造更大的减碳效果。建筑与基础设施碳排放管理方法的重要性主要有以下几个方面。

1）降低碳排放管理成本：建筑与基础设施碳排放管理涉及建筑与基础设施的全生命周期，涵盖诸多方法与知识。建筑与基础设施在设计阶段的低碳设计，需要相关专业人员对建筑与基础设施碳排放量进行计算和优化；对于运行阶段的既有建筑和基础设施，需要核算其碳排放量，运用能耗监测管理平台，系统优化能源利用并采取减排措施。清晰明确的建筑与基础设施碳排放管理方法可以更好调配各类资源，降低企业碳排放管理成本。

2）提高碳排放管理效率：目前建筑与基础设施碳排放管理比较杂乱，大多企业强调建筑与基础设施碳排放管理的状态结果，而较少强调管理的过程。企业缺乏对管理方法的梳理，导致碳排放管理工作冗余复杂。构建清晰明确的建筑与基础设施碳排放管理方法可以减少碳排放管理中的冗余工作，改善建筑与基础设施碳排放管理工作流程，提高碳排放管理效率。

3）提高碳排放管理工作质量：当前部分企业缺乏建筑与基础设施碳排放管理等方面相关专业知识，对碳排放量评估和计算、目标设定、数据管理、监测管理等相关知识技术方法不熟悉，导致碳排放管理工作混乱，碳排放管理工作质量较低，清晰明确的建筑与基础设施碳排放管理方法可以提高企业碳排放管理工作质量。

4.1.2 建筑与基础设施碳排放管理方法组成

建筑与基础设施碳排放管理方法对于建筑与基础设施碳排放管理工作至关重要，可以由以下几个关键部分组成。首先，建筑与基础设施碳排放管理的前提，是需要对建筑与基础设施的碳排放量进行评估和计算。完善的碳排放核算标准体系规定了建筑和基础设施碳排放量的核算边界、核算流程以及数据质量等因素，碳排放核算结果可以为我国各层级主体制定合适的减排目标、落实碳减排工作、评估碳减排成效等提供可靠依据。评估建筑与基础设施碳排放量主要有四种方法：基于能源消耗的方法、基于建筑材料的方法、基于能源消耗以及建筑材料的综合方法、建筑碳足迹评估方法。确定评估方法后，需要梳理建筑与基础设施碳排放核算流程，大多主体选用全生命周期评价方法，按照“目标范围的确定－清单分析－影响评价－结果解释”流程，随后进行碳排放核算边界的划分，确定合适的碳排放核算方法，才能进行正确的评估和计算。

根据评估计算的结果，建筑与基础设施碳排放管理需要设定合理的建筑与基础设施碳排放目标，使得个人、组织或国家可以有针对性地采取行动来减少碳排放。围绕我国碳达峰、碳中和总体目标，各省市也正在积极制定出台相关发展规划或实施方案，在保证本地经济持续稳定增长的前提下，每个地区都有可能实现碳达峰，但并不是每个地方都能实现碳中和，即实现大气排放的碳与从大气中吸收的碳相平衡。因此，可以要求每个地区都设定碳达峰目标，制定本地区碳达峰行动方案，包括碳达峰时间表、路线图等，但不宜要求每个地区都设定碳中和目标，而只需保证在整个国家范围内实现碳中和目标即可。

围绕设定好的建筑与基础设施碳排放目标，建筑与基础设施碳排放管理需要制定并贯彻实施积极有效的建筑与基础设施减排措施。主要包括：推广绿色低碳建材和绿色建造方式，特别是大力发展装配式建筑，推广钢结构住宅；加快更新建筑节能、市政基础设施等标准，提高节能降碳要求，特别是加快推进居住建筑和公共建筑节能改造，推广使用供热计量收费和合同能源管理模式；深化可再生能源建筑应用，推广光伏发电与建筑一体化应用，因地制宜地推行热泵、生物质能、地热能、太阳能等清洁低碳供暖，建设集光伏发电、储能、直流配电、柔性用电于一体的“光储直柔”建筑；加强节能低碳技术研发和推广，推动超低能耗建筑、低碳建筑规模化发展等方面。通过制定和贯彻实施建筑与基础设施减排措施，可以有效降低碳排放并提高建筑与基础设施的可持续性。

在实施减排措施的同时，建筑与基础设施碳排放管理需要做好建筑与基础设施碳排放数据管理。首先需要在建筑与基础设施领域建立统一的信息收集、监测和记录标准体系，统一数据标准。其次需要建立完善的建筑与基础设施碳排放因子核算标准体系与科学的碳排放因子数据库。若较多建设项目接入了统一的碳排放数据管理系统，实现来自不同收集渠道的数据的接入共享，即可推动能耗监测、能效测评、能耗统计等相关统计监测数据信息的深度融合，解决数据孤岛现象，提高建筑碳排放数据的透明度。

最后，建筑与基础设施碳排放管理需要做好不同层级的监督管理工作，这是确保减排目标实现的重要环节。实施全过程碳排放监督可以通过构建完善的重点排放企业的碳排放信息报告制度与生态环境管理部门的碳排放报告核查制度。此外，也要建立完善的不同主体的碳排放监督机制，针对碳排放监督检查不达标的企业组织，管理部门应及时采取纠正与处罚措施，确保减排工作的顺利进行。各地区也要准确把握自身发展定位，结合本地区经济社会发展实际和资源环境禀赋，坚持分类施策、因地制宜、上下联动，梯次有序推进碳达峰。

综上所述，本节将建筑与基础设施的碳排放管理方法总结为以下几个关键部分，并在本章后续各小节中依次进行详细介绍：建筑与基础设施碳排放量的评估、碳排放目标设定、碳排放数据管理以及碳排放监督。

4.2.1 建筑与基础设施碳排放量评估方法

评估建筑与基础设施碳排放量主要有四种方法：基于能源消耗的方法、基于建筑材料的方法、基于能源消耗以及建筑材料的综合方法、建筑碳足迹评估方法。

1）基于能源消耗的方法（Energy Consumption-based Method）

该方法通过评估建筑物的能源消耗来评估碳排放。这种方法考虑了建筑物的大小、位置、能源类型和其他相关因素，将能源消耗数据与相应的碳排放因子结合起来，计算出建筑与基础设施的碳排放量。

2）基于建筑材料的方法（Material-based Method）

该方法通过评估建筑施工过程中所使用的建筑材料的碳足迹来评估碳排放。这种方法考虑了建筑材料的类型、数量、生产地点、运输方式和其他相关因素，并将碳足迹数据与相应的碳排放因子结合起来，计算出建筑物的碳排放量。

3）基于能源消耗以及建筑材料的综合方法（Comprehensive Method）

该方法将能源消耗和材料碳排放因子结合起来，评估建筑物的总碳排放量。这种方法考虑了建筑物的整体情况，并结合能源消耗数据、材料消耗数据和相应的碳排放因子来计算建筑物的碳排放量。

4）建筑碳足迹评估方法（Building Carbon Footprint Assessment Method）

该方法属于生命周期评价方法（Life-cycle Assessment，LCA）在建筑与基础设施领域的应用。生命周期评价方法最早起源于 20 世纪 60 年代，是一种针对资源消耗和环境影响进行分析和评价的方法，其范围贯穿全生命周期过程。建筑碳足迹评估方法评估建筑物在其整个生命周期中的碳排放，包括施工、运维和拆除等阶段。考虑了能源消耗、材料消耗和其他相关因素，并将数据与生命周期评估模型结合起来，计算建筑物的碳排放量。目前，国内外学者大多运用生命周期评价方法，针对建筑与基础设施的全生命周期或某一阶段，研究其碳源碳汇，计算建筑与基础设施碳排放量，评估其对周围环境的影响。

4.2.2 建筑与基础设施碳排放评估流程

目前建筑和基础设施碳排放量评估基本都采用前面所述四种评估方法中

的建筑碳足迹评估方法来进行建筑以及基础设施碳排放的核算。因此，本书将基于 LCA 的基本流程讨论建筑以及基础设施碳排放的具体评估流程。

1997 年 6 月，ISO 14040 标准《环境管理生命周期评价原则与框架》正式颁布，其中明确提出 LCA 的框架包括以下 4 个部分：目标和范围的确定、清单分析、影响评价和结果解释。其相互关系如图 4-2 所示。

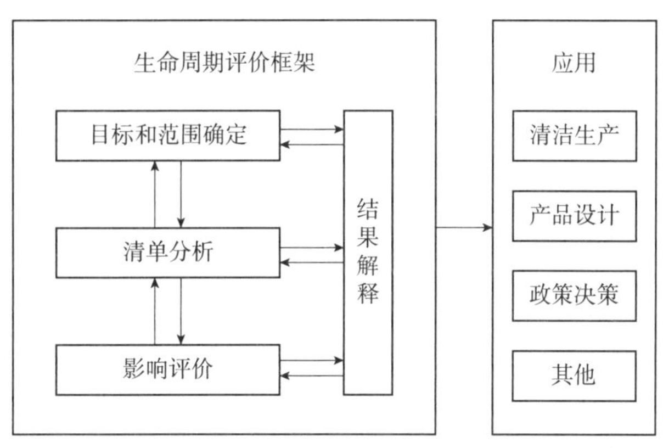

图 4-2　生命周期评价框架

1）目标和范围的确定

目标定义主要说明进行 LCA 的原因和应用意图，范围界定则主要描述所研究产品系统即建筑与基础设施碳排放的功能单位、系统边界、数据分配程序、数据要求及原始数据质量要求等。

2）清单分析

清单分析是生命周期过程物质和能量流的抽象和一般化阶段，是对产品、工艺活动在其整个生命周期的资源、能源和环境排放进行的数据量化分析。简单来说，清单分析是对系统内所有单元过程的输入输出进行数据的收集和计算。清单分析方法主要有三类：基于过程的清单分析、基于经济投入产出分析的清单分析和混合清单分析。建筑与基础设施碳排放评估一般采用基于过程的清单分析，以过程分析为基础，将研究系统在其边界范围内划分为一系列过程或活动，通过对单元过程或活动的输入、输出分析，建立相应的数据清单，并按照研究系统与各单元过程或活动的内在关系，建立以功能单位表示的系统的环境交换清单。

3）影响评价

计算建筑与基础设施碳排放，其本质是为了说明其对全球气候所造成的影响。生命周期影响评价将上一步清单分析的评价系统中所有物料及能源所产生的环境影响进行定量计算和分析，将清单数据转化为具体的影响类型和指标参数。生命周期影响评价由几个要素组成：分类（Classification）、特征化（Characterization）、标准化（Normalization）和加权（Weighting）。

4）结果解释

结果解释有三个关键点：首先是确定关键问题，其次是评价（包括检查完整性、敏感性和一致性），最后是制定结论和建议。

（1）完整性检验的目的是确保 LCA 结果解释中所需的数据和信息都是完整的。如果特定数据缺失或判断不完整，必须重新确定生命周期研究的目标和范围定义，以决定是否需要对初始目标和范围定义进行修改。

（2）敏感性检查的目的是对计算结果进行灵敏度和不确定性分析。敏感性检查的结果表示了生命周期评价的可靠程度。在分析中评价在某个变化范围内改变假设和数据对结果的影响，比较相应的结果。灵敏度可以用变化的百分比或结果的绝对偏差来表示。

（3）一致性检验的目的是评价 LCA 研究中采用的方法、程序、数据和假设是否在整个生命周期评价中得到一致应用。需要重点检查已经应用的内容和最初的定义内容之间是否存在不一致。侧重点如下：区域及时间差异是否得到一致应用；分配规则和系统边界是否一致地应用于所有产品系统；生命周期影响评价的要素，如特征因素和分配方法，是否得到一致应用；范围定义中的数据质量在整个生命周期评价研究中是否一致；加权方法和因素是否得到一致应用。

二维码 4-1　国际碳排放核算相关标准

4.2.3　建筑与基础设施碳排放核算边界

建筑与基础设施一般作为产品进行碳排放核算，在国际上一般依据 PAS 2050、ISO 14067 和 EN 15804：2019 等标准核算建筑与基础设施碳排放。表 4-1 介绍了国际碳排放核算相关标准。

国际碳排放核算相关标准　　表 4-1

<table>
<tr><th>标准或规范名称</th><th>发布时间</th><th>制定组织</th><th>适用范围</th><th>核算边界</th><th>核算层面</th></tr>
<tr><td>ISO 14064</td><td>2006</td><td>国际标准化组织</td><td>企业、项目</td><td>对企业或项目现有终端碳排放源的核算</td><td>终端消耗碳排放</td></tr>
<tr><td>PAS 2050</td><td>2008</td><td>英国标准协会</td><td>产品、服务</td><td rowspan="3">建筑产品从设计、建造、运行、拆除、回收整个过程所涉及的原材料、外来能源消耗的核算</td><td rowspan="3">全生命周期碳排放</td></tr>
<tr><td>ISO 14067</td><td>2013</td><td>国际标准化组织</td><td>产品、服务</td></tr>
<tr><td>EN 15804</td><td>2019</td><td>欧洲标准化委员会建筑工程可持续性分技术委员会</td><td>产品、服务</td></tr>
</table>

在国内，2019 年住房和城乡建设部发布了国家标准《建筑碳排放计算标准》GB/T 51366—2019，将建筑碳排放计算边界（Accounting Boundary）定义为与建筑物建材生产及运输、建造及拆除、运行等活动相关的温室气体排放的计算范围。即包括建材生产及运输阶段、建造阶段、运行阶段、拆除及废弃物处理阶段。在这种划分之下，还可以将某一阶段进一步细分，例如将运行阶段分为建筑日常运行和建筑维护修理；把建筑拆除阶段分为拆除施工和材料回收处置。

此外，行业和学术界习惯以建筑能耗为坐标，将建材生产及运输、建造施工能源消耗导致的碳排放称为建筑物化能耗导致的碳排放，建筑运行阶段能源消耗导致碳排放也称为建筑能耗碳排放。建筑碳排放核算边界还可以按照时间层面、空间层面、各类能源中的碳流动划分，以及直接、间接等方式划分。总体而言，目前建筑与基础设施碳排放的核算边界没有统一的标准。

碳排放目标设定和碳排放配额（Carbon Emission Allowance，CEA）之间存在密切的关系。碳排放目标是指在一定时间范围内，国家、地区或组织所设定的碳排放量的具体目标，可表现为一定时间和空间下的预计碳排放总量。而碳排放配额则是指政府为了达到碳排放目标而分配给下级政府和控排企业的特定数量的碳排放限额，获得碳配额的控排企业可以在碳市场中根据自身实际排放水平来购买或出售碳配额，从而实现碳配额在不同企业间的合理分配，最终以相对较低的成本实现控排目标。碳排放配额交易制度是一种基于市场机制，落实碳排放目标的具体操作工具。

4.3.1 中央 – 省级 – 市级建筑碳排放目标

过去十年来，我国从中央到地方再到地方各设区市都逐步印发了一些政策文件，设定了不同层级的碳排放目标。在中央设定好碳排放总目标后，各省级需要完成中央下发的碳排放限额目标，下设各区市要完成各省下达的目标。本书列举了一些典型地区的重要政策文件及其提到的碳排放目标具体内容。

二维码 4-2　政策文件中提及的中央 - 省级 - 市级重要建筑碳排放目标

二维码 4-3 《江苏省城乡建设领域碳达峰实施方案》——“推广绿色低碳建筑”重要条目

目前，我国设定的碳排放目标基本为碳达峰目标，且在 2030 年碳达峰目标前增设了 2025 年节点，提出了到 2025 年的碳排放目标。对于建筑以及基础设施行业，住房和城乡建设部、国家发展改革委 2022 年 6 月 30 日印发了《城乡建设领域碳达峰实施方案》，各省的住房和城乡建设厅也按照国家要求，纷纷据此发布了省级的城乡建设领域碳达峰实施方案，例如江苏省住房和城乡建设厅与江苏省发展和改革委员会于 2023 年 1 月 13 日发布的《江苏省城乡建设领域碳达峰实施方案》。这两项文件从多个方面对实现绿色低碳转型的路径设定了总体目标，本书列举了《江苏省城乡建设领域碳达峰实施方案》——“推广绿色低碳建筑”中的一些重要的条目。

4.3.2 碳配额分配原则及方法

1）碳排放分配原则

在碳排放总量目标设定完成后，合理分配省域间的碳配额是落实总量控制目标的重要抓手。虽然我国正在加快建立碳总量控制制度，但目前对总量目标的分解机制尚无明确规划，因而较多学者针对中国省域配额的分配准则与分配方法进行了研究，其中公平和效率是目前碳配额分配中的共识性原则。表 4–2 介绍了现有碳排放分配原则以及各原则优缺点。

碳配额分配原则 表 4-2

分配原则		优点	缺点
基于公平的分配原则	历史责任原则	强调历史排放高的主体应该承担更多的减排责任	存在历史排放的核算基期问题和碳排放责任的归属问题
	平等主义原则	强调人人生来碳平等，拥有平等的碳排放权，共同的减碳责任	有学者主张仅考虑当期排放人均平等，有学者主张人均累计排放量相等
	主权原则	各省配额量占全国碳总量目标的比重与各省实际排放占全国排放总量的比重相同的规则进行分配	存在核算基期选取的问题
	支付能力原则	强调经济能力越强的区域越有能力减排	忽略了中国省域经济迅速增长的现状
	经济活动原则	确保各省减排责任与其经济承受能力相匹配	目前中国多数省份尚未实现经济增长与碳排放的脱钩
基于效率的分配原则	投入产出视角下的排放效率	排放效率更侧重资源的最优配置，能够依赖更少的排放获得更多产出的省份应获得更多配额	仅考虑投入产出的碳生产率无法反映生产过程的全要素特征及不同要素间的替代效应
	边际减排成本视角下的减排效率	从成本角度考虑，碳配额方案能够让全社会以最小的经济成本实现既定的减排目标	在用于碳排放影子价格的测算中，一般依赖于大量参数估计的经验模型，对数据要求较高
兼顾公平与效率的分配原则		兼顾公平与效率的方法，能在减缓地区发展不平等的同时，使全国平均减排成本最小化	需要较多时间平衡公平与效率，找到二者平衡点

2）碳配额分配方法

在上述分配原则的框架下，学者提出了大量用于中国省域碳配额分配的方法，总体包括 4 类：指标法、优化法、博弈法和混合法，如表 4-3 所示。

中国省域碳配额主要分配方法比较 表 4-3

分配方法	计算规则	优点	缺点
指标法	根据上述某一原则下的量化指标	规则简单，过程透明，易于反映决策者偏好	太过片面，不同利益方较难共同接受
	通过若干准则下的量化指标来构建综合指标进行分配	应用广泛，方法直观，分配过程兼顾各方利益	需要合理选择指标并设定权重
优化法	寻求以效率最大化为目标的最优分配方案	应用广泛，可确保分配结果的效率最优化	需要合理设定模型形式，且难以保证分配结果的公平性
博弈法	不同主体从自身利益出发寻求均衡解	将各利益相关方的诉求纳入分配中	计算复杂，分配过程缺乏透明度
混合法	利用指标法和优化法的组合模型进行分配	综合多种方法的优势，可同时兼顾公平与效率	计算复杂

（1）指标法

指标法主要分为两种类别：单一指标法与综合指标法。综合指标法在实践中主要涉及分配准则选取和指标权重设定两个关键问题。不同研究由于视角不同而选取不同的分配准则，建议选取能代表各类型省份利益诉求的不同准则。在指标权重设定方面，一般采用客观赋权方法来降低主观因素影响。

（2）优化法

优化法是一种通过线性或者非线性规划方法寻求全社会效率最大化的分配结果的方法，并以零和收益 DEA（ZSG-DEA）模型最常见。ZSG-DEA 是一种可以在固定总量的条件下实现资源配置效率最大化的优化方法，其核心思想是在资源分配过程中，一个决策单元的收益一定等于其他决策单元的损失，资源的总和保持不变。该方法被广泛用于中国省域碳配额分配的效率最优化方案求解。

（3）博弈法

博弈法是一种不同主体从各自利益出发进行博弈，最终通过博弈的均衡解来确定分配结果的方法。沙普利（Shapley）值是在碳配额分配领域极具代表性的一种博弈论方法，并被部分学者用于中国省域碳配额分配。然而，与指标法、优化法相比，博弈法缺乏透明度，实际操作也更复杂，因此目前博弈法未能成为主流分配方法。

（4）混合法

混合法为结合指标法和优化法的优势，一些学者利用这两种方法的组合模型进行分配。不同研究对混合法的方法论设计不同，例如以综合指标法为主体并用优化法衡量其局部指标的方法，以优化法为主体并将个别指标作为约束条件考虑在内的方法，以及利用指标法求初始方案并利用优化法对初始方案进行修正的方法等。总之，混合法计算过程复杂，但其在兼顾公平和效率方面具有较高的理论价值。

4.3.3 建筑与基础设施碳减排措施

建筑与基础设施的减排措施制定可以从技术、材料设备、管理方法等多方面入手，目前主要有使用碳捕集、碳利用和封存、推广使用可再生能源、提高能效、推广碳交易市场等方法。

1）碳捕集、利用和封存技术

碳捕集、利用和封存（Carbon capture，Utilization and Storage，CCUS）是一系列技术的总称，具体而言，CCUS 包括从大型点源（包括使用化石燃料或生物质燃料的发电厂或工业设施）或者大气中捕集二氧化碳。如果不在

二维码 4-4　减排措施－碳捕集、利用和封存技术（CCUS）案例

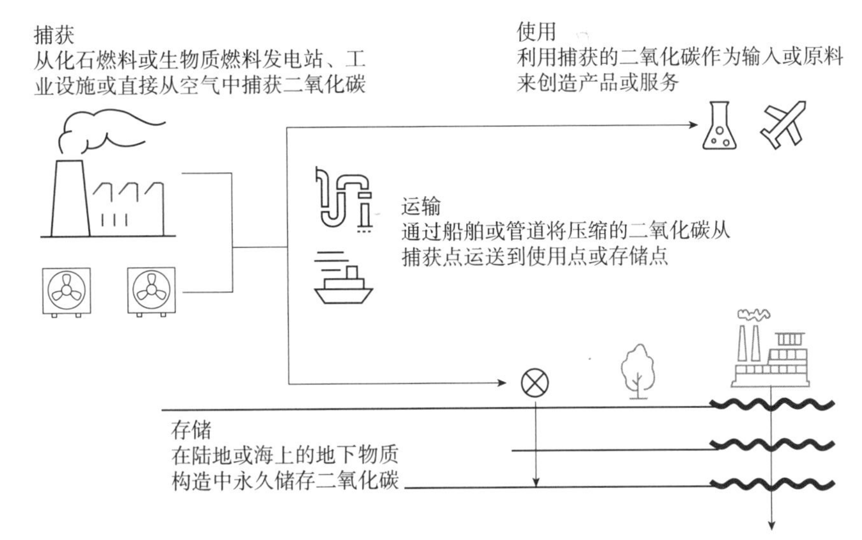

图 4-3　碳捕集、利用和储存（CCUS）技术主要流程

捕集现场使用，捕集的二氧化碳将经过压缩，并通过管道、船舶、铁路或卡车运输，用于各种应用层面，或注入深层地质构造（包括废弃的油气储层或盐水层），将二氧化碳永久封存，CCUS 的主要流程如图 4-3 所示。

我国二氧化碳地质封存的潜力巨大，而且具备大规模捕集利用与封存的工程能力，发展 CCUS 可以较大幅度提高低品位资源开发利用率，对保障国家能源安全提供支撑。但是，我国 CCUS 示范项目整体规模还偏小，亟需攻克一些核心技术，例如 CO_2 安全监测技术、长距离 CO_2 管道运输技术，如何解决 CO_2 防腐问题、气窜问题、长期有效安全的 CO_2 封存场地选择问题以及成本问题等。

2）可再生能源

可再生能源，主要包括太阳能、风能、水能、生物燃料等，相对于传统的化石能源，可再生能源是建筑与基础设施领域向低碳、可持续能源体系转型的核心所在。其中，太阳能光伏和风能是推动可再生能源发电增长的主要驱动力，近年来，可再生能源的快速发展得益于政府政策支持以及太阳能光伏和风能成本的大幅降低。而集中式太阳能发电、地热能和海洋能源等的增长速度则处于较低水平。

我国出台了一系列推广使用可再生能源替代传统化石能源的政策措施，如强制性规范《建筑节能与可再生能源利用通用规范》GB 55015—2021 规定新建建筑应建立可再生能源建筑应用系统，文件中提及的可再生能源建筑应用系统共有三类：太阳能系统、地源热泵系统（Ground Source Heat Pump System，GSHP）、空气源热泵系统（Air Source Heat Pump System，ASHP）。

二维码 4-5　减排措施 - 可再生能源

地方层面同样推出一系列政策，例如上海市 2023 年 3 月实行的《关于推进本市新建建筑可再生能源应用的实施意见》对新建公共建筑、居住建筑和工业厂房使用的可再生能源替代率提出了要求，到 2025 年，城镇新建建筑可再生能源替代率达到 10%，到 2030 年，城镇新建建筑可再生能源替代率达到 15%，以优化建筑用能结构。

3）提高能源效率

提高能源效率可以直接减少能源消耗，在一个国家内，给定相同规模的最高效率和最低效率房屋之间的能源消耗量可能相差多达三倍，因此，有效提高能源效率可以降低能源使用费用，为能源消费者节省成本，并减少能源消耗，达到减少碳排放的目标。根据国际能源署 IEA 分析，截至 2022 年 12 月数据，在过去的 20 年里，国际能源署成员国在建筑、工业和运输部门实施的与提高能源效率相关的措施，在 2022 年大约为家庭和企业节省了 680 亿美元，且到 2050 年，提高能源效率是实现二氧化碳大规模减排的最主要途径，其贡献约为 37%。

在我国，“提高能源效率”通常与“可再生能源替代”一起被引入新的建筑节能规范中。提高能源效率的措施主要与建筑电气化、建筑智能化、相关者行为改变等方面有关。建筑电气化是指用电能替代建筑对化石燃料的使用，以减少污染物与碳排放。作为促进建筑节能减排的关键技术之一，建筑电气化近年来在国家政策中被多次强调，中国建筑电气化正处于快速发展阶段，例如，2022 年 3 月，国家发展改革委等十部门印发的《关于进一步推进电能替代的指导意见》中提出，加快推进建筑领域电气化，持续推进清洁取暖，在现有集中供热管网难以覆盖的区域，推广电驱动热泵、蓄热式电锅炉、分散式电暖器等电采暖，鼓励有条件的地区推广冷热联供技术，采用电气化方式取暖和制冷。

二维码 4-6　减排措施 - 提高能源效率

建筑智能化是建筑与电子信息技术、计算机技术、控制技术等不断融合，从而使建筑产生了信息化与自动化的突出特点。支撑建筑智能化的核心技术有：物联网通信技术，人工智能，建筑信息模型（Building Information Modeling，BIM）、城市信息模型（City Information Modeling，CIM）、地理信息系统（Geographic Information System，GIS），云计算等。其中，物联网通信技术对建筑使用者与建筑实现智能交互起到至关重要的作用，已在建筑智能化领域中得到广泛应用，包括多种技术类型，如 NB-IoT、LoRa 和蓝牙、Wi-Fi、Zigbee 和 Z-Wave 等。目前这些技术与中小型的智能家居融合得比较成熟，但是与大型建筑的传统建筑智能化系统融合相对缓慢。

以北京智能建筑的低碳解决方案为例，其依托智能低碳云平台，应用 AIoT 智能硬件，以“低碳数字化 + 低碳运维服务”实现建筑精细化用能管理、

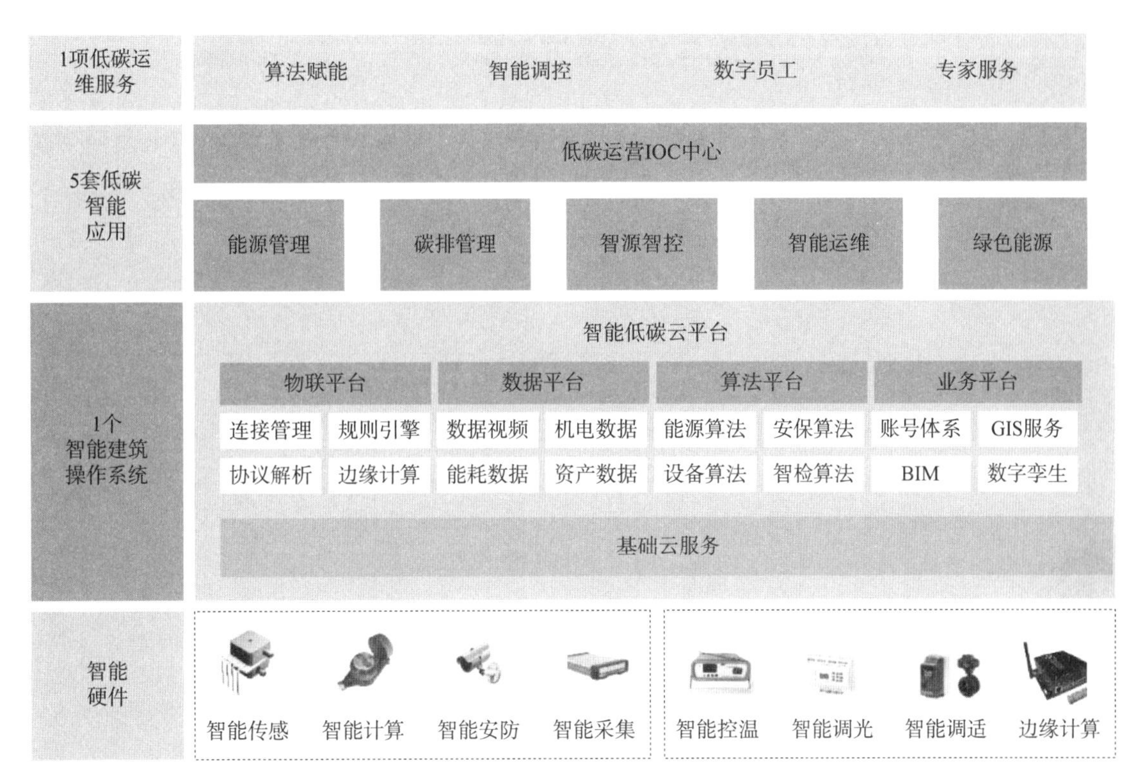

图 4-4　智能低碳云平台功能架构（1+5+1）

碳排在线监测、定限额管理以及碳资产管理，总体功能架构如图 4-4 所示，该建筑智能化管理系统基于 AIoT 智能建筑操作系统，为客户提供全面碳排放和能源管理服务，包括建立综合能源管理平台、综合碳排管理平台、用能优化策略平台，实施精细化能源管理等综合技术服务方案。北京智能建筑的低碳解决方案已在北京市某国企办公大楼 2020 年底完成了对两栋大楼（总建筑面积约 5.2 万 m^2）整体的智能低碳改造升级，改造范围包括空调、照明 AIoT 升级改造和智能低碳云平台部署。与改造前相比，两栋楼的冷热源机房相比改造前分别节能 23.6% 和 37.6%；空调末端的风机盘管本身耗电节能率为 41%；停车场、楼道和会议室的公共区域照明测算节能率分别可达 65%、40% 和 28%。项目整体节能率达 15.5%，每年节约成本 52.6 万元，减排 212t。

4）碳交易

根据生态环境部 2020 年 12 月审议通过的《碳排放权交易管理办法（试行）》，碳排放权是指分配给重点排放单位的规定时期内的碳排放额度。碳排放权交易（简称“碳交易”）则是指包括碳排放配额分配和清缴，碳排放权登记、交易、结算，温室气体排放报告与核查等活动，以及对前述活动的监督管理的一系列活动。生态环境部按照国家有关规定建设了全国碳排放权交易市场（简称“碳市场”），企业在碳市场中进行碳交易。由于具有灵活性、节省成本和有效性等优点，碳交易已被认为是实现碳减排的最具成本效应的方式。

二维码 4-7　减排措施 - 碳交易

4.4.1 建筑与基础设施基本数据——文件数据

建筑与基础设施的碳排放管理中需要收集大量基础数据，本书以碳排放核算标准、文件为基础，提出建筑全生命周期的阶段划分如图 4-5 所示，分阶段归纳与碳排放管理相关的基础数据如表 4-4 所示。

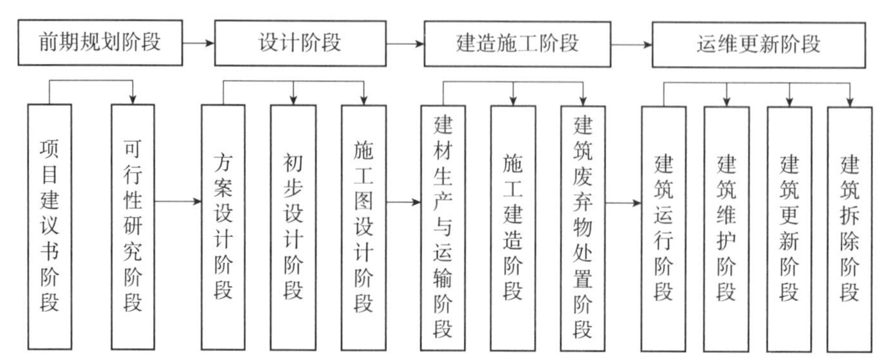

图 4-5 建筑全生命周期阶段划分

全生命周期各阶段可收集的用于碳排放管理的基础数据 表 4-4

各阶段		可用于碳排放管理的基础数据	
前期规划阶段		主要经济指标	占地面积、基底面积、建筑面积、绿化面积
		能耗信息	预估年用电量、预估年用水量、综合能耗（标准煤）
		土建工程投资	各类型、功能建筑面积及投资额
设计阶段	初步设计阶段	主要经济指标	实际用地面积、建筑面积（地上、地下、各类型）、基底面积、容积率、建筑密度、绿地面积等
		给水排水	用水量、室内给水设计（用水量定额、用水单位数、使用时数、小时变化系数、最高日用水量、平均时用水量、最大时用水量）、热水系统（采取的热源、加热方式、水温、水质、热水供应方式系统选择及设计耗热量、最大小时热水量）等
		电气系统	负荷级别以及总负荷估算容量、电气系统总功率、照度标准、照明功率密度等
		暖通空调系统	供暖、空气调节的室内外设计参数（温度、湿度、风速、风量）、围护结构热工性能、冷热负荷估算数据、供暖热源及其参数、空气调节的冷源参数等
		结构	主要结构材料、结构计算书、主要构件截面尺寸等
		设备	列出各专业主要设备及材料，包括名称、型号、规格等
		图纸	总平面图、建筑平面图、立面图、剖面图、结构布置图等
		设计概算	概算金额、主要材料消耗指标、单位工程概算书、扩大分项工程量、人工及机械台班使用量等

续表

各阶段		可用于碳排放管理的基础数据	
设计阶段	施工图设计阶段	主要经济指标	实际用地面积、建筑面积（地上、地下、各类型）、基底面积、容积率、建筑密度、绿地面积
		给水排水	用水量、室内给水设计（用水量定额、用水单位数、使用时数、小时变化系数、最高日用水量、平均时用水量、最大时用水量）、热水系统（采取的热源、加热方式、水温、水质、热水供应方式系统选择及设计耗热量、最大小时热水量）、主要设备、管材、器材、阀门等的选型
		电气系统	负荷级别以及总负荷估算容量、电气系统总功率、照度标准、照明功率密度
		暖通空调系统	供暖、空气调节的室内外设计参数（温度、湿度、风速、风量）、围护结构热工性能、冷热负荷估算数据、折合耗冷量耗热量指标、供暖热源及其参数、空气调节的冷源参数、管道尺寸选型及做法
		结构	结构材料、具体尺寸、做法、要求
		设备	列出各专业主要设备及材料，包括名称、型号、规格等
		图纸	总平面图、建筑平面图、立面图、剖面图、结构平面图、构件详图
		施工图预算	分部分项工程量，人、材、机用量，单项工程预算、单位工程预算
建造施工阶段	建材生产运输阶段	建材信息	建材种类、数量、生产方式、运输方式、运输距离
	施工建造阶段	施工数据	现场能耗监测数据、施工机械使用情况、实际工程量、实际建材消耗量
	建筑废弃物处置阶段	废弃物数据	废弃物数量、废弃物运输方式、废弃物运输距离、废弃物处置方式、机械消耗量、能源消耗量
运维更新阶段	建筑运行阶段	能源数据	生活热水、暖通空调、照明、电梯消耗的能源量、可再生能源使用量、碳汇系统
	建筑拆除阶段	施工数据	建筑拆除使用机械设备和临时设备、废弃物清理、收集、运输、处置过程

前期规划阶段与设计阶段的基础数据可以通过设计单位提供的设计文件进行获取。

4.4.2 建筑与基础设施基本数据——监测数据

建筑与基础设施的基本数据，除了从相关标准、文件中获取以外，还可以通过数据监测方法进行收集，尤其是建造施工阶段与运维更新阶段的基础数据。具体的监测方法介绍如下。

1）建造施工阶段碳排放监测方法

在建筑与基础设施建造施工阶段，各类施工机械消耗燃油及电能而产生的碳排放占到了施工阶段碳排放的绝大部分。一般会在施工现场安装碳排放实时监测系统，形成施工现场的信息平台，融入智慧工地建设。可以采用直接测量法，利用传感器直接测量施工机械的耗电量，将其进行汇总得到所有机械的耗电量，实时监测系统匹配对应的碳排放因子相乘汇总得到碳排放量。也可以采用间接测量法，例如某些学者利用信息物理融合系统（Cyber-Physical System，CPS）技术建立建筑施工现场碳排放实时监测及可视化系统，采取间接测量的方法，通过统计各类机械运行时间来获取施工机械的能源消耗，然后乘以对应的碳排放因子汇总得到碳排放量，如图 4-6 所示。

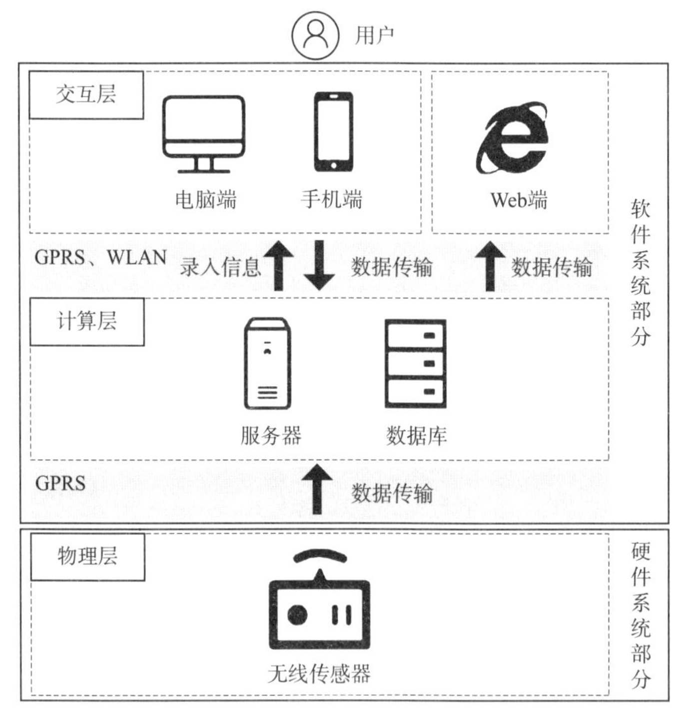

图 4-6　基于 CPS 的施工现场碳排放实时监测与可视化系统框架

CPS 技术主要由物理层、计算层和交互层三个层面组成：

（1）物理层主要由无线传感器组成，用于收集施工现场数据信息，一般不同的机械设备需配备不同的传感器，例如加速度传感器通过感知吊钩的移动监测塔式起重机的运行，气压传感器通过感知周围气压的变化监测施工电梯的运行，GPS 传感器通过感知位置变化监测转运车的运行。传感器采集数据后通过 GPRS 模块将数据实时传输至计算层。

（2）计算层主要包括服务器及数据库。其中，服务器的主要功能为记录施工机械运行时间；计算施工机械实时碳排放；传输碳排放数据。数据库的主要功能为存储①施工现场机械型号、编号及与之对应的传感器编号；②施工机械的功率或能耗；③施工机械运行时间；④碳排放因子；⑤碳排放数据等。一般可以采用 MySQL 数据库。

（3）交互层主要由电脑端、手机端和 Web 端组成，主要便于用户进行信息录入、碳排放数据查看以及可视化模型访问。

2）运维更新阶段碳排放监测方法

当建筑处于运维更新阶段时，建筑碳排放主要由建筑实际消耗的能量或资源产生。本书主要针对智慧楼宇与普通楼宇这两种楼宇类型分析建筑处于运维更新阶段时的碳排放监测方法。

（1）智慧楼宇

目前，在全球很多经济发达的城市中都开始发展建设智慧楼宇，其会实现智能联网并配备先进的综合楼宇管理系统（Building Management System，BMS），也称为建筑设备自动化控制系统（Building Automation System，BAS）。楼宇自动化系统涵盖用于控制和监测复杂楼宇技术系统以及采集运行数据的各类设备。BAS 或 BMS 系统一般采用用能分项计量方法，同时利用建筑内现有的网络体系，通过楼宇自动化配备的各项设备如传感器实时采集用能数据并传输到数据采集器，再通过网络传输到云端数据中心。远端客户可随时通过网络访问数据中心，了解、分析相关参数，包括不同建筑之间相似系统和设备耗电情况的横向比对。通过对实时数据的分析不仅可以随时发现建筑中突然出现的用能问题，而且可以捕捉到人工难以察觉的能耗问题，从而提醒运营管理人员及时处理，改善用能效率。

此类建筑物的碳排放量可通过 BAS 或 BMS 系统实时监测到的能耗数据与能源所对应的碳排放因子相乘并汇总获得。目前，市面上有许多从规划到运营的一站式物联网楼宇管理的解决方案。某些平台还可以直接嵌入碳排放自动监测功能模块，以实现能耗数据到碳排放数据的实时转换。

（2）普通楼宇

针对普通建筑的碳排放监测，有学者提出一种建筑碳排放分解评价方法，其由 3 个功能模块组成：输入模块、计算模块和输出模块。①在输入模块中，需要提供的数据主要包括月结电费单、一般性建筑设计数据、气象数据、暖通空调系统设计方案和运行数据等。在大多数建筑物中，除了气象数据可能需要由当地气象部门提供外，其余所需的资料一般均可从建筑设计及运行档案文件中获得，缺少的数据亦可通过短期实地测量予以补充。②计算模块是建筑能耗与碳排放分解评估的核心部分，通过对基于电费单的建筑总能耗的合理拆分获取子系统的能耗及碳排放情况。在这个模块中，最重要的是通过对建筑用能情况的详细分析及能流分析，建立两个建筑内部的基本能量平衡方程，即建筑层面的电力平衡与暖通空调系统需求侧与供给侧的能量平衡。③通过一些优化算法如试错法，可以将这两个基本的能量平衡方程求解出来，从而获得该方法的输出模块，即各个主要系统部件的能耗、碳排放以及能源效率。

经过上述能耗分解方法，建筑内各主要部件的能耗与碳排放将能够有效地分解出来，通过与相似建筑数据库中能耗与碳排放数据的对比，即可识别出建筑内性能表现不佳的部件及可能出现的原因，完成建筑各主要部件的能耗与碳排放的监测。

通过上述方法获取建筑与基础设施碳排放基础数据后，需要对数据进行管理工作。碳排放数据管理的核心是进行碳排放量的统计核算，落实碳排放核查。管理工作的目标为及时、准确地汇总与碳排放有关的所有数据，管理步骤分为以下几点：

（1）收集与填报

相关单位部门应严格按照建筑与基础设施行业温室气体核算与报告指南规定与要求，收集各类和建筑与基础设施碳排放相关的基础数据，正确建立碳排放基础数据台账，记录各数据变化情况，建立有效的数据内部校核与质量控制要求，例如对文件清单、原始资料、检查报告等要求，建立数据缺失处理方案。

（2）建筑与基础设施碳排放核算与监测

利用收集的碳排放与基础设施碳排放基础数据，根据建筑与基础设施行业颁布的碳排放计算方法进行碳排放核算。严格制定并实施年度碳排放监测计划，汇总各年度碳排放量，分析出现异常数据的原因，建立检测设备与计量器具台账，做好定期维护和校验工作。

（3）配合第三方建筑与基础设施碳排放核查工作

当有第三方碳排放核查机构进行核查时，可协调各部门人员准备所需的基础数据资料，配合碳排放核查工作，并对核查报告进行审核确认。

4.4.3　建筑与基础设施碳排放因子数据

1）碳排放因子常见测算方法

建筑与基础设施的碳排放计算过程中涉及建筑材料、运输机械、施工机械、能源等多种类型碳排放因子，本节将以建筑材料为例，介绍基于生产过程分析的碳排放因子测算方法，主要包括五个步骤：

（1）确定测算边界

建筑材料的碳排放因子测算的首要步骤是参考相关计算标准和规范，结合具体的生产流程和工艺设施确定计算边界，一般包括原材料的生产运输过程以及建筑材料的制造加工过程。计算中往往考虑原材料隐含碳排放、燃料燃烧产生的碳排放、物理化学反应产生的碳排放以及企业购入和输出的电力和热力相关的碳排放等。

（2）工艺流程分析

建筑材料的生产加工往往采用不同的工艺流程和技术，不同生产企业的流程和工艺也存在一定差异，因此需要结合实际情况对被测算建筑材料展开生产工艺流程分析。以水泥为例，干法生产线将原料先烘干并粉磨，再喂入干法窑内煅烧成熟料；而湿法生产线则是将原料加水粉磨成生料浆后，喂入湿法窑煅烧成熟料。这两种不同的生产工艺的碳排放因子数值存在较大差异。

（3）确定碳排放源与气体类型

建筑材料的生产过程中的温室气体主要来源于原材料的隐含碳排放、化石燃料燃烧、生产过程中的物理化学反应、机械设备使用时消耗的电和油等。在测算碳排放因子时，以二氧化碳（CO_2）气体为主，也可能涉及其他类型的温室气体，如甲烷（CH_4）、氧化亚氮（N_2O）、氢氟碳化物（HFCs）、全氟碳化物（PFCs）、六氟化硫（SF_6）和三氟化氮（NF_3），可通过碳当量进行表征。

（4）数据采集

根据建筑材料的碳排放来源，收集相关数据，如：通过企业购买清单和统计记录获取各类原材料购买量数据，通过查看生产资料台账或机械设备油耗显示器等工具获取化石燃料的消耗数据，通过化学分析和物理测量计算生产过程中的碳排放，通过查询设备使用记录和电表等方式获取机械设备的能源消耗量数据等。

（5）碳排放因子计算

通过上述方法采集相关的消耗量数据，结合相应原材料 / 能源等的碳排放因子可以测算建筑材料生产过程中的总碳排放量，再除以建筑材料的质量或体积即可获取该建筑材料的碳排放因子，反映了生产单位质量或体积建筑材料的碳排放量。

建筑材料碳排放因子测算的一般步骤与方法如图 4-7 所示。

2）常见碳排放因子数据库

碳排放因子数据库汇总了单位功能材料、能源、活动等的碳排放数据，可被广泛应用于各个行业开展碳排放测算与分析。截至目前，世界各国较多机构和学者开展了碳排放因子数据库的建设与维护工作，服务于不同行业和领域。表 4-5 汇总介绍了国内外 7 个较为权威且常用的碳排放因子数据库，可有效支持碳排放计算的开展。

二维码 4-8 国内外常见碳排放因子数据库

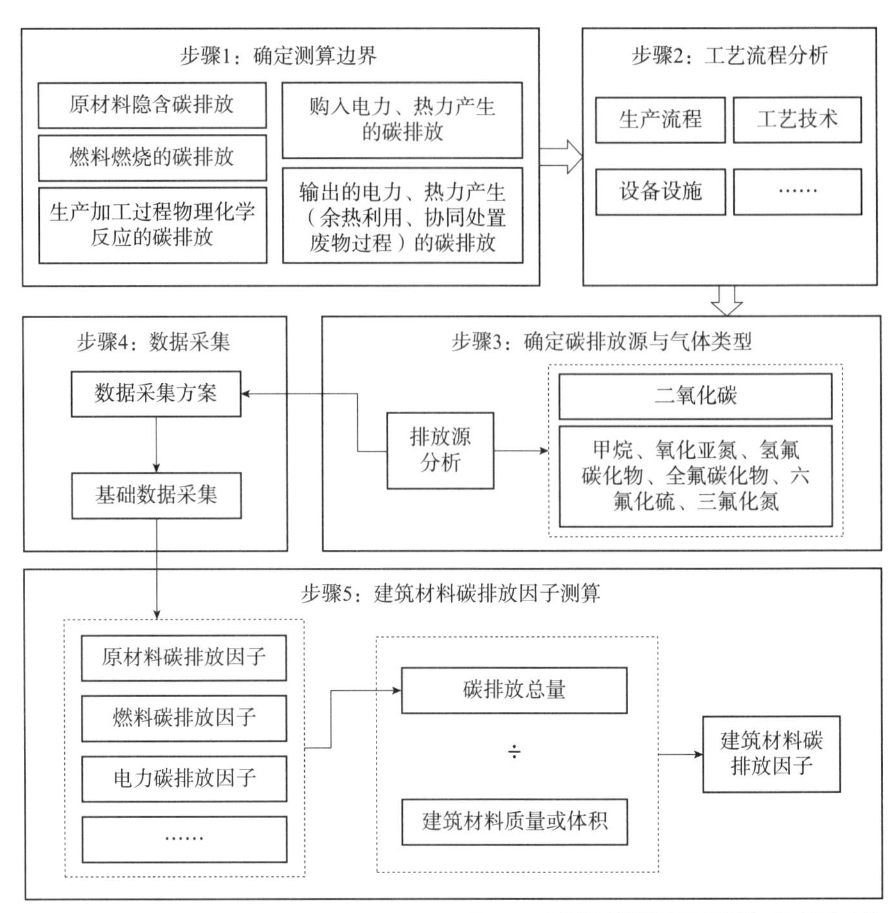

图 4-7 建筑材料碳排放因子测算的一般步骤与方法

碳排放因子数据库对比汇总表 **表 4–5**

名称	发布时间	开发团队	数据来源	适用地区	涵盖范围	数据数量
Ecoinvent 数据库	1997 年	瑞士联邦环境科学与技术学院	/	全球	农业和畜牧业、建筑和施工、化学品和塑料、能源、林业和木材、金属、纺织品、运输、旅游住宿、废物处理和回收以及供水等工业部门	超过 18000 个汇总过程数据集（Ecoinvent V3.9.1）
ELCD 数据库	2003 年	欧盟研究总署及欧洲各行业协会	欧盟企业真实数据	欧盟	能源生产、制造业、建筑、运输、农业、食品和饮料、废物处理等产业领域	440 个汇总过程数据集（ELCD 3.0 版）
GaBi 数据库	1991 年	环境和可持续发展咨询公司 PE INTERNATIONAL（现已更名为 Thinkstep AG）	/	全球	建筑与施工、化学品和材料、消费品、教育、电子与信息通信技术、能源与公用事业、食品与饮料、医疗保健和生命科学、工业产品、金属和采矿、塑料、零售、服务业、纺织品、废物处置 16 个行业	17000 多个汇总过程数据集

续表

名称	发布时间	开发团队	数据来源	适用地区	涵盖范围	数据数量
U.S.LCI 数据库	2003 年	美国国家再生能源实验室及其合作企业	/	美国	能源生产（如石油、天然气、煤炭、风能和太阳能等）、化工品生产（如塑料、化肥、涂料等）、交通运输（如汽车、飞机、火车等）、建筑材料（如钢材、水泥、玻璃等）等领域	共有超过 5600 条数据集，包含了 950 多个单元过程数据集及 390 个汇总过程数据集
中国生命周期基础数据库（CLCD）	2010 年	四川大学建筑与环境学院和亿科环境科技有限公司	国家和行业统计资料、技术文献、企业调查等	中国	能源、黑色金属、有色金属、无机非金属、无机化学品、有机化学品、运输、污染治理、废水处理行业	超过 600 个大宗能源、原材料和运输的清单数据集（CLCD 0.8 版本）
中国碳核算数据库（CEADs）	2016 年	清华大学关大博教授团队	新兴经济体国家官方发布数据	非洲、亚洲、拉丁美洲、欧洲及大洋洲共 50 个新兴经济体	煤炭、石油、天然气等 8 种能源类型和农业、能源开采、建筑业、伐木与食品行业等 47 个行业领域	/
中国产品全生命周期温室气体排放系数库（CPCD）	2022 年	生态环境部环境规划院碳达峰碳中和研究中心、北京师范大学生态环境治理研究中心、中山大学环境科学与工程学院	公开文献资料	中国	能源产品、工业产品、生活产品、食品、交通服务、废弃物处理和碳汇等领域	3536 条产品数据（CPCD 2.0 版）

4.5.1 碳排放信息报告与核查制度

为加强企业温室气体排放数据管理工作，强化数据质量监督管理，生态环境部在每年的 3 月 31 日前都会发布当年的企业温室气体排放管理相关重点工作的通知，企业需根据生态环境部制定的温室气体排放核算与报告技术规范，编制该单位上一年度的温室气体排放报告，载明排放量，报送生产经营场所所在地的省级生态环境主管部门。省级生态环境主管部门收到各单位的核算报告后，应当组织开展对重点排放单位温室气体排放报告的核查，并将核查结果告知重点排放单位。核查结果应当作为重点排放单位后续进行碳排放配额清缴的依据。上述活动可被称为“碳排放信息报告与核查制度”。

数据质量是保障全国碳市场健康有序发展的基础和前提，也是影响当前全国碳市场、碳排放控制成效的突出问题。全国碳市场扩容、增加市场活力都需要建立在全面准确真实的碳排放数据基础上。因此，各企业按照规范做好碳排放核算信息报告，政府部门建立有效的碳排放核查制度，对促进企业落实节能减排目标以及提高碳市场数据质量具有重要作用。但我国碳排放信息报告与核查领域存在核算技术规范繁琐，部分参数计算复杂，核算边界不清晰，核算报告核查（MRV）的科学性、合理性及可操作性仍需进一步提高，碳排放核算质量控制体系也亟待健全。当前我国正在从技术规范、流程与机构管理、数据质量控制等方面加强监督管理。

在技术规范方面，我国正在积极制定并发布适用于各行业的核算报告指南以及核查技术指南等。如生态环境部于 2021 年 3 月出台了《企业温室气体排放报告核查指南（试行）》这一通用核查指南；2022 年 11 月又针对发电行业发布了《企业温室气体排放核算方法与报告指南发电设施（征求意见稿）》和《企业温室气体排放核查技术指南发电设施（征求意见稿）》,《核算报告指南》一般用于指导排放企业核算和报告发电设施相关排放数据和信息，《核查技术指南》一般用于指导核查机构对企业核算和报告发电设施相关排放数据和信息开展核查，强调在对各参数的核查要求中，应首先查阅数据质量控制计划对具体参数的数据获取方式，再针对不同的数据获取方式，确定相应的核查步骤、内容和方法。

在流程与机构管理方面，在生态环境部的领导下，省级生态环境主管部门需要严格按照核查技术规范，完成对重点排放单位年度排放报告的核查工作。省级生态环境主管部门的核查工作主要包括组织开展核查、告知核查结果、处理异议并作出复核决定、完成系统填报和向生态环境部（应对气候变化司）书面报告等。省级生态环境主管部门应通过生态环境专网登录全国碳排放数据报送系统管理端，进行核查任务分配和核查工作管理。省级生态环境主管部门可以通过政府购买服务的方式组织核查技术服务机构提供核查服务，组织核查技术服务机构需要通过环境信息平台（全国碳排放数据报送系统核查端）注册账户并进行核查信息填报。

在重点排放单位的选择上，以生态环境部2022年发布的《关于做好2022年企业温室气体排放报告管理相关重点工作的通知》为例，2020年和2021年任一年温室气体排放量达2.6万t CO_2e（综合能源消费量约1万t标准煤）及以上的发电、石化、化工、建材、钢铁、有色金属、造纸、民航这八大行业的企业或其他经济组织，以及符合上述年度排放量要求的自备电厂（不限行业），需要报送2021年度温室气体排放报告并接受省级生态环境主管部门组织开展的核查。各级生态环境主管部门需要严格按照选择标准，确保名录的准确性。

在核查技术服务机构的选择上，省级生态环境主管部门需要加强对核查技术服务机构的准入资质检查与管理，应根据《企业温室气体排放报告核查指南（试行）》有关规定和格式要求，对编制当前履约周期内的核查报告的技术服务机构的工作质量、合规性、及时性等进行评估，评估结果于当前履约周期内的核查工作结束前通过环境信息平台向社会公开。

在数据质量管理方面，政府部门需要更新数据质量控制计划，组织开展信息化存证。以《关于做好2022年企业温室气体排放报告管理相关重点工作的通知》为例，该文件要求发电行业的重点排放单位，按照《企业温室气体排放核算方法与报告指南 发电设施（2022年修订版）》要求，在报送碳排放核算报告的同时，于2022年3月31日前通过环境信息平台更新数据质量控制计划，并依据更新的数据质量控制计划，自2022年4月起在每月结束后的40日内，通过具有中国计量认证资质或经过中国合格评定国家认可委员会认可的检验检测机构对元素碳含量等参数进行检测，并对温室气体排放报告所涉相关数据的原始记录和盖章版台账记录扫描文件通过环境信息平台进行存证，并且至少保存5年，实现数据的可溯源、不可篡改，提高核算报告的准确度。

4.5.2 碳排放监督机制

为确保建筑与基础设施的碳排放监督机制的有效实施，需要在机构、体制、人才和资金等方面采取一系列保障措施，建立全面的碳排放监测、报告和核查机制。

1）加强组织领导

碳排放管理机构在碳排放监督机制中起到引领作用，管理机构应负责制定和执行碳排放管理政策，监督碳资产盘查，并确保碳排放数据的准确性和可靠性。目前，建筑与基础设施领域还未进入全国碳市场，缺少专门的碳排放管理机构，国家层面的建筑与基础设施建设碳排放相关政策要求主要由住房和城乡建设部进行发布，而绿色建材碳排放相关政策要求主要由工业和信息化部进行发布，生态环境部则对覆盖八大行业的碳市场进行统筹管理，纳入碳市场的重点排放单位基本都向当地的生态环境主管部门报送碳排放信息，存在建筑与基础设施领域企业碳排放数据的政府共享对象的不明确问题。因此，后续需要为建筑与基础设施领域设立明确的碳排放管理机构，或做好各部门之间的分工，以加强组织领导。

2）强化日常监管

建筑与基础设施领域的碳排放主管部门需要建立实施定期检查与随机抽查相结合的常态化监管执法工作机制，通过加强日常监管等手段切实提高碳排放数据质量。例如，对名录内的重点排放单位进行日常监管与执法，重点包括名录的准确性，企业数据质量控制计划的有效性和各项措施的落实情况，企业依法开展信息公开的执行情况，投诉举报和上级生态环境主管部门转办交办有关问题线索的查实情况等，对核实的问题要督促企业整改等。

3）完善碳排放相关技术与管理规范

监督管理机构需要制定适用于建筑与基础设施领域的企业碳排放核算报告规范、核查机构碳排放核查技术规范，建立统一的技术与管理规范体系，明确省、市、区等不同层级的监督工作规范，以增强碳排放监测、报告和核查工作的规范性、有效性、透明度，压实企业主体责任，优化工作流程、强化日常监管，全方位、全链条强化数据质量管理，建立健全碳市场数据管理长效机制。

4）严格执行处罚措施

重点排放单位虚报、瞒报温室气体排放报告，或者拒绝履行温室气体排放报告义务的，由其生产经营场所所在地设区的市级以上地方生态环境主管部门责令限期改正，处一万元以上三万元以下的罚款。逾期未改正的，由重点排放单位生产经营场所所在地的省级生态环境主管部门测算其温室气体实际排放量，并将该排放量作为碳排放配额清缴的依据；对虚报、瞒报部分，等量核减其下一年度碳排放配额。

重点排放单位未按时足额清缴碳排放配额的，由其生产经营场所所在地设区的市级以上地方生态环境主管部门责令限期改正，处二万元以上三万元以下的罚款；逾期未改正的，对欠缴部分，由重点排放单位生产经营场所所在地的省级生态环境主管部门等量核减其下一年度碳排放配额。

5）落实工作经费保障

为了推动低碳、零碳和负碳技术的研发和应用，需要加大专项资金的支持力度。通过设立研发专项基金和创新资助机制，鼓励企业和研究机构开展相关技术研究，并推动其市场化和产业化。同时，还应积极探索绿色金融工具，如绿色投融资和碳交易，为低碳建筑与基础设施项目提供资金支持，推动可持续发展和碳减排目标的实现。各地方应落实重点排放单位温室气体排放核查、监督检查以及相关能力建设等碳排放数据质量管理相关工作所需经费，按期保质保量完成相关工作。

综上所述，建筑与基础设施的碳排放监督机制需要从多个方面进行保障，包括成立碳排放管理机构、建立监测报告和核查机制、加强人才培养和资金支持力度等。通过这些措施的有机结合才能有效监督和管理碳排放，实现建筑与基础设施领域碳达峰目标。

4.6 本章小结

本章介绍了建筑与基础设施碳排放管理方法的概念与组成，从建筑与基础设施碳排放量评估、建筑与基础设施碳排放目标设定、建筑与基础设施碳排放数据管理和建筑与基础碳排放监督四个方面详细介绍了碳排放管理方法的组成。通过本章的学习，了解建筑与基础设施碳排放管理方法，明确建筑与基础设施碳排放管理方法的固定化流程，为今后建筑与基础设施碳排放管理活动提供指导。

思考题

4-1　建筑与基础设施碳排放管理方法的重要性有哪些?

（提示：参考本章 4.1.1 节）

4-2　建筑与基础设施碳排放量评估方法有哪些？各有什么特征?

（提示：参考本章 4.2.1 节）

4-3　请简述如何界定建筑与基础设施碳排放边界。

（提示：参考本章 4.2.3 节）

4-4　请简述现有碳配额分配原则和其优缺点。

（提示：参考本章 4.3.2 节）

4-5　结合我国建筑与基础设施碳排放特点，分析如何达到减排目标?

（提示：参考本章 4.3.3 节，不局限于 4.3.3 节，言之有理即可。）

第5章 民用建筑碳排放管理

【本章导读】

建筑是建筑物和构筑物的统称。其中建筑物是指使用建筑材料，通过营造活动构筑的，供人们在内部进行各类生产和生活活动的空间和实体。构筑物是指使用建筑材料，通过营造活动构筑的，人们一般不直接在其内部进行各类生产和生活活动的空间和实体。建筑物按照功能分类主要有工业建筑和民用建筑两大类型，工业建筑是指服务于工业生产的建筑场所，民用建筑是供人们居住和进行各种公共活动的建筑的总称。其中，居住建筑中以住宅为主，公共建筑中以办公建筑和商业服务建筑最为常见。本章针对住宅建筑、办公建筑、商业服务建筑的碳排放特点和管理策略进行解析。首先总结分析建筑功能等属性影响下各类建筑的碳排放特点。其次，遵循管理活动的整体性、目标导向等特点，根据建筑功能等属性设置合理的碳排放控制目标；以目标为导向，有效组织并协调相关责任主体，对民用建筑碳排放进行全过程管理。最后，本章以商业办公建筑大梅沙万科中心为例，根据建设管理方提供的资料，实证分析其所采用的绿色低碳技术和碳排放管理措施。本章逻辑框架如图 5-1 所示。

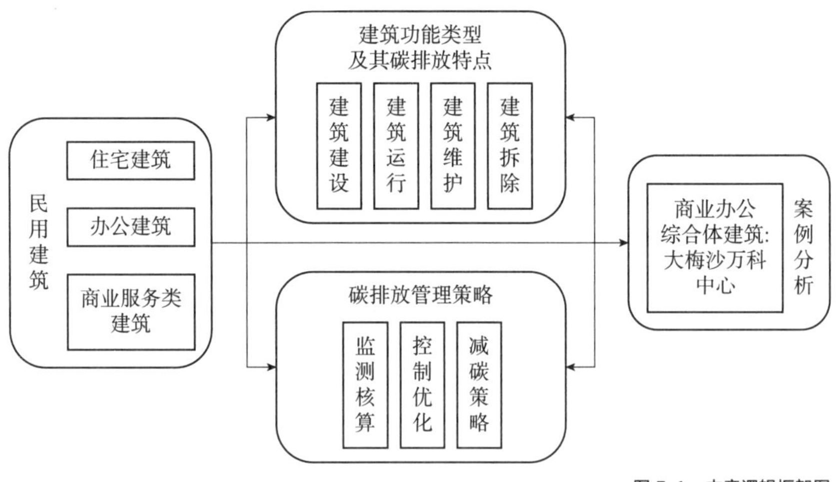

图 5-1　本章逻辑框架图

【本章重点难点】

熟悉住宅、办公、商业服务三类建筑各自功能、结构形式及其相关的全生命周期碳排放特点；掌握不同功能影响下的碳排放目标策划、碳排放设计优化、碳排放监测与核算；了解民用建筑运行过程中的碳排放控制措施。

5.1.1 住宅建筑碳排放特点

住宅建筑碳排放占比较大，其碳排放管理对“双碳”目标的实现至关重要。在城乡二元结构格局下，我国住宅分为城镇居住建筑和农村居住建筑。2020 年我国建筑运行碳排放总额为 21.6 亿 tCO_2，其中城镇、农村居住建筑运行阶段的碳排放分别为 9.0 亿 tCO_2 和 4.3 亿 tCO_2，分别占建筑碳排放总额的 42% 和 20%。此外，在两类居住建筑中，城镇居住建筑面积占比较大、碳排放总量及强度较高，因此，本节后续内容针对城镇居住建筑碳排放管理进行论述。农村居住建筑碳排放管理可以参考本节内容。

现代城镇住宅基本都是以小区的形式规模化开发。许多大型住宅小区内不仅包括高层住宅楼，还配套购物中心、中小学校和其他众多的生活服务配套设施，有机地把整个小区或几个住宅片区联系在一起。为了清晰界定并分析住宅建筑碳排放管理，本节对住宅小区的论述仅针对一个小区，针对住宅建筑的论述仅针对单项住宅楼。在以上范围界定下，本节从住宅全寿命周期的角度分析其碳排放的特点，为提出住宅建筑碳排放管理与优化策略提供理论基础。

1）住宅建设阶段碳排放特点

住宅建设阶段的碳排放存在分散式排放的特点。在市场经济下，无论是商品房还是保障房基本通过招标投标来选择有能力的承包单位负责施工建造。住宅的建造可以采用不同的发包模式由不同的承包单位完成，例如工程总承包、施工总承包、单位工程分包等。因此，住宅建设碳排放由各承包单位的相关建设活动导致，存在分散式排放的特点。住宅建设工作内容包括建筑安装工程、设备及工器具购置与安装、工程建设其他工作。这些工作的完成需要面临种类繁多的施工活动，导致碳排放存在分散式排放的特点。

除了满足居住需求外，住宅还要提供令人愉悦的环境。因此，住宅建设阶段碳排放除主体结构碳排放外，还包括装饰装修碳排放。住宅装饰装修以住宅居室内部为主。在供给方式方面，如果采用精品房交付方式，开发商负责集中、统一装修；而如果采用毛坯房交付方式，居民将采取分散式、自行负责装修的方式。为了节能环保，国家提倡精品房交付方式。此外，住宅装饰装修存在工艺复杂、翻新频率高、面广量大等特点。住宅装饰装修碳排放不仅包括新建住宅的首次装修碳排放，还包括使用过程中的多次装修导致的碳排放。装饰装修的使用时间约 10~15 年，在住宅的 50 年理论使用年限内，大约有 3~5 次的装饰装修活动，其碳排放量不容忽视。

2）住宅运行阶段碳排放特点

由于运行时间长，住宅运行阶段产生大量碳排放。1980 年我国开始实施住房制度改革后，住宅逐步商品化。2002 年开始，我国逐步完善长租房政策，扩大保障性租赁住房供给。因此，我国住宅主要存在居民购买和租赁两种方式。无论是购买还是租赁，对于住户单元，居民具有自由使用的权利。对于公共空间，为了维持良好的生活环境，一般小区业主委员会会委托正规物业管理公司负责小区的日常运行管理。本节从住户单元碳排放和物业管理碳排放两方面详细论述住宅运行阶段的碳排放特点。

（1）住户单元碳排放特点及其碳排放来源

作为住宅建筑的使用者，小区居民基本以家庭为单位居住在住宅单元内。居住单元能源消耗主要包括维持建筑环境的终端设备能源消耗（如供暖、制冷、通风、空调和照明等）和各类住宅室内活动（如炊事、娱乐、卫浴等）的终端设备能源消耗。居住单元居民活动及其碳排放来源见表 5-1 所示。

居住单元碳排放来源　　表 5-1

序号	居民活动	碳排放来源
1	照明	用电导致碳排放
2	空调	空调、供暖 / 制冷系统用燃气、电等导致碳排放
3	卫浴	洗漱卫浴等用水、电、燃气等导致碳排放
4	炊事	炊事用水、电、燃气等导致碳排放
5	娱乐	娱乐用各种设备终端用电导致碳排放
6	维护修缮	维护修缮所需建材的生产、运输、安装导致的碳排放

居民的行为特点直接影响住宅建筑能耗及其碳排放。例如，对于夏季降温设备使用，研究证明随年龄增加，居民的个体空调能耗值降低。少年和青年降温设备使用能耗较高；中年和老年降温设备使用能耗较低。对使用者的行为进行研究并采用一定的干预机制被认为可以有效影响住宅能耗及其碳排放。

（2）住宅小区物业管理特点及其相关碳排放来源

住宅小区物业管理的基本内容主要包括以下两方面：一是住宅小区房屋及设备的维护与修缮管理；二是住宅小区环境的维护与管理。小区物业管理活动及其碳排放 / 碳吸收来源见表 5-2 所示。

小区物业管理活动及其碳排放来源　　表 5-2

序号	管理活动	碳排放 / 碳吸收来源
1	运营用能	电力、天然气、生物质能、热力等能源消耗导致碳排放； 重点能耗系统包括电梯、水泵、照明、中央空调系统等

续表

序号	管理活动	碳排放 / 碳吸收来源
2	运营用水	绿化灌溉、道路及车库地面冲洗、垃圾间冲洗、公共卫生间冲洗、消防系统等用水消耗导致碳排放
3	垃圾处置	生活垃圾的集中收集、转运、处理的能源消耗导致碳排放
4	环境绿化	树木、绿植等产生碳吸收
5	污染防治	污染物的收集、清运、处置等能源消耗导致碳排放； 防治污染安装防护设施所需建材的生产、运输、安装等导致的碳排放
6	维护修缮	小区维护修缮所需建材的生产、运输、安装导致的碳排放

二维码 5-1 绿色物业管理简介

运用先进的物业管理理念和借助科技创新可以分析并降低小区物业管理用能及碳排放。深圳市于 2018 年发布《绿色物业管理导则》SZDB/Z 325—2018，提出在保证物业管理和服务质量等基本要求的前提下，通过科学管理、技术改造和行为引导，有效降低各类物业运行能耗，最大限度地节约资源和保护环境，构建节能低碳生活社区。

3）住宅维护更新及拆除阶段碳排放特点

（1）住宅维护更新特点及其碳排放

住宅运行时的损坏或者设备老化等问题需要通过及时的维护、更新来解决。21 世纪以来，随着可持续更新理念的日渐深入，世界各国（尤其是发达国家）先后进入对既有住宅更新改造的时代。为了提升人们的生活水平，国家和地方均出台了大量的政策促进住宅建筑更新改造。住宅建筑的主要改造形式包括住宅结构维护更新、设备的更换升级、住宅节能改造以及老旧小区改造。

在住宅维护更新方面，根据改造程度不同，存在住宅维护与住宅更新。住宅维护主要包括对住宅的小范围的维修、维护、修复、修缮；而住宅更新涉及更大范围的改造、局部改建扩建、内部改造保护，以及对历史建筑等进行再开发再利用等。住宅维护更新改造碳排放的计算与管理更关注住宅改造项目中的建材生产、建材运输以及改造施工导致的碳排放，以及维修改造产生的建筑废弃物的运输和处置产生的碳排放。

在设备的更换升级方面，住宅建筑设备、建筑部件的使用寿命一般小于建筑的使用寿命，存在更换升级的可能。常用的建筑设备及建筑部件使用年限见表 5-3 所示。更换设备的碳排放不仅包括更换时能源消耗的碳排放，还包括新设备生产及运输碳排放。此外，更换设备的性能发生改变会影响住宅建筑运行的碳排放。

常用建筑设备及建筑部件使用年限　表 5-3

序号	项目	使用年限（年）
1	外保温	15~50
2	门窗	20~50
3	供电系统设备	15~20
4	供热系统设备	11~18
5	空调系统设备	10~20
6	通信设备	8~10
7	电梯	10

在住宅节能改造方面，改造对象一般包括维护结构和建筑设备系统，例如外保温系统节能改造、安装楼宇自控系统等。因此，住宅节能改造碳排放包括维护结构和建筑设备系统节能改造所需材料、设备的生产碳排放、运输碳排放、改造安装碳排放，以及建筑废弃物运输及处置碳排放。

城镇老旧小区是指城市或县城（城关镇）建成年代较早、失养失修失管、市政配套设施不完善、社区服务设施不健全、居民改造意愿强烈的住宅小区（含单栋住宅楼）。老旧小区改造体量大、范围广、内容多，改造投入的资源、能源用量及产生的碳排放量不可小觑。老旧小区改造包括基础类、完善类、提升类改造。基础类改造主要是指满足居民安全需要和基本生活需求的改造内容，例如水电管网更新等。完善类改造主要是指满足居民改善型生活需求和生活便利性需要的改造内容，例如无障碍改造。提升类改造主要是丰富社会服务供给和提升居民生活品质的改造内容，例如建设养老服务设施等。老旧小区改造碳排放可以根据改造对象和改造内容，采用 BIM 模型模拟算量或者施工图预算工程量的方式，模拟预算小区改造所需建材生产、建材运输、改造施工及废弃物处置导致的碳排放。

（2）住宅拆除特点及其碳排放

住宅拆除产生的碳排放包括拆除过程、拆除现场管理、废弃物运输、废弃物处理产生的碳排放。由于现阶段住宅拆除案例较少，根据统计，拆除阶段的碳排放量通常可以按照施工阶段的碳排放量预算。住宅拆除产生的废弃物可以进行填埋处理或者资源化再利用，达到减少碳排放的目的。不同时期建造的住宅其废弃物组成不同，可以根据拆除物的特性进行相应再生骨料的生产。例如，年代久远住宅的拆除废弃物多以红砖为主；近现代住宅的拆除废弃物多以钢筋混凝土为主。

二维码 5-2　老旧小区改造的碳排放特点

5.1.2　住宅建筑碳排放管理策略

住宅全生命周期中涉及的各方主体均应进行全过程碳排放管理，包括住宅碳排放计算、碳排放设计优化、碳排放监测与核算、碳排放控制等。

1）住宅建筑碳排放计算

住宅建筑碳排放计算是后续碳排放管理措施与优化策略的前提。依据《建筑碳排放计算标准》，已有诸多学者针对单栋或数栋住宅进行了建筑碳排放计算，可以作为住宅建筑碳排放计算的对比参考。由于住宅碳排放计算存在建筑面积规模、结构形式、装饰装修标准、计算边界等方面的差异，单位建筑面积年碳排放强度 [$kgCO_2$/（$m^2 \cdot a$）] 并不完全相等。区域住宅建筑碳排放计算分析（如区域城镇）可以依据城镇住宅能源审计数据，采用相关分析和线性回归等方法，应用城镇住宅碳排放回归模型预算。

2）住宅建筑碳排放设计优化

设计阶段的决策对住宅建筑碳减排具有最大潜力。从住宅建筑整体角度，当前可持续性、低碳设计受到了世界各地的重视。如英国政府于 2006 年底在住宅市场上推出《可持续住宅规范》，目标是到 2016 年达到住宅零碳排放。此规范系统地强调住宅可持续设计、建造和使用过程中的 9 类关键问题（表 5-4），可以作为低碳住宅设计优化的参考。

可持续住宅关键问题及其权重比例　　表 5-4

序号	关键问题	权重比例
1	节能和二氧化碳减排（Energy efficiency & CO_2）	36.4%
2	节水（Water）	9.0%
3	材料使用（Materials）	7.2%
4	地表水处理（Surface water run-off）	2.2%
5	废弃物（Waste）	6.4%
6	污染（Pollution）	2.8%
7	健康（Health and Well-being）	14.0%
8	管理（Management）	10.0%
9	生态（Ecology）	12.0%

从全寿命周期的角度，住宅建筑碳排放优化策略在住宅不同生命阶段的侧重点不同，具体如图 5-2 所示。总体来说，住宅建筑碳排放优化策略总结归纳为五化：减量化、低碳化、清洁化、长寿命化、资源化。

（1）设计优化应重点减少建设阶段建筑材料 / 设备的用量，或者使用低碳化、绿色化的建材，以此降低住宅建筑相对于运行阶段的隐含碳排放。优化总体可以从建筑、结构设计和材料、设备的选择两个角度进行。从建筑、结构设计的角度，优化策略和措施包括但不限于如下方面：①优化建筑选

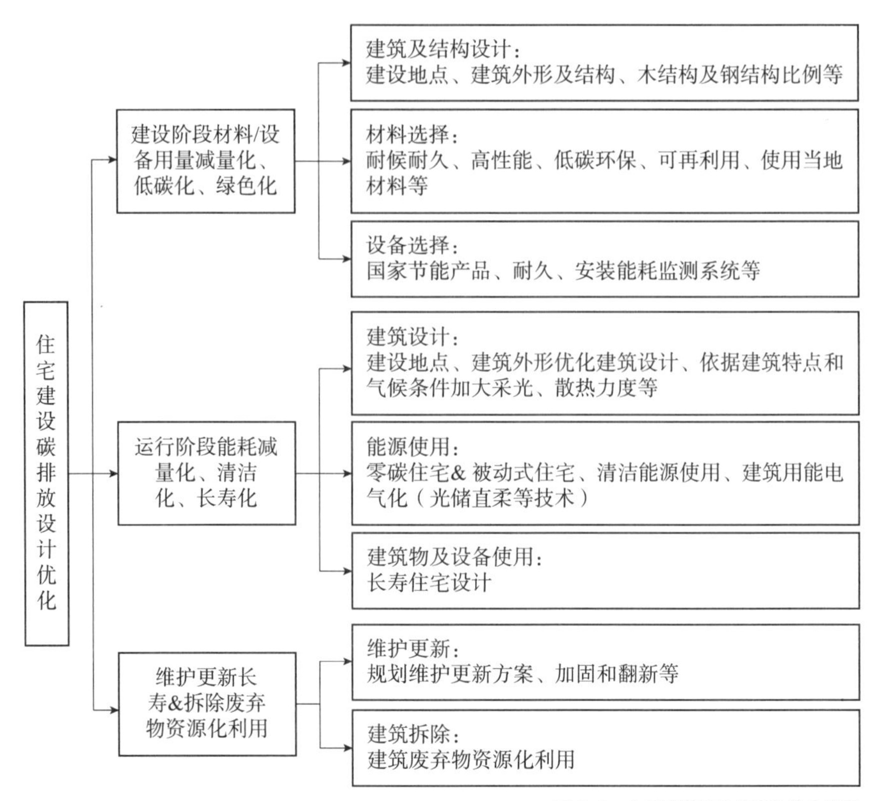

图 5-2　住宅建筑碳排放设计优化策略

址，避免选择需要土壤稳定和深基础的地点，从而避免显著提高建筑材料需用量的可能。②优化建筑外形及建筑结构，以紧凑的外形实现减重，节省建筑材料和未来能源的使用量；运用高性能结构体系，减少主体结构（如楼板等）和维护结构（如装饰性天花板等）材料用量。③提升木、钢结构的比例。从材料的角度，其选择应遵从耐候耐久、高性能、低碳环保、可再利用和使用当地材料等原则。例如尽量选择采用减排、减碳和利用固体废弃物再生原料的生态材料或绿色建材，既降低碳排放又减少对环境资源的索取。例如低碳型应变硬化水泥基复合材料不仅使用大量工业固废材料，还具有优越的力学性能。从设备的角度，住宅运营阶段终端设备应优先选用国家节能产品、耐久产品，并推荐安装能耗监测系统。

（2）设计优化应重点降低住宅建筑的未来运行能源消耗，或增大清洁能源使用量，或延长住宅寿命。从建筑设计的角度，优化建筑平面、立面、剖面等设计，依据建筑自身特点和当地的气候条件，加大自然采光、散热力度，降低建筑能源内耗。例如，我国徽派和岭南建筑，利用小天井、四周围合阁楼，形成自然通风走廊。从能源使用角度，应加大零能耗住宅和被动式住宅开发和使用。以零能耗住宅为例，依据《近零能耗建筑技术标准》GB/T 51350—2019，应充分利用建筑本体和周边的可再生能源资源，使可再生能源年产能大于或等于建筑全年全部用能。根据《建筑节能与可再生能源利用通用规范》GB 55015—2021，可再生能源建筑应用系统包括太阳能系统、地源热泵系统、空气源热泵系统三类。以太阳能系统为例，太阳能热水技术是住宅建筑中利用最成熟的技术。此外，根据《2030年前碳达峰行动方案》，推广光伏发电与建筑一体化应用，建设集光伏发电、储能、直流配电、柔性用电于一体的“光储直柔”建筑。除住宅建筑外，太阳能发电还可应用于小区公共区域的路灯，节约公共区域常规用电。可以借鉴国内外很多著名的零碳住宅设计经验，如英国的贝丁顿零能源发展居住区。从住宅寿命的角度，进行长寿住宅设计以延长住宅使用寿命，降低全寿命周期碳排放强度。

（3）设计优化时应提前规划住宅维护更新及拆除废弃物资源化利用。例如，设计应考虑住宅外保温、屋顶等维护结构材料在使用年限内的更换，宜选用全寿命期碳排放低和保温效果好的材料。此外，应考虑住宅拆除废弃建材及部件的回收再利用，即“重生”。

3）住宅建筑碳排放监测与核算

对住宅建筑碳排放进行监测与核算有利于分析其重要影响因素，并制定有针对性的节能减碳措施及奖惩机制。由于运行阶段的碳排放量占比最大，以运行阶段的碳排放监测与核算为例进行论述。通过监测住宅投入使用一段时间后的能耗来监测与核算碳排放量。住宅能耗监测分为住户能耗监测及小区能耗监测。

城市中的住宅在电、燃气和水方面基本实现了一户一表，每一个住宅小区也都有计量总表，热计量也纳入了规划中。以一个五口之家为例，一天2顿饭，每天洗澡用燃气壁挂炉，若不考虑供暖，水每个月20~25t，电平均每个月220度左右，燃气每个月30~35m^3。采用能源消耗乘相应能源的碳排放系数可以统计每户人家的碳排放量。

物业服务企业应在物业项目中建立能源管理系统，将物业的电力、天然气、热能等能源用量分类计量；应建立三大能耗系统（电梯系统、供水设备系统、公共照明系统）及用水系统的分类计量。在分类计量的基础上，对计量信息进行分析，对碳排放进行监测和核算，并依据分析结果进行系统的调整和优化，提高能源利用效率，并降低碳排放。

以电梯用电分析为例，电梯用电占比约为40%~50%，占比高低主要和使用频率（入住率）、楼高、梯速、梯型、控制方式等相关。对这些因素进行优化设计或者使用智慧化措施进行控制，可以达到降低电梯用能及碳排放的目的。南京朗诗钟山绿郡于2021年获得全球首个BREEAM住宅项目6星认证。该项目即采用了先进的智能梯控系统和人工智能算法，确保电梯运行调度以最短的途径及时到达，减少能源使用。

4）住宅建筑碳排放控制

住宅建筑低碳管理的最终实现要取决于住宅使用者相关意识行为、物业方低碳管理措施、建筑节能技术的共同作用。

（1）提升居民节能减排的意识及行为

对居民进行节能减排的宣传教育，让其建立起低碳节能的意识和共识，形成低碳用能文化。可以在居住社区设置服务中心，为居民提供低碳节能的各种辅导。发动绿色低碳全民行动活动，通过物业公司落实，推出各种激励制度、鼓励措施。例如，采用公社邻里文化活动宣传倡导绿色、低碳生活方式，宣传普及绿色建筑与建筑节能、可再生能源建筑应用、垃圾分类减量等方面知识，引导业主和物业树立和培养资源节约与环境保护的思想观念和行为习惯。

（2）推广住宅小区绿色物业管理

推行住宅小区绿色物业管理，不仅促进绿色、低碳发展，也为业主节能创收。绿色物业管理应建立绿色物业方案目标，尤其是量化目标，做到减碳有“数”。在数字化转型浪潮下，物业公司应学习并采用智慧手段对能耗进行精细化管控，通过节能、节水、垃圾分类管理、环境绿化、污染防治等措施来保障绿色物业方案目标的实现。

（3）发展光储直柔住宅配电及住宅用能电气化

充分利用居住建筑表面，发展光伏发电。利用光储直柔等技术将住宅由用能消费者转变为生产、消费、储存三位一体。发展住宅用能电气化方面主要包括增加电炊具种类，促进炊事方式的电气化；鼓励和引导居民的厨房革命，更多用电替代传统的明火燃气；增加热泵热水器、电热水器，促进生活热水的电气化等。

（4）维护加固延长住宅使用寿命

避免对建筑的大拆大建，以“结构加固＋精细修缮”模式对建筑功能提供改造，延长住宅使用年限。目前，我国城市住宅短寿现象普遍，住宅实际平均使用寿命不足30年，一部分建筑甚至在建造后10年到20年间即被拆除。建筑修缮与拆除新建相比，虽然人工费用高，但是会大幅减少建材的用量和施工能耗。此外，可以研究发展精细修缮模式所需的技术，例如混凝土寿命预测和延寿技术等。

5.2.1 办公建筑碳排放特点

办公建筑是为办公业务活动提供所需场所的建筑物，一般由办公业务用房、公共用房、服务用房和附属设施四个部分组成，如图 5-3 所示。其中，办公业务用房是办公人员开展日常工作所需要的房间，是办公建筑的基本功能用房，包括办公室、会议室等。办公建筑各功能空间的使用要求决定了其碳排放的特点。

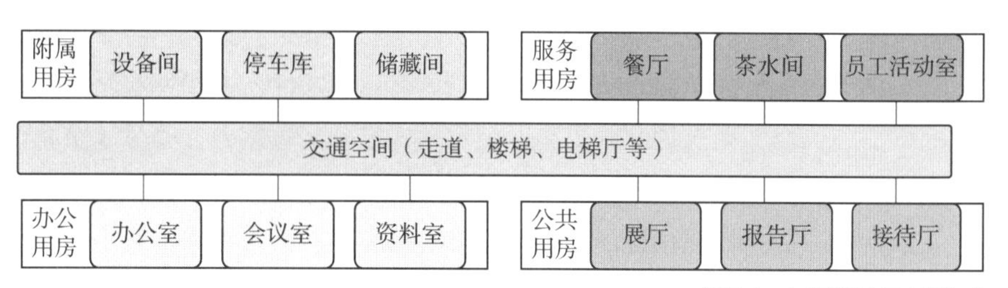

图 5-3　办公建筑主要空间构成

1）办公建筑建设阶段碳排放特点

（1）主要空间组成及其尺度有利于提高装配率以降低建材碳排放

办公建筑中不同的使用者具有各自不同的业务组织形式、功能布置规律，因此，根据使用者需求设置大小不等的办公空间。例如，图 5-4 所示为某高校办公楼，采用走廊式的平面组合方式，走道南侧主要为教师和科研人员办公室，北侧设有学生工作室，为研究生提供工位。大空间办公采用灵活隔断进行分隔，确保相对独立的办公空间的同时又方便工作人员交流讨论。

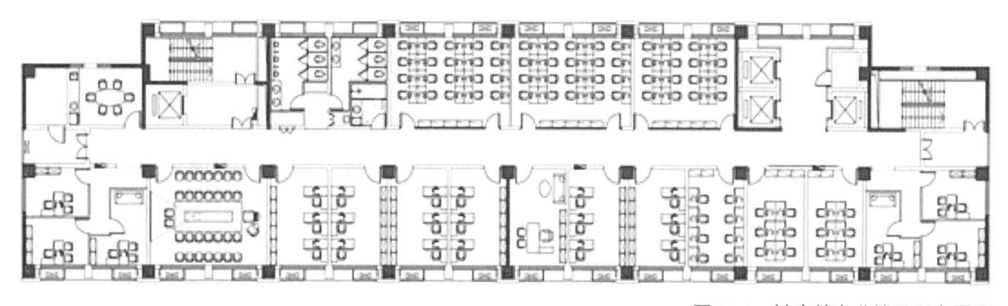

图 5-4　某高校办公楼平面布置图

尽管办公室的大小不同，但都具有工作空间相对独立的特点。采用隔墙或隔断进行空间划分，除了少数多功能会议厅要求室内视线无阻隔之外，建筑内部空间以办公和中小型会议室为主。办公建筑空间功能组成有利于采用标准柱网，可以根据结构需求设置柱子，柱距大多在 10m 内，结构材料和施工方式有利于碳排放减少，提高预制装配化程度，减少材料消耗量。

（2）内部空间灵活隔断减少建造阶段碳排放，但增加维护阶段碳排放

大空间办公内部不设隔墙时，可以采用灵活隔断分隔出较为独立的办公空间。内部空间布置和工位在使用中存在可变性的要求，根据办公人员的调整对室内家具陈设进行调整。建设阶段内部隔墙较少，可以减少建造阶段碳排放，但在使用过程中，根据不同阶段的办公需求拆除或增加隔墙，会增加运营维护阶段的建材消耗量，导致建筑维护碳排放量的增加。

（3）少装饰、重实用，可减少建材碳排放

办公建筑较注重实用性可减少装饰装修部分产生的碳排放。公共建筑作为城市空间的围合，因建筑形象要求会采用一些非功能性装饰构件；此外由于使用者也更为复杂，具有不确定性、多样性等特点，室内装饰装修材料的耐久性要求更高。相对来说在公共建筑中，办公建筑的使用者相对固定，也较少有成为城市空间地标建筑的需求。因此在建筑形式和材料选用上应偏向于适用经济、节能减排，减少非功能性构件，室内装饰宜简洁明快，减少铝板等高排放材料的使用。

2）办公建筑运行使用碳排放特点

（1）碳排放产生时间以工作日白天为主

办公类建筑内部以较为安静的办公活动为主，具有人员相对集中、活动较为安静等特点，使用时间主要为工作日的白天，碳排放产生具有较明显的时间段，便于集中控制。

（2）运行碳排放以暖通空调和照明系统为主

从运行阶段的碳排放来源来看，办公建筑中电梯、泵房等动力系统能耗较小，一般不设置集中热水系统，以工作时间饮用热水需求为主，部分办公建筑卫生间洗手龙头采用小型热水器分散就近供热。因此，暖通空调和照明系统是办公建筑在使用阶段最主要的碳排放源，其次是办公用电器设备。

（3）智能化、食堂等特殊用途导致碳排放逐步增加

随着智能化办公需求的提高，办公建筑内需要设置信息机房。机房设备用电以及机房空调能耗也成为碳排放的重要来源。此外，为满足工作人员中午的就餐需求，越来越多的办公建筑内设置了员工食堂。烹饪过程的能耗也成为办公建筑碳排放来源之一。

（4）运行阶段碳排放使用者和管理部门具有较强的稳定性

办公建筑的建设单位多为使用单位或属于相同的集团部门，具有较强的相关性，易于从全寿命周期的角度考虑设计建造优化，兼顾减碳目标和管理目标。

3）办公建筑维护更新及拆除阶段碳排放特点

随着社会经济发展，各行业对办公建筑的使用面积、建筑性能的要求都

在提高。当已有办公建筑层数较低、规模较小时，由于满足不了新的使用需求，大多根据使用单位新的要求进行原址拆除重建。由于办公建筑跨度不大，标准化构件较多，多采用拆解型的拆除方式，对拆除后的建筑构件和建筑垃圾进行分类回收处置，材料的回收利用率较高，拆除阶段碳排放总量偏少。

5.2.2 办公建筑碳排放管理策略

1）办公建筑碳排放管理原则

（1）以全生命周期碳排放目标策划为引导

办公建筑的建设管理有使用单位自建和房地产开发建设两种模式。使用自建模式有利于建造和运行碳排放一体化管理，开发模式应以全生命周期碳排放最低为目标，避免过多考虑初期建造投入而造成使用过程能耗和碳排放较多的情况。综合绿色建筑、健康建筑、智能建筑及区域环境等因素，设定合理的建筑碳排放目标值。房地产开发建设模式下建设单位更注重建设成本，重点关注建材碳排放管理。运行过程中管理部门在进行建筑维护更新时结合节能改造，减少运行碳排放。

（2）由建筑专业统筹优化设计并进行集成化管理

办公建筑功能相对简单，由建筑专业进行统筹，根据空间构成和围护结构形式进行协同设计。各专业应通过设计选择能源类型并减少能源使用数量，以减少碳排放总量。

（3）结合运行阶段能耗管理进行碳排放管理

办公建筑运行使用碳排放也主要来源于照明用电和暖通空调设备能耗。管理单位应及时对能耗和碳排放进行核算分析，避免能源消耗和碳排放高于正常情况。小型办公建筑的使用空间常采用分体空调，与其照明设备均为终端独立控制，由使用者启闭。大型办公建筑设置中央空调，除了使用终端的开关以外，还有系统总控，由物业管理单位进行管理，避免非工作状态空间的能源浪费。

2）办公建筑碳排放设计优化

办公建筑为各类企事业单位的组成部分，或城市商务中心区、创业园区的组成部分。其功能和建筑结构形式相对简单，一般不会对建筑单体进行可行性研究，而是结合园区可行性研究对办公建筑的碳排放进行目标策划。办公建筑碳排放优化管理的重点在设计阶段。设计师应当结合空间和构件设计并综合各专业需求，对建筑碳排放进行协同管理。

（1）空间及建筑构造低碳设计优化

此方面的设计优化主要包括如下内容：①考虑构件的经济尺度以确定合

适的柱网尺寸，例如框架结构的柱距一般取 8~10m。②优化建筑层高，办公空间的使用净高应满足使用和相关规范要求，设计过程中协调净高、结构梁高、设备管线高度及管线布置位置，尽量减小建筑层高。③合理安排交通空间尺寸，水平方向采用合理的走道尺寸，提高空间使用率；垂直方向对于高层建筑的电梯采用分区分段设置的方式，提高效率以减少电梯使用能耗产生的碳排放。④办公建筑内部需要相对安静和稳定的工作环境，外围护结构不宜设置大面积玻璃幕墙，以减少运行中的能量损失。⑤内部空间需要考虑使用功能的可变性，设置玻璃隔断或轻质墙板隔墙，易于拆卸和重新组装。

（2）结构低碳设计优化

此方面的设计优化主要包括构件尺寸确定和结构材料选择。例如，在空间高度方向，减小结构梁高可以降低层高；当梁的高度较大时，设计中可与设备专业协调，可在梁中部预留洞孔安装管道，减少梁下管道所占用的空间高度。

（3）采暖通风及空调低碳设计优化

此方面的设计优化方向是提高设备能效。小型办公建筑采用分体空调时，应选用一级、二级能效等级的设备，空调系统应分区域设置。例如，某办公建筑大空间采用空气源直接膨胀单元式空调机组，其余办公、会议室等采用多联机空调系统。设备选用和布置应考虑提高能效比，缩短空调设备线路距离，中央空调宜设置热回收系统，减少使用过程中的能源消耗。

（4）电气低碳设计优化

此方面的设计优化方向包括设计人员根据建筑物的使用功能和设计标准等综合要求，选用节能电器，合理进行供配电、电气照明设备和系统设计。对于办公建筑信息机房的布置，宜设置在负荷中心位置，减少设备管线长度。

（5）给水排水系统低碳设计优化

此方面的设计优化方向主要是减少用水量。办公建筑运行阶段的用水量相对较少，以卫生间用水为主。可以选用节水器具，减少水资源的消耗，相应的也减少建筑物使用过程中的碳排放。在总平面设计中，结合办公建筑所在区域设置雨水回收、中水利用系统，将卫生间用水和饮用水系统分别设置，可减少卫生间对市政能源用水的需求。

（6）设置办公建筑智能管理系统

建筑智能专业则通过自动控制系统的设计，设置智能化的感应和监控体系，确保电气及其他设备系统使用过程的经济合理、灵活适用和高效节能。

（7）利用可再生能源发电

利用可再生能源发电减少传统电力消耗产生的碳排放。虽然太阳能发电已得到较大应用，但办公建筑以多层或高层为主，屋面面积相对较少，因此除光伏板与屋面结合之外，还应考虑薄膜电池与玻璃幕墙、石材幕墙的结合，推动太阳能一体化建筑的发展。

3）办公建筑碳排放监测与核算

（1）建造过程碳排放监测与核算

在建筑物化阶段的碳排放中，建材生产及运输部分的碳排放占比接近或超过 90%。因此，材料管理和建造过程的碳排放监测与核算意义重大。从材料采购、运输、验收、入库管理、发料到使用和回收的各个阶段，应控制材料消耗量，选择低碳绿色建材。建造过程中需要有完善的建材及能源进场记录，以便基于实际施工消耗数据进行碳排放的监测与核算。

（2）建筑运行碳排放监测与核算

常见的运行阶段建筑碳排放核算方法包括两种：一为能耗监测法，即通过建立建筑能耗监测系统获取建筑能耗计算碳排放；二为能耗统计法，即收集建筑各类能源消费数据，进行统计分析后，计算建筑运营能耗及碳排放。采用能耗监测法，可以较为准确地计算运行阶段碳排放量。

参照《公共建筑用电分项分区计量系统设计标准》DBJ33/T 1090—2023，办公建筑分类能耗数据采集指标中，以电量能耗数据采集指标为例，包括：①照明插座用电，包含照明和插座用电、走廊和应急照明用电、室外景观照明用电；②空调用电，包含冷热站用电、空调末端用电；③动力用电，包含电梯用电、水泵用电、通风机用电；④特殊用电，指能耗密度高、占总电耗比重大的用电区域及设备，包括信息中心、厨房餐厅及其他特殊用电。分项计量能够采集各类能耗信息，便于监测和分析，利于运行优化及提升能耗利用率，从而降低碳排放。大型公建用能种类多样，系统繁杂，应建立统一的用能数据模型，以此实现规范化管理。

二维码 5-3　用电分项计量结构图

4）办公建筑碳排放控制

办公建筑碳排放控制应重点加强项目策划阶段和运行阶段的碳排放控制。

（1）项目策划阶段由建设单位设定碳排放目标

建设单位结合办公建筑使用要求和碳排放管理要求，制定碳排放优化的要求和减碳目标。对于政府投资的办公建筑和大中型企事业单位办公建筑，在提高绿色建筑等级的同时，也应提高建筑减碳要求。在可行性研究阶段，结合减碳目标设定绿色建材应用比例、建筑装配率、建筑性能指标体系，形成建筑设计任务书的重要组成部分。

（2）运行阶段对办公人员施行节能减排教育

采用智能化管理系统进行能源管理的同时，应加强办公人员的节能减排教育。公共建筑的使用者具有较大的可变性，但其中的办公建筑、教育设施建筑等使用人员相对稳定。一方面，采用智能化控制系统在空间无人的状态下关闭设备；另一方面加强节能教育，使办公人员具有主动节能意识，做到人走灯灭、及时关闭空调设备等，可进一步减少运行使用过程中的建筑碳排放。

（3）运行阶段加强物业管理优化能源使用

企事业办公建筑由单位统一进行管理，租赁型办公建筑由物业管理部门进行管理。建筑内部按照使用部门进行分区，有利于办公建筑运行阶段能耗监测分类、结合构建碳排放管理平台。物业管理部门应关注建筑对能源资源的使用状况，利用建筑能耗分项计量系统所构建建筑碳排放监测和核算平台，及时分析建筑运行使用碳排放。办公建筑的功能分区相对明确，根据设计参数设定各部分的排放标准，对运行过程中监测数据进行及时分析，对标找出排放超高的空间或系统，包括对空调系统制冷剂逸散情况的定期检查。

5.3.1 商业建筑碳排放特点

商业建筑是指供人们进行商业活动的建筑，一般包括零售商店、商场、购物中心、超市、菜场、商业服务网点等，广义的商业建筑还包括旅馆、餐馆等多种类型，又可称为商业服务类建筑。现代商业建筑逐渐朝复合化和巨大化方向发展，形成大规模商业空间。例如，城市商业中心区的大型商场、与交通设施（车站、地铁）复合、与公共文化设施（电影院、美术馆）复合，以及集中各种专卖店、餐饮店等设施的商店街等。虽然2022年商业及服务用房竣工面积占全国建筑业企业房屋竣工面积的比例不高（仅为6.48%），但商业建筑节能潜力较大，因此商业建筑的碳排放管理是实现碳中和目标的重要环节。

1）商业建筑建设阶段碳排放特点

建造阶段的碳排放与施工方案有关，工程施工方案很大程度上取决于建筑的结构特点，而商业建筑采用的结构形式与商店的类型及特点有关。

（1）大型百货商店或超级市场，面积较大，层数多在4~6层，一般采用钢筋混凝土框架结构，又可细分为现浇框架、半现浇框架及装配整体式框架。

（2）单层并以批发为主的超市、菜场等，多采用轻型钢架、网架等钢结构；而大型的集购物、休闲、娱乐与一体的综合性百货商店的顶层大空间也常采用类似的结构形式。

（3）大型复合式商业建筑采用上部主体为写字楼或高层公寓、地下室及多层裙房为百货商场的布局形式。上部主体一般采用框架－剪力墙结构或剪力墙结构，而下部商场采用框架－剪力墙结构以满足大空间的需求。

考虑到钢结构建筑中钢材的可循环利用性，钢结构建筑的碳排放要少于钢筋混凝土建筑的碳排放。此外，我国自2016年开始大力发展装配式建筑技术，减少现场搅拌混凝土和浇筑环节，具有节水、节能、节地、节材等优点。在商业建筑建造领域广泛应用装配式建造技术，达到环保降碳的目的。

2）商业建筑运行阶段碳排放特点

商业建筑运行阶段碳排放的特点之一是电耗占比较大。电耗中，照明占比最大，空调次之。商业建筑照明功率密度限值高于居住建筑与办公建筑，具体值见表5-5。对于商业建筑营业厅需装设重点照明时，限值还可增加$5W/m^2$。商业活动需要以高照度展示商品、吸引顾客，且照明设备在营业时间内需要全部开启，这些决定了照明的高能耗。

商业建筑与居住建筑及办公建筑照明功率密度限制对比　　表 5-5

场所	照度标准值（lx）	照明功率密度限值（W/m^2）
一般商店营业厅	300	≤ 9.0
高档商店营业厅	500	≤ 14.5
全装修居住建筑餐厅	150	≤ 5.0
办公建筑普通办公室	300	≤ 8.0
办公建筑高档办公室	500	≤ 13.5

空调的耗电较大主要是由于人们对商业场所舒适度的需求不断提高，空调的运行时间变长。例如，根据《商店建筑设计规范》JGJ 48—2014，一般商场营业厅内温湿度标准见表 5-6。另外，商业建筑空间开阔、室内客流密度及照明电器等导致发热量大等因素，也会导致空调的电耗变大。除此之外，一些特殊的高能耗设备，如超市类商业建筑里的生鲜冷冻设备、会所的游泳池、交易中心的机房等，也可能成为需要加强管控的对象。

商业建筑营业厅内温湿度标准　　表 5-6

夏季			冬季		
温度（℃）	湿度（%）	室内风速（m/s）	温度（℃）	湿度（%）	室内风速（m/s）
25~28	≤ 65	≤ 0.3	18~24	≥ 30	≤ 0.2

作为常用的可再生能源建筑应用系统，光伏系统和地源热泵系统被广泛应用在商业建筑中。商业建筑屋顶通常具有面积大、平整、遮挡物少等特点，适合在屋顶安装光伏阵列，自发自用或向电网供电。还可以将光伏组件做成屋顶、外墙、窗户等形式，既能发电，又可作为建材。地源热泵是以地热能（土壤、地下水、地表水、低温地热水和尾水）作为夏季制冷的冷却源、冬季采暖供热的低温热源，分别替代传统制冷机和锅炉进行制冷和供热。地源热泵在商业建筑中的优势明显。尽管前期投资大，但节约了维护费用，并且可以做到同时分区制冷和供暖，可以很好地满足一些大型超市的需求。

3）商业建筑维护更新及拆除阶段碳排放特点

随着消费者需求的快速更新以及商业模式的改变，商业建筑需要不断迭代升级。另外，由于市场竞争激烈，商店从开业到倒闭的时间不断缩短，不可避免地带来了维护更新及拆除过程中的高碳排放问题。

商业建筑的维护更新方法主要有空间形态重构、立面形式更新、结构处理等。空间形态重构是通过增加或者拆除部分墙体、楼板等构件，对空间格局重新划分和整合。立面形式更新通过替换老旧的建筑材料（如更通透的玻璃幕墙、色泽质地更好的石材）、在原结构上增加新的表皮（如金属杆件、铝板、玻璃幕墙遮挡等）、拆除原立面重新置入新表皮等方式，美化建筑外观以及保护和延长建筑使用寿命。结构处理是随着建筑空间形态的改变，对原有建筑进行保留加固（如楼板下方增设支撑梁、扩大柱截面、增大梁截面等）、局部拆除（如拆除楼板、拔柱）或新旧结合（如采用新的结构体系来支撑空间）。空间形态重构过程中，碳排放来源主要是施工机械燃料消耗及用电；立面形式更新和结构处理既有施工机械的碳排放，也有建材的碳排放。

商业建筑的拆除包括对整栋建筑的拆除，以及更换商家时局部范围内的拆除。在拆除阶段，主要通过施工现场分类分拣，提高废弃物的回收利用率。对废弃物经过再生利用，变成新材料或新产品，可以进一步减少碳排放。目前，可回收利用的建筑材料主要有钢材、铝、混凝土、砖、水泥、砂石、玻璃等。

5.3.2 商业建筑碳排放管理策略

商业建筑碳排放管理以建筑全生命周期低排放为目标，通过技术和管理手段，减少建筑碳排放。排放目标的设定可以参考设计阶段的目标值。例如，按照《建筑节能与可再生能源利用通用规范》GB 55015—2021 要求，新建的居住和公共建筑碳排放强度应分别在 2016 年执行的节能设计标准的基础上平均降低 40%，碳排放强度平均降低 7kgCO_2/（$m^2\cdot a$）以上。此外，还应当按照国家、地方及行业出台的评价星级标准进行管理。比如，北京市出台的《低碳建筑（运行）评价技术导则》DB11/T 1420—2017 规定了商业建筑的基准碳排放强度（表 5-7），以及对建筑运行年碳排强度的评价准则。

除供暖外商业建筑基准碳排放强度 [kgCO_2/（$m^2\cdot a$）]　　表 5-7

商业建筑类别	A 类建筑	B 类建筑
百货商店	82	144
购物中心	82	180
超市	113	175

注：A 类建筑指可通过开启外窗方式利用自然通风达到室内温度舒适要求的建筑；B 类建筑指不能通过开启外窗方式，常年依靠机械通风和空调系统维持室内温度舒适要求的建筑。

1）商业建筑碳排放管理核算流程

明确碳排放管理目标之后，需要确定碳排放核算标准，搭建碳排放核算框架。目前碳排放核算标准有行业企业层和产品层两种类型。比如，

"十四五"期间逐步推动的电力、石化、化工、建材、钢铁、有色、造纸、航空八大行业的行业企业温室气体核算指南，企业需要核算和报告在运营上有控制权的所有生产场所和设施产生的温室气体排放。产品层的核算体系是面向企业的单个产品来核算产品寿命周期的温室气体排放。依据国标《建筑碳排放计算标准》GB 51366—2019，商业建筑的碳排放管理应当选择产品层的核算标准，并依据该体系搭建碳排放核算框架。搭建流程如图 5-5 所示。

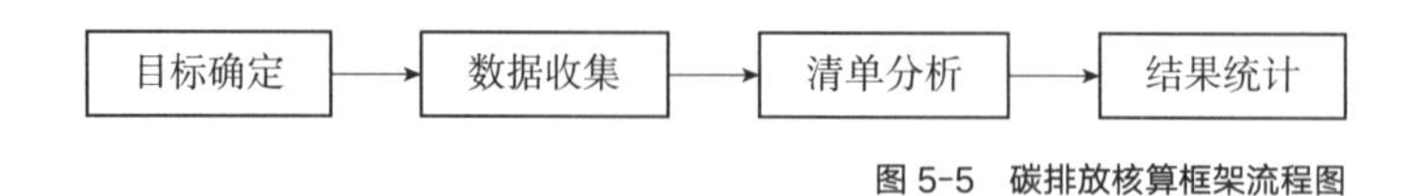

图 5-5　碳排放核算框架流程图

（1）目标确定

在目标确定阶段，依据碳排放核算标准及商业建筑全生命周期各阶段活动特征，划分主要碳排放源，建立系统边界。碳排放源有直接排放、间接排放和其他间接排放。系统边界的确定需要分析活动的特点。

（2）数据收集

根据系统边界，收集商业建筑全生命周期各阶段的活动水平数据。比如，商业建筑运行阶段的用电量、用水量、空调制冷剂添加量等。根据碳排放管理颗粒度，还可以将用电量监测细分到照明、制冷、采暖等维度。除了活动相关的数据以外，还需要收集权威机构、部门及科研单位公布的碳排放因子，用于后续碳排放计算。

（3）清单分析

依据系统边界与活动水平数据，采用碳排放计算方法，计算活动清单各项碳排放以及汇总碳排放。在商业建筑碳排放计算中，不少活动的碳排放计算涉及上游供应链的碳排放，很难自动搜集。针对这个问题，一般采用碳排放因子法简化计算。计算时，明确选用的碳排放因子的边界，防止遗漏和重复计算。

（4）结果统计

利用数据统计方法，分析碳排放核算结果。对异常数据做故障检查，对碳排放较多的环节做节碳改造。碳排放核算结果还要输入到商业建筑低碳评价系统中，供行业监管部门进一步管理决策。

在碳排放核算框架中，碳监测属于数据搜集环节，利用软硬件设备监测排放源或相关指标（如电力和汽油消耗），为管理者提供真实的排放数据。与商业建筑全生命周期碳排放有关的监测对象包括燃料燃烧监测和用电监测。

在燃料燃烧监测方面，对于采用化石燃料（如煤、天然气、石油等）为能源的锅炉、炉窑、机械设备等，可以通过对排放口二氧化碳浓度和排气流量开展自动监测。监测系统包括大气压力测量模块、流速测量模块、湿度测量模块、温度测量模块、O_2 测量模块、CO_2 和 CO 测量模块以及外购电量测量模块等。

在用电监测方面，建筑运行阶段，搭建能耗监测系统用于实时监测能耗排放，包括电、水、气等。商业建筑运行阶段以电耗为主，用电监测设备主要对各级监测点配电箱进行用电信息采集、主断路器的控制以及相关数据的处理。对于大型耗电设备，用电监测可以采用电能监测计量插座监测用电状态或者利用电池管理系统对蓄电池的荷电状态进行监测。

2）商业建筑减碳实施路径

为了实现低碳排放的管理目标，除了核算、监测以外，还需要灵活运用减碳技术措施及设计减碳激励机制。

（1）商业建筑减碳技术

与商业建筑减碳相关的技术可以大致分为：低碳建材、建筑可再生能源、建筑设备节能。在低碳建材方面，应在确保使用性能的前提下降低不可再生自然原材料的使用量，选择制造过程低能耗、低污染、低排放，使用寿命长并可以回收再生产的建筑材料。比如，商业建筑建造过程中需要大量使用混凝土，为了降低混凝土碳排放，可以采用矿物掺合料替代水泥、用工业固废或建筑垃圾替代骨料、提高水泥制造过程中燃料的燃烧率等技术。

可再生能源是自然界中不需要人力参与就可以循环再生的能源。建筑运行常利用的可再生能源主要有太阳能和地热能。到 2025 年，城镇建筑可再生能源替代率达到 8%。各地方出台政策，对新建建筑、既有建筑改造，应优先采用可再生能源系统。

商业建筑中，能耗较大的设备有照明和空调。商业建筑实现照明节能的 4 个途径包括光源的合理选择、自然光的合理利用、空间照度的合理设计以及照明系统的合理控制与管理。商业建筑空调节能主要从设计和空调设备节能技术两个方面入手。节能设计需要考虑气流模式和水力平衡，而设备节能技术有余热循环技术、热回收技术、蓄能空调技术、冷热电三联供技术等。

（2）商业建筑减碳激励机制

碳排放权交易通过设定碳排放配额，并通过市场机制调节交易活动，为企业和机构提供减排激励。目前我国已经有七个碳交易的试点城市。下面以北京的碳交易管理为例，展示其对商业建筑减碳的影响。

2014 年北京市政府发布的《北京市碳排放权交易管理办法（试行）》对重点排放单位纳入标准、配额总量设定与分配、交易主体、核查方式、报告与信息披露、监管和违约惩罚等方面进行了全面规定。由北京市生态环境局负责碳排放权交易相关工作的组织实施、协调与监督管理。每年公布重点碳排放单位和一般报告单位名单，重点碳排放单位的二氧化碳排放实行配额管理，在配额许可范围内排放二氧化碳，其他自愿参与碳排放权交易的单位参照重点碳排放单位进行管理。生态环境局负责制定配额分配方法，核定并向碳排放单位发放配额。碳排放交易的产品包括北京市碳排放配额和碳减排量。碳排放单位向市生态环境局报送年度碳排放报告，同时提交第三方核查机构的核查报告。

碳排放交易中的配额制定和单位提交的年度碳排放报告都需要依据《北京市企业（单位）二氧化碳排放核算和报告指南》。指南中规定，碳排放报告制度遵守“谁排放谁报告”原则。目前，商业建筑的碳排放不考虑施工阶段的碳排放，只计入建筑运行阶段的碳排放。商业建筑里的公用设施碳排放被纳入物业公司的配额。公用设施一般包括消防系统、中央空调、电梯、给水排水系统、燃气管网、强弱配电系统、排油烟系统。对于商业建筑里入驻的重点碳排放单位，物业公司的报告应扣除该单位的电力消耗量。超市、零售、餐饮等企业作为指南中规定的其他服务业，它们的经营活动大多在商业建筑里进行，其碳排放与商业建筑运行阶段的碳排放有相当范围的重叠。这些企业参与碳排放权交易，也激励了商业建筑运行阶段碳排放的降低。

5.4.1 大梅沙万科中心近零碳改造

1）项目概况

大梅沙万科中心（以下简称“万科中心”）位于深圳市盐田区大梅沙社区，为原万科集团总部办公地，于 2009 年 9 月竣工，总建筑面积约 12 万 m^2。深圳市于 2021 年印发了《深圳市近零碳排放区试点建设实施方案》。万科中心（图 5-6）和大梅沙社区 2022 年均入选了深圳市近零碳排放区首批试点项目。大梅沙社区又称为大梅沙生物圈三号，将在 4 年内分三期改造完成。万科中心作为该区域首个低碳改造项目，于 2022 年 5 月开始，10 月完成。万科中心改造完成后，在低碳建筑、智慧能源、可再生资源、生物多样性、运动健康等方面取得显著成效，成为国内首个采用智能微电网系统的商业办公建筑项目。

图 5-6　万科中心外景

2）绿色建筑技术

万科中心由世界知名建筑师 Steven Holl 主持设计。设计之初就充分采纳了来自欧洲和美国的绿色建筑理念，按照美国绿色建筑 LEED 标准的铂金级设计建设，并且获得了中国绿色建筑三星标识。建筑采用的绿色建筑技术为近零碳改造提供了有利的条件。

（1）雨水 / 污水全收集处理，节水 50%。万科中心绿化设置如图 5-7 所示。架空的建筑底部形成对流通风良好的微气候，渗水铺装路面采用了包括嵌草砖、透水道路、碎石、透水砖等透水材料，在排水沟将雨水排到池塘和湿地之前，收集露天雨水。

（2）万科中心的幕墙设计具有通风、采光和遮阳功能，进深控制在 20m 以满足 75% 的区域达到 400lx 以上的要求，开窗率高达 30% 的幕墙系统以保证自然通风及形成对流。设计师根据不同功能区的不同朝向，结合深圳全年太阳运行的高角度，搭建了建筑信息模型。通过精细化的采光模拟分析（图 5-8a），万科中心的幕墙最终采取了全玻璃幕墙、固定遮阳和电动遮阳的

（a）底部架空及嵌草砖　　（b）湿地处理系统

图 5-7　万科中心绿化设置

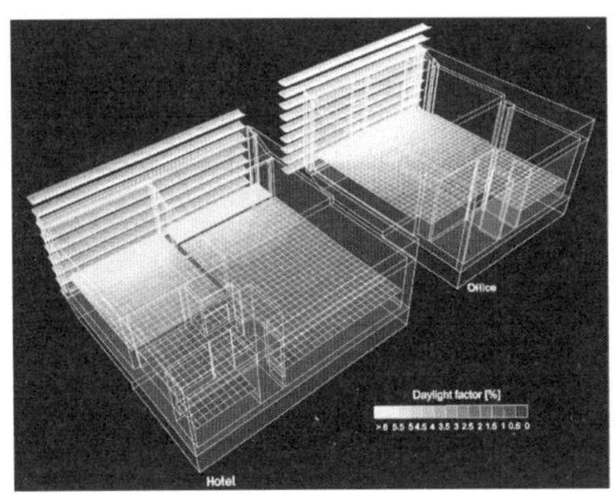

（a）采光模拟分析　　（b）带孔洞的活动遮阳板

图 5-8　万科中心幕墙遮阳

形式。遮阳板的剖面是弧线，布满或长或短的方形孔洞（如图 5-8b 所示）。

（3）万科中心采用“像造桥梁一样造房子”的创新结构设计，最大连体跨度 50m，悬挑 25m，建筑结构采用了“混合框架 + 拉索结构体系”，底层几乎全部架空，不仅为使用空间提供了开阔的视野，在最大程度上实现“还绿于公众”。算上屋顶的绿化，整个场地的绿化率大于 100%。

（4）建筑选材时充分考虑了材料的可再生与本地化。万科中心大量采用中国本地传统建材（竹材）取代木材，用于混凝土模板、墙面装饰及家具的制作。万科中心的开放办公区采用了 Interface FLOR 地毯，不仅由回收材料制成，而且损坏破旧的地毯可由制造商回收用于其他产品的制作。园区青云报告厅则使用了由废弃易拉罐和工业废铝融合发泡支撑的泡沫铝，可 100% 循环使用。

3）近零碳建筑改造技术

万科中心进行了近零碳建筑改造。改造后，雨水 / 污水全收集处理系统节水 50%；建筑本体节能率为 25%，建筑能耗下降 60%；每年减少碳排放超过 800t，下降了 93%。近零碳建筑改造内容包括分布式清洁能源、生物多样性、零废弃循环机制和微电网运行管理平台等。

（1）建筑屋面安装的光伏板每年预计可发电 72 万度，绿电比从 17% 提升到了 85%。仅屋顶的光伏作为清洁电源就能提供整个万科中心约 85% 的电能要求。

（2）原有的生态屋顶将通过生态修复工程，形成分布式光伏电站有机结合的屋顶生态花园。屋顶花园设置了集光储直柔技术、被动式技术、木结构技术、装配式技术于一体的零碳小屋（图 5-9），提升用户体验的同时展示绿色低碳领域的先锋技术。

（3）零废弃对环境更加友好，更有效地利用资源，助力废弃物转化为额外收入。万科中心对废弃物管理制度及收集容器重新进行了设计。首先提倡源头减量，其次实行办公及厨余废弃物的再利用，从而最大限度减少无害固体废物的产生，提高资源使用效率。

（4）能源改造目标是解决供需空间不平衡的矛盾，最大化消纳分布式绿色能源，提高能源系统投资回报。大梅沙生物圈三号的核心技术之一就是“社区微电网”，即可以在本地区对电能进行“产、传、配、储”的微型电力系统。通过智能微电网的综合调控实现能源有序流动的目标，如在夜间电价低谷期给储能设备充电，在白天用电高峰期使用储蓄的电以及光伏板产生绿电。

（5）光储直柔建筑对建筑直流配电系统的研究与示范型应用，是探索碳中和社区先进技术的重要课题。在高比例光伏接入的建筑中，直流配电系统比交流配电系统更为高效节能。结合储能及智能化的直流电器，直流配电系统的日负荷用电曲线更为平滑，柔性用电效果更佳。项目采用直流配电系统，与屋顶单晶硅光伏组件、阳台碲化镉光伏玻璃及分布式储能电池构成一处小型直流微电网展示区。

（a）零碳小屋外景效果图

（b）零碳小屋室内空间效果图

图 5-9　零碳小屋

5.4.2 大梅沙万科中心碳排放管理

1）零碳园区目标策划

万科中心在建筑设计之初便确立零碳园区目标，并通过具有示范意义的一系列绿色建筑技术应用来宣传和推广可持续发展的理念。随着绿建国标要求不断提高、《近零能耗建筑技术标准》GB/T 51350—2019 发布，万科中心改造对标相关标准和规范要求，设定项目碳排放管理目标，选取适用的规范、标准、评价体系（图 5-10）。万科中心、大梅沙生物圈三号拟通过功能激活、技术改造、运营提升等措施，将绿色建筑升级成为先锋示范型绿色低碳社区。

2）应用低碳技术并建立碳排放管理体系

项目采用招商、建设、运营一体化的碳中和产业园解决方案，采用数字化系统实时采集、存储项目运营碳排放数据。项目改造过程秉承减量、利旧、循环利用的 3R 原则，对既有建筑进行深度维保，在确保设施设备安全性和材料耐久度的基础上，最大程度实现利旧使用。

万科中心改造项目在技术上与能源、空调、照明、电气等领域的领军企业进行开放式创新，升级智能照明系统、磁悬浮高效机房。项目以复用及共享的理念对功能空间实行二次规划，避免拆除、减少采购。通过可再生能源、绿色建筑、数字能源三大技术的深度耦合，将建筑综合节能率提高

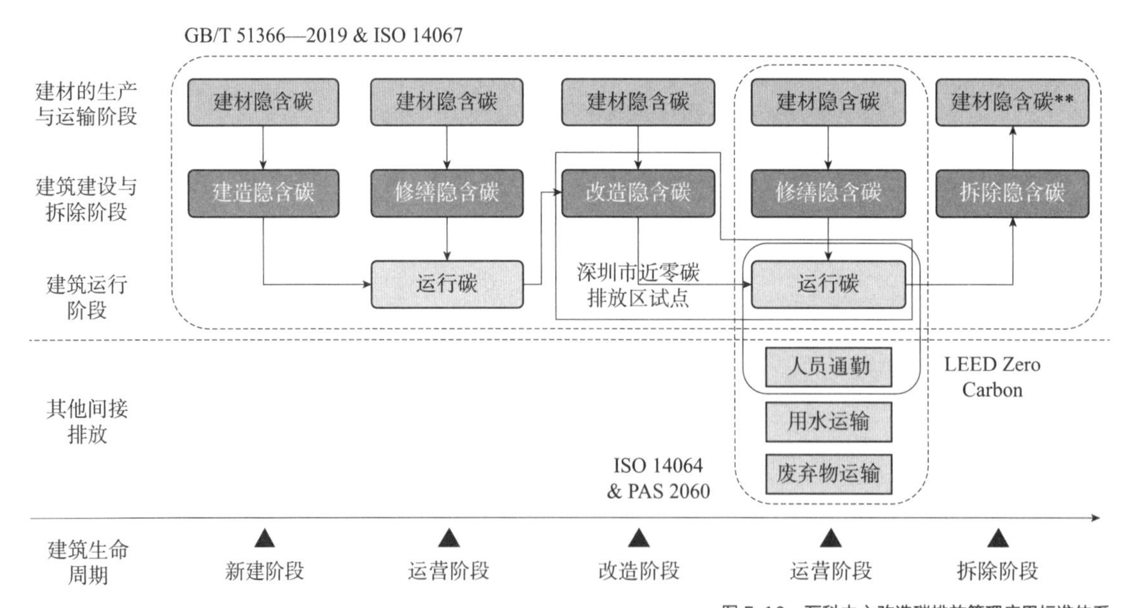

图 5-10 万科中心改造碳排放管理应用标准体系

注：图中 ISO 140618&PAS2060 圈定的是以万科中心改造项目为例核查的范围；《建筑碳排放计算标准》GB/T 51366—2019 只包含废弃建材的运输，不含废弃建材的处理；ISO 14067 既包含废弃建材的运输，又包含废弃建材的处理。

到 85%，提升光伏消纳率、降低电费支出、参与电网互动，并在运营期实现 100% 绿电供应。项目运行过程中管理部门建立能效管理体系、提倡绿色用能方式，探索联合研发、合同能源管理等多种商业合作模式。

3）面向未来的能源互联网探索与实践

万科中心通过 400 多个智能电表对整个园区不同板块、楼层、区域进行实时监控。管理者结合园区客户用电习惯进行智能化管理降低整体能耗。根据收集的数据、用户习惯等，运用机器学习相关算法，进行预测以及策略优化，打造了一套人工智能系统，直接降低运营碳排放及市电电费成本。例如，通过模型预测未来 24 小时的建筑负荷耗电量及可再生能源发电量，通过算法对负荷进行多目标策略调度，实现日用电曲线的削峰填谷，利用建筑本地进行蓄能，调度空调负荷；未来将积极参与电网需求侧响应及虚拟电厂交易，提高可再生能源消纳率。

4）数字能源系统

数字能源系统助力实现“降低碳排放、优化运营绩效、提升用户体验”的三重运维目标。能源管理系统是能源管理的基础，包括底层的感应层（电表、水表）、数据传输层、云端计算层。生物圈三号的能源管理平台是一站式综合性的，主要功能包括各区域 / 设备能耗统计对应碳排放计算、同年 / 月 / 季度数据对比、能耗和光伏发电预测、设备报警、自制表格、数据表格导出、API 对外接口生成和接口文档等。数字中台是基于能耗管理平台之上建立的数据管理平台，支持不同表格和报告的生成。用数字化数据产生和对外展示的不同风格的界面以及数据展示。生物圈三号——碳中和社区综合数据监测平台构架示意图如图 5-11 所示。

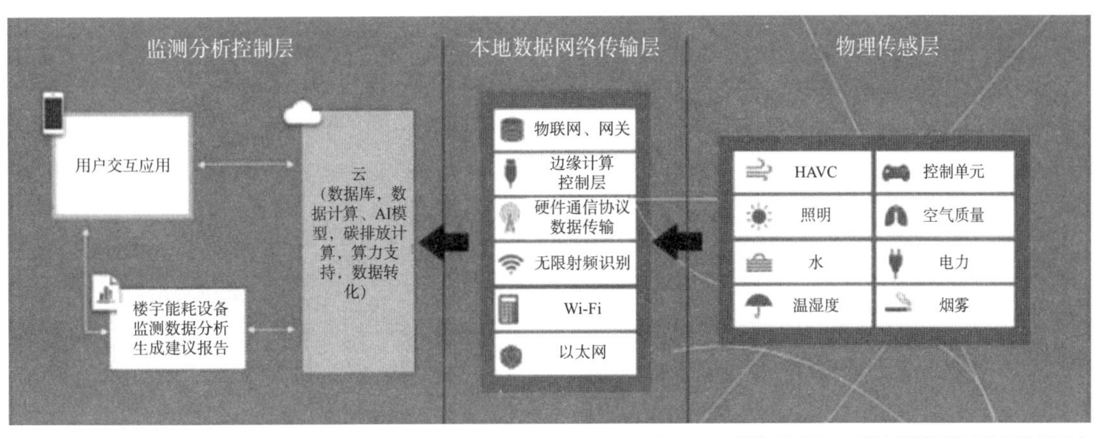

图 5-11　生物圈三号——碳中和社区综合数据监测平台

5.5 本章小结

本章以常见的住宅建筑、办公建筑、商业服务类建筑为例进行民用建筑碳排放管理的论述。首先，从建筑全生命周期的角度分析各类建筑在建设阶段、运行阶段、维护更新及拆除阶段的碳排放特点、相关碳排放来源及活动。然后，从全过程管理的角度提出建筑碳排放管理的措施与优化策略，重点包括碳排放计算、碳排放设计优化、碳排放监测与核算、碳排放控制。本章的结论可以为其他类型的建筑物碳排放管理提供参考。

思考题

5-1 从全生命周期的角度分析，住宅的碳排放包括哪几个阶段?

（提示：从全寿命周期的角度，住宅的碳排放包括住宅建造所需建材生产及运输阶段碳排放、建造阶段碳排放、运行阶段碳排放及拆除和废弃物处置阶段碳排放，其中建材和建造两个阶段又可合并成为建设阶段碳排放。）

5-2 从全过程管理的角度分析，应从哪几个方面进行民用建筑碳排放的管理与优化?

（提示：从全过程管理的角度，民用建筑的碳排放管理与优化应该关注碳排放计算、碳排放设计优化、碳排放监测与核算、碳排放控制等方面。）

5-3 建筑的可再生能源应用系统主要包括哪几类系统?

（提示：根据《建筑节能与可再生能源利用通用规范》GB 55015—2021，建筑可再生能源应用系统主要包括太阳能系统、地源热泵系统、空气源热泵系统。）

5-4 民用建筑全生命周期碳排放目标制定的相关内容有哪些?

（提示：在可行性研究阶段，结合减碳目标设定绿色建材应用比例、建筑装配率、建筑性能指标体系。设计阶段，协同各专业从建筑围护结构保温性能、减少体形变化、提高设备效率等方面采用节能减排技术，降低建筑负荷，减少运行使用能耗和延长建筑构件的使用寿命，减少碳排放。）

第6章

交通基础设施碳排放管理

【本章导读】

交通基础设施是我国构建新发展格局的重要支撑，也是服务人民美好生活的坚实保障。我国高度重视交通基础设施的发展，2022 年全国完成交通固定资产投资超 3.8 万亿元，同比增长超 6%。同时，交通基础设施的快速发展也产生了大量的碳排放，《"十四五"现代综合交通运输体系发展规划》的专栏 13——"交通运输绿色低碳发展行动"明确提出要开展绿色交通基础设施建设，推动既有交通运输设施绿色化改造。因此，开展交通基础设施碳排放管理是落实我国交通强国战略和"双碳"战略的重要抓手。本章逻辑框架图如图 6-1 所示。

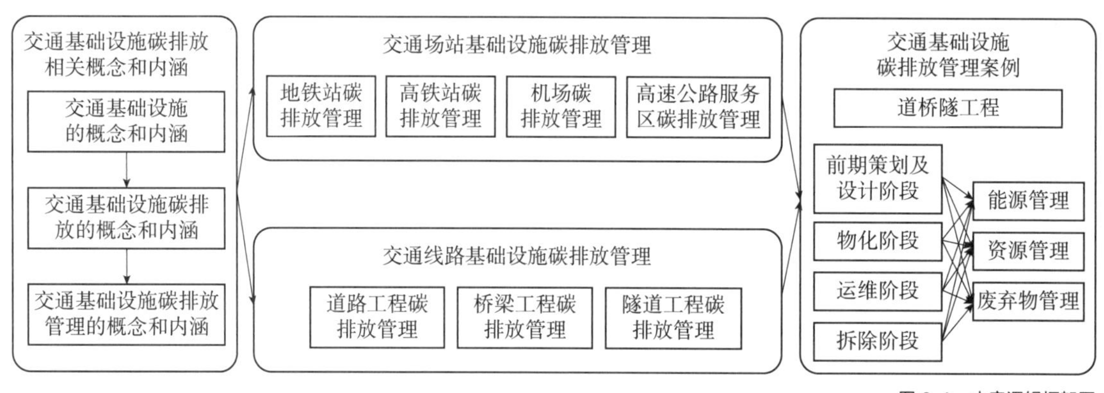

图 6-1　本章逻辑框架图

【本章重点难点】

掌握交通基础设施碳排放的来源；熟悉交通基础设施碳排放管理的特征；了解交通基础设施碳排放管理的措施。

6.1 相关概念和内涵

6.1.1 交通基础设施的概念和内涵

1）交通基础设施的概念

交通基础设施是人类社会发展所依托的重要基础设施之一，是协调社会与自然关系的主要基础设施，其职能是克服地理空间障碍，实现一定空间范围内经济社会活动的一体化和协同化。交通基础设施被认为是交通系统的重要组成要素，承担着区域集聚或扩散过程中物资、人员和信息的流动，是区域地理空间有序发展和合理组织的关键。交通基础设施的定义分为狭义和广义两个概念，从狭义角度定义：交通基础设施是指为确保人们基本生活与社会生产的正常有序进行，为居民和社会提供公共服务的基本物质工程设施，包括道路、桥梁、隧道、铁路、机场、港口、码头、航道等。从广义角度定义：交通基础设施除了物质工程设施外，还包括交通管理系统、交通信号设备、交通信息系统、交通规划和设计等软硬件设施。本书主要讲述交通基础设施建设全生命周期的碳排放管理，包含物质工程设施与其他软硬件设施的共同管理。因此，本书借鉴交通基础设施的广义定义，认为交通基础设施指的是包括道路、桥梁、隧道、铁路、机场、港口、码头、航道等物质工程设施和与其管理、规划和设计相配套的软硬件设施的统称。交通基础设施的特征见二维码 6-1。

二维码 6-1　交通基础设施的特征

2）交通基础设施的分类

交通基础设施与交通基础设施所承担的社会经济活动息息相关，其通常有多种分类方式。按照交通基础设施的作用功能可分为：交通线路基础设施、交通场站基础设施；按照我国运输系统的构成可分为：铁路交通运输基础设施、道路交通运输基础设施、水路交通运输基础设施、空中交通运输基础设施、管道交通运输基础设施；按照运输导向方式可分为：轨道交通基础设施、管道交通基础设施、航道交通基础设施、道路交通基础设施。本章将依据按照交通线路基础设施和交通场站基础设施的分类方式进行介绍。

6.1.2 交通基础设施碳排放的概念和内涵

1）交通基础设施碳排放的概念

交通基础设施碳排放指的是交通基础设施从前期策划阶段至拆除阶段中所产生的碳当量。交通基础设施项目的碳排放，基于不同来源可分为直接碳排放和间接碳排放。直接碳排放是指物化以及运维过程中施工机械设备的燃料燃烧排放的碳当量，如化石燃料、生物质混合燃料产生的碳当量；间接碳排放是指物化以及运维过程中消耗的建材以及购入的电力和热力在其生产环节已产生的碳当量。

2）交通基础设施碳排放的来源

交通基础设施的碳排放来源与不同阶段的材料消耗和机械设备使用密切相关。根据交通基础设施的生命周期，其不同阶段的碳排放来源分别为：

（1）原材料生产及运输阶段碳排放

该阶段主要是进行交通基础设施建设所需原材料的生产、制造和加工。在该阶段，矿石等材料运输至生产厂内，有运输机械的能源消耗；生产厂对开采的材料进行加工，存在机械设备的能源消耗和原材料的消耗；工厂生产的施工材料与部品被运送至施工现场，存在运输机械的能源消耗。因此，碳排放来源主要有材料消耗、材料运输和设备能耗三个方面。

（2）施工建设阶段碳排放

该阶段主要开展相应的施工作业形成交通基础设施产品。除各类复杂的施工工艺（如混凝土浇筑、钢筋加工、构件安装等）之外，临时照明、生活与办公等活动也不可忽略。碳排放来源于施工现场机械的能源消耗、建筑材料的使用消耗和非施工区域的能源消耗。

（3）运维阶段碳排放

该阶段主要包括基础设施的日常使用活动，以及维修、维护和改造等过程。日常使用活动通常指维持交通基础设施正常使用功能所需的供电、照明、采暖、制冷和通风（比如地铁站的日常使用），以及由使用者决定的配套设备运行（比如地铁站安检设备的使用）。而维修、维护和改造过程，包含了维持基础设施运行所必需的“小修小改”（比如地铁站照明系统的维修），以及由功能增强所需的“大修大改”（比如地铁站并线的扩建），这些环节实际上重复了施工建设阶段的绝大多数过程。碳排放来源于基础设施运行的能源消耗和改造维护的机械使用以及材料消耗。

（4）拆除阶段碳排放

在该阶段，交通基础设施首先在现场被拆除并进行大构件的破碎，在废弃物被运输出现场后，废弃物被进一步分拣，其中可回收材料用于二次加工或再生能源，而不可回收材料被填埋或焚烧处理。碳排放来源于拆除机械的能源消耗以及废弃物处理产生的二氧化碳。

6.1.3 交通基础设施碳排放管理的概念和内涵

1）交通基础设施碳排放管理的概念

交通基础设施碳排放管理指的是以降低碳排放总量和强度为目标，为解决交通基础设施全生命周期过程中面临的降碳固碳、绿色创新与碳源碳汇

二维码 6-2　交通基础设施碳排放管理的阶段

监测核算等问题而采取的一系列举措。交通基础设施碳排放管理在源头防控上，根据减污降碳相关试点内容，明确环评中碳排放核算评价的边界范围和工作内容；在过程控制上，探索建立全国碳监测网络等方式，强化督察问责工作机制，推动构建碳排放管理的制度体系。

2）交通基础设施碳排放管理的现状

（1）管理主体不明确

“十四五”节能减排综合工作方案中规定交通运输部、国家发展改革委牵头，工业和信息化部、公安部等多部门联动推动绿色铁路、绿色公路、绿色港口、绿色航道、绿色机场建设，有序推进充换电、加（注）气、加氢、港口机场岸电等基础设施建设。但由于我国交通基础设施碳排放管理的提出和实践的时间较短，所以仍存在碳排放管理责任主体不明确、责任划分不清晰的问题。

（2）管理对象不具体

交通基础设施相较于其他类型基础设施具有明显的差异，由交通基础设施的碳排放特点可知，交通基础设施碳排放管理涉及原材料生产、原材料运输和建设施工等多个领域，相关工程建设和环保涉及的管理部门众多，造成管理对象存在一定交叉与空白，碳排放管理效果不理想。

（3）管理方法不统一

交通基础设施碳排放管理方法目前主要是测算出交通基础设施生命周期产生的碳排放，进而根据碳排放分布提出针对性的碳减排措施，也有部分研究者开发了碳排放管理软件。主要理论和思路较为统一，但受环节划分不同、碳排放因子库不透明、缺乏后期校验等问题的制约，造成现有交通基础设施碳排放管理方法不统一。

交通场站是指专门用于乘客或货物在交通网络中换乘、转移或停靠的地点或设施，是城市中最为繁忙的区域之一，每日容纳大量出行者，是促进城市交通运转的重要区域。交通场站是城市公共交通的核心，其碳排放管理的效率直接影响公共交通的可持续发展。本节将以地铁站、高铁站、机场和高速公路服务区为例，介绍交通场站碳排放管理对象及策略。

6.2.1 地铁站碳排放管理

城市轨道交通泛指以电能为动力，以轮轨运转方式为主的公共交通工具。地铁站作为城市轨道交通的交通场站，是城市轨道交通系统中的主要用能部分。有关研究显示，地铁站能耗在地铁系统总能耗中占比可达50%，可见对地铁站碳排放进行管理至关重要。

1）地铁站碳排放管理的对象

地铁站碳排放管理的对象涵盖了地铁站全生命周期的各个阶段，如表6-1所示。在前期策划及设计阶段，管理对象包括设计设备、交通规划、建筑设计和环境评估，旨在确保地铁站的设计符合可持续性要求。物化及拆除阶段的管理对象包括建设设备、施工运输和工程材料，以确保地铁站的建设过程减少碳排放。在运维阶段，加强对能源消耗、照明设备、空调和通风系统、电梯和自动扶梯、设备维护、清洁服务以及废弃物等关键对象的管理，可减少地铁站运维过程中的碳排放。

地铁站碳排放管理的对象 **表6-1**

生命周期阶段	管理对象	描述
前期策划及设计阶段	设计设备	用于地铁站设计的工具和设备
	交通规划	地铁站位置和交通流量的规划过程
	建筑设计	地铁站建筑外观和内部布局的设计过程
	环境评估	地铁站建设和运营对环境的影响评估过程
物化及拆除阶段	建设设备	用于地铁站建设的机械和工具
	施工运输	运输材料所使用的交通工具
	工程材料	用于地铁站建设的材料
运维阶段	能源消耗	地铁站使用的电力和其他能源
	照明设备	用于地铁站和站内区域照明的灯具
	空调和通风系统	控制地铁站内部温度和空气质量的设备
	电梯	用于乘客进出地铁站的垂直交通工具
	设备维护	用于维护地铁站设施和设备的机械和工具
	清洁服务	用于保持地铁站整洁的清洁工具和设备
	废弃物管理	处理地铁站废弃物和垃圾的设施和措施

2）地铁站碳排放管理的策略

（1）地铁站能源碳排放管理

在前期策划及设计阶段，应当关注通过设计策略和技术手段来最大限度地减少能源消耗以降低碳排放。通过能源模拟和能效评估，以确定潜在的节能措施。采用 LED 等节能灯具，并结合感应器和调光设备，实现照明的智能控制，减少能源浪费。优化建筑外观和选择高效隔热材料，减少能源消耗和暖通空调系统的负荷，从而降低碳排放。合理设计通风系统和采光方案，充分利用自然风和自然光，减少对人工通风和照明的依赖。在物化及拆除阶段。优化施工流程，合理调度施工车辆，减少能源浪费和碳排放。在运维阶段，安装能源监测系统，实时监测能耗数据，优化能源使用情况。采用节能设备和系统，如高效电梯、变频空调和智能照明系统，定期对设备进行检查、清洁和维护，确保其正常运行和高效能耗。通过光伏和风力发电系统，为地铁站提供部分清洁能源，同时利用地铁列车制动过程中产生的能量回收系统，将制动能量转化为电力，进一步减少能源消耗以降低碳排放。

（2）地铁站资源碳排放管理

在前期策划及设计阶段，应当关注通过设计策略和技术手段来减少地铁站工程材料等资源的消耗以降低碳排放。优先选择低碳环保工程材料，通过采用模块化设计来减少工程材料等资源的使用量和浪费，预制构件和模块化建筑技术可以减少施工现场对资源的需求，最大限度地减少工程材料的浪费。在物化及拆除阶段，推行可持续采购政策，精确估算工程材料的需求，避免过量采购。优化施工过程，减少浪费和材料损耗，可以通过采用先进的施工技术和设备，提高工作效率。在运维阶段，实施结构健康的定期检查和维护，及时进行维修和替换以延长其使用寿命。

（3）地铁站废弃物碳排放管理

在前期策划及设计阶段，应制定合理的废弃物管理策略，包括选择可持续材料和废弃物处理方案，以确保废弃物的最小化和合理处理。在物化及拆除阶段，应当制定详细的废弃物管理计划，包括废弃物分类、储存、运输和处理等环节的规定，以确保将可回收的废弃物重新利用，从而降低碳排放。在运维阶段，设置明确的废弃物分类和回收设施，并引导乘客和工作人员正确分类废弃物。开展废弃物管理培训，提高地铁站员工的废弃物分类和处理意识，确保废弃物的正确处理。

6.2.2 高铁站碳排放管理

在国家发展需求牵引和相关政策的推动下，高速铁路领域快速发展，高铁站作为高铁枢纽建筑，数量迅速增长。作为专门为高速铁路列车停靠和乘客上下车提供服务的设施。高铁站空间的高集约度、功能的高复合化、使用人群的高密度及复杂的流动性使其成为城市中的高碳排放区域，可见对高铁站进行碳排放管理至关重要。

1）高铁站碳排放管理的对象

高铁站碳排放管理的对象涵盖了高铁站生命周期的各个阶段，如表 6-2 所示。在前期策划及设计阶段，管理对象包括设计设备、交通规划、建筑设计和环境评估，这些都是确定高铁站位置、外观、布局以及评估其对环境影响的重要因素。在物化及拆除阶段，管理对象涉及建设设备、施工交通和建筑材料，这些是用于高铁站建设过程中所需的机械、工具和材料。在运维阶段，管理对象包括能源消耗、照明设备、空调和通风系统、电梯、设备维护、清洁服务、废弃物管理以及站内商业等，如表 6-2 所示，这些是保障高铁站正常运维和提供舒适环境的关键要素。通过对这些管理对象的有效控制和优化，可以降低高铁站的碳排放和环境影响。

高铁站碳排放管理的对象　　表 6-2

生命周期阶段	管理对象	描述
前期策划及设计阶段	设计设备	用于高铁站设计的工具和设备
	交通规划	高铁站位置和交通流量的规划过程
	建筑设计	高铁站建筑外观和内部布局的设计过程
	环境评估	高铁站建设和运维对环境的影响评估过程
物化及拆除阶段	建设设备	用于高铁站建设的机械和工具
	施工交通	运输材料和工人所使用的交通工具
	建筑材料	用于高铁站建设的材料
运维阶段	能源消耗	高铁站使用的电力和其他能源
	照明设备	用于高铁站和站内区域照明的灯具
	空调和通风系统	控制高铁站内部温度和空气质量的设备
	电梯	用于乘客进出高铁站的垂直交通工具
	设备维护	用于维护高铁站设施和设备的机械和工具
	清洁服务	用于保持高铁站整洁的清洁工具和设备
	废弃物管理	处理高铁站废弃物和垃圾的设施和措施
	站内商业	在高铁站经营的商店、餐厅和服务提供商等

2）高铁站碳排放管理的策略

（1）高铁站能源碳排放管理

在前期策划及设计阶段，可以采用先进的能源模拟和分析工具，以评估高铁站能源需求，并优化能源系统设计，以减少能源消耗和碳排放。还可以考虑建筑的隔热性能和采光设计，以降低对空调和照明系统的依赖，进一步减少能源消耗和碳排放。在物化及拆除阶段，可以使用高效节能的机械设备。选择高效隔热材料和节能灯具等建材，有助于减少建筑过程中的能源消耗和碳排放。合理规划施工过程，减少不必要的能源浪费，如优化施工调度，可以避免过度运输和能源浪费。在运维阶段，应当定期维护和监控能源设备。通过建立有效的能源管理系统，及时检测和修复设备故障，保持设备高效运行。优化照明系统，使用高效的空调和通风设备，并逐步引入可再生能源，如太阳能和风能，以减少对传统能源的依赖。

（2）高铁站资源碳排放管理

在前期策划及设计阶段，可以优化高铁站点规划和土地利用，选择合适的高铁站点位置，以最大限度地减少土地占用和自然资源的消耗，从而降低碳排放。在物化及拆除阶段，应优先选择低碳建材，并制定有效的供应链管理计划，减少材料和设备运输的距离和次数。在运维阶段，资源管理策略主要集中在物资利用的管理上。需要建立严格的设备维护计划，确保设备的正常运行和有效利用，减少资源的浪费。

（3）高铁站废弃物碳排放管理

在前期策划及设计阶段，应当考虑废弃物产生的因素，优化站点规划和内部布局，设计合理的废物收集和处理设施。在物化及拆除阶段，可以通过合理的物料管理和施工计划，减少建设过程中的废弃物产生，最大限度地进行废物回收和再利用。在运维阶段，应建立完善的废物分类系统，提供足够的分类垃圾桶和标识，引导乘客正确投放废弃物。高铁站还应配备专门的废物收集设施，如垃圾桶、回收箱和有害废物收集点，并确保废弃物的及时清运和处理。

6.2.3 机场碳排放管理

《“十四五”民航绿色发展专项规划》明确提出“到2035年，机场二氧化碳排放逐步进入峰值平台期”的阶段性目标。作为提供航空器起飞、降落和地面服务的区域，机场的数量及其旅客吞吐量稳步增长，机场建设运维的生态环境保护和资源能源消耗问题逐步凸显。根据国际民航组织的预测，2050年全球将有25%的碳排放来自于航空业，可见对机场进行碳排放管理至关重要。

1）机场碳排放管理的对象

机场碳排放管理的对象涵盖了前期策划及设计阶段、物化及拆除阶段和运维阶段，如表6-3所示。在设计阶段，管理对象包括设计设备、交通规划、建筑设计和环境评估。在建设阶段，管理对象包括建设设备、施工交通和建筑材料。在运维阶段，管理对象包括能源消耗、照明设备、空调和通风系统、机场车辆、电梯、设备维护、清洁服务、废弃物管理和站内商业，涵盖了机场日常运维中能源使用、设备维护、清洁服务和废弃物管理等方面。

机场碳排放管理的对象　　表 6-3

生命周期阶段	管理对象	描述
前期策划及设计阶段	设计设备	用于机场规划和设计的工具和设备
	交通规划	机场位置和交通流量的规划过程，考虑机场的联外道路、交通枢纽等
	建筑设计	机场建筑外观和内部布局的设计过程，如航站楼、办公楼、货运区等
	环境评估	评估机场建设和运维对环境的影响，包括噪声、空气质量、土壤污染等
物化及拆除阶段	建设设备	用于机场建设的机械和工具，包括挖掘机、起重机、施工车辆等
	施工交通	运输材料和工人所使用的交通工具，包括运输车辆、运输船舶等
	建筑材料	用于机场建设的材料，如混凝土、钢材、建筑装饰材料等
运维阶段	能源消耗	机场使用的电力和其他能源，包括供电系统、供暖系统等
	照明设备	用于照明机场和航站楼的灯具，包括室内外照明设备
	空调和通风系统	控制机场内部温度和空气质量的设备，如空调系统、通风系统等
	机场车辆	机场内部使用的车辆，包括行李运输车、巴士、地勤车辆等
	电梯	用于乘客进出机场的垂直交通工具
	设备维护	用于维护机场设施和设备的机械和工具，包括维修设备、工具等
	清洁服务	用于保持机场整洁的清洁工具和设备，如清洁车辆、清洁工具等
	废弃物管理	处理机场废弃物和垃圾的设施和措施，包括垃圾处理设备、废弃物分类系统等
	站内商业	在机场经营的商店、餐厅和服务提供商等

2）机场碳排放管理的策略

（1）机场能源碳排放管理

前期策划及设计阶段的能源碳排放管理策略涉及能源规划和能效设计。在前期策划及设计阶段阶段，机场需要进行详细的能源需求分析和规划，确定合理的能源供应方案。通过优化航站楼和设施的能源布局，合理设计机场运行流程，降低能源消耗。在物化及拆除阶段，机场需要合理选择施工设备机械，并采用低碳导向的施工管理方法，减少能源的浪费。在运维阶段，机场需要建立完善的能源管理系统，监测和控制能源消耗，并制定能源管理计划，确保能源的高效利用。机场可以采用可再生能源，如太阳能和风能，来替代传统的能源供应方式，减少对化石燃料的依赖。培训员工并提高他们的节能意识，激励他们采取节能行为。

（2）机场资源碳排放管理

在前期策划及设计阶段，机场的资源碳排放管理策略主要包括资源规划和可持续设计。机场需要进行详细的资源需求分析，确定合理的资源使用方案，包括水资源、原材料、土地资源等。在物化及拆除阶段，机场主要关注施工过程中的资源采购优化，选择环保的建筑材料和设备，以减少资源浪费。在运维阶段，机场应建立高效的资源管理系统，监测和控制资源的使用情况，制定资源管理计划，确保资源的可持续利用。

（3）机场废弃物碳排放管理

在前期策划及设计阶段，机场的废弃物碳排放管理策略主要涉及废弃物处理设施的规划和设计。机场应规划合适的废弃物处理设施，包括垃圾处理区、废物分类设施和回收站等。在物化及拆除阶段，应严格控制废弃物的产生量，最大限度地减少废弃物的碳排放。同时，机场还可以推行废物回收和再利用措施，对可回收的废弃物进行分类和处理，减少废弃物的排放，实现资源的循环利用。在运维阶段，机场应建立完善的废弃物管理体系，包括废弃物分类、储存、处理和处置措施。通过科学合理地管理废弃物，实现废弃物的最小化处理。

6.2.4 高速公路服务区碳排放管理

高速公路服务区是位于高速公路沿线，为司乘人员提供休息、用餐、加油、维修等服务设施的专门区域。作为高速公路系统的重要组成部分，高速公路服务区的设计、建造和运维阶段的碳排放科学管理具有重要的学术和实践价值。

1）高速公路服务区碳排放管理的对象

高速公路服务区碳排放管理的对象涵盖了前期策划及设计阶段、物化及拆除阶段和运维阶段，如表 6-4 所示。在前期策划及设计阶段，管理对象包括设计设备、交通规划、建筑设计和环境评估。在物化及拆除阶段，管理对象包括建设设备、施工交通和建筑材料。在运维阶段，管理对象包括能源消耗、照明设备、空调和通风系统、服务区车辆、设备维护、清洁服务、废弃物管理和商业运营。

高速公路服务区碳排放管理的对象　　表 6–4

生命周期阶段	管理对象	描述
前期策划及设计阶段	设计设备	用于高速公路服务区规划和设计的工具和设施，包括停车区、服务建筑物、加油站等
	交通规划	高速公路服务区位置和交通流量的规划过程，考虑高速公路出口入口位置和交通组织等
	建筑设计	高速公路服务区建筑外观和内部布局的设计过程，如服务大楼、休息区、餐厅等
	环境评估	评估高速公路服务区建设和运维对环境的影响，包括噪声、空气质量、土壤污染等
物化及拆除阶段	建设设备	用于高速公路服务区建设的机械和工具，包括挖掘机、建筑设备、施工车辆等
	施工交通	运输材料和工人所使用的交通工具，包括运输车辆、运输船舶等
	建筑材料	用于高速公路服务区建设的材料，如混凝土、钢材、建筑装饰材料等
运维阶段	能源消耗	高速公路服务区使用的电力和其他能源，包括供电系统、供暖系统等
	照明设备	用于照明高速公路服务区和建筑物的灯具，包括室内外照明设备
	空调和通风系统	控制高速公路服务区内部温度和空气质量的设备，如空调系统、通风系统等
	服务区车辆	高速公路服务区内部使用的车辆，包括巡逻车、清洁车、维修车等
	设备维护	用于维护高速公路服务区设施和设备的机械和工具，包括维修设备、工具等
	清洁服务	用于保持高速公路服务区整洁的清洁工具和设备，如清洁车辆、清洁工具等
	废弃物管理	处理高速公路服务区废弃物和垃圾的设施和措施，包括垃圾处理设备、废弃物分类系统等
	商业运营	在高速公路服务区经营的商店、餐厅和服务提供商等，涉及供应链和商品运输等碳排放

2）高速公路服务区碳排放管理的策略

（1）高速公路服务区能源碳排放管理

在前期策划及设计阶段，服务区需要进行详细的能源需求分析和规划，确定合理的能源供应方案，优先考虑使用可再生能源来降低碳排放。在物化及拆除阶段，服务区应合理选择施工设备和机械，采取有效的施工管理方法，减少能源浪费和不必要的碳排放。在运维阶段，服务区需要建立完善的能源管理系统，监测和控制能源消耗，制定能源管理计划，采用可再生能源替代传统能源供应方式，以减少对化石燃料的依赖。

（2）高速公路服务区资源碳排放管理

在前期策划及设计阶段，高速公路服务区需要进行详细的资源需求分析，确定合理的资源使用方案，优化资源利用效率，减少资源消耗和碳排放。在物化及拆除阶段，服务区应优化资源采购和使用计划，选择环保的建筑材料和设备，以减少资源浪费和碳排放。在运维阶段，服务区应建立高效的资源管理系统，优化资源使用效率，最大限度地减少资源消耗。

（3）高速公路服务区废弃物碳排放管理

在前期策划及设计阶段，高速公路服务区应考虑采用环保技术和措施，如垃圾压缩设备、废物处理系统等，以减少废弃物的碳排放。在物化及拆除阶段，服务区应严格控制废弃物的产生量，还可以推行废物回收和再利用措施，对可回收的废弃物进行分类和处理，减少废弃物的排放，实现资源的循环利用。在运维阶段，服务区应通过科学合理地管理废弃物，实现废弃物的最小化处理，实现资源的循环利用，推动服务区的可持续发展。

根据交通运输部所公布的数据，截至2022年底全国综合交通运输网络总里程超600万km，我国建成全球最大的高速铁路网和高速公路网。与此同时，交通线路基础设施的建设和运维产生了大量的碳排放，以道路工程、桥梁工程和隧道工程为主的交通线路基础设施碳排放管理势在必行。

6.3.1 道路工程碳排放管理

道路工程是指规划、设计、建设和维护道路及相关设施的工程活动，包括城市道路、高速公路、乡村公路等各类道路工程。道路工程的全生命周期会产生大量的碳排放。同时，道路修建对周边环境及生态系统的影响与破坏，会减少碳汇量，削弱区域的固碳降碳能力。由于城市化进程和交通需求的不断增加，道路工程碳排放问题日益突出。

1）道路工程碳排放管理的对象

道路工程碳排放管理的对象涵盖前期策划及阶段、物化及拆除阶段和运维阶段，如表6-5所示。在前期策划及设计阶段，主要管理道路设计、交通规划和材料选择。物化及拆除阶段的管理焦点是施工设备和材料运输，以及路面施工。运维阶段涉及道路交通、路面维护、照明设施、清扫和垃圾处理等。

道路工程碳排放管理的对象　　表6-5

生命周期阶段	管理对象	描述
前期策划及设计阶段	道路设计	包括道路线路、横断面和纵断面等的设计
	交通规划	考虑道路与交通流量的规划，包括交通组织和交通流模拟
	材料选择	选择道路建设中的材料，如沥青、混凝土等，涉及能源消耗和碳排放
物化及拆除阶段	施工设备	用于道路施工的机械设备，如挖掘机、压路机等
	材料运输	道路材料的运输，包括运输车辆和船舶等
	路面施工	道路路面的施工过程，包括沥青铺设、混凝土浇筑等
运维阶段	道路交通	道路交通流量和交通管理，影响道路的拥堵和排放
	路面维护	道路的定期养护和维修，涉及养护设备和材料的能耗
	照明设施	道路照明的能源消耗和光污染
	清扫和垃圾处理	道路的清扫和垃圾处理，包括清洁车辆和垃圾处理设施

2）道路工程碳排放管理的策略

（1）道路工程能源碳排放管理

在道路工程的前期策划及设计阶段，需要评估不同机械设备的能耗情况，在资金允许的情况下尽量选择低能耗的机械设备。在道路工程的物化及拆除阶段，能源碳排放管理策略的重点是优化机械设备的使用和操作，应定期对机械设备进行检查、保养和维护，更换老旧设备和故障部件，提高设备的性能和效率。在道路工程的运维阶段，工作人员应养成及时关闭机械设备的习惯，定期对机械设备进行检查、保养和维护，确保其正常运行并减少能耗。引入节能型机械设备，以进一步降低能源消耗。采用可再生能源和绿色能源，减少对传统能源的依赖，引入太阳能光伏发电技术，为道路沿线的照明设备供电，减少电能消耗。

（2）道路工程资源碳排放管理

在道路工程前期策划及设计阶段，使用碳排放计算模型开展碳排放评估，评估不同设计方案对碳排放的影响，考虑使用可再生材料和环保材料，并优化材料使用量，减少对非可再生资源的依赖。在道路工程物化及拆除阶段，采用高效的施工技术和设备，减少施工时间和资源消耗，监测施工现场的资源使用情况，制定针对性的减排措施。在道路工程运维阶段，优化车辆和交通管理，提倡共享出行和公共交通，优化交通流量和路况，提高交通运输效率。对道路设施和设备进行定期维护和管理，修复设备故障和漏损，减少资源浪费。提高运维人员设备操作技能和意识，减少操作错误和资源浪费。

（3）道路工程废弃物碳排放管理

在前期策划及设计阶段，应采用评估工具，识别潜在废弃物，对材料和资源的使用进行优化，减少废弃物的产生。在物化及拆除阶段，明确废弃物的分类、收集、运输和处理方式，确保废弃物按照规定进行分类和处理，加强废弃物的回收和再利用。在运维阶段，应当定期对道路进行维护和检查，避免因损坏而需要进行大规模的重建或更换，减少废弃物的产生。

6.3.2　桥梁工程碳排放管理

桥梁工程是指规划、设计、建设和维护桥梁及相关设施的工程活动。桥梁作为连接交通线路、促进经济发展的重要基础设施，其全生命周期会产生大量碳排放，因此桥梁工程碳排放管理尤为重要。

1）桥梁工程碳排放管理的对象

桥梁工程碳排放管理的对象包括前期策划及设计阶段、物化及拆除阶段和运维阶段，如表 6-6 所示。在前期策划及设计阶段，管理对象涉及设计设备、材料选择和碳排放评估。物化及拆除阶段的管理对象包括施工设备、工程材料和废弃物处理。运维阶段的管理对象包括能源消耗、交通管理、设施维护和废弃物管理。

桥梁工程碳排放管理的对象 表 6–6

生命周期阶段	管理对象	描述
前期策划及设计阶段	设计设备	用于桥梁规划和设计的工具和设备
	材料选择	选择桥梁建设所需的材料，考虑碳排放因素，优化材料选择
	碳排放评估	进行碳排放评估和模拟，优化桥梁设计方案，减少碳排放
物化及拆除阶段	施工设备	选择低碳排放设备和机械，减少施工过程中的碳排放
	工程材料	采用环保材料，减少施工过程中的碳排放
	废弃物处理	管理施工废弃物处理，推进废物回收和减排措施
运维阶段	能源消耗	采用可再生能源，如太阳能和风能，减少运维阶段的碳排放
	交通管理	优化桥梁交通组织，减少拥堵，降低车辆排放
	设施维护	定期维护桥梁设施，确保其高效运行，降低维护过程中的碳排放
	废弃物管理	推进废物回收和循环利用，减少运维阶段的碳排放

2）桥梁工程碳排放管理的策略

（1）桥梁工程能源碳排放管理

在前期策划及设计阶段，应当进行详细的能源需求分析，确定桥梁工程的能源消耗情况和需求量。优化桥梁结构和用材类型，采用高效节能的设计原则，降低能源消耗。在物化及拆除阶段，选择低碳的施工设备和机械，优先采用电力驱动设备替代燃油驱动设备。合理规划施工流程，减少能源浪费，避免不必要的碳排放。在运维阶段，建立完善的能源管理体系，推行节能措施，降低运维过程中的能源消耗。定期维护设施，保持设备运行效率。

（2）桥梁工程资源碳排放管理

在前期策划及设计阶段，应推广钢结构桥梁，尤其在中小跨径桥梁中采用钢板梁、钢箱梁、波形钢腹板组合梁，大跨径和特大跨径桥梁中采用钢桁架、钢桁腹、斜拉桥、钢拱桥和悬索桥等钢结构桥型，节省建筑材料使用量。此外，使用高性能混凝土作为桥梁结构材料，减少混合料用量和水泥使用量，并考虑使用粉煤灰等替代原材料来降低碳排放。在物化及拆除阶段，采用智慧管控技术实现模块化施工和装配化施工，精确量化施工场地和构件建造场地的物质与信息流量，减少资源浪费。利用互联网和大数据技术对碳排放情况进行数据分析和预测，及时调整施工方案。在运维阶段，定期检测和维护桥梁，减少维护和更新频率。

（3）桥梁工程废弃物碳排放管理

在前期策划及设计阶段，引入智慧管控技术精确量化施工场地和构件建造场地的废弃物，优化材料设计，减少废弃物的产生。在物化及拆除阶段，需要注意废弃物的处理和减量，通过对产生的废弃物进行升级循环以用作原材料的替代品降低碳排放。在运维阶段，建立废弃物管理计划，对废弃物进行分类，并制定相应的回收和再利用方案。钢材废弃物可以进行回收和再加工利用，混凝土废弃物可以进行碎石再利用。对使用者和维护人员加强宣传和教育，提高对废弃物管理意识，促进废弃物分类和回收的参与度，实现废弃物碳排放管理的全面推行。

6.3.3 隧道工程碳排放管理

隧道工程是指在地下或山体内开挖建造的通道，以及其规划、设计、建设和维护桥梁及相关设施的工程活动。隧道工程的全生命周期会产生大量的碳排放。隧道工程碳排放管理的重要性在于降低碳排放，推动可持续的城市交通基础设施建设。

1）隧道工程碳排放管理的对象

隧道工程碳排放管理的对象涵盖前期策划及阶段、物化及拆除阶段和运维阶段，如表 6-7 所示。在设计阶段，主要管理设计设备、交通规划和环境评估，以确保隧道规划和设计符合低碳原则。建设阶段的管理对象包括施工设备、工程材料和施工交通。而在运维阶段，主要管理能源消耗、照明设备、通风和空调系统、交通管理、设备维护和废弃物管理。通过综合管理这些对象，可以有效降低隧道工程的碳排放，促进环保和可持续发展。

隧道工程碳排放管理的对象　　表 6-7

生命周期阶段	管理对象	描述
前期策划及设计阶段	设计设备	用于隧道规划和设计的工具和设备，包括隧道结构、通风系统、照明设备等
	交通规划	隧道位置和交通流量的规划过程，考虑隧道与道路网络的衔接、交通枢纽等
	环境评估	评估隧道建设和运维对环境的影响，包括噪声、空气质量、土壤污染等
物化及拆除阶段	施工设备	用于隧道建设的机械和工具，包括钻探机、掘进机、爆破设备等
	工程材料	用于隧道建设的材料，如混凝土、钢材、隧道衬砌材料等
	施工交通	运输材料和工人所使用的交通工具，包括运输车辆、运输船舶等
运维阶段	能源消耗	隧道使用的电力和其他能源，包括供电系统、照明设备、通风系统等
	照明设备	用于隧道照明的灯具
	通风和空调系统	控制隧道内部温度和空气质量的设备，如通风系统、空调设备等
	交通管理	隧道通行车辆的管理和监控系统，包括交通信号、监控摄像等
	设备维护	用于维护隧道设施和设备的机械和工具，包括维修设备、工具等
	废弃物管理	处理隧道废弃物和垃圾的设施和措施，包括垃圾处理设备、废弃物分类系统等

2）隧道工程碳排放管理的策略

（1）隧道工程能源碳排放管理

在前期策划及设计阶段，应当进行详细的能源需求分析，确定隧道工程的能源消耗情况和需求量，优化隧道工程设计，利用可再生能源为隧道工程供电，减少对传统能源的依赖。在物化及拆除阶段，应注重照明系统的节能管理，采用因地制宜的照明节能方案，充分利用自然光照。此外，定期对机械设备进行设备维养，以确保机械设备的高效运行。在运维阶段，应利用物联网技术建立智能化的隧道建设、养护一体化平台，将建设和运维的信息进行一体化处理，以实现节能减排。将隧道内设备的位置、状态和管理信息纳入平台，通过信息采集、传播和分析处理的智能化管理，推动运维阶段的节能减排。

（2）隧道工程资源碳排放管理

在前期策划及设计阶段，应重点关注隧道工程的预制装配式化施工，使用预制钢管和预制钢板作为隧道衬砌，可以降低施工资源消耗。在物化及拆除阶段，可以合理安排施工顺序，优化施工工艺和流程，避免重复作业，减少传统工程材料的消耗，减少现场作业时间和施工资源消耗。在运维阶段，开展隧道智慧建设与管养，通过数字技术对建设项目的几何、物理和功能信息进行一体化处理，提升运维中人力物力的使用效率。

（3）隧道工程废弃物碳排放管理

在前期策划及设计阶段，可以通过优化隧道结构和工艺设计，采用先进的施工技术，减少施工过程中的废弃物产生。根据废弃物的特性和可回收性，制定相应的分类和处理方案，优先选择可回收的废弃物进行再利用或回收处理。在物化及拆除阶段，合理计划施工顺序，避免重复作业和材料浪费，最大限度地减少废弃物的产生。推广隧道洞渣的利用技术，将废弃土石方转化为路面集料和机制砂，实现废弃物的再利用。在运维阶段，引入先进的废弃物处理技术，对运维阶段产生的废弃物进行再利用和资源化处理，减少碳排放。

6.4.1 案例概况

本章选取 330 国道淳安千岛湖大桥至临岐改建工程项目（以下简称“千岛湖项目”）开展碳排放管理案例研究。该项目建设期 24 个月，运营期 120 个月。工程路线起点位于淳安淳开线与千威线交叉处，与 330 国道千岛湖大桥相接，路线向北经进贤湾开发区、左口乡，在临岐镇浪境坞村接现有昌文公路，终点位于临岐镇佑口村附近，顺接在建的 330 国道淳安临岐至临安湍口段。实施路线全长 30.051km，其中新改建路段长 21.301km，包含道路工程、桥梁工程和隧道工程，其中利用现有公路并实施路面维修长 8.750km。

6.4.2 碳排放管理措施

为了降低项目全生命周期的碳排放，千岛湖项目在前期策划及设计阶段、物化阶段、运维阶段和拆除阶段对项目的能源、资源和废弃物处理等采取了高效的碳排放管理措施。

二维码 6-3　交通基础设施案例概况

1）前期策划及设计阶段

在前期策划及设计阶段，千岛湖项目部通过与本项目建设单位、监理单位和相关专家学者等利益相关者进行沟通后，根据项目的规模（全长 30.051km）、预计生命周期（建设期 24 个月，运营期 120 个月）、预期性能（交竣工质量标准 90 分及以上）等因素设定合理的碳排放目标，并采取了相应的优化措施。

（1）能源管理：千岛湖项目在前期策划及设计阶段通过应用碳排放评价工具和能耗模拟分析软件对项目后期各阶段进行碳排放评估和能源消耗仿真模拟。通过在各类工具中输入不同的设计参数，分析不同设计方案的能源消耗以及产生的碳排放，帮助设计者选择低碳的设计方案。同时，在设计阶段充分考虑了后期运维阶段的能源效率，例如通过合理的路面设计减少车辆燃料消耗，或选择高效的照明和信号系统等。

（2）资源管理：千岛湖项目选择使用碳排放低的建筑材料，如低碳混凝土或可再生建材，可以大大降低材料生产过程的碳排放。此外，通过优化道路布局和地形匹配，可以减少大量土石方工程和路基材料的使用，从而减少施工过程中的碳排放。

（3）废弃物管理：千岛湖项目在前期策划及设计阶段尽可能地选取了可重复使用、可再生的建筑材料，以降低施工废弃物的产生。制定废弃物的回收处置方案，明确不同类别废弃物的处理方式，降低不必要的碳排放。

2）物化阶段

物化阶段作为能源消耗强度和碳排放强度最高的阶段，其碳排放的管理受到了千岛湖项目部的重视，在设计阶段已有的措施上，进一步加强了对能源、资源和废弃物的管理。

（1）能源管理：首先，千岛湖项目采用先进和更环保的施工技术减少项目能源消耗。例如，千岛湖项目使用预制和预压技术进行桥梁施工可以减少在施工现场对柴油的消耗。其次，引入了新型的低碳施工设备，如电动施工机械，并对设备进行定期维护，降低了施工过程中机械设备的能源消耗。然后，对施工过程中的能耗和碳排放进行持续、精确的监测和记录，识别高碳排放环节，进行设计和实施改进措施。最后，千岛湖项目采取一定的碳补偿措施。碳补偿是一种通过投资环保项目来抵消自身碳排放的方式。例如，千岛湖项目投资植树造林项目，投资可再生能源项目，如太阳能或风能项目。这样，虽然施工过程中仍有一定的碳排放，但通过这些项目可以减少或吸收碳排放，从而实现碳中和。

（2）资源管理：千岛湖项目优化了物资运输过程，选取较近的建材厂家，避免长距离运输过程中产生的碳排放。千岛湖项目的物资使用采用精细化管理，尽可能减少浪费，如精确计算所需材料量，以避免过度采购和浪费。并与能源管理的监测相结合，对材料生产和使用也进行动态监测和管理，形成了完整的碳排放监测方法。在人力资源管理上，千岛湖项目十分重视人员的培训和教育。通过持续的培训和教育活动，千岛湖项目施工人员可以深入了解减碳的必要性和紧迫性，了解其对环境和社会的影响，提高他们的环保意识。此外，培训还包括了具体的低碳施工技术和方法，使施工人员能够在实际操作中有效地降低碳排放。例如，教育施工人员如何优化设备使用，如何减少材料浪费，以及如何执行碳排放监测和记录等。

（3）废弃物管理：千岛湖项目基于设计阶段的废弃物处理方案，严格规范施工过程。例如土石方开挖工程中合理地安排施工顺序将土方进行场内回填，降低场外运出。同时对固体废料进行分类，针对无毒、无害化、可重复使用的废料，从其他项目中调出使用；对无毒无用的固体废物，由环卫废物清运单位进行清理；对有毒、有害的固体废物，由持有危险物质经营许可证的机构处置。

3）运维阶段

运维阶段作为项目生命周期碳排放占比最高的阶段，其能源、资源和废弃物的碳排放管理十分重要。

（1）能源管理：千岛湖项目在运维阶段进行了能源效率优化，采用基于运动传感器的智能照明控制系统，仅在需要的时候打开照明，避免无效的能源消耗。此外，监控、通信、排水等其他设备也通过升级为更高效的设备或使用智能管理系统来优化能源使用。其次，购买和使用太阳能、风能、水电等绿色能源降低不可再生能源的使用。最后，投资可再生能源项目，推动清洁能源的发展，从而减少对化石能源的依赖，进一步减少碳排放。

（2）资源管理：在运维阶段的资源消耗主要来源于对已完工的建筑的修建和改建。因此，千岛湖项目提出了使用易于修复和更换的路面材料，减少维护阶段资源投入。同时，修建雨水回收系统用于沿线绿植浇灌和建筑用水，提升水资源的使用效率。

（3）废弃物管理：运维阶段的废弃物来源于修建和改建产生的建筑垃圾，千岛湖项目将废弃物按照可回收、不可回收和有害物质进行分类，然后进行相应的回收处理。这样可以减少废弃物的数量，并降低对环境的影响。同时将部分废弃物进行能源回收，如利用废弃物进行焚烧发电或生物质能源的生产。这样可以将废弃物转化为可再生能源，减少对传统能源的依赖。

4）拆除阶段

拆除阶段作为全生命周期废弃物产生强度影响最大的阶段，千岛湖项目也对其进行了相应的低碳管理。

（1）能源管理：采用清洁能源或者低能耗的拆除设备，降低机械的能源使用。同时，调整拆除顺序，减少能源的不必要浪费。

（2）资源管理：对拆除的废弃物和活动所需的材料进行监测和记录，分析材料投入和再回收情况，分析材料的碳排放来源，指导资源碳排放管理。

（3）废弃物处理：废弃物处理作为该阶段的核心活动，其低碳管理成效决定了该阶段低碳管理的成效。千岛湖项目对拆除的钢筋可以熔炼回收，将混凝土碎片破碎后用于制作再生混凝土或者路基，而路面的沥青则可以重新熔化后用于新的道路建设。同时，使用湿拆技术可以在拆除过程中喷水减尘，减少空气污染。

6.4.3 案例启示

交通基础设施碳排放管理是一个全面而复杂的任务，需要在全周期、科技创新、环保理念和政策支持等多个层面进行深入的思考和努力。

（1）全周期管理：碳排放管理是一个跨越整个项目生命周期的持续过程，它不仅涉及项目的设计和施工，而且涵盖了项目的运维和拆除阶段。这种全周期的视角能够确保在任何时候都不会忽视碳排放管理的重要性。同时，这种方法也需要所有参与方的全面参与和配合，从政策制定者到设计师，从承包商到运营商，每个人都在自己的领域内负责管理并减少碳排放。

（2）科技创新：科技在碳排放管理中扮演了重要角色。新型的低碳设备、节能材料以及先进的能源效率优化系统等，都是通过科技创新实现的。例如，人工智能和大数据技术可以用来更精确地监测和预测碳排放，而新型材料和工艺则可以直接降低建设和运维过程中的碳排放。

（3）环保理念：在整个项目周期内，无论是在设计、施工，还是运维阶段，都需要强调环保和可持续发展的理念。例如，可以通过选择低碳和可再生的建材，设计更节能的设施，使用绿色电力等方式来降低碳排放。同时，还需要重视废弃阶段的环境修复和场地再利用，以减少对环境的负面影响。

（4）政策支持：政府在碳排放管理中的角色非常关键。政府可以通过制定和推行相关政策来驱动碳排放的减少。这些政策可能包括对低碳设计和施工的激励措施，对碳排放的限制和税收，以及对可再生能源使用的支持等。只有在政策的引导和支持下，才能更好地进行碳排放管理。

6.5 本章小结

本章首先明晰了交通基础设施、交通基础设施碳排放和交通基础设施碳排放管理的概念和内涵。然后，对地铁站、高铁站、机场和高速公路服务区等交通场站基础设施，道路、桥梁和隧道等交通线路基础设施的碳排放管理进行介绍。最后，以330国道淳安千岛湖大桥至临岐改建工程项目为案例介绍了交通基础设施碳排放管理的具体措施，并总结其碳排放管理的先进经验。

思考题

6-1　如何收集交通基础设施碳排放的数据?

（提示：参考本章6.1节。）

6-2　交通基础设施碳排放管理策略的可行性应该如何评估?

（提示：参考本章6.2节和6.3节。）

6-3　如何对于交通基础设施建设者和运营者设定碳减排激励措施?

（提示：参考本章6.2节和6.3节。）

第7章 环境基础设施碳排放管理

【本章导读】

环境基础设施主要包括给水系统基础设施、排水系统基础设施和一般固体废弃物处理系统基础设施。本章介绍了环境基础设施碳排放的相关概念及特征，分别对给水系统、排水系统和一般固体废弃物处理系统基础设施的主要碳排放源、碳排放监测核算和降碳措施进行了详述，最后阐述了环境基础设施碳排放管理政策，列举了典型案例。本章逻辑框架如图 7-1 所示。

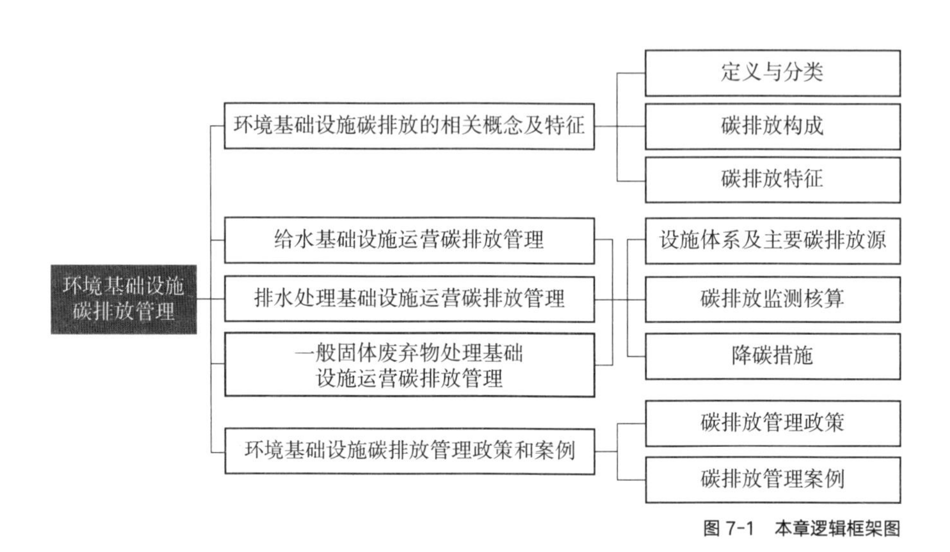

图 7-1　本章逻辑框架图

【本章重点难点】

了解环境基础设施碳排放的相关概念及特征；掌握给水系统、排水系统和一般固体废弃物处理系统基础设施主要碳排放源、碳排放监测核算和降碳措施。

7.1.1 环境基础设施的定义与组成

1）给水系统基础设施的定义与分类

给水系统基础设施是指为了提供安全、可靠、高效的饮用水供应而建立的一系列设施和设备。它是由给水系统的取水、输水、水质处理和配水等基础设施以一定的方式组合成的总体，包括水源、水库、水处理厂、输水管道、水泵站、水箱、供水管网、阀门、水表等各种设施。这些设施通过将水源收集、处理、储存和分配，确保饮用水的质量和供应量，以满足人们的需求。

2）排水系统基础设施的定义与分类

排水处理基础设施是指收集、输送、处理、再生和利用城市污水的设施以一定方式组合成的公共服务设施系统。排水处理基础设施包括污水收集设施、污水处理厂、污泥处置设施、海绵城市基础设施。

3）一般固体废弃物处理系统基础设施的定义与分类

一般固体废弃物处理系统基础设施是指为了实现一般固体废弃物无害化、减量化、资源化而对其进行运输、贮存、利用或处置的一系列设施。一般固体废弃物处理系统基础设施包括收运体系、填埋设施、焚烧设施、综合利用设施。

7.1.2 环境基础设施运营的碳排放构成

1）总体构成

环境基础设施是城市系统的重要组成部分，其节能减排对于全球减排工作和城市可持续发展具有重要意义。对环境基础设施运营系统进行分解，包括给水处理系统、排水处理系统、一般固体废弃物处理系统三类。各个运营系统项目的建设、运行、拆除等各个阶段构成了碳排放的全生命周期，每个阶段都有碳排放的足迹，因此行业更应该重视全生命周期碳排放研究。

环境基础设施运营系统的碳排放包括直接排放和间接排放两类，直接排放主要源于各个运营系统在运行和处理过程中产生的温室气体，间接排放是处理过程中消耗的电能、燃料和化学物质等在生产和运输过程中间接产生的甲烷和二氧化碳等温室气体。

2）运营直接排放

（1）城市固体废弃物和生活污水及工业废水处理产生的排放

城市固体废弃物和生活污水及工业废水处理，可以排放甲烷、二氧化碳和氧化亚氮气体，是温室气体的重要来源。废弃物处理温室气体排放清单包括城市固体废弃物（主要是指城市生活垃圾）填埋处理产生的甲烷排放量，生活污水和工业废水处理产生的甲烷和氧化亚氮排放量，以及固体废弃物焚烧处理产生的二氧化碳排放量。

（2）垃圾收运体系燃料燃烧产生的排放

固体垃圾在交通运输环节产生的温室气体主要为汽车尾气排放中的二氧化碳（CO_2）、甲烷（CH_4）、氧化亚氮（N_2O）等，主要来源为燃油消耗。垃圾收集转运阶段油耗如表 7-1 所示。国外多项研究表明，运输环节在全生命周期环境影响中极为显著。在山东、香港、兰州、上海、广州、北京等多地开展的相关研究中，考虑到地理位置、运输距离、运载车辆、燃油标准的差异性，温室气体排放计算结果有较大差异，但这些研究结论都共同表明了固体垃圾在运输阶段产生的温室气体排放不容忽视。

垃圾收集转运阶段油耗　　表 7-1

阶段	车型	柴油消耗（L/km）	运输距离（km）
生活垃圾收集	载重 2t 的轻型卡车	0.18	22
生活垃圾转运	载重 15t 的重型卡车	0.18	20
厨余垃圾运输	载重 7t 的餐厨垃圾车	0.25	21

（3）垃圾填埋产生的排放

垃圾填埋指采取防渗、铺平、压实、覆盖等方式对城市生活垃圾进行填埋处理的垃圾处理方法。在厨余垃圾未进行分类的地区，绝大多数厨余垃圾都与生活垃圾一起进入填埋场或焚烧厂。由于填埋产生的渗滤液处理难度大以及城市发展带来的土地资源紧缺，越来越多的国家开始禁止厨余垃圾进入填埋场处理。填埋产生的温室气体主要为甲烷，IPCC《国家温室气体清单》中给出了一阶衰减模型和质量平衡方法两种生活垃圾填埋产生甲烷的核算方法。Adhikari 估算填埋 1t 食物废弃物将会产生约 125m^3 填埋气体。国外关于测算填埋产生的直接排放的相关研究总结如表 7-2 所示。

厨余垃圾填埋产生的甲烷排放　　表 7-2

CH_4（kg/t）	方法论	时间框架（年）	参考文献
56	垃圾 DOC* 降解率 100%，负氧化离子	100	Smith et.al.（2001）
52	95% 生物可利用降解，其中 84% 处于设计生命周期内	15（设计周期）	Dig gelman and Ham（2003）

续表

CH_4（kg/t）	方法论	时间框架（年）	参考文献
85	基于 C，H.O，N，S 容量的计算（基于 Finn veden，1992；Sundqvist，1999）	100	Kim and Kim（2010）
99	100% 生物可利用碳降解减去从垃圾填埋场泄露的损失	100 年或无限期	Bjarnadottiretal.（2002）

（4）垃圾焚烧产生的排放

垃圾焚烧是垃圾中的可燃物在焚烧炉中进行燃烧，即通过适当的热分解、燃烧、熔融等反应，使垃圾经过高温下的氧化进行减容，成为残渣或者熔融固体物质的过程。垃圾焚烧的温室气体排放主要包括焚烧过程中矿物炭焚烧造成的直接碳排放及企业运转消耗的电、热引起的碳排放，其中前者来源于垃圾中的矿物炭以及助燃剂燃烧两个部分。厨余垃圾焚烧产生的排放通常取决于燃烧材料中 C、N、S、Cl、F 和金属元素的含量以及焚烧厂的技术工艺。目前，关于将哪些污染物排放列入焚烧产生的环境影响评估还尚无定论，许多研究将温室气体排放关注重点放在了 CO_2、CH_4 和 N_2O，在计算时使用的数据多基于文献数据，这些数据是否考虑了输入材料或焚烧技术的差异并不清晰。因此，不同研究对厨余垃圾焚烧产生的排放和能量回收测算差异较大。

（5）污水处理产生的排放

污水处理生物脱氮过程中氧化亚氮（N_2O）作为直接碳排放源，其大气升温效应较 CO_2 高出 265 倍。N_2O 产生源于硝化与反硝化过程，主要涉及亚硝化（AOB）及其同步反硝化、常规异养反硝化（HDN）、同步异养硝化 - 好氧反硝化（HN-AD）和全程氨氧化（COMAMMOX）等生物途径，以及硝化过程中间产物 NH_2OH 与 NOH 之非生物化学途径。常规硝化与反硝化（AOB+HDN）途径在正常运行工况下 N_2O 排放量并不是很大，只占进水 TN 负荷的约 1.3%；即使是 HN-AD 与 COMAMMOX 代谢过程，两者 N_2O 产生量也不足 TN 负荷的 0.5%。不可忽视的是 AOB 亚硝化及其同步反硝化，它们已被确认为是污水处理生物脱氮过程中 N_2O 排放的首要途径；AOB 过程中间产物（NH_2OH 与 NOH）非生物化学过程以及 AOB 反硝化生物过程（主途径）共同导致的 N_2O 排放量可高达 TN 负荷的 13.3%，主要是因为硝化过程溶解氧（DO）受限引起 NO_2^- 积累所诱发的 AOB 反硝化过程。污水处理生物脱氮过程中为防止 N_2O 产生，应着力促进 HDN 反硝化进行完全和避免 AOB 反硝化过程。为此，运行过程中应控制曝气池中 DO 处于正常水平（~2mg/L），并尽可能延长污泥龄（SRT → 20d），以避免 AOB 亚硝化积累氧化氮并诱发 AOB 反硝化出现；同时，应及时补充进水碳源，以促进 HDN 反硝化进行完全至终点——N_2。

在污水处理过程中，甲烷的产生主要与厌氧消化生化过程有关。在生化过程中，有机物质被厌氧菌分解，产生甲烷气体释放出来。这种厌氧消化技术适用于处理高浓度有机废水，具有产气量高、处理效果好的优点。但是，产生的甲烷气体如果不进行回收利用，会带来不良的环境影响。因此，污水处理厂可以采用甲烷回收技术，将产生的甲烷气体转化为能源，例如燃料气或电力，从而达到节能减排的目的。

3）运营间接排放——能源消费隐含的碳排放

间接排放包括生活污水 / 污泥处理设备运转生产所消耗的电力能源，而电力的产生主要来自于化石能源的消耗；生活污水处理过程中，需要额外投加碳源和化学药剂，这些外加品生产过程及运送至污水处理厂的过水处理系统中预处理单元的除污机、潜污泵、轴流风机，生物处理单元的初沉发酵系统、搅拌系统，深度处理单元的反洗风机、回用水泵，污泥处理系统中的高干厌氧反应器等。污水处理厂的运行维护过程中，人员办公和生活也需要消耗电能。污水处理过程中需硝化反硝化工艺进行脱氮，当反硝化过程中有机碳供应不足时，会使反硝化速度降低，导致出水中的含氮量达不到出水水质的要求，在此情况下需另外投加碳源，一般为甲醛、乙酸钠、葡萄糖、面粉等。因为外加碳源需制作及运输过程，会间接的产生 CO_2 排放。

垃圾处理的间接碳排放主要来自两个方面。第一是垃圾的运输和处理，垃圾需要经过公路或者其他运输方式运往处理厂进行处理，这个过程中会产生车辆尾气排放的温室气体，同时处理厂本身的运营消耗也会产生碳排放。第二是生产垃圾对环境的影响，例如某些消费品的生产过程本身会排放大量的温室气体；同时，如果废弃物不能得到有效的处置，也会导致环境问题，例如存在大量的垃圾会导致土壤与空气污染等问题。

7.1.3 环境基础设施的碳排放特征

1）时空范围大，与其他基础设施相比运营阶段排放复杂

环境基础设施的碳排放具有在时间上和空间上范围广的特征。在我国，约 75% 的能源消耗在城市地区。在快速城市化的进程中，人类对水资源的开发利用和固体废弃物等产生处理活动贯穿于其中，大量环境基础设施投入建设和运营，这伴随着长时间和大空间范围上高密度的碳排放，且仍在不断上升中，环境基础设施的温室气体排放在总温室气体排放中日益凸显。

环境基础设施与其他基础设施相比运营阶段碳排放更为复杂。在城市给水系统运营方面，取水工程、水处理工程、输配水工程，这一系列环节均需

要大量的电力消耗，高能源消耗和高碳排放直接相关；在城市污水处理运营中，污水的输送和处理过程会产生大量的直接和间接的碳排放；在一般固体废弃物处理的运营中，既有能源消耗的碳排放，也有工艺处理中的碳排放。由于不同的处理工艺和技术，不同地区的污水和一般固体废弃物基础设施运营中碳排放的差异很大。

2）温室气体类型多

环境基础设施的建设和运营产生的温室气体类型多，主要包括二氧化碳（CO_2），甲烷（CH_4），氧化亚氮（N_2O）等。二氧化碳是最主要的温室气体，环境基础设施的建设和运营的每一个环节或多或少的会产生二氧化碳，二氧化碳主要通过电力使用和化石燃料的燃烧产生。甲烷是仅次于二氧化碳含量最高的温室气体，一氧化二氮是极少量的温室气体，但温室效应极强。甲烷和一氧化二氮等非二氧化碳排放主要存在于在城市污水和一般固体废弃物处理中。

3）排放源类型多

环境基础设施相对于其他基础设施碳排放源类型更多，密度更高。给水和排水系统中的碳排放可以归类为直接碳排放和间接碳排放。给水系统的设施和设备众多。每一个环节均会消耗大量的电能造成间接碳排放；污水处理系统中的直接碳排放主要来源于活性污泥去除有机物和微生物自身的呼吸作用。污水的管道运输过程中的环境会导致甲烷进入处理系统或直接排放，好氧、厌氧和缺氧处理中都会产生以二氧化碳为主的温室气体的直接排放。污水处理厂的建设和运营中设备消耗的能源电力，以及处理过程中添加的药剂会间接性产生碳排放。

一般固体废弃物处理系统的碳排放源可分为运输、处理和处置过程中的碳排放，每个环节均会产生大量温室气体，其中处理阶段是碳排放的主要来源。填埋和焚烧是处理固体废物最常见的策略，填埋中的碳排放是有机物分解中的副产物，焚烧会导致碳元素以二氧化碳形式释放到大气中。固废处理中设备使用消耗的能源电力、化石燃料也会导致二氧化碳的排放。

7.2.1 设施体系及主要碳排放源

1）给水系统基础设施体系

给水系统基础设施体系是为了满足人们对清洁饮用水和生活用水的需求而建立的一套系统。它由水源、水处理设施、供水管网和用户接入设施组成。水源是系统的起点，需要保证水质的安全和供应的充足性；水处理设施对原水进行处理，确保水质达到卫生标准；供水管网将经处理的水输送到用户，包括管道、水泵、阀门等；用户接入设施将供水连接到用户的家庭或机构，确保水能顺利供应到用户的水龙头。给水系统基础设施体系的目标是提供安全可靠的饮水供应，需要科学的规划、高效的管理和持续的监测和维护。它对人们的生活和健康起着重要作用，确保了社会的可持续发展和人民的福祉。

2）主要碳排放源

二维码 7-1　给水系统基础设施详细介绍

给水系统基础设施碳排放指的是给水基础设施在建设、运营和维护等过程中所产生的温室气体（主要是二氧化碳）排放量。给水系统基础设施项目的碳排放，基于不同来源可分为直接碳排放和间接碳排放。具体到整个给水系统，要清楚影响碳排放的因素，需要全面考虑各个产生碳排放的工艺环节，参考各工艺流程以及处理设施的碳排放情况。如图 7-2 所示，城市给水系统基础设施体系由以下几个部分衔接而成：水源地（地表水和地下水）、供水管网、自来水厂。

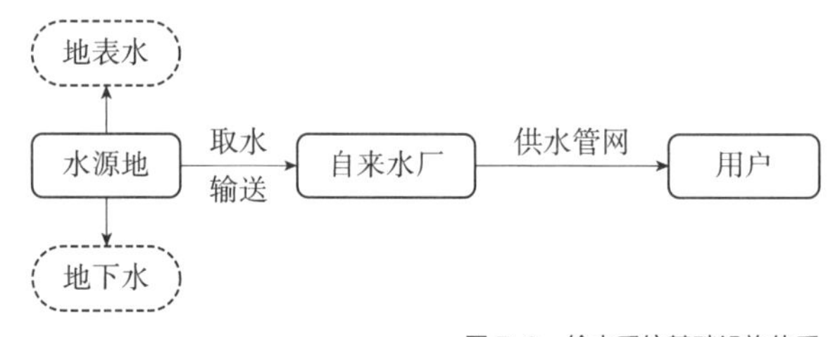

图 7-2　给水系统基础设施体系

（1）水源地到自来水厂

无论是地表水源还是地下水源，取水后经由原水管网输送到自来水厂进行处理都需要通过取水（一级）泵站，这一过程中，泵房运行需要消耗大量能耗，属于碳排放边界条件里的间接排放，而原水在输送过程中并不会通过生化反应产生直接排放或者产生碳汇。原水管网规划布局的不合理以及管网漏损造成的水耗导致输送过程中能耗的增加，这部分能耗即为影响原水输送过程碳排放的关键因素。

（2）自来水厂

如图 7-3 所示，以上海某自来水厂为例，在处理原水的过程中，主要的

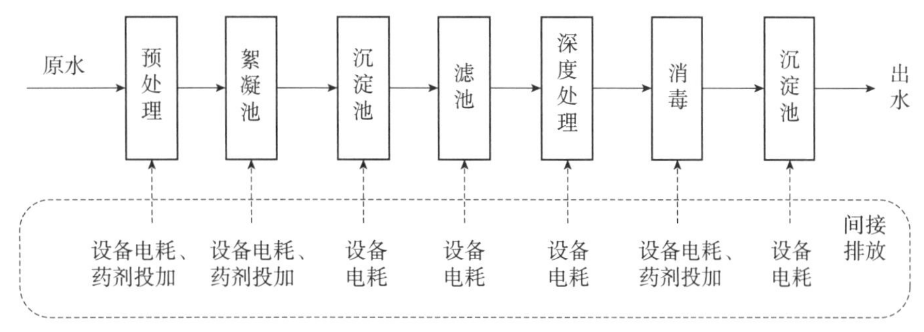

图 7-3　自来水厂全流程碳排放影响因素

碳排放来源于设备运行产生的能耗，以及预处理环节加氯、絮凝剂和消毒剂投加产生的药耗。自来水基本不产生温室气体排放，且与原水一样，自来水的输送过程是能源密集型过程，从后续减排角度考虑，削减间接排放对整体自来水厂碳减排更有贡献，因此，自来水厂的碳排放影响因素一般只考虑碳排放的间接排放。

（3）供水管网

从供水管网输送饮用水到用户，部分高层建筑以及水压要求高的用户需要添加加压设备。由于地理条件和城市基础建设条件的区别，不同的城市供水管网的布局和组成部分也会有所不同，如上海，供水管网到用户端组成部分只有供水（二级）泵站、配水管道以及部分高层或者较老建筑的加压设备。

在这些组成部分中，泵站日常运行的能耗、管网设计不合理导致泵站额外增加的能耗以及用户使用泵加压输水产生的电耗属于碳排放的间接排放，也是影响碳排放的主要因素。

7.2.2　碳排放监测核算

二维码 7-2　给水处理厂碳排放监测核算详细计算方法

给水处理厂温室气体排放评估方法很大程度上决定了核算的准确性。目前常用的评估方法主要有排放系数（碳排放因子）法、实测法、生命周期法和模型法，其中排放系数法和生命周期法可评估单座城市或国家不同尺度下的温室气体排放，现场测定法和模型法适用于单座或数量较少的给水处理厂温室气体排放评估。本节主要介绍利用排放系数（碳排放因子）法和生命周期法对给水处理厂进行碳排放监测核算可扫描二维码进行查阅。

7.2.3　给水基础设施碳排放降碳措施

给水系统运行维护所排放的温室气体主要来源于电能消耗，其他可能排放源还包括各类材料和药剂消耗，即均归属于间接碳排放。其中，长距离输水设施、取水设施和输配水管网温室气体近乎 100% 来自于提升水泵电能消耗；而以地下水、地表水为水源的给水处理厂和以海水为水源的海水淡化厂（反渗透等工艺）温室气体排放总量中，电能消耗也分别占 95%、82% 和 98%。因此，给水系统进行碳减排计划制订的关键在于提高管理水平及优化处理技术，以减少电能消耗。从碳减排计划 4 类行动策略角度，总结了给水系统可进行减碳优化的位点和可用的减碳措施，具体如下：

1）源头控制

在源头控制方面，通过用户节约用水、强化用水量计量、梯度计价、水源保护等措施可降低用水量需求，降低取水设施、输配水管网、给水处理的工作（水量和污染物处理）负荷，从而降低温室气体排放量。实际上，再生水系统通过污水再生回用至作物灌溉、绿地浇水或冲厕等措施，同样可等量减少长距离输水、取水设施的工作负荷，其实是一种在系统层面进行源头控制实现碳减排的策略。

（1）强制用水计量 / 合理梯度计价 / 加强节水宣传

强制计量水表的安装范围，加强用水监测，合理制定建筑用水效率标准和梯度价格方案，通过宣传教育强化节水行为规范。需要建立有效监督和长时间的节水宣传教育，实践表明强制用水计量可使每人每天用水量减少 6L。

（2）水源地保护

通过对水源地保护，减少周围污染物的输入量，可以降低给水处理厂的污染物去除负荷，从而可减少电能或化学药剂的消耗，实现碳减排。水源地保护属于系统工程，涉及多部门联合行动，且随着气候变化和极端天气的增加，保护也将更加具有挑战性

2）过程优化

（1）管网漏损检测

在相关标准规范中，城市供水管网平均漏损率不应高于 10%。《中国城乡建设统计年鉴（2020 年）》数据显示，2020 年全国城市和县城供水管网综合漏损率为 13.26%，部分城市漏损率甚至超过 25%。这不仅造成了水资源巨大浪费，也导致给水系统能耗和碳排放量增加。实施有效管网漏损检测技术有助于及时监测漏损事故，并定位漏损点及时修复，从而通过提高水资源利用效率降低给水系统碳排放强度。实际上，管网漏损技术探究和开发一直是水业重要课题，目前已获得实际应用，例如，借助互联网自动采集与无线传输实现数据分析与反馈，可实现水资源信息实时监控与处理，可对输配水管网水压、水量及水漏损等项目进行实时监测并及时修复，完成运行现况与实时数据同步传输与反馈。

（2）输水管网减碳

合理选择水源以及提升原水输送管网。合理划分水源地供水片区，减少不必要输送距离产生的能耗。需提升非常规水源的利用工艺，如雨水、海水，缓解常规水源地取水压力；提升和维护原水管网，减少因管道漏损造成的水耗。

（3）供水管网减碳

供水管网升级改造和维护。合理规划供水管网，减少因管网铺设不合理造成的能耗浪费；同时，需对管网进行日常维护和检修，减少因管道漏损造成的水资源浪费。构建区块化管网是国际上城市供水的发展趋势。通过区块化管网改造可以降低管道压力突变和流量突变，预防水锤、沉淀物脱落等，有利于降低漏损、降低产销差，提高供水管网系统的安全可靠度，并有利于供水系统的管理。有计划地对供水管网进行区块化改造，并实施智能化管理，使管网压力分布均匀，结合管道系统实时动态优化调度能够降低供水漏失率、供水故障率，提高供水安全保障率。

（4）水泵优化

在给水处理厂中，泵站消耗的电量一直占据着水厂消耗的总电量的 90% 以上。而且，我国的泵站的运行效率是非常低下的，消耗的能源巨大，制水的成本比较高，因此，管理者要对泵站中出现的问题进行分析，设计有效的节约能耗方案，使泵站能够达到节能的目的。

（5）自来水厂减碳

给水厂发挥着保障城镇供水水质、水量和水压需求的重要作用，是供水系统及其碳排放的重要组成部分。给水厂的碳排放主要来源于水处理和输水加压过程的设备运行能耗，以及混凝剂、消毒剂等水处理药剂的药耗。

自来水厂降碳措施如图 7-4 所示。目前，行之有效的节能措施有：采用变频技术改造、电机高效节能再制造、机泵叶轮切削等，以全面提升能效标准；加强对管网系统需求变化，机泵特性曲线与实际运行情况之间的匹配程度分析，对匹配情况差异性较大的进行重新设计改造，寻求最佳泵组效率组合；变配电系统优化升级，尽量将变压器运行负荷控制在经济运行区间内，减少线路布置，降低变配电系统的电力损耗；在满足供水量前提下以能耗最低为原则，统筹考虑水厂和供水库泵站一体化调度运行模式；在新建、技改等项目中优先采用环保型、节能型电气和设备，逐步淘汰高能耗、低能效设备。

3）工艺升级

包括给水处理厂和海水淡化厂，很多工艺和管理模式存在进一步优化的潜力，如滤池的反冲洗频次、增加膜法的前处理工艺。工艺的调整和优化与所处理水质有很大关系，即优化依赖于实时信息的采集和决策。

浊度、pH、氨氮和温度等原水水质参数与次氯酸钠碳排放强度显著相

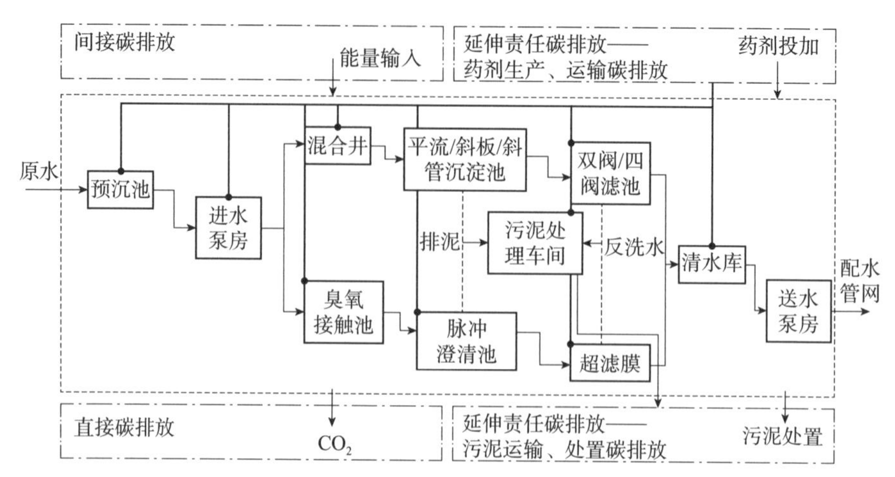

图 7-4　自来水厂降碳措施

关；出厂水压力、日送水量与送水泵房碳排放强度呈显著的线性回归关系，优化原水调度、实施原水预处理等原水水质调控措施，以及根据最不利点实时合理调控出厂水压力的水压调控措施，是控制和减少给水厂碳排放的有效途径。

调度管理信息系统，对输配系统日常运行及调度进行管理。运用全系统高精度水力仿真模型，结合调度运行实际需求建立智能调度决策模型，自动执行能耗最优方案，实现原水调度从人工经验向智能决策的转变，有效保障原水供应安全、高效、经济。通过水平衡控制及数字孪生仿真系统，对真实水厂进行数字映射，实现“能效”和“稳态”两种模式调度，在运维管理升级的同时带来显著的碳减排优势。

4）低碳能源

使用低碳能源同样是重要的降碳措施，低碳能源来源如表 7-3 所示，其主要包括利用微型涡轮机发电、热能提取、清洁能源淡化系统、清洁能源使用。

低碳能源来源　　表 7-3

类型	原理	特点
微型涡轮机发电	根据地势不同，在管道中安装涡轮机，将水流势能转化为机械能进行发电	应平衡势能的回收和水龙头损失的大小
热能提取	在管道中使用热交换器回收热能，替代石化燃料能源	减少温度对水环境的污染，充分提升了水的附加值，减少化石燃料的使用
清洁能源淡化系统	完全利用清洁能源实现海水的淡化过程	适用性广泛，没有任何碳排放
清洁能源使用	风能、太阳能等清洁能源的使用	充分利用厂区空间进行新能源发电，代替化石能源消耗

7.3.1 设施体系及主要碳排放源

1）污水管网

污水管网是潜在的 CH_4 和 N_2O 的排放源，污水管网的碳排放分建设和运行两个阶段，具体有以下四个方面的内容：污水管网建设碳排放，包括污水管道生产、管道运输和管渠施工等活动产生的碳排放；管网配套设施建设碳排放，包括建设材料生产、运输和施工等活动产生的碳排放；污水泵站运行碳排放，即污水泵站提升污水耗能而产生的碳排放；污水管网设施运行维护碳排放。

2）污水处理厂

污水处理厂中碳排放是一个多部门多流程的复杂过程，污水厂的碳排放分为直接排放和间接排放。直接排放是指污水生物处理过程有机物转化为 CO_2 的排放，脱氮过程中 N_2O 的排放，污泥处理过程中 CH_4 的排放；间接排放主要来自污水处理系统中电耗，比如能耗较高的处理单元有污水提升设备单元，曝气系统单元，物质流循环单元，污泥处理单元及其他环节的机械设备。

二维码 7-3 排水系统基础设施详细介绍

3）污泥处置设施

污泥处理处置环节碳排放示意图如图 7-5 所示。根据污泥处理处置过程碳排放的来源不同，碳排放可分为能量源碳排放、逸散性碳排放和碳补偿。

二维码 7-4 污水处理系统碳排放途径

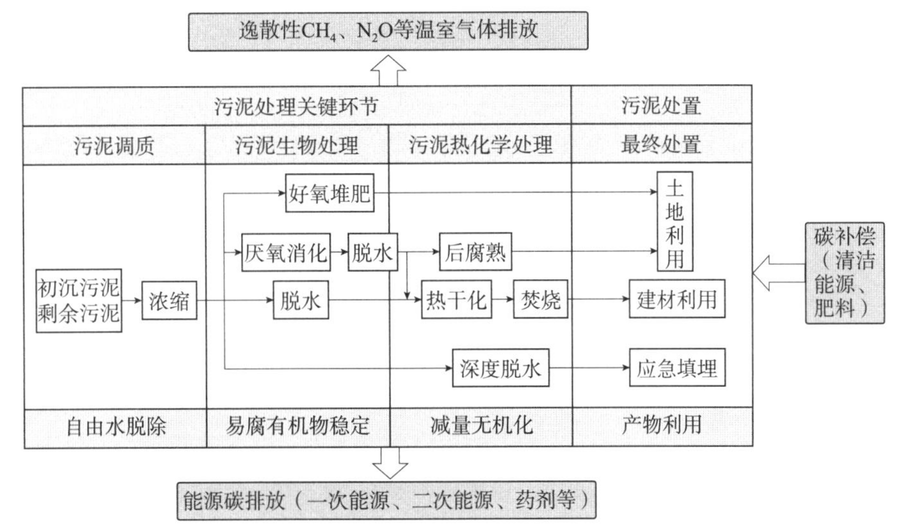

图 7-5 污泥处理处置环节碳排放示意图

（1）能量源碳排放是指由于污泥处理处置过程中消耗一次性能源（煤炭、天然气等）、二次能源（电、柴油等）以及化学品药剂等引起的碳排放。

（2）逸散性碳排放是指污泥处理处置过程中产生的逸散性 CH_4、N_2O 等温室气体。

（3）碳补偿是指污泥中能源或资源回收利用，替代化石类能源及化学品等，从而降低温室气体的排放。

4）海绵城市基础设施

海绵城市雨水系统主要包括雨水管网系统和低影响开发雨水系统两部分，主要包括雨水管网建设碳排放、LID 设施建设碳排放、雨水泵站运行碳排放，即雨水泵站强排雨水耗能而产生的碳排放、LID 设施运行维护碳排放以及绿色植物固碳和雨水资源化利用而产生的碳汇。海绵城市基础设施碳排放示意图如图 7-6 所示。

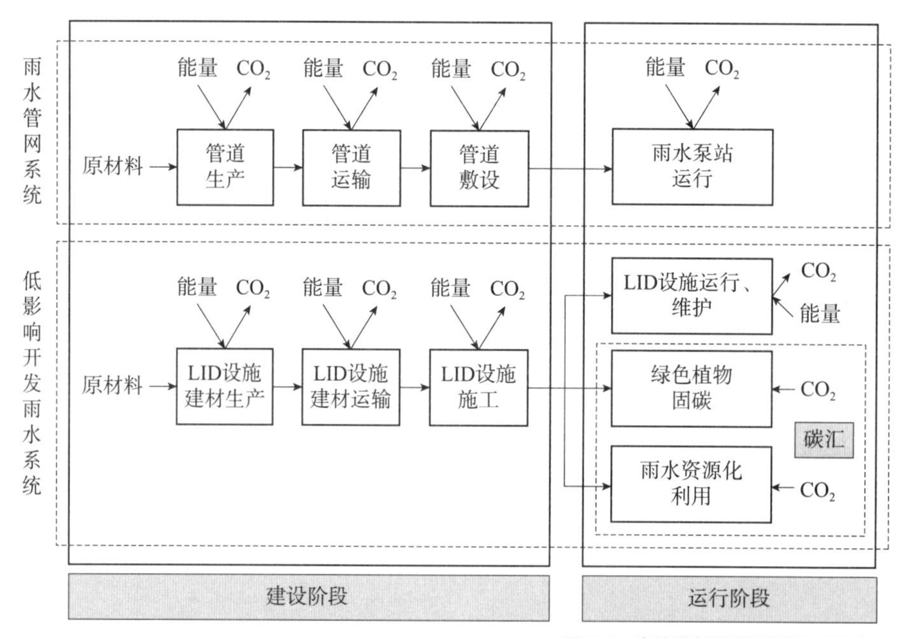

图 7-6　海绵城市基础设施碳排放示意图

7.3.2　碳排放监测核算

污水处理厂温室气体排放评估方法很大程度上决定了核算的准确性。目前常用的评估方法主要有排放系数法、现场测定法、生命周期法和动态 / 静态模型法，其中排放系数法和生命周期法可评估单座污水处理厂、城市或国家不同尺度下的温室气体排放，现场测定法和动态 / 静态模型法适用于单座或数量较少的污水处理厂温室气体排放评估。这些评估方法既相对独立又互有关联，现场测定法可以为排放系数法提供基础数据，排放系数又是部分生命周期法和动态/静态模型法的关键参数。

1）排放系数法

二维码 7-5　污水处理厂温室气体排放评估方法——排放系数法

IPCC 认为由生物分解产生的二氧化碳归为生源碳（biogenic carbon），沼气和污泥归为生物燃料或可再生能源，无论是生物分解还是沼气或污泥燃烧产生的二氧化碳都不纳入碳排放的计算与平衡。污水处理系统直接排放类温室气体只计入 CH_4 和 N_2O 的直接排放。排放系数法由于简便易操作，是应用最广泛的定量评估污水处理厂温室气体排放量的方法。在整个污水处理厂的运行过程中，温室气体的排放来源包括两部分，一是主要源于处理系统和污泥处理过程中产生的温室气体，称为直接排放。如果污水厂利用污泥消化产生的沼气发电，可以抵消一部分温室气体的直接排放。二是污水处理厂设备能耗所产生的温室气体排放，称为间接排放。

2）现场监测法

对于已建成的污水处理厂，温室气体的直接排放量可以采用现场监测法，该方法可为排放系数法中的 EF（排放因子）取值提供支持。法国、澳大利亚和我国学者开展的研究中，好氧池采用了气袋法，缺氧池采用了静态箱法。由于温室气体的排放量与进水水质和运行参数有关，建议采用该方法时同时测定常规进出水质（有机物、氮、磷等）和溶解氧、氧化还原电位等运行参数，并关注温室气体测定结果与污水处理厂实际水质和参数的关联性，拓展成果对排放系数法的支持效果。

3）生命周期法

生命周期评价作为一种从全生命周期角度评估产品潜在环境影响的方法，可以识别和量化污水处理各过程的环境影响。自 20 世纪 90 年代开始，已经被应用于研究污水处理的能源使用和环境影响。国内外学者针对生命周期方法存在需要大量基础数据、有可能低估影响程度以及无法评估不同污水处理技术的环境影响等不足，开展了模型方法、评估框架完善、实际工程案例等方面的研究，提出了：①热能回收对于污水处理厂实现净零环境影响最为有效；②在污水能源资源回收利用途径中，污水再生回用的温室气体减排量最高，而污水磷回收和污水能源回收的减排量较小，通过提升沼气能源转化效率，可以实现能源自给并达到碳平衡等结论。

4）模型法

模型法主要通过模拟污水处理的工艺过程，计算各组成工艺单元产生的

N_2O、CH_4 及 CO_2 等温室气体量，可以完成不同运行条件、系统配置和进水水质条件下直接和间接温室气体的排放评估。目前常用的温室气体排放模型主要包括：①基于排放因子的经验模型；②通常与质量平衡有关的基于过程的简单模型；③处理单元或生命周期相关的动力学模型。随着算法准确度的不断提升与大数据业务的发展，模型法对于污水处理厂满足减污降碳协同的新要求会发挥越来越重要的作用。

7.3.3 排水处理设施降碳措施

从碳排放尺度而言，污水处理过程是一个高耗能行业，未来污水处理行业的碳减排首先应该从全局入手，在规划理念、工艺选择、运行管理的方案比选中引入“碳尺”概念，污水收集、输送、处理、处置全方位采用低碳技术，削减“碳源”，增加“碳汇”。所以未来污水厂“碳中和”目标的实现可以从两个方面进行，一是“开源”，即挖掘污水中潜在能量，例如从生化处理过程、污泥处理过程进行能量回收利用，探索能源自给模式可行性，从而降低能源损耗；二是“节流”，即通过技术革新、智能装备、工艺优化等方式降低电耗，从而降低碳排放。可按市政排水系统基础设施的四个组成部分，分别考虑对应的降碳措施。

1）污水管网

二维码 7-6　污水管网降碳措施拓展

如果把污水处理厂比作心脏的话，那么污水收集输送系统就是遍布全身的血管。然而，目前中小城镇在建设污水处理系统时，“重厂轻网”问题仍突出，这就使得污水处理厂和污水管网不配套、污水收集不足，污水处理系统不能充分发挥其减排效益。故污水管网的降碳主要是通过合理规划污水收集输送系统实现的。

管网中沉积的污染物在氧气不足的条件下会发生厌氧反应产生 CH_4，CH_4 量随着水力停留时间的延长及管道管径、截面积比的增大而增大。因此，需要完善污水收集输送系统，提高施工质量，加强管道的维护、清理，防止破漏，减少污染物在污水管网中的沉积，会在一定程度上减少碳排放，进而促进污水处理系统的低碳运行。

2）污水处理厂

二维码 7-7　污水处理厂降碳措施拓展

污水处理厂中的降碳可通过选择合适的污水处理工艺及工艺优化、在污水处理系统中采取相应的节能降耗措施以及污水厂能源自供给实现。

例如，采用厌氧生物处理时，因为不需要供氧故耗能少，并且将污水中的有机物转化为 CH_4 这一能源，若回收利用不仅可减少 CH_4 的排放，还能降低化石燃料的消耗从而减少碳排放。除此之外，厌氧生物处理工艺产生的污泥一般较少，更凸显其在经济上和环保方面的优越性。由此可见，条件适宜时采用厌氧生物处理工艺符合可持续发展的战略方向。

由于能耗产生的 CO_2 占据污水处理系统碳排放的主要部分，因此通过采取相应的节能降耗措施能大幅度降低污水处理系统中的碳排放总体水平。污水处理系统消耗的能源通常包括电能、热能、药剂等，其中电耗约占60%~90%。污水处理系统的电耗主要集中用于污水污泥的提升、生物处理的供氧、污泥的处理处置等方面。故污水处理系统中的节能降耗可主要从污水提升泵的节能、鼓风曝气系统的节能两个方面入手。此外，污水厂能源自供给实现途径主要有污水源热泵、污水厂光伏发电、污水厂尾水发电等。

3）污泥的处理处置

（1）设备及药剂的调整

二维码 7-8　污泥的处理处置知识拓展

污泥脱水设备是否高效运行严重影响污泥处理系统的能耗水平，因此污泥产量及含水率等的计算要精确并合理确定脱水机的型号和台数，增强其运行效率。为提高污泥脱水性能而投加絮凝剂时，应结合污泥性质的变化通过实验合理调整投加量。

（2）共消化

对于剩余活性污泥的处理，将剩余活性污泥和厨余垃圾混合后采用现有的污水厂消化池进行处理也是一种很好的方法，不需要很多的额外投资，又解决了厨余垃圾的污染问题。混合消化可以稀释污泥中的有毒成分，促进物料中营养物质的平衡，提高消化池的容积利用效率，还可获得更大的单位产气量。

（3）选择合适的污泥处理处置技术

污泥量较大时，适宜采用厌氧消化 + 沼气发电的方式，其碳排放较少，所产沼气稳定、纯度高、易收集，便于净化利用，且污泥经消化后脱水性能好，如果不适宜建设厌氧消化设施，污泥经过余热干化后，可在当地的工业窑炉混烧或焚烧发电，降低投资和运行费用的同时节省化石燃料而减少碳排放；污泥量很少时，湿污泥可不经过干化而直接混烧，节省基建投资和运行费用；当上述条件不具备时，可建设污泥焚烧炉，采用污泥干化 + 焚烧发电的方式。

4）海绵城市基础设施

（1）全生命周期分析

海绵城市规划方案的碳减排效益并不能简单地依据某一阶段或某一单体设施碳排放获得，而需要对整个系统在全生命周期内碳排放变化情况分析得到。在海绵城市建设中，应综合考虑项目的初期建设碳排放投入和中长期运行收益，以实现系统整体的低碳可持续发展。

（2）比选技术与设施

在传统方案和海绵城市规划方案中，雨水管网建设都是系统碳排放的主要来源。雨水管道的材料、类型以及管道敷设方式都对其建设阶段碳排放有着重要影响，因此在满足排水要求的前提下可考虑采用植草沟等替代部分钢筋混凝土管道，同时在管渠敷设时尽量采用非开挖技术，以降低雨水管道建设碳排放。

（3）降低碳排放因子

建设所需材料自身生产的碳排放量是建设施工阶段最重要的碳排放量。在建设施工阶段想要减少碳排放量，最主要的是减少材料生产时的碳排放量，其碳排放因子的动态变化对于材料碳排放量具有极其显著的影响。每一种材料的生产过程中碳排放都存在各种影响因素：一是优化能源消费结构可以有效控制碳排放因子。提高城市能源效率以减小碳排放因子，减少能源利用时的碳排放量；二是在生产过程中，生产方式、生产技术的改进可以有效降低 CO_2 排放量；三是材料本身的碳含量也对碳排放具有明显的影响，碳含量低的材料在同等情况下，其碳排放量自然会降低，对建设材料进行选择或优化，可以得到更有利于减少碳排放量的材料；四是回收率对碳排放因子也具有影响力。因此，优化能源、选用碳含量低的燃料、改进材料本身、减少生产损耗会产生不同的排放因子，导致碳排放量有所差异，降低排放因子就可以成为减少碳排放的重要方法之一。

7.4.1 设施体系及主要碳排放源

1）一般固体废弃物处理基础设施体系

一般固体废弃物处理基础设施体系是指处理、转运、储存和处置固体废物的设施和设备的结合体系。它包括了垃圾填埋场、垃圾焚烧厂、生物干化场、厌氧消化场、垃圾分类中心、转运站、危险废物处理中心等多种设施，是处理各种固体废物的基础设施体系，其综合回收工艺系统如图 7-7 所示。

需要注意的是，固废处理基础设施体系应该与城乡规划和环保政策相互配合，以实现垃圾减量、资源化和环境保护的目标。同时，需要对固废处理基础设施体系进行科学规划、设计和建设，以确保其安全、高效和环保。此外，还需要加强对固废处理基础设施体系的监管和管理，以确保其正常运行和达到预期效果。

2）主要碳排放源

根据联合国政府间气候变化专门委员会（IPCC）指南指出，源于废弃物处理处置的主要温室气体为焚烧产生的 CO_2、填埋和厌氧处理产生的 CH_4 以及堆肥产生的 N_2O。

（1）焚烧产生

焚烧是一种将废弃物在高温下燃烧的处理方法，焚烧过程中，废弃物中的有机物质（如纸张、木材、塑料等）会与氧气发生氧化反应，生成二氧化碳和水蒸气。

焚烧过程中的化学反应简化如下：

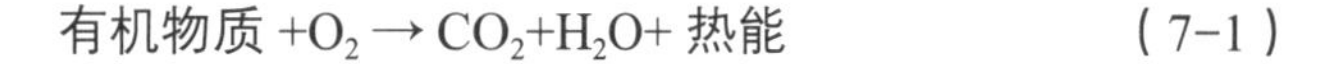

$$有机物质+O_2 \rightarrow CO_2+H_2O+热能 \tag{7-1}$$

二维码 7-9 一般固体废弃物处理系统基础设施详细介绍

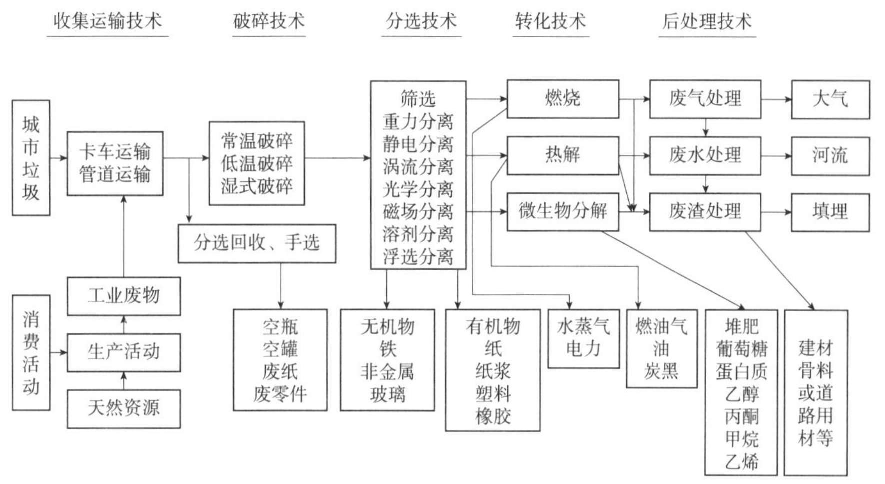

图 7-7 综合回收工艺系统

在这个反应中，有机物质中的碳原子与氧气中的氧原子结合，形成二氧化碳分子。

（2）填埋和厌氧处理产生

填埋是一种将废弃物掩埋在地下的处理方法。在填埋场中，废弃物会在厌氧条件下进行生物降解。这个过程主要由厌氧微生物（如甲烷产生菌）参与，将废弃物中的有机物质分解为甲烷和二氧化碳等气体。

具体来说，填埋过程中的生物降解可以分为以下几个阶段：

① 水解：废弃物中的大分子有机物质（如纤维素、蛋白质等）被分解为小分子物质（如糖、氨基酸等）。

② 酸化：小分子物质被进一步分解为挥发性脂肪酸（VFA）和氢气等。

③ 产甲烷：挥发性脂肪酸和氢气被甲烷产生菌转化为甲烷和二氧化碳。

在这个过程中，甲烷和二氧化碳的产生与废弃物中的有机物质含量、填埋场的运行条件（如温度、湿度等）以及微生物活性等因素密切相关。需要注意的是，甲烷是一种强温室气体，其温室效应强度比二氧化碳高约 25 倍。因此，在固废处理的填埋过程中，甲烷的排放对气候变化的影响尤为显著。

（3）堆肥产生

堆肥处理是一种将废弃物（如厨余垃圾、农业废弃物等）通过生物降解转化为肥料的处理方法。在堆肥过程中，废弃物中的有机氮被微生物转化为无机氮（如氨氮、硝酸盐氮等），然后通过硝化和反硝化过程产生氮气氧化物（N_2O）。

具体来说，堆肥过程中的 N_2O 产生可以分为以下两个阶段：

硝化过程：在好氧条件下，硝化细菌（如硝化亚铵菌和硝化亚硝菌）将废弃物中的氨氮氧化为硝酸盐氮。在这个过程中，部分氨氮被氧化为氮气氧化物（N_2O）。

$$NH_4^+ \rightarrow NO_2^- \rightarrow NO_3^- \qquad (7-2)$$

反硝化过程：在厌氧条件下，反硝化细菌将废弃物中的硝酸盐氮还原为氮气（N_2）。在这个过程中，部分硝酸盐氮被还原为氮气氧化物（N_2O）。

$$NO_3^- \rightarrow NO_2^- \rightarrow N_2O \rightarrow N_2 \qquad (7-3)$$

在堆肥过程中，N_2O 的产生与废弃物中的氮含量、堆肥系统的运行条件（如温度、湿度、氧气浓度等）以及微生物活性等因素密切相关。N_2O 是一种强温室气体，其温室效应强度比二氧化碳高约 298 倍。因此，在固废处理的堆肥过程中，N_2O 的排放对气候变化的影响尤为显著。

7.4.2 碳排放监测核算

碳排放的核算方法主要有以下四种：

1）国家温室气体清单（IPCC）指南

政府间气候变化专门委员会（IPCC）在 2006 年提出了国家温室气体清单指南，根据不同层次的数据来源，核算、评估某一个具体过程的碳排放。比如，针对垃圾填埋过程、垃圾焚烧过程，都提出了核算评估的层次选择决策树，核算程序相对清晰。IPCC 指南中包含部分碳排放的核算方法，在填埋场的碳排放核算方法中，主要碳排放来源为 CH_4，其 CO_2 当量为 25，采用一阶动力学模型计算。核算过程中的一些数据是非常个性化的，包括可降解有机碳含量、厌氧条件下可降解的有机碳含量等。以垃圾焚烧碳排放核算为例，一般认为，化石碳的燃烧氧化过程是垃圾焚烧厂碳排放的直接途径。与垃圾填埋过程碳排放核算类似的是，核算过程中同样存在大量个性化数据的使用，包括垃圾组分、干物质含量、干物质中的碳含量、总碳中的化石碳含量等。这些高度个性化的数据，在不同的国家，甚至同一国家的不同地区都是不一样的，相应的碳排放核算结果也会有较大差异。同样，在有机质处理过程的碳排放核算中也存在个性化数据的需要。

二维码 7-10　IPCC 填埋场的碳排放核算方法

2）清洁发展机制（CDM）

第二种核算方法是清洁发展机制 CDM 方法（CDM，Clean Development Mechanism 清洁发展机制）CDM 方法中的核心公式是：

碳排量 = 基准排放 − 项目排放 − 泄露排放　　（7-4）

详细的计算过程和方法可参见二维码中公式。它实际上可以认为是 IPCC 指南方法的继承与发展。

二维码 7-11　清洁发展机制 CDM 方法

3）平衡法（BM）

第三种常见核算方法是平衡法，该方法是由奥地利 Fellner 团队开发建立的适合焚烧厂碳排放核算的方法，在欧洲一些国家的焚烧厂中有广泛的应用。平衡法中，将化石源组分对应的碳排放视为直接的碳排放，主要通过联立元素、质量、能量等平衡方程组求解的方式进行核算。

4）生命周期评价

第四种碳排放核算方法是基于生命周期评价的方法。该方法基于生命周期思考（Life Cycle Thinking，LCT），内容涵盖环境、经济和社会三方面的影响，目的是减少资源消耗、削减污染排放、提高社会经济效益。生命周期评价方法不仅可以核算固废处理过程的碳排放情况，还能定量评价多种环境影响类别。将上述四种核算方法进行比较后可以发现，这些核算方法分别可以适应不同的过程。一般来说，这些方法对于固体废物处理的典型工艺过程都是比较适用的。总体来看，全生命周期的方法需要所有环节的参数和可靠的数据库支持。

7.4.3 固废处理设施碳排放降碳措施

国内外对生活垃圾低碳化处理技术的研究已逐步深入到全生命周期过程。表 7-4 列举了碳减排的主要技术路径。

生活垃圾处理减排技术路径　　表 7-4

全生命周期	主要技术路径
产生源头	物尽其用、多次重复使用；少用或不用塑料袋、一次性用品；家庭厨余垃圾沥水后再投放；使用家庭厨余垃圾粉碎机
收集运输	优化收运（转运）系统；使用新能源汽车；分类收集有机垃圾；完善可回收物、有害垃圾等回收网点，分类回收玻璃、金属塑料、纸类和织物
预处理	转运站压缩减水；压榨干湿分离；人工或机械拆解、破碎、分选（分类、分质）
资源利用	替代原生资源，降低水耗、能耗和污染；生产高附加值再生产品
生物处理	分布式好氧堆肥；湿热处理，集中式厌氧消化，利用沼气发电或制备甲醇等；与剩余污泥等其他有机废物协同处理，提高沼气产率；沼渣、沼液处理利用
焚烧处理	降低火炉含水率；优化工艺和设备，提高发电效率；热电联产（余热充分利用）；降低能耗、二次污染控制；焚烧烟气碳捕获、碳封存
综合利用	制备垃圾衍生燃料（RDF）；改良土壤；飞灰、炉渣综合利用
填埋处置	避免或减少原生垃圾填埋；采用生物反应器填埋技术加速填埋场稳定；收集提纯填埋气体发电；渗滤液立体导排 + 渗滤液处理；采用好氧（兼氧）方式、生物活性覆盖技术、改良填埋覆盖土壤、利用甲烷氧化菌复合微生物菌剂，提高日覆盖和中间覆盖材料的甲烷氧化率等碳捕集、甲烷氧化技术

这八大过程综合起来，可以概括为以下三个方面：

1）加大资源回收力度，促进源头减量

合理设置资源回收容器，从源头（家庭）或前端（收集点）分类回收玻璃、金属、塑料、纸类、织物等可用物质，这不仅减少了垃圾量，而且替代了产品再生产所需的部分原生材料，从而减少了化石资源能源的消耗、污染和垃圾中的化石碳含量，具有显著的碳减排效应。政府宜给予一定的补贴资金或税费减免，对资源回收处理过程的二次污染也要加以监管。合理规划满

足垃圾分类功能的转运站，以便短途收集与中长途转运衔接，并逐步推广使用清洁能源车辆。

2）加强生物质的物质和能量利用

家庭厨余垃圾沥水或粉碎减量、分类收集厨余（餐厨）垃圾。通过压榨脱水、湿热水解等预处理方式降低厌氧发酵的处理难度，以提高沼气、能源、油脂产率，或通过堆肥、饲料化、水热炭化等方式回收有机质。通过压榨预处理可以使厨余垃圾干组分焚烧、湿组分厌氧发酵获得最大的碳减排潜力；餐厨垃圾集中式厌氧发酵碳减排潜力是好氧堆肥的 22 倍，适合产量较大的城市，而分散式好氧堆肥适合在产量较小的地区推广，但应控制电耗；厨余垃圾处理的优先策略依次为，源头减量 > 饲料化 > 厌氧消化 > 好氧堆肥 > 混合焚烧，但对已有的焚烧设施，进炉垃圾中厨余含量在 30% 左右为宜。

3）原生垃圾零填埋，控制温室气体排放

将剩余可燃垃圾焚烧或通过机械生物、热处理转化为固体燃料用于发电和供热，并在焚烧炉渣中回收铁、铝、金、铜等金属，以及制作免烧砖、混凝土骨料或路基填充料。此外，垃圾焚烧厂烟气碳捕集及封存（CCS）技术也值得探索。为减少填埋场 CH_4 等温室气体排放，要尽量避免原生垃圾填埋，或采用生物反应器填埋或生物活性覆盖技术，以收集提纯填埋气体发电，防止沼气逸散（泄漏）或提高 CH_4 氧化率。相对于欧洲、日本，我国生活垃圾处理以焚烧和填埋为主。目前还需加快完善可回收物、厨余（餐厨）垃圾的分类投放收运系统，建设分选、再生、堆肥或沼气发电等处理设施；同时，还要降低垃圾（污水、臭气）处理过程的能耗物耗和污染，以促进物质能量循环或梯级利用，提高垃圾（沼气）焚烧发电的净能量输出。

7.5.1 给水基础设施碳排放管理案例：粤海水务首座“碳中和”自来水厂升级投产

1）自来水厂简介

2023 年，粤海水务首座“碳中和”自来水厂——梅州市丰顺县大罗水厂完成技术升级，以“清洁能源 + 智慧管控”的全新模式投产，实现水厂 CO_2 零排放，优质服务 32.5 万丰顺百姓，同时为水务行业绿色高质量发展提供了重要的创新引领与示范。该厂在规划设计之初即锚定“碳中和”目标，以绿色清洁生产和循环经济理念为指导，超前统筹谋划，创新提出了“低碳布局 + 自产绿电 + 智慧管控”三擎驱动的设计方案。“低碳布局”，即整个供水系统全部采用重力流设计布局，大幅降低供水系统的电耗。“自产绿电”，即通过剩余水头发电 + 光伏发电，满足整个供水系统用电和办公用电的同时，剩余绿电对外输出。“智慧管控”，即将整个系统的电耗、药耗等实现优化减少碳排放。

2）污水厂减碳措施

“水电 + 光伏”，年减碳排放近 2000t。当前水务项目的主要碳排放来源在于电力消耗。在大罗水厂设计之初，通过优选水厂位置，充分利用水源水库正常蓄水位至混合池设计水位间约 40m 高差进行水力发电，以清洁可再生能源实现厂区办公生活用电全覆盖。

同时，充分利用大罗水厂厂区建筑物房顶及池体面积较大的优势条件，在保障安全高效生产的基础上，布设了总面积 4844.5m^2 的光伏发电设施，如图 7-8 所示，年发电量 56.18 万 kWh，采用“自发自用，余电上网”模式，实现水厂生产区用电全覆盖，每年可节省电耗 43.17 万 kWh，并可输出绿电 13.01 万 kWh。

清洁能源升级投产后，大罗水厂节能减排成效显著——每年预计减少碳排放 1963.51t（以 CO_2 计），相当于 50 辆小型汽车行驶 60 万 km 产生的碳排

图 7-8　大罗水厂光伏发电装置

放总和。此外，聚焦大罗水厂自来水生产过程，积极建设应用排泥水回用系统，通过将制水过程中产生的反冲洗废水和排泥水进行回收处理，成功将自用水率从 5% 降至 2%，同等水处理规模下能耗及碳排放均有所降低。

智慧赋能，精准投药，少人值守，助力降碳提效。依托于全国先行起步的“智慧水务”高新运管体系，大罗水厂在建设中采取“新能源集控 + 生产自动化”模式，积极打造生产智能化、管理数字化、安防智慧化的“智慧水厂”，通过多重“智慧管控”大力推动降碳提效。

在对生产降碳影响重大的“精准投药”环节，粤海水务结合大罗水厂实际，个性化研发智能加药系统，可根据进水水量、水质变化自动调节加药量，通过智能化、自动化，实现药剂配制、输送和投加全流程的减排降碳，让“绿色生产”贯穿水厂运行全流程。同时，在大罗水厂光伏设备的运行管理中，充分发挥“光伏智慧集控中心”的“千里眼”和“智慧脑”作用，利用高新网络通信技术与设备，通过远程数智化统筹管理，实现“少人值守”，大大提高生产运行管理效能。图 7-9 展示了其“智慧水务”运营中心。

图 7-9　大罗水厂“智慧水务”运营中心

7.5.2　排水基础设施碳排放管理案例：宜光城市污水资源概念厂

1）污水厂简介

2014 年初，曲久辉院士等六位国内知名环境领域专家提出，应用全球最新理念和最先进技术，以“水质永续、能量自给、资源回收、环境友好”为目标，在中国建设一座或一批面向 2030~2040 年的城市污水处理概念厂。

2021 年 10 月，宜兴城市污水资源概念厂正式投运。该厂将污水处理厂从污染物削减基本功能扩展至城市能源工厂、水源工厂、肥料工厂等多种应用场景，通过实施“水 - 肥 - 气”综合利用，已实现了厂区内总能源 65%~85% 的自给率，其中，水质净化中心实现 100% 能源自给。宜兴城市污水资源概念厂鸟瞰图如图 7-10 所示。

图 7-10　宜兴城市污水资源概念厂鸟瞰图

处理规模：水质净化中心 2 万 t/d、有机质协同处理中心 100t/d

地点：江苏省宜兴市

2）水厂节能降耗措施

污水资源化利用采用加载沉淀、极限脱氮除磷、高效多层平流除砂等先进技术，被处理过的污水水质远优于环太湖流域地方排放标准，同时污水中的抗生素、药物残余等新型污染物得以有效去除，可达到饮用水标准。

污泥共消化 - 沼气发电污水处理过程产生的污泥与餐厨垃圾、秸秆及蓝藻等共消化，生成沼气进行发电。有机质协调处理中心借助发电设备每天可生产 1.8 万度电，实现满负荷状态下 100% 能源自给。

污泥资源化利用。沼渣进行好氧堆肥处理，直接作为试验农田植被的种植用土，每年 6100t 的营养土经过无害化处理后还田利用。

智能化配电。处理流程控制及配电环节通过集成自动化控制系统实现自动化配电。

7.5.3　一般固体废弃物基础设施碳排放管理案例：宁波某工业污水处理厂污泥处理

宁波某污水处理厂进水主要含有油类、氰化物、酚类、硫、砷、芳烃、酮类等污染物质，毒性较强、成分复杂。根据环保局的要求，污水处理厂产生的污泥暂定为危险废物，因此，亟需新建工程处理污泥，防止对环境造成二次污染。

污水厂污泥处理处置流程如图 7-11 所示。该项目的投产解决了污泥的出路，保证了其他招商引资项目的顺利进行，是经济发展的迫切需要。此外，干化后的污泥热值较高，对其进行有效利用，可减少辅助燃料的投加，能大幅度降低能耗，是节能降碳的需要。

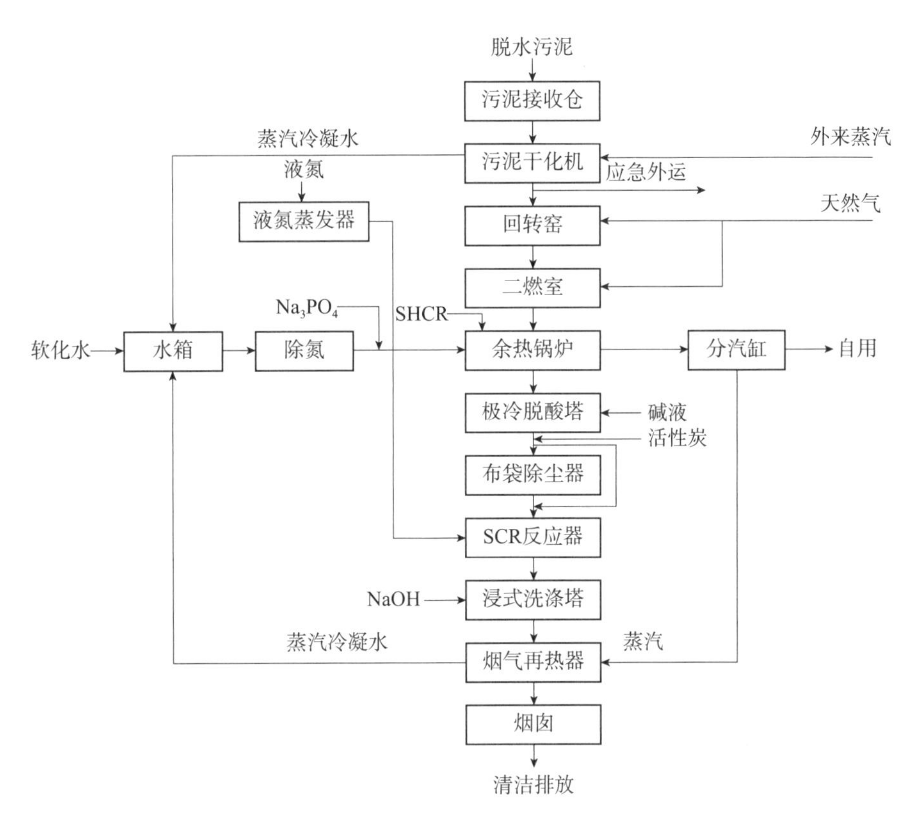

图 7-11　工程处理处置污泥流程

7.6 本章小结

本章在介绍环境基础设施碳排放的相关概念及特征的基础上，分别对给水系统、排水系统和一般固体废弃物处理系统基础设施主要碳排放源、碳排放监测核算和降碳措施进行了详述，阐述了环境基础设施碳排放管理政策，列举了典型案例。

思考题

7-1 环境基础设施碳排放构成主要有哪些?

（提示：参考 7.1.2 节）

7-2 环境基础设施碳排放主要特征有哪些?

（提示：参考 7.1.3 节）

7-3 给水系统、排水系统和一般固体废弃物处理系统的主要碳排放源分别是什么?

（提示：参考 7.2 节、7.3 节、7.4 节）

第8章

能源基础设施碳排放管理

【本章导读】

我国能源结构持续优化，非化石能源发电装机容量占全部装机比重达到50.9%，历史性超过化石能源。近十年，我国以年均3%的能源消费增速支撑了年均6.2%的经济增长，成为全球能耗强度降低最快的国家之一。然而，我国能源领域节能降碳尚存在一系列难题，如高比例新能源为主体的能源网络安全稳定控制技术有待研究、能源网络碳流－能量流分布特征及其交互机理尚不明确、现有技术手段难以对能源网络碳足迹进行在线追踪等。因此，本章节主要面向各类能源基础设施的核心碳排放管理问题进行归纳总结，内容如图8-1所示。在研究化石能源、新能源、新型电力系统碳管理政策与现状的基础上，以电力为核心，分析电力与其他能源、碳排放之间的关系。挖掘电力能源系统在低碳转型中的关键问题与核心技术，为后续能源基础设施碳排放管理提供理论方法支撑。

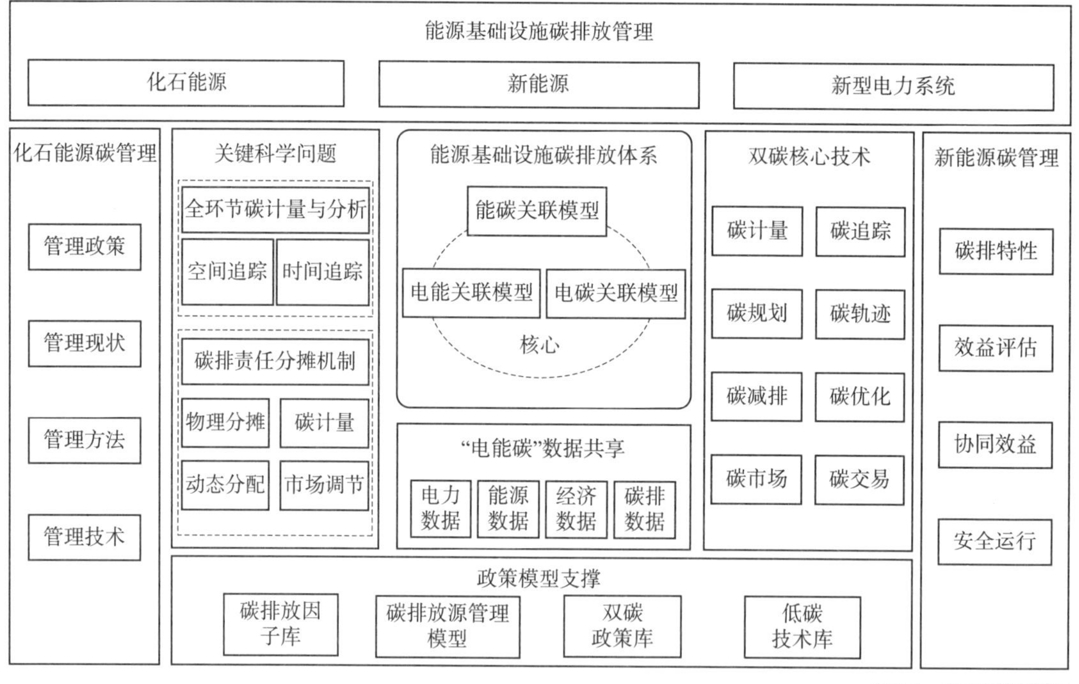

图8-1 本章逻辑框架图

【本章重点难点】

掌握能源基础设施的内涵、碳排放特征与碳足迹传导路径；熟悉多类型能源的能碳耦合形式与碳排放管理方法；了解新能源与传统能源相互促进补充的低碳转型路径。

8.1.1 能源基础设施碳排放概况

能源基础设施是指供应燃料、发电、输送能源（如电能、天然气、石油、煤等）的设施。能源基础设施碳排放约占社会总碳排放的40%，其碳流产生、传输、消费方式如图8-2所示。

能源基础设施的碳排放特征是指能源生产、转运和使用过程中释放到大气中的二氧化碳和其他温室气体数量以及其特点。这些特征通常涉及以下几个方面。

（1）能源来源：不同能源类型（如煤炭、石油、天然气、可再生能源等）在提取、加工和使用过程中产生不同数量的碳排放，可再生能源（如风能、太阳能、水能等）通常具有较低的碳排放特征。

（2）能源生产过程：矿石的开采、提炼和加工过程通常伴随着能源消耗和碳排放，煤矿、油田和天然气井的开发也会产生大量的温室气体。

（3）能源转运：能源的输送、运输和储存也可能引起碳排放，例如石油和天然气的管道输送以及燃料的船运和卡车运输都会产生碳排放。

（4）能源使用：能源在工业、交通、建筑和家庭中的使用是主要的碳排放来源，不同行业和用途的能源使用情况差异很大。

（5）技术和设备：使用先进的清洁能源技术和高效设备可以减少碳排放，例如采用碳捕获和储存技术可以降低碳排放。

（6）政策和监管：政府政策和环境监管也会影响能源基础设施的碳排放特征，鼓励可持续能源发展和限制温室气体排放的政策可以影响能源行业的碳足迹。

为了构建清洁、低碳、安全、高效的能源体系，必须大力推进清洁能源的开发利用，而风、光、水、核等清洁能源都必须转化为电能才能加以利用，氢能、储能等也主要通过电能进行转换，因此电力系统在能源转型中将起到核心作用。而电力生产未来又以强不确定性的风、光为主，各时空尺度的电力安全稳定运行挑战巨大，目前的电网网架输送能力难以满足未来间歇性新能源的输送需求，需要构建适应新型电力系统发展的新型技术体系。

新型电力系统是以新能源为供给主体，以确保能源电力安全为基本前提，以满足经济社会发展电力需求为首要目标，以坚强智能电网为枢纽，以源网荷储互动与多能互补为支撑的电力系统，具有清洁低碳、安全可控、灵活高效、智能友好、开放互动的基本特征。

（1）清洁低碳，形成清洁主导、电为中心的能源供应和消费体系，生产侧实现多元化、清洁化、低碳化，消费侧实现高效化、减量化、电气化。

（2）安全可控，新能源具备主动支撑能力，分布式、微电网可观可测可控可调，大电网规模合理、结构坚强，构建安全防御体系，增强系统韧性、弹性和自愈能力。

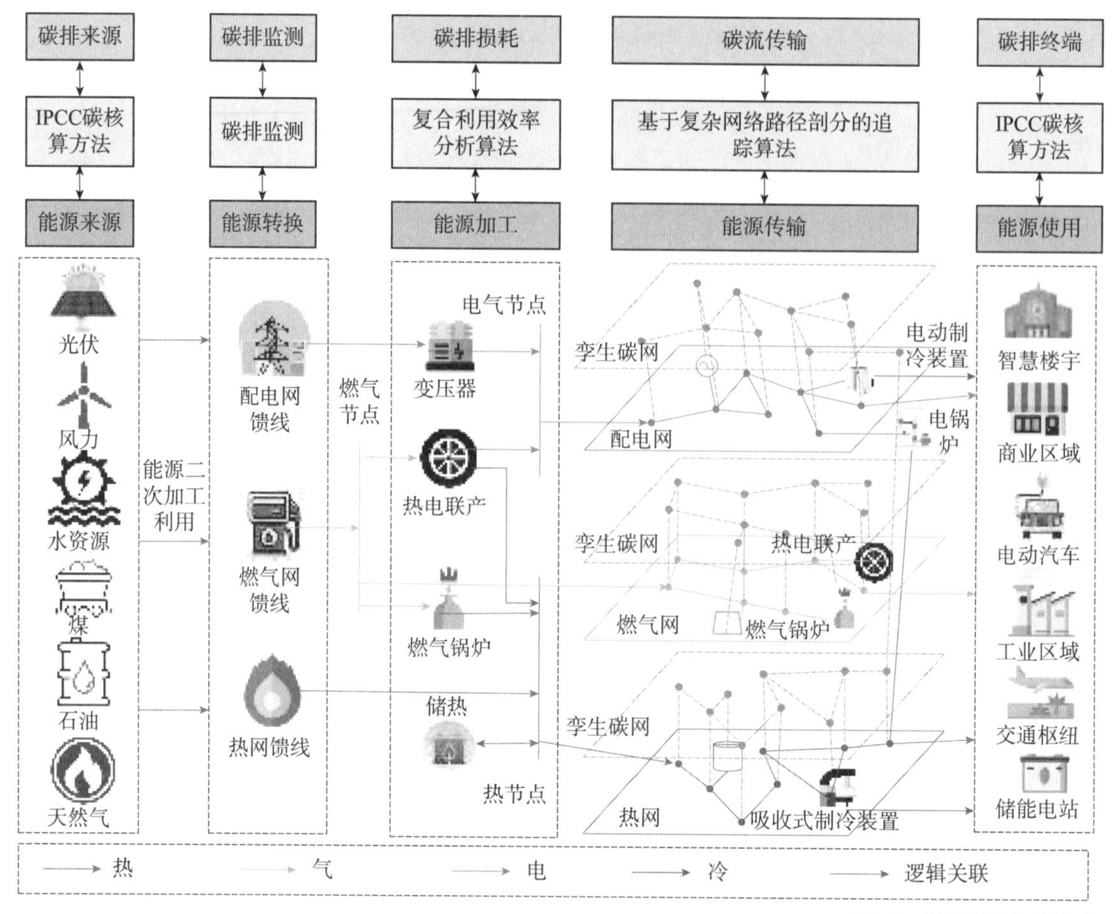

图 8-2　能源基础设施碳流架构

（3）灵活高效，发电侧、负荷侧调节能力强，电网侧资源配置能力强，实现各类能源互通互济、灵活转换，提升整体效率。

（4）智能友好，高度数字化、智慧化、网络化，实现对海量分散发供用对象的智能协调控制，实现源网荷储各要素友好协同。

（5）开放互动，适应各类新技术、新设备以及多元负荷大规模接入，与电力市场紧密融合，各类市场主体广泛参与、充分竞争、主动响应、双向互动。

8.1.2　综合能源系统多能流关联特征

随着电力与其他能源的耦合利用程度不断加深，形成了综合能源系统。综合能源系统的概念最早产生于热电联产领域，侧重于热电系统的协同优化，而后逐渐扩展丰富，涉及电、热、冷、天然气等多个能源子系统的产、输、储、用以及转换等多个环节的协同互补。同时，与综合能源系统相关的理论研究和工程项目也较为丰富，如美国、加拿大、欧洲、日本等均结合各自的需求较早开展了综合能源系统的相关研究，我国也相继启动了相关科技项目和示范工程项目，对综合能源系统的技术发展与应用落地起到了积极的推动作用。

目前，学术界对于综合能源系统的基本定义为：以电力系统为核心，耦合热、冷、天然气等多种能源子系统，在规划、建设及运行过程中从物理层面进行“源－网－荷－储”各环节的有机协调与优化运行，从而形成的产、供、消一体化系统。综合能源系统的基本内涵可以概括为“多能互补、协调优化”，其涵盖了电力、煤炭、石油、天然气、可再生能源等多种能源，统筹集中式和分布式能源类型，实现多元能源供应的充分互补。以智能电网为基础，实现与热力管网、天然气管网、交通网络等多种类型网络互联互通，发挥储电、储热、储冷、抽水蓄能等储能灵活资源的调节能力，有效调动需求侧资源响应潜力，可实现多能源系统间的横向多能互补与纵向协调发展，从而构建能源多元供应体系，推动能源供给革命。

综合能源系统由能源供应网络、能源交换环节和广泛分布的终端用能单元构成，它将电力、燃气、供热、供冷、供氢等多种能源环节与交通、信息、医疗等社会基础支撑系统有机结合，通过系统内多种能源之间的科学调度，实现可再生能源高效消纳、综合能源高效利用、用户安全经济用能等目的。同时，通过多种能源系统的有机协调，还有助于消除不同能源系统供能瓶颈，延缓能源供应系统建设，提高各能源设备的利用效率。其多能流特征主要为系统中的电力流、热力流、燃气流、碳流的内部平衡关系与外部转换关系，其架构如图 8-3 所示。内部的能流平衡关系包括电力流、热力流、燃气流、碳流之间的内部生产消费关系。外部的能流平衡关系为多流相互转化关系，其主要通过锅炉、热电联产装置、碳捕捉装置等介质实现。

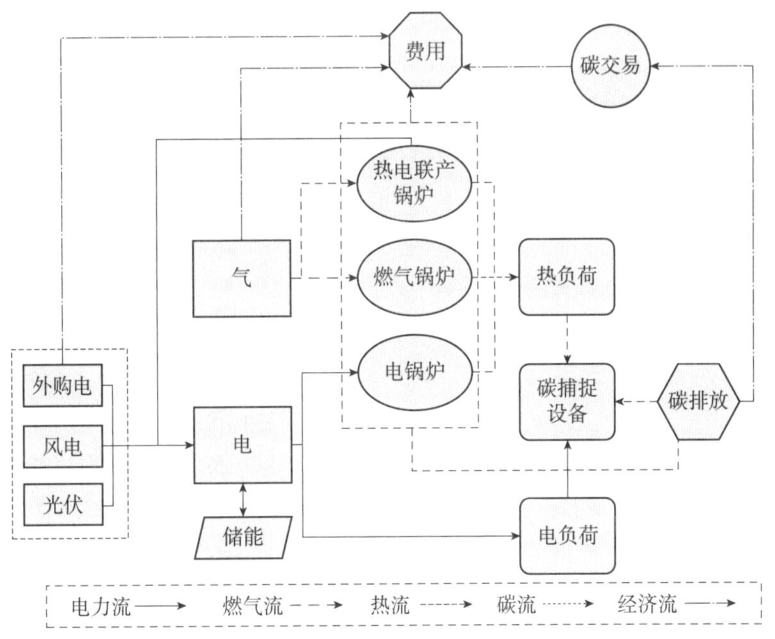

图 8-3　多能耦合系统中的流动方式

化石能源基础设施指供应化石能源、输送化石能源、采用化石能源发电的设施。本节聚焦于采用化石能源（包括煤、石油、天然气）为燃料进行发电的火电厂，介绍火电厂的碳排放管理政策、现状及碳排放评估方法。

8.2.1 化石能源基础设施碳排放管理现状

根据国际能源署（IEA，International Energy Agency）《2022 年二氧化碳排放》报告的温室气体排放数据（图 8-4），2022 年煤炭、石油、天然气产生的碳排放分别占总碳排放量的 37.3%、27%、17.6%，意味着化石能源碳排放量占比将近碳排放总量的 82%，化石能源的消耗是现今碳排放的主要来源。

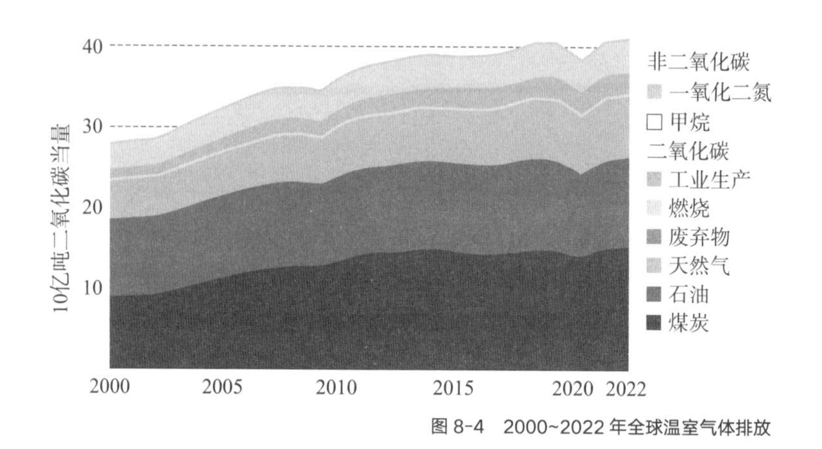

图 8-4　2000~2022 年全球温室气体排放

我国能源碳排放主要源自煤、石油、天然气等化石能源的燃烧。“石化、化工、建材、钢铁、有色、造纸、电力、航空”这八大行业是耗能主力，据中创碳投数据统计，2020 年八大行业的碳排放总量合计约占全国碳排放的 80%，其中电力行业的碳排放总量约占全国的 40%，发电行业也成为首个纳入全国碳市场的行业。而发电行业中，碳排放的主要来源为火力发电厂。近年来，我国陆续发布了一系列碳排放管理政策，其中不乏涉及发电行业碳排放管理的政策。

二维码 8-1　碳排放管理政策相关拓展资料

对于燃煤、燃油、燃气发电的火电厂，当前主要依据政策文件进行碳排放管理。在碳排放核算方面，尽管已经制定了《企业温室气体排放核算与报告指南发电设施》，但仍旧存在如下问题。

（1）我国碳排放核算方法与国际基本接轨，但历史数据严重缺失。依据《联合国气候变化框架公约》提出的“共同但有区别责任”原则，我国作为非附件 I 国家，可按照自愿原则选择可参考的《指南》进行核算，且不需要每年提交碳排放核算清单，但我国近年仍遵循《指南》要求，不断完善碳排放核算体系，其中 2019 年向联合国提交的《第三次国家通报》中的能源活动碳排放既使用了《IPCC 清单指南 1996》及配套文件，也适当参考了《IPCC 清单指南 2006》及配套文件等。基于这些方法，我国已完成了 1994、2005、2010、2012 和 2014 年共 5 年的碳排放核算工作。现有国家碳排放核算结果显示，虽然我国碳排放历史阶段性特征与国际数据显示结果基本一致，但因缺乏历史连续性，难以就我国碳排放趋势拐点做出准确判断，也无法准确测算我国历史累计碳排放量、人均累计碳排放量，这对于在应对气候变化国际谈判中利用公平原则为我国争取碳排放空间十分不利。

（2）现有碳排放核算体系不完善，国家碳排放核算结果权威性不强。一是由于当前国家碳排放核算方法体系未用于年度核算，导致国外机构使用简化方法连续核算的我国碳排放年度结果成为国内外广泛引用的“权威数据”，从而削弱了我国的话语权。二是尽管省级层面在“十二五”时期陆续建立了符合各自省情的碳排放核算方法体系，但除了曾服务于“十三五”规划的碳强度目标设定外，普遍缺乏规范化的定期运行与完善制度，也没有建立检验与国家数据保持一致的机制，无法有效验证和支持国家层面的核算结果。三是国内不同权威机构向国家上报结果存在 12%~19% 的差异，显著超出国际上通常的 ±5% 误差范围，由此引发的争议突显出国家碳排放核算结果的权威性亟需提升。

（3）企业碳排放核算工作尚未有效开展。企业碳排放核算是市场化碳减排机制有效运转的基础保障，同时也能为国家和省级碳排放核算关键参数的测度和动态更新提供参考依据。尽管国内已基于国际标准 ISO14064 建立了 24 个行业的企业碳排放核算方法体系，但全国性企业碳排放核算工作仍未有效开展，各种碳排放实测技术的研发应用也进展缓慢。

（4）现有能源统计数据偏差大，导致我国碳排放核算结果存在较大差异。碳排放核算必须以能源消费水平和主要化石能源的碳排放因子为基础数据，目前我国这两方面的统计基础还不够扎实。一方面，国家和省级的能源消费统计历史数据存在较大差异。2014 年以前的《能源统计年鉴》显示，2005~2012 年间各省能源消费量之和与国家能源消费总量的差异为 12%~23%，且逐年升高。虽然 2015 年经过系统调整后，这一差异缩至 3% 以内，但 2016 年和 2017 年又扩大至 4% 之上，照此趋势又将成为未来碳排放核算偏差的主要来源。另一方面，不同机构对煤炭碳排放因子的调查统计存在明显差异。《第三次国家通报》中 2005 年煤炭平均排放因子约 0.548 吨碳 / 吨煤，而中国科学院的数据为 0.489 吨碳 / 吨煤，二者相差 10% 以上。尽管两者都是根据我国各地煤炭煤质的广泛调查结果得出，但由于在样本选取、权重设置、动态特性分析等方面的差异，使得最终的平均排放因子结果仍存在较大差异。

8.2.2 化石能源基础设施碳排放评估方法

1）核算边界

核算边界为发电设施，主要包括燃烧系统、汽水系统、电气系统、控制系统、除尘及脱硫脱硝等装置的集合，不包括厂区内其他辅助生产系统以及附属生产系统。发电设施核算边界如图 8-5 中虚线框内所示。

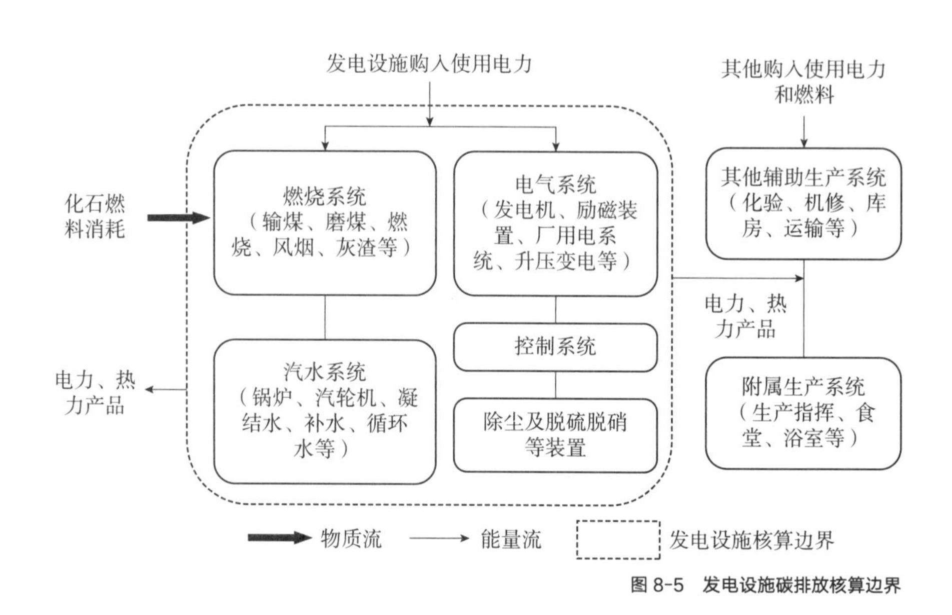

图 8-5 发电设施碳排放核算边界

2）排放源

发电设施温室气体排放核算和报告范围包括化石燃料燃烧产生的二氧化碳排放和购入使用电力产生的二氧化碳排放。化石燃料燃烧产生的二氧化碳排放一般包括发电锅炉（含启动锅炉）、燃气轮机等主要生产系统消耗的化石燃料燃烧产生的二氧化碳排放，以及脱硫脱硝等装置使用化石燃料加热烟气的二氧化碳排放，不包括应急柴油发电机组、移动源、食堂等其他设施消耗化石燃料产生的排放。对于掺烧化石燃料的生物质发电机组、垃圾（含污泥）焚烧发电机组等产生的二氧化碳排放，仅统计燃料中化石燃料的二氧化碳排放。对于掺烧生物质（含垃圾、污泥）的化石燃料发电机组，应计算掺烧生物质热量占比。

3）碳排放量计算

发电设施二氧化碳年度排放量等于当年各月排放量之和。各月二氧化碳排放量等于各月度化石燃料燃烧排放量和购入使用电力产生的排放量之和，采用公式（8-1）计算。

$$E = E_{燃烧} + E_{电} \tag{8-1}$$

式中　E——发电设施二氧化碳排放量，单位为吨二氧化碳（tCO_2）；

$E_{燃烧}$——化石燃料燃烧排放量，单位为吨二氧化碳（tCO_2）；

$E_{电}$——购入使用电力产生的排放量，单位为吨二氧化碳（tCO_2）。

（1）化石燃料燃烧排放量 $E_{燃烧}$

化石燃料燃烧排放量是统计期内发电设施各种化石燃料燃烧产生的二氧化碳排放量的和。对于开展元素碳实测的，采用公式（8-2）计算。

$$E_{燃烧} = \sum_{i=1}^{n}\left(FC_i \times C_{ar,i} \times OF_i \times \frac{44}{12}\right) \tag{8-2}$$

式中　$E_{燃烧}$——化石燃料燃烧的排放量，单位为吨二氧化碳（tCO_2）；

FC_i——第 i 种化石燃料的消耗量，对固体或液体燃料，单位为吨（t）；对气体燃料，单位为万标准立方米（$10^4\ Nm^3$）；

$C_{ar,i}$——第 i 种化石燃料的收到基元素碳含量，对固体或液体燃料，单位为吨碳/吨（tC/t）；对气体燃料，单位为吨碳/万标准立方米（$tC/10^4\ Nm^3$）；

OF_i——第 i 种化石燃料的碳氧化率（%）；

$\frac{44}{12}$——二氧化碳与碳的相对分子质量之比；

i——化石燃料种类代号。

对于于开展燃煤元素碳实测的，其收到基元素碳含量采用公式（8-3）或公式（8-4）换算。

$$C_{ar} = C_{ad} \times \frac{100 - M_{ar}}{100 - M_{ad}} \tag{8-3}$$

$$C_{ar} = C_{d} \times \frac{100 - M_{ar}}{100} \tag{8-4}$$

式中　C_{ar}——收到基元素碳含量，单位为吨碳/吨（tC/t）；

C_{ad}——空气干燥基元素碳含量，单位为吨碳/吨（tC/t）；

C_{d}——干燥基元素碳含量，单位为吨碳/吨（tC/t）；

M_{ar}——收到基水分，采用重点排放单位测量值（%）；

M_{ad}——空气干燥基水分，采用检测样品数值（%）。

对于未开展元素碳实测的或实测不符合指南要求的，其收到基元素碳含量采用公式（8-5）计算。

$$C_{ar,i} = NCV_{ar,i} \times CC_i \tag{8-5}$$

式中　$C_{ar,i}$——第 i 种化石燃料的收到基元素碳含量，对固体或液体燃料，单位为吨碳/吨（tC/t）；对气体燃料，单位为吨碳/万标准立方米（$tC/10^4\ Nm^3$）；

$NCV_{ar,i}$——第 i 种化石燃料的收到基低位发热量，对固体或液体燃料，单位为吉焦 / 吨（GJ/t）；对气体燃料，单位为吉焦 / 万标准立方米（$GJ/10^4\ Nm^3$）；

CC_i——第 i 种化石燃料的单位热值含碳量，单位为吨碳 / 吉焦（tC/GJ）。

对于掺烧生物质（含垃圾、污泥）的，其热量占比采用公式（8-6）计算。

$$P_{biomass}=\frac{Q_{cr}+n_{gl}-\sum_{i=1}^{n}\left(FC_i\times NCV_{ar,i}\right)}{Q_{cr}+n_{gl}}\times 100\% \tag{8-6}$$

式中 $P_{biomass}$——机组的生物质掺烧热量占机组总燃料热量的比例（%）；

Q_{cr}——锅炉产热量，单位为吉焦（GJ）；

n_{gl}——锅炉效率（%）；

FC_i——第 i 种化石燃料的消耗量，对固体或液体燃料，单位为吨（t）；对气体燃料，单位为万标准立方米（$10^4 Nm^3$）；

$NCV_{ar,i}$——第 i 种化石燃料的收到基低位发热量，对固体或液体燃料，单位为吉焦 / 吨（GJ/t）；对气体燃料，单位为吉焦 / 万标准立方米（$GJ/10^4\ Nm^3$）。

（2）购入使用电力排放量 $E_{电}$

对于购入使用电力产生的二氧化碳排放，采用公式（8-7）计算。

$$E_{电}=AD_{电}\times EF_{电} \tag{8-7}$$

式中 $E_{电}$——购入使用电力产生的排放量，单位为吨二氧化碳（tCO_2）；

$AD_{电}$——购入使用电量，单位为兆瓦时（MW · h）；

$EF_{电}$——电网排放因子，单位为吨二氧化碳 / 兆瓦时 [tCO_2/（MW·h）]。

二维码 8-2 双碳目标“三步走”路线相关拓展资料

8.3.1 新能源基础设施碳排放特性

相对于技术上比较成熟且已被大规模利用的常规能源，新能源通常是指尚未大规模利用、正在积极研究新技术开发利用的可再生能源，包括太阳能、风能、现代生物质能、地热能、海洋能等一次能源，还包括氢能、沼气、酒精、甲醇等二次能源。碳中和目标的实现，离不开新能源的大规模利用，新能源产业的发展既是整个能源供应系统的有效补充手段，也是环境治理和生态保护的重要措施。

1）太阳能

太阳能是由太阳内部氢原子发生氢氦聚变释放出巨大核能而产生的一种辐射能量。人类所需的绝大部分能量都直接或间接地来自太阳，我们主要利用太阳能光伏发电和太阳光热进行生产生活。植物通过光合作用释放氧气、吸收二氧化碳，并将太阳能转化为化学能进行贮存，即生物质能。

太阳能作为能源利用的方式主要包括：

（1）光－电转换，基于光生伏特效益的光伏发电技术，通过光伏电池板将太阳能转化为电能。

（2）光－热－电转换，在工业上，通过太阳能热利用技术，吸收太阳辐射产生的热能并转化蒸汽，由蒸汽驱动汽轮机带动发电机发电；在生活场景中，常常将太阳能转换为热能使用，如太阳能热水器。

太阳能在光伏发电和热能利用的过程中不产生二氧化碳及其他温室气体的排放，具有零碳排放的特性，可替代传统化石能源高碳排放燃烧发电，减少电力系统整体的碳排放总量。

太阳能的基础设施如光伏发电设备和热能利用设备的生产、运输、安装、设备使用运营和设备达到使用寿命后回收的整体过程中，尽管使用运营阶段碳排放基本为零，但其他各阶段均有不同程度的碳排放。其中，设备生产阶段是主要碳排放源。根据国际能源署（IEA）公布的数据，全球光伏发电生命周期内的温室气体排放量约为 6~32gCO_2e/（kW·h），在不同的环境和地区，因光照、环境及能源基础设施技术的限制，各国光伏发电的碳排放强度各有不同。

2）风能

风能是空气流动所产生的动能，风能是可再生的清洁能源，储量大，分布广。风能利用的历史较早，当前的利用形式主要有陆地风电和海上风电。现代风力发电利用风旋转涡轮机或风力发电机，将风能转换成机械能和电能，在应对全球气候变暖的问题上，风能作为一种可再生的低碳能源，越来越受到人们的关注。

风力发电的过程不会产生二氧化碳及其他温室气体的排放，具有零碳排放的特性，同时风力发电对气候环境有积极影响，可引起周边区域的升温和降水增加，从而增加当地的植被覆盖度，植被的增加又能促进降水的增加，产生正循环的良好效果，改善土壤的水分条件，促进植被的生长，而植被覆盖率高的草原、土壤等生态系统具有一定程度的固碳作用，可以捕获空气中的二氧化碳。

风力发电设备的生产、运输、安装、发电运营和设备达到使用寿命后回收的整体过程中，除发电运营阶段碳排放基本为零外，其他各阶段都有不同程度的碳排放，其中，风机的生产阶段、风机材料（钢/水泥）的生产是主要排放源。根据计算，我国风力发电的单位发电量的碳排放强度为 19.88gCO_2e/（kW·h），略高于全球平均碳排放强度 19gCO_2e/（kW·h）。

3）生物质能

生物质是指通过光合作用而形成的各种有机体，包括所有的动植物和微生物，生物质能就是太阳能以化学能形式贮存在生物质中的能量形式，可转化为常规的固态、液态和气态燃料，取之不尽、用之不竭，是一种可再生能源，同时也是唯一一种可再生的碳源。生物质能的原始能量来源于太阳，广义上说，生物质能是太阳能的一种表现形式。

生物质能是世界第四大能源，仅次于煤炭、石油和天然气。根据来源的不同，可利用的生物质分为林业资源、农业资源、生活污水和工业有机废水、城市固体废物和畜禽粪便等五大类。

生物质能的利用主要有直接燃烧、热化学转换和生物化学转换等三种途径。生物质的直接燃烧在今后相当长的时间内仍将是我国生物质能利用的主要方式；生物质的热化学转换是指在一定的温度和条件下，使生物质气化、炭化、热解和催化液化，以生产气态燃料、液态燃料和化学物质的技术；生物质的生物化学转换包括有生物质－沼气转换和生物质－乙醇转换等。

生物质能的合成使用是一个碳循环过程，生物质能源的硫含量、氮含量低，燃烧过程中生成的 SO_X、NO_X 较少，生物质能源的转化过程通过绿色植物的光合作用将二氧化碳和水合成生物质，将空气中的二氧化碳转化为氧气固定在森林、土壤或湿地中，可减少空气中存在的二氧化碳。同时，生物质能源的使用过程又产生二氧化碳和水，形成二氧化碳的碳循环排放过程，能够有效减少人类二氧化碳的净排放量，降低温室效应。

8.3.2　新能源基础设施减碳效益评估

评估新能源的减碳效益可以为政策的制定提供科学依据，辅助实现能源的优化配置，促进能源的可持续性发展。评估新能源减碳效益的方法有多种，其中常见的几种方法有：生命周期成本法、投资收益率法、外部成本法、多层面效益评估法。

1）生命周期成本法

生命周期成本法（LCC，Life Cycle Costing）源于20世纪60年代美国国防部对军工产品的成本计算，以此来量化产品生命周期内的所有成本。从产品形成到消亡的过程出发，将产品策划、开发设计、生产制造到用户使用、废置处置的成本称为产品生命周期成本。简单地说，生命周期成本法的关键就是确定生命周期和成本分类。

生命周期成本法综合分析新能源设施的建设、运营及退役等各个阶段所需成本，并将其与传统非可再生能源相比较，计算出使用新能源设施相应的成本节省值。同时，将因使用新能源带来的碳排放减少量考虑在内，进一步计算出新能源的减碳经济效益。

与实物产品相比，能源具有其独特的属性，电力系统使用新能源的过程是生产、传输和消耗几乎同时进行，能源的使用依赖于各类电力设备和转换设备，因此，能源使用的成本是指在能源系统的整个生命周期中所有投入的成本，具体构成如表8-1所示。

能源系统的成本构成　　表8-1

序号	生命周期阶段	成本构成
1	投资建设阶段	设备购置成本、设备安装成本
2	运行服务阶段	能源成本、交易成本、维护成本、人工成本
3	拆除处理阶段	拆除成本、可回收成本

（1）投资建设阶段成本

从能源系统开始投资到投入运行所发生的成本，主要分为设备购置成本和设备安装成本，设备购置成本包括基础设施购置成本（类似光伏板、风电涡轮、储能装置等）、传输设施购置成本（热网管道、电线等），设备安装成本包括基础设施安装成本与传输设施安装成本。

（2）运行服务阶段成本

从能源系统投入运行至拆除所发生的成本，主要分为能源成本、交易成本、维护成本和人工成本。其中，能源成本是初始能源购置支出，维护成本是能源系统运行期间各组件维修、保养、更换等支出的各项成本，交易成本是交易平台的构建运行维护成本，人工成本是服务于系统的各类工作人员的工资。

在新能源系统中，由于光伏发电、风电均依靠光、风等自然资源供能，不会消耗外购能源，因此能源成本主要指向大电网购能支出的成本，以生产成本进行核算，而传统电力系统使用化石能源，需要包括化石能源的购置成本。

（3）拆除处理阶段成本

在能源系统拆除处理阶段发生的成本，主要分为拆除成本和可回收成本。拆除成本即为拆除设备所支出的成本，可收回成本指废弃的能源系统组件的剩余价值。拆除处理阶段的成本通过固定资产清理科目进行核算，在系统的日常运行过程中并不会涉及。

综上所述，在评估新能源的减碳经济效益时，首先可使用生命周期成本法综合分析新能源在投资建设、运行服务及拆除处理三个阶段所需经济成本与碳排放量，并将其与传统非可再生能源相比较，计算出使用新能源设施相应的成本节省值和碳减排量，从而综合计算出新能源减碳经济效益。

2）投资收益率法

投资收益率，是一种评估投资项目可行性的方法，通过计算每年净收益总额与方案投资总额的比率来确定投资收益率，是评价投资方案盈利能力的静态指标，其计算公式为：

$$IRR = \frac{\sum_{n=0}^{n} CF_n}{(1+r)^n} - COI \quad (8-8)$$

其中，IRR 表示投资收益率，CF_n 表示第 n 年的净收益总额，r 表示内部收益率，COI 表示投资成本。

利用投资收益率法计算评估新能源减碳经济效益，首先制定新能源项目的现金流量表格，包括所有预期的净现金流量，例如建设和运维成本、碳排放减少的费用等，然后确定新能源项目所需的投资额，包括开发、建设和运维的成本等。确保纳入了所有相关的费用，在此基础上根据公式（8-8）计算投资收益率。

在进行投资决策时，投资收益率常被用作一个参考指标。当 IRR 大于或等于某个预设的最小报酬率时，则认为该投资项目是可行的，若低于预设的最小报酬率，则认为投资项目不可行。

投资收益率法基于投资所需成本和预期收益，评估新能源项目的财务可行性和经济效益。投资收益率法的优点是，它可以对不同期限、不同规模和复杂的投资方案进行比较分析，在投资决策时比较全面且考虑了时间价值的影响。同时，其计算简单、结果易于解释。

3）外部成本法

外部成本法是一种经济学的测算方法，用于评估交易所产生的成本与社会成本之间的差异。通常来说，进行交易可能会导致一些不直接涉及参与者的负面影响，例如：环境污染、噪声污染、人身损害等，或者不直接相关但可以被社会组成部分的拆分而具体化为归因的负面影响，这些因素难以被直接的市场价格考虑到，被称为外部成本。

外部成本法可用于衡量一个产品、服务或活动信息未充分反映其社会成本和环境成本的情况，可以促进国家政府和企业做出更全面的决策。

在新能源减碳领域，外部成本法可用于评估和比较传统化石能源和清洁新能源两种能源形式所带来的完整成本和社会负担，为新能源经济效益的评估提供重要依据。例如，风力发电机组将提升视觉入侵成本；核能源可能造成污染，增加人们的生产生活成本，二氧化碳排放造成全球变暖问题，这些都需要通过外部成本法进行评估。

利用外部成本法分析新能源类型的项目的社会成本效益，将项目带来的潜在的环境和社会损失加入到新能源设施的总成本中，得出长期极端事件如何影响经济效益的结论。

电力生产的外部成本主要指建筑环境、自然生态系统、人类健康等。

1991 年欧盟委员会启动发展能源外部成本计划（Extern E Project），为探讨不同能源发电技术下产生的空气污染成本建立了 Extern E（Extern cost of energy）模型，Extern E 模型采用“自下向上－影响途径分析法”，综合考虑政策、发电条件与发电技术等因素，对电力生产的外部成本进行评估，Extern E 模型通过具体描述系统循环的各个阶段，定义相关的活动，确定系统燃料循环运作对周围环境产生的影响。基本步骤包括：

（1）排放（emission），确定污染源源头及其相关能源燃料特征和污染物排放量；

（2）扩散（dispersion），计算受影响范围内增加的污染物浓度；

（3）影响（impact），运用剂量反应函数评价污染造成的物理影响；

（4）成本（cost），用货币量化环境影响。

Extern E<2005>公布改进的模型用于评估各类大气污染造成的经济损失，即不同发电技术下造成的环境与人类健康损失，其中煤炭燃烧环境外部成本约为 5.8€/（kW · h），天然气燃烧环境外部成本约为 1.6€/（kW · h），而风力发电的环境外部成本则在 0.09~0.16€/（kW · h），远远低于化石能源。

Extern E 模型等外部成本计算法量化了能源利用对环境的影响，事实上，能源利用对社会生活和自然环境的影响巨大，无法通过计算模型准确估量，但可以明确的是，风电、光伏等新能源的利用对于外部成本的降低具有积极有效的作用。

4）多层面效益评估法

上述生命周期成本法、投资收益率法和外部成本法均是从某一层面评估新能源利用的减碳经济效益，不同的评估方法关注的重点各有不同。

多层面效益评估法将包括经济、社会、环境等多个层面的效益纳入评估范围，建立一种多目标协调优化评估模型和指标体系，运用层次分析法和效益函数等方式，计算新能源减碳对经济、社会、技术、环境等不同方面的影响，并得出新能源综合效益。

在经济成本效益层面上，主要考虑经济因素，例如，生命周期成本法综合分析新能源设施的建设、运营及退役等各个阶段所需成本，投资收益率法基于投资所需成本和预期收益，评估新能源项目的财务可行性和经济效益。

在环境效益层面上，主要考虑新能源项目对环境的影响，包括空气质量、土壤污染和水资源管理等方面，同时还需要考虑到新能源的减排效益和碳中和潜力等。

在社会效益层面上，主要考虑新能源项目对社区、人口和文化的影响，包括就业机会、当地经济发展、公共安全和人类健康等，社会效益的评估结果可以为方案的制定提供参考，以此最大化工程的社会效益。

在可持续发展效益层面上，通过分析与可持续发展标准的符合程度来考虑是否可以达到可持续发展目标，通常通过开展生命周期分析（LCA）和资源管理分析等技术，以评估所选方案是否能够最大限度地推动社会、环境和经济的可持续发展。

多层面效益评估法充分考虑不同层面对于计划或政策可行性所需的因素并确定各层面的优先级，从而达到利益平衡。同时，也有助于保证能源项目在公开、透明和全面的环境下实施，实现可持续发展的最终目标。

以上是几种常见的新能源减碳效益的评估方法，选用何种方法评估新能源减碳经济效益应根据评估需求和实际情况确定。

8.3.3 新能源与传统能源的协同发展

在实现碳达峰、碳中和的过程中，对于煤炭、石油、天然气、核能、水能、风能和太阳能等各类能源，不能过分强调某一类或两类能源的作用，而是应了解各类能源的特征，发挥各自禀赋优势，建立各类能源之间的替代关系和协同关系，融合形成系统完备、高效实用、安全可靠的能源供应保障体系。特别是传统能源要发挥兜底作用，支撑新能源发展。

在传统能源体系中逐步引入新能源技术，意味着以传统能源为主导的能源体系正加速向以清洁、低碳、可再生的新能源为主要来源的转型，可以促进能源结构的多样化，实现不同能源资源的互补和优化利用，有助于实现经济、社会和环境方面的可持续发展。新能源和传统能源的协同发展可归纳为以下几种方式：

1）融合应用

在现有传统能源体系中逐步引入新能源技术，将新能源与传统能源互补使用，打破单一能源供给的格局，实现能源转型，达到最优的利用效果。例如，传统能源作为弥补新能源出力置信水平、转动惯量等方面不足的必要条件，更多的承担系统调峰、调频、调压和备用的功能；结合太阳能光伏技术建造的智能建筑，白天吸收阳光转为电能供电，晚上则依靠传统能源进行供电；在城市能源系统中，通过配置微电网、智慧电网等技术手段，实现新能源（如太阳能、风能）与传统能源（如煤、天然气）的联合供应，提高能源使用效率。

2）网络互联

通过先进的信息技术、物联技术等手段，构建智能电网和智慧能源系统，将传统能源和新能源连接，形成比较完整的资源分配和管理平台，使传统能源和新能源资源的分配利用更加灵活，促进能源产业良性互动，提高能源利用效率，降低环境污染和能源消耗，同时，建设能源互联网，可实现不同地区之间的能源互通和资源整合。

3）产业协同

新能源产业与传统能源产业协作共赢，将新能源产业与传统能源相关产业有机结合，绿色能源融入传统产业，将新能源技术和产能整合到油气、钢铁、建筑等传统产业之中，在生产、制造、销售、服务等方面进行协调，创造更为高效且具有可持续性的能源产业链，推动新能源产业与传统能源产业的融合和转型升级，实现经济效益和社会效益的双赢。例如，将新能源智慧制造与传统能源工业化生产衔接起来，成立合资企业共同研发、生产和销售节能减排设备，提高资源利用效率，推动经济发展。

4）增量优化

针对已经建成的传统能源设施，在新能源建设方面逐步引入可再生能源技术，积极推动传统能源设备的升级改造。例如，将太阳能光伏发电系统和传统的火力发电系统相结合使用，推动风光互补、水火互济等多能互补；通过对现有煤电机组进行清洁化改造，使煤电转型为绿电的调峰电站；同时，加强源、网、荷、储协同发展，提升电力系统的灵活调节能力。按照我国的能源发展规划，下一步将加大力度规划建设以沙漠、戈壁、荒漠地区为重点的大型风、光电基地，通过对周边区域内清洁、高效、先进、节能的煤电机组进行升级改造，形成支撑保障，借助稳定安全可靠的特高压输变电线路为载体，构建以绿色低碳能源为主体的新型电力系统。

5）政策法规引导

国家对新能源和传统能源的政策和法规对企业的转型升级能够提供有效支持，通过国家相关政策，鼓励传统能源企业转型升级，打造新能源产品线，在新能源研发方面，鼓励加强核心技术研究和应用，进一步扩大能源市场，并提供充分的资金、税收、土地等方面的优惠政策。

因此，新能源与传统能源的协同发展能够促进新能源与传统能源及其产业互相融合、相互补充，有效提高能源使用效率和可持续性利用，助力碳中和目标的实现。

图 8-6 将电力相关的生产生活分为能源生产区、智慧商业区、智慧工业区、居民区、智慧农业区和信息控制区，以电、热、气和碳流、信息流的流向关系表明能量在生产生活中的流向，从新型电力系统角度说明了新能源与传统能源的融合应用、网络互联的协同发展关系。

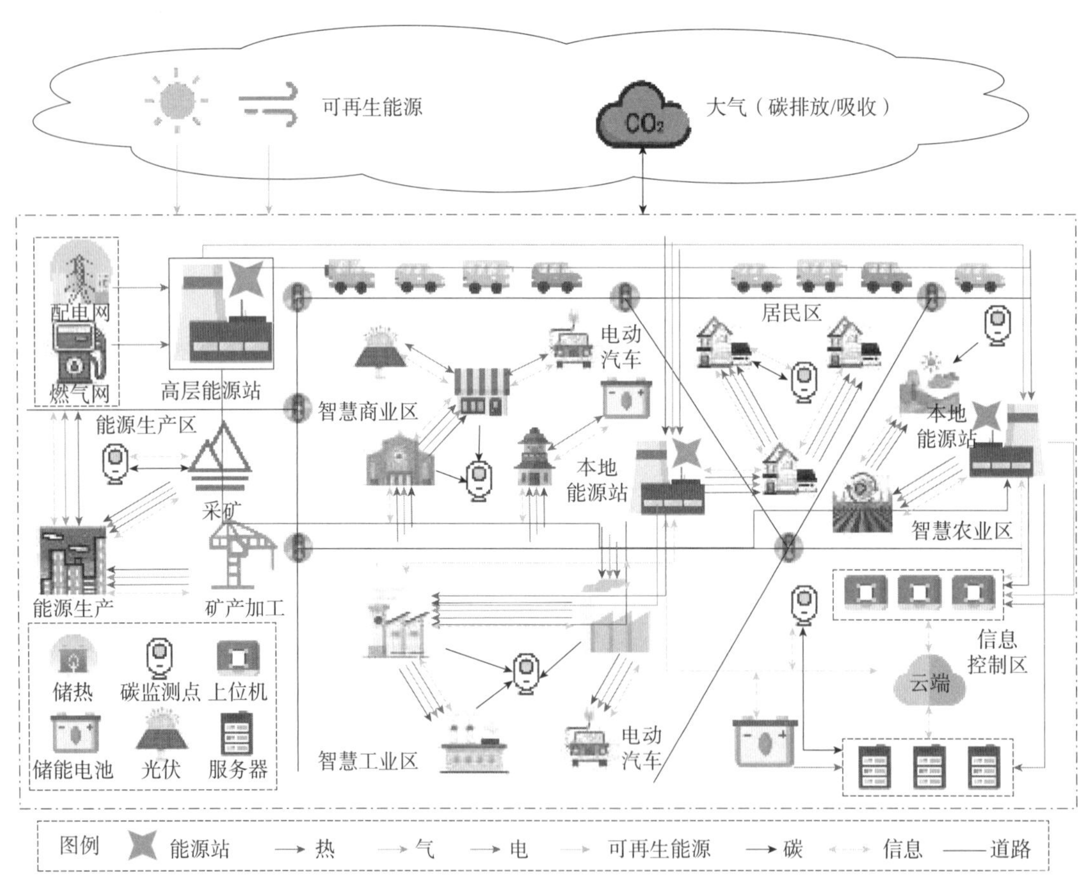

图 8-6　新能源与传统能源协同发展的碳生态圈

8.4.1 “碳视角”下的新型电力系统

本章节基于“碳视角”下的新型电力系统框架，介绍新型电力系统基础设施碳排放管理，包括碳计量与碳追踪、碳减排与碳优化以及碳市场与碳交易。

“碳视角”下的新型电力系统建设包括两个方面：一方面，从“碳视角”如何厘清电力系统碳排放的产生、计量、转移等全环节的排放特性与减排机理，进行电力系统全环节碳排放计量与分析；另一方面，面向碳达峰碳中和目标，进行电力系统低碳化的战略 - 技术 - 市场协同耦合机制与协同优化，形成政策战略 - 技术 - 市场全方位解决方案。围绕电力系统全环节碳排放计量与分析以及电力系统低碳化政策 - 技术 - 市场全方位解决方案这两个关键问题，提出新型电力系统碳排放管理框架，包括：碳计量与碳追踪、碳规划与碳轨迹、碳减排与碳优化、碳市场与碳交易 4 个部分，如图 8-7 所示。

8.4.2 碳计量与碳追踪

新型电力系统的“减碳”绝不仅是电源侧的任务，而是需要“源 - 网 - 荷”

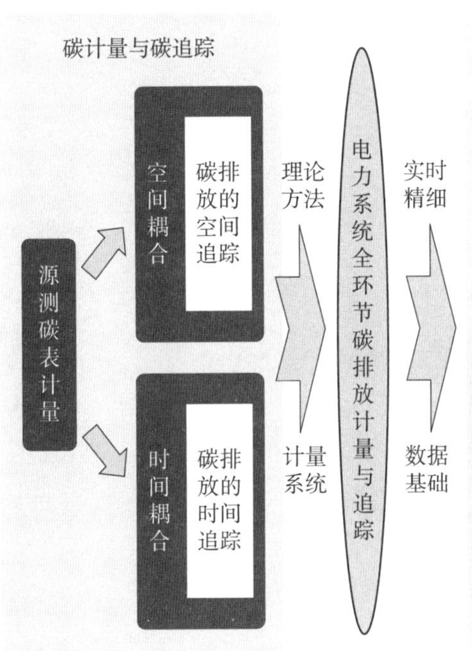

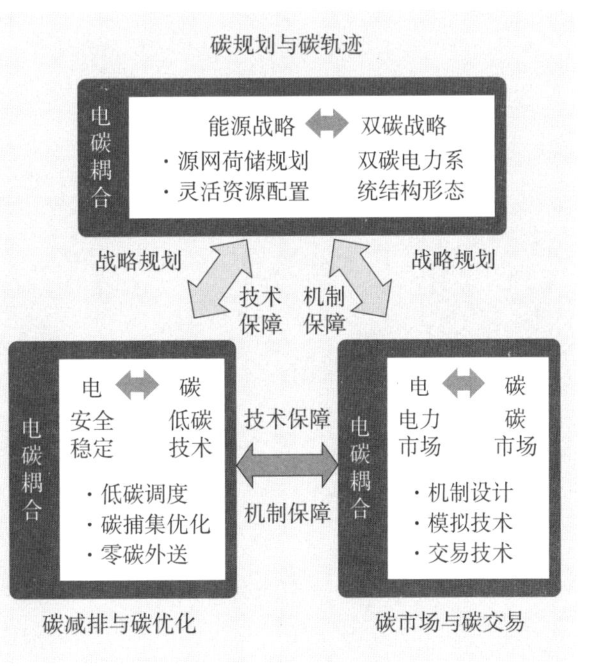

图 8-7 “碳视角”下的新型电力系统

全链协同配合。实时、准确、全面地计量电力排放是掌握电力行业碳排放现状与趋势、挖掘电力碳减排潜力、引导电力用户互动减碳、促进电力经济低碳转型的基础与前提，也是支撑新型电力系统碳排放管理的基础保障。

从“碳视角”厘清电力系统碳排放的产生、计量、转移等全环节的排放特性与减排机理，建立电力系统全环节碳排放计量与分析的基础理论与方法是新型电力系统的建设需求。目前电力系统源－网－荷的精确碳排放计量理论、方法、标准与设备均为国内外空白。现阶段的电力碳排放计算主要基于宏观统计法，碳排放仅根据全年、全省 / 大区的发电燃料消耗换算得到；无法反映用户用电碳排放因子的时空差异性，未考虑新型电力系统的“网络”特征，难以表征电网形态演变及相关的输电损耗产生的间接碳排放，无法精准计算电力系统全环节碳排放。

精准的碳计量与碳追踪是电力能源系统低碳转型的前提条件。传统的全生命周期法与宏观统计法等碳排放核算方法存在诸多缺陷，如统计时间长，没有考虑电力系统的网架结构特点和潮流分布等，无法明确碳排放在电力系统各环节的时空转移机理，导致发电侧和用电侧碳排放责任分摊不合理等问题。为此，需要基于电力系统碳排放流理论，实现电力系统碳排放从发电、输电、配电到用电的精准计量与追踪，可以有效评估电力系统不同环节对整体低碳减排的贡献。

在电力系统中，碳排放流从电厂（发电厂节点）出发，随着电厂上网功率进入电网，跟随系统中的潮流在电网中流动，最终流入用户侧的消费终端（负荷节点），如图 8-8 所示。

二维码 8-3　电力系统碳流计算相关拓展资料

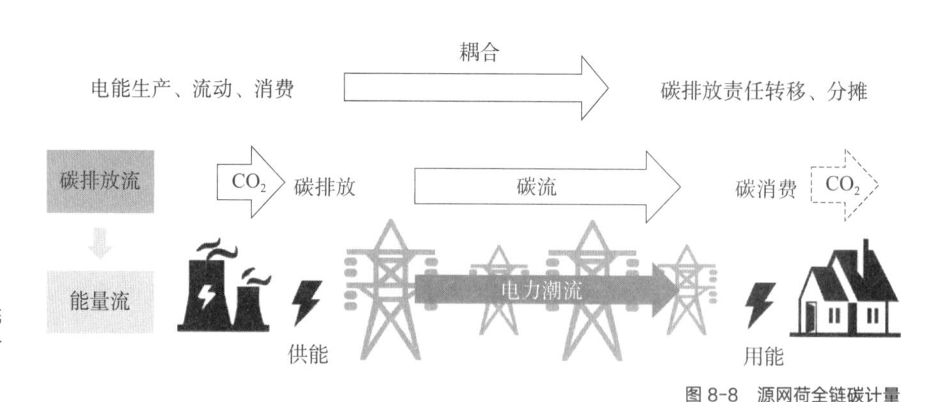

图 8-8　源网荷全链碳计量

在所有流入节点的潮流与碳流密度（碳流）给定的情况下，流出潮流的碳流密度与支路无关，均为定值。所有从节点流出潮流的碳流密度与该节点的碳势相等，分摊机制如图 8-9 所示。

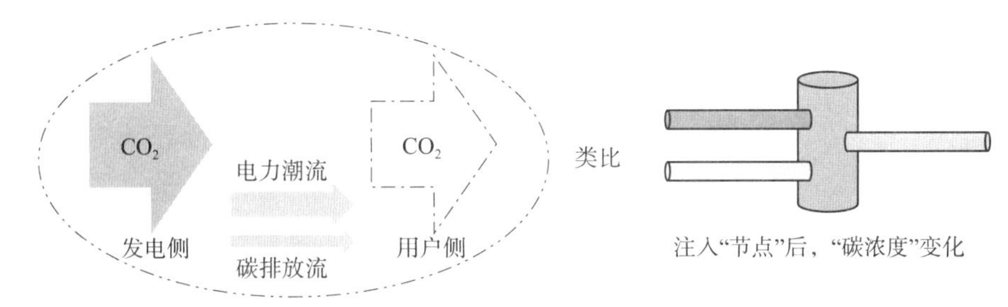

图 8-9　碳排放的虚拟转移和分摊

碳排放流与交 / 直流潮流计算指标之间的对应关系如表 8-2 所示，碳排放流与交 / 直流潮流理论的关系如图 8-10 所示。

碳排放流与交 / 直流潮流计算指标之间的对应关系　　表 8-2

序号	名称	量纲	物理意义	潮流分析中的对应指标	适用范围
1	支路碳流量	$kgCO_2$	一定时间内系统为维持有功潮流而在发电厂产生的碳排放累积量	支路传输电量	交 / 直流潮流
2	支路 / 节点碳流率	$kgCO_2/s$	单位时间内系统为维持有功潮流而在发电厂产生的碳排放量	支路有功功率	交 / 直流潮流
3	支路碳流密度	$kgCO_2/（kW·h）$	支路中单位时间内随单位有功潮流通过的碳流量	—	交 / 直流潮流
4	节点碳势	$kgCO_2/（kW·h）$	在节点处消费单位电量对应发电环节的碳排放量	—	交 / 直流潮流
5	机组碳势	$kgCO_2/（kW·h）$	机组生产单位电量的碳排放量	—	交 / 直流潮流
6	网损碳流率	$kgCO_2/s$	支路中单位时间内因有功损耗造成发电环节的碳排放量	有功网损	交流潮流

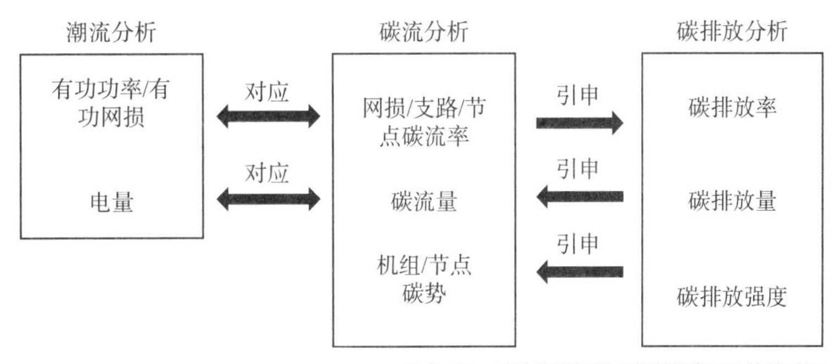

图 8-10　碳排放流与交 / 直流潮流理论的关系图

在传统的碳排放分析中，碳流量由碳排放量的概念引申得到，而碳流率反向引申出碳排放率（系统单位时间碳排放量）的概念。在现有的碳排放分析基础上，由于宏观分析法计算周期长，时间尺度单一，因此碳排放率的概念并未被广泛应用，而通过碳排放流理论的连接，电力系统碳排放的研究在时间尺度上得到了拓展，依靠电力潮流与发电环节的数据支撑，碳排放流分析从分秒到年度均可覆盖。

除机组碳势外，节点碳势可视为传统碳排放分析中发电碳排放强度的引申，通过碳排放流分析理论的连接，在电网各个节点的电力消费碳排放强度便可通过计算得到，碳排放流分析理论使得电力系统碳排放在空间尺度上具有了明确的物理内涵。另外，在交流潮流分析中网损不可忽略，在碳排放流概念提出之前，针对网损的碳排放计算只能基于电力系统平均发电碳排放强度和平均网损率估算得到，此方法相对粗略，无法考虑系统中流过不同线路的电能的差异。基于网损碳流率的概念，电力系统中因网损产生的碳排放量可以分摊到每一条线路，得到精确的统计。

综上所述，基于电力系统碳排放流理论，电力系统碳排放的分析方法在时间和空间层面均得到了扩充，有效解决了宏观分析法的局限性。

8.4.3 碳减排与碳优化

1）考虑安全稳定约束的电力系统低碳运行

面对高比例甚至100%可再生能源并网下的系统运行面临的安全稳定挑战，新型电力系统需要实现内嵌安全稳定约束的低碳运行。针对高比例可再生能源并网导致的不同类型安全稳定问题，通过数据驱动和模型驱动结合的方法，提取出系统关键安全稳定约束，并嵌入到电力系统稳态机组组合与经济调度模型。同时，系统低碳运行考虑风电、光伏、光热、储能、碳捕集等多类型的低碳电源的对于电－碳耦合约束下的电力系统调度运行的影响，利用虚拟同步技术与同步调相机等电力系统安全稳定设备与控制措施提升新型电力系统碳减排。

2）可再生能源与碳捕集电厂协同优化运行

针对我国目前火电机组装机比例高的特征，需要实现碳捕集电厂与可再生能源协同的低碳灵活运行。基于碳捕集电厂自身的低碳灵活运行原理，考虑烟气分流装置和溶液存储装置对发电循环环节、碳捕集的吸收环节与碳捕集的解析环节相互解耦的作用，量化碳捕集电厂在不同容量碳捕集装备下的灵活运行区间。建立碳捕集电厂与风电、光伏等间歇性可再生能源协同运行模型，以碳排放约束引导碳捕集电厂与可再生能源协调低碳运行。

3）极高比例清洁能源外送的安全运行

针对我国送端电网可再生能源比例高、大量电源通过直流外送的特征，新型电力系统需要实现极高比例甚至100%清洁能源的协调运行。首先，考虑资源禀赋与气象不确定性对可再生能源协调运行的影响，基于多类型可再生能源的协同运行机理，测算多类型可再生能源协同运行后的可信容量。其次，基于光热等灵活性电源对风电及光伏强不确定性的电力电量平衡互补调节机理，考虑光热发电对于风电及光伏等低惯量电源的频率稳定支撑作用。最终，建立面前清洁能源外送的风电－光伏－水电－光热－储能联合协调出力优化模型，考虑系统碳减排潜力、惯量水平以及系统频率稳定等约束，实现极高比例清洁能源外送基地的安全可控协调运行。

8.4.4 碳市场与碳交易

1）与电力市场协同的碳交易市场机制设计

基于我国电力市场改革背景下的碳交易市场机制设计理论，对碳交易的组织主体、参与主体、组织方式进行设计。制定促进电力系统碳减排的碳交易品种，明确碳交易的标的、时间频率、结算方法等。基于碳排放配额交易机制，提出总额核算、配额分配、交易组织以及计量核算机制与方法。考虑我国电力市场的实际特点与省际差异性，制定与电力市场协同的多级碳市场交易机制，制定省内与跨省跨区碳配额分配方式与碳交易组织方式。分析绿证交易与碳交易的衔接关系，制定考虑绿证交易影响的碳市场与碳交易机制。

2）基于区块链的分布式碳交易技术

针对市场运行中时空信息不对称、碳排放流程各环节缺乏协同、碳配额分配不透明等痛点问题，基于区块链技术建立公开透明、可追溯、可共享的碳交易系统。制定适用于碳交易多参与主体、覆盖碳交易全流程环节、兼顾碳市场与电力市场协同的基于区块链的碳交易机制。研发基于区块链的碳交易系统关键技术，包括区块链共识机制、高并发量技术、链上链下协同技术、数据存储技术以及碳交易智能合约。

本章选取江北新区碳排放溯源分析展示平台，进行案例介绍。该平台能够实现江北新区碳排放指标及各电压等级主变、线路低碳运行状态的有效监测，从时域、地域和成分三个维度精准刻画江北新区全社会电力碳排放情况。平台界面主要包括以下部分。

（1）电源碳排放指标界面：集合调控云、OPEN3000、电能量采集系统、营销用电信息采集系统等系统的各类型光伏发电、火电、风电的全局信息数据，动态展示地区及各县市年、月、日三个维度电力碳排放强度、碳排放总量。展示界面直观展示指标总览、各县市碳排放对比、年度月度碳排放对比、分电厂类别碳排放数据对比，碳排放指数低地区颜色显示绿色。

（2）区域电网碳排放指标界面：分别展示各县市区碳指标情况，并可选择任一日期的情况图面。

（3）电能监测指标界面：通过调控云平台全社会电力电量、智能报表模块：一是采集全社会负荷、受电、火电、清洁能源出力情况，通过柱状图、圆饼图对比展示；二是展示电网装机情况以及不同年份装机占比变化趋势；三是分年、月、日展示受电、火电、清洁能源电量情况。平台的部分展示界面如图 8-11～图 8-13 所示。

平台初步实现了对电网碳足迹的有效追踪，基于该技术，下一步在掌握电网不同节点碳流的情况下可继续开展以下研究。

在大电网层面，可以基于电网实时碳排放量，研究电网低碳调控方法，从大电网角度对电源机组进行合理调控，减少电源侧的排放量，从电源侧实现电网低碳运行。

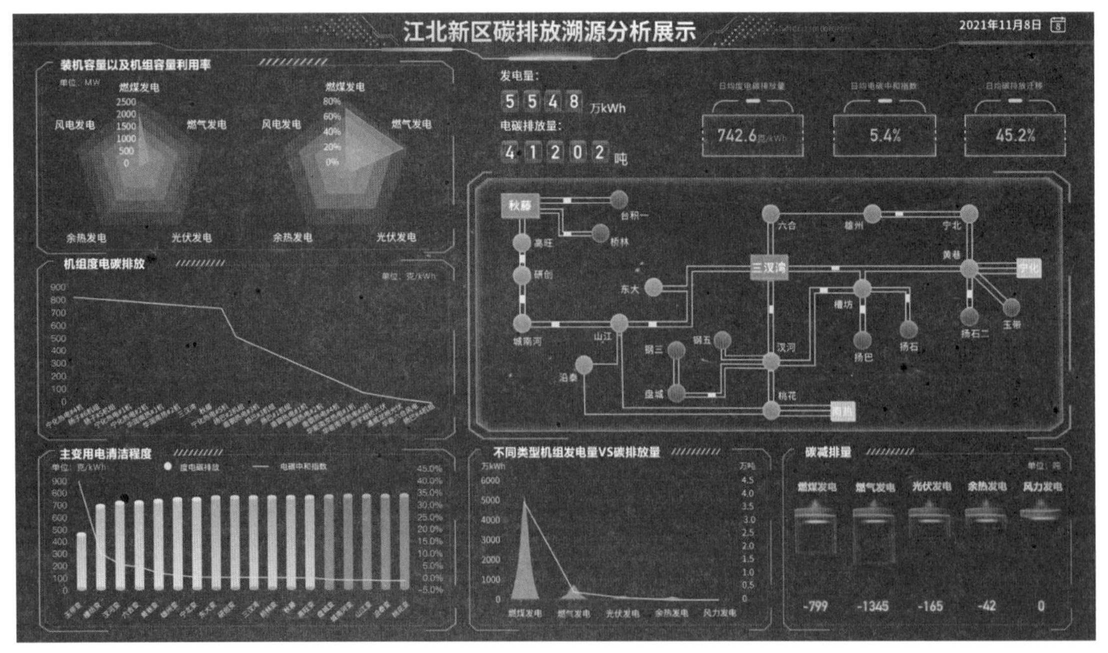

图 8-11　整体设计界面

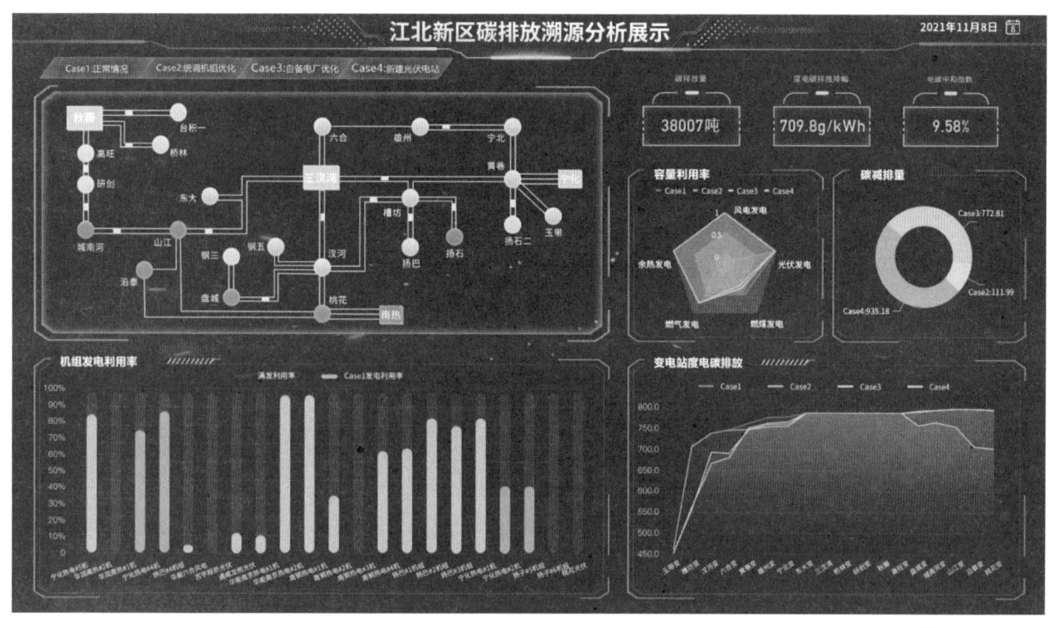

图 8-12　电网碳排放溯源界面

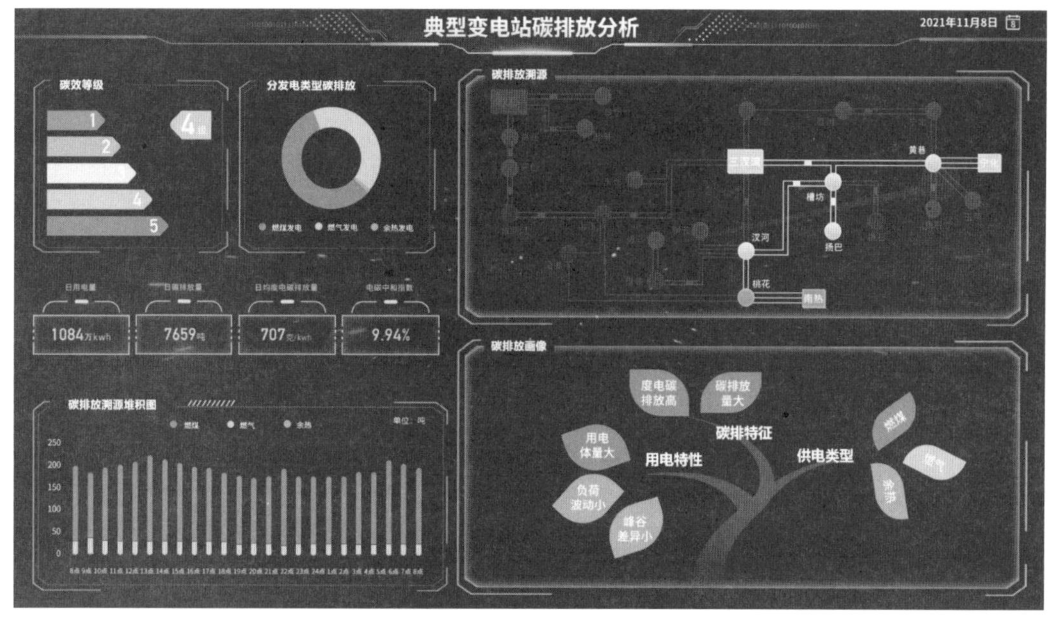

图 8-13　变电站碳排放分析界面

在负荷侧层面，基于节点实时碳排放量，研究负荷侧低碳调控方法，从负荷侧角度对可调控负荷进行调控，增加清洁能源消纳量，减少对含碳量高的电力消耗，从负荷侧减少电网碳排放，实现电网低碳运行。

此外，随着电网碳排双控的实行，负荷侧需要进行有序化用电，传统有序化用电主要以经济性为考量，未来可将碳排放纳入其中，综合考虑经济性和低碳给出用户用电顺序，实现低碳有序化用电。

8.6 本章小结

在电力能源领域，以构建新能源为主体的新型电力系统为目标，需要深化“供电+能效服务”体系建设，构建适应“双碳”目标的能源消费新模式，助力“双碳”目标率先实现。从技术、政策、市场等角度，主要进行以下探索：(1)向外争取资源，尽可能多地争取新能源来电。(2)实施燃煤自备电厂清洁替代。(3)出台鼓励海上风电、可再生能源发展等相关配套政策。(4)提升电力需求侧管理水平。

思考题

8-1　能源基础设施主要包含哪些能源类型与设备类型?

(提示：参考8.1节)

8-2　目前缺乏全面的碳排放因子数据库，同一类型活动的碳排放因子的影响要素主要有哪些?

(提示：参考8.2节)

8-3　新能源大规模利用目前存在哪些技术与市场难题?

(提示：参考8.3.1节)

8-4　新能源降碳效益评估主要有哪些方法?

(提示：参考8.3.2节)

8-5　在双碳统一目标下，新能源与传统能源应当如何协同发展?

(提示：参考8.3.3节)

第9章 社会性基础设施碳排放管理

【本章导读】

社会性基础设施和人们日常生活关系密切，其整体碳排放量较大，应重点关注如何对其进行管理。本章深入探讨了各类社会性基础设施碳排放的管理内容。首先，明确社会性基础设施碳排放管理的定义，确定管理目标。其次，针对教育、医疗、文化等基础设施在不同阶段的碳排放计算量，详细探讨了各类社会性基础设施的碳排放特点。最后，根据各类基础设施不同的碳排放特点，详细论述碳排放管理优化的方法路径，为建设更加环保、可持续的面向未来的社会性基础设施提供深入的理论和实践指导。本章逻辑框架如图 9–1 所示。

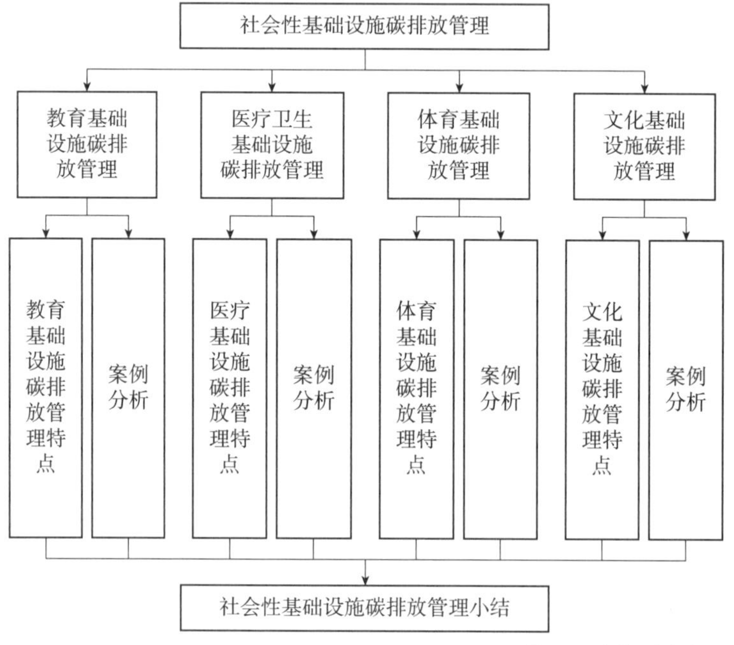

图 9-1　本章逻辑框架图

【本章重点难点】

掌握社会性基础设施的分类与碳排放特点；熟悉社会性基础设施各类型碳排放优化管理的措施；了解新型材料（如木材）在文化基础设施碳排放管理中的特点。

9.1.1 社会性基础设施碳排放管理内涵

社会性基础设施区别于居住建筑，是进行公共活动和一些非营利性服务的建筑场所。根据人们的需求会有不同的外在形式，所以一般没有明确统一的分类标准。本章主要针对教育基础设施、医疗卫生基础设施、体育基础设施、文化基础设施 4 种类型进行阐述，如表 9-1 所示。

社会性基础设施碳排放管理是指针对教育基础设施、医疗卫生基础设施、体育基础设施、文化基础设施、公共管理和社会组织、国际组织等社会基础设施，在其建设、运营和维护过程中产生的碳排放进行优化管理的一系列措施和策略。社会性基础设施碳排放管理旨在降低碳排放量，减少对气候变化和全球暖化的负面影响。它涉及评估、监测、控制和减少碳排放的整个过程。

社会性基础设施建筑种类 表 9-1

社会性基础设施类型	包含建筑种类
教育基础设施	小学、中学、大学、图书馆、学术交流中心等
医疗卫生基础设施	综合医院、专科医院、康复中心、急救中心、疗养院等
体育基础设施	开敞式体育场、室内体育馆等
文化基础设施	博物馆、展示馆、文化馆、艺术中心等

9.1.2 社会性基础设施碳排放的特点

由于社会性基础设施的类型繁多，不同类型又分别对应全生命周期的四个阶段，所以很难直接对不同类型的碳排放管理进行比较研究。因此本节主要从基础设施类型和建筑基础设施全生命周期这两个角度出发，归纳出社会性基础设施的碳排放特点。

本节将基础设施类型与全生命周期的四个阶段进行结合，从体量和功能两个角度分别对建材生产阶段、建筑施工阶段、运行维护阶段、拆解回收阶段的碳排放特点进行研究，并重点对碳排放占比最大的运行阶段进行剖析。

1）建材生产阶段、建设施工阶段碳排放特点

建材生产阶段和建设施工阶段是从无到有的过程，属于基础设施的物化阶段，在活动内容上有一定的相似性。许多学者也将这两个阶段合并进行碳排放研究，并得出建材生产和施工阶段的碳排放总占比在 10%~20% 之间。因此，在碳排放特点的研究中，可以将这两个阶段进行合并。

2）运行维护阶段碳排放特点

运行维护阶段可以细分为基础设施运行和维护更新，其中维护更新碳排

放占比很少，运行使用是最主要的内容，其碳排放占比达到了全生命周期碳排放量的80%~90%，通过对该阶段特点的研究，可以有效地归纳出社会性基础设施全生命周期碳排放量的特征。

功能类型的不同也会对社会性基础设施运行能耗产生较大影响，究其原因，则是因为功能类型的不同导致基础设施内部人员的行为模式的差异，从而影响设施运行的作息时间以及相关参数。表9-2总结了四种典型社会性基础设施的建筑功能及运行特点。

社会性基础设施种类及运行特点　　表9-2

社会性基础设施	建筑功能及运行特点
教育设施	①建筑总体量较大，运行能耗量一般
	②功能类型较为单一，以教室功能、报告厅、实验室功能为主
	③以中小学教室为例，人员密度约为0.74人/m^2
	④建筑运行时间段一般为7：00—19：00，节假日（包括寒暑假）建筑停止运行
文化设施	①单体建筑体量较大，室内空间较宽敞，运行能耗量较高
	②建筑功能类型明确，以展示、会议、表演为主
	③以展示场所为例，人员密度约为0.10人/m^2
	④建筑运行时间段较短，通常在9：00—17：00之间（艺术中心除外）
体育设施	①建筑体量、面积较大，造成较多的能源消耗（室内体育馆）
	②室内以高大的体育空间为主，如篮球场、排球场等
	③以1000~10000座体育馆为例，室内人员密度约为0.91~1.25人/m^2
	④室内体育馆工作日运行时间多为9：00—22：00
医疗卫生设施	①医疗建筑的体量根据医院等级和医疗功能不同有所区别，一般来说医疗建筑有着较高的能耗量
	②医疗建筑种类较多、功能复杂，门诊楼功能主要为候诊大厅、诊室、药房、手术室等，住院楼则以病房功能为主
	③建筑人员流动性较大，以儿科候诊室为例，室内人员密度约为0.67人/m^2
	④门诊楼建筑运行时间为8：00—18：00，病房楼和急诊楼建筑运行时间为全天

从表9-2可以看出，同类型的建筑功能运行参数较为相近。通过建筑体量和功能类型与运行阶段的分析研究可以得出，在相同气候区下，在比较同种功能类型社会性基础设施的运行能耗时主要考虑的是建筑体量的影响；对不同功能类型的社会性基础设施运行能耗进行研究时，则不仅要关注建筑的体量，更需要考虑建筑运行模式的不同。

3）拆解回收阶段碳排放特点

建筑拆解回收阶段的碳排放占比很少，其相关的活动内容有建筑拆解施工、建筑废弃物运输和建材回收。从建筑活动特点上来说，该阶段与建筑材料生产阶段和建筑施工阶段，即物化阶段，是有很大联系的。有学者通过对拆解施工和建筑施工的数据研究，得出前者的碳排放量约为后者的8.95%。

9.2.1 教育基础设施碳排放的特点

1）教育基础设施的定义和作用

教育基础设施是发展教育事业所必需的基础物质资源，它是教育事业发展的重要支撑条件。其内容广泛，包含学校场所：如学校的教学楼、实验室、学生宿舍、教师公寓等；教学设备：如计算机、多媒体设备、网络设备、音频设备等；课程资源：如教材、教师参考书、多媒体教学资源、在线课程等；学生服务设施：如学生活动中心、医疗卫生服务、体育设施等；管理系统：如学生管理、教务管理、财务管理等。

教育基础设施的建设和发展对于创造有利于学生学习、促进学生全面发展和培养学生创新能力的氛围环境至关重要，其直接影响到学生的学习效果、体验感受、生活质量和学校的办学质量等多个方面。同时，教育基础设施的发展也是社会发展和经济繁荣的关键指标之一。

2）教育基础设施的碳排放来源与构成

教育基础设施碳排放的特点主要体现在使用阶段，其来源可从以下几个方面来考虑：

①电力和暖气的影响：北方的学校大多是冬季集中供暖，这意味着教育基础设施将在冬季消耗热力资源来保持温暖。同时，电力的使用也是教育基础设施碳排放的一个重要来源。教育基础设施中的设备日常使用过程中，很多都需要使用电力，如计算机、移动设备、投影设备、照明设备和实验设备等硬件设备和电器将大大提高教育基础设施的碳排放量。

②食品与生活垃圾的影响：由于人员活动较为密集，校园生活会消耗大量的食品，并产生大量的生活垃圾。综合考虑化肥、农药和灌溉的使用以及运输、存储和包装的耗能，生产和加工食物会耗费大量能源。同时，在采用不可持续的垃圾填埋和焚烧处理方法的情况下，处理生活垃圾同样会产生大量的温室气体。因此该方面的碳排放特征不容忽视。

③交通运输的影响：教育基础设施周边的交通运输对碳排放的贡献不容小视。从学生到校的交通方式、教师和工作人员的日常通勤方式、校园维护和服务人员的巡逻维护等方面来看，交通运输过程的碳排放十分显著，但此部分碳排放是否纳入计算，须具体问题具体分析。

二维码 9-1　教育基础设施的不同分类方法与碳排放特点简介

不同类型的教育基础设施在碳排放构成方面也存在异同。可按照使用功能划分为学校、公共图书馆、博物馆等；也可按照知名度划分为高知名度基础设施与普通基础设施。本书主要从受教育主体的成长阶段来进行分类讨论。

3）幼儿园与中小学的碳排放特点

（1）建筑与设备耗能情况。在使用阶段，建筑的主要用能设备有照明、暖通空调、插座电器、电梯动力、应急设备等。根据美国20世纪90年代对其公共建筑的用能分项研究，建筑设备中用能最多的为暖通空调和照明，两者分别占建筑总能耗的40%和35%。在暖通空调中，采暖能耗占总能耗的25%，空调占15%。由于幼儿园和中小学建筑普遍不配置电梯，所以其主要用能设备集中在照明和空调中。具体而言，不同学校情况各不相同，选取若干样本进行深入调研，不难发现，由于幼儿园与中小学的建筑面积有限，总体而言，其碳排放总量相对不大。但由于其建筑抗震等级等相关要求较高，作为乙类建筑应按高于本地区抗震设防烈度一度的要求加强其抗震措施，故幼儿园与中小学在建造过程中单位面积的碳排放量相对较高，但其全生命周期的碳排放评价仍然十分复杂。

与一般公共建筑相比，幼儿园与中小学建筑在日常使用阶段的碳排放仅为平均水平的一半左右，绝对数量并不高。主要是由于其在全年建筑能耗较高的冬夏两季有相当多的时间内并未处在使用状态，根据李虎、陈光滔等人的研究，其能耗特征如图9-2、图9-3所示。

表9-3中的数据显示，若横向比较幼儿园与中小学建筑，显然幼儿园建筑的能耗以及碳排放要高50%。其主要原因是，幼儿园建筑对室内环境品质要求较高。根据《托儿所、幼儿园建筑设计规范》JGJ 39—2016，对照明和采暖空调的要求都要高于一般公共建筑（《民用建筑供暖通风与空气调节设计规范》GB 50736—2012、《民用建筑设计统一标准》GB 50352—2019）。

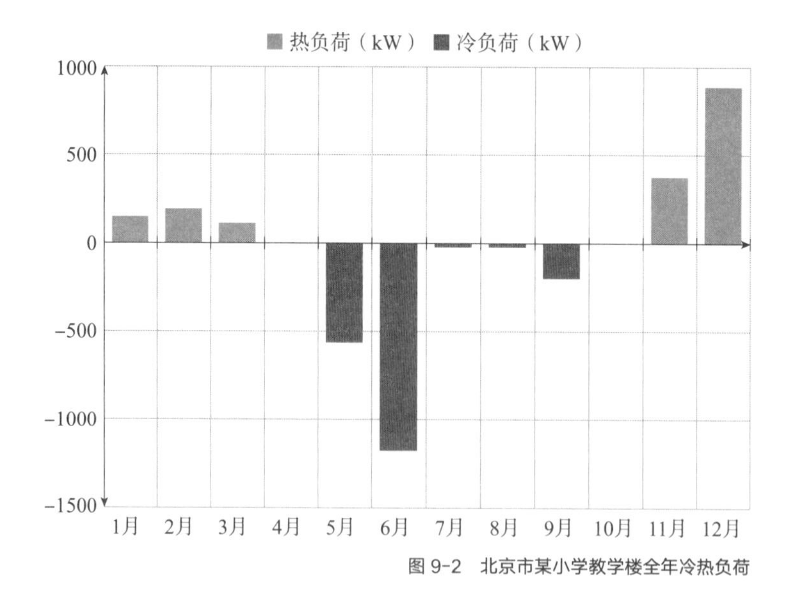

图9-2　北京市某小学教学楼全年冷热负荷

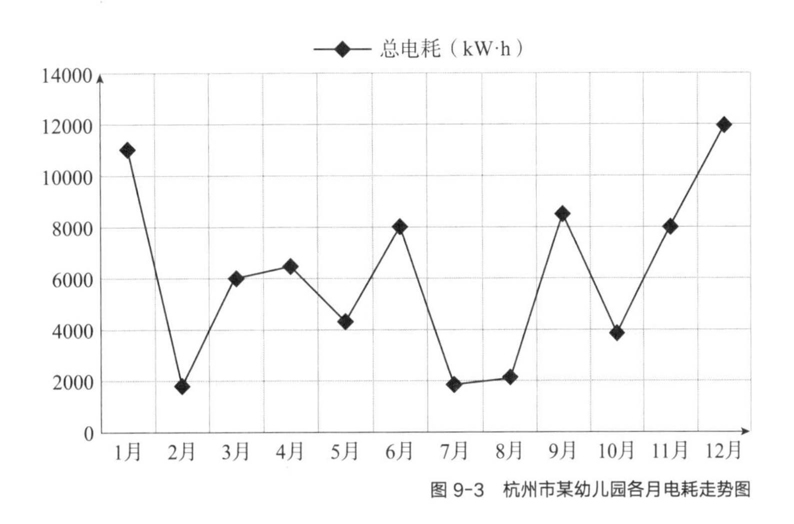

图 9-3　杭州市某幼儿园各月电耗走势图

样本幼儿园与中小学的基本情况表　　表 9-3

代号	A	B	C	D	E	F	G	H
建筑类型	幼儿园				中小学			
建设年份	2008	2010	2014	2015	2008	2000	2006	2012
建筑面积（m^2）	2000	1600	1200	1500	17111	6320	22420	9186
每年建筑电耗（kW·h/a）	70670	72481	63848	54636	365719	182324	462666	246628
每年碳排放（tCO_2e/a）	67.1	68.9	60.6	51.9	347.4	173.2	439.4	234.2
单位面积碳排放 [$kgCO_2e/(m^2 \cdot a)$]	33.5	43.0	50.5	34.6	20.3	27.4	19.6	25.5

更高的室内环境意味着建筑的设备需要消耗更多的能源来保持规定的室内环境。在调查中发现幼儿园建筑普遍为每个活动单元配备空调，且照明设备的布置规格也高于一般公共建筑。

但事实上，就照明而言，教育基础设施内部不同房间的要求也各不相同，但总体要求都相对较高。以中小学教学楼为例，根据《中小学校设计规范》GB 50099—2011，教学楼中各功能用房照明功率密度如表 9-4 所示。

教学楼内各功能房间照明功率密度和设备功率密度表　　表 9-4

房间名称	照明功率密度值（W/m^2）	设备功率密度值（W/m^2）
普通教室	9	5
办公室	9	5
卫生间	6	5

二维码 9-2　食品与生活垃圾对碳排放的影响

（2）食品与生活垃圾的碳排放贡献。幼儿园与中小学作为教育供给的重要载体，人员密度大，会消耗大量的食物并产生大量生活垃圾，故还需考虑食品与生活垃圾的碳排放贡献。

根据《中国教育概况（2020）》中数据，我国有 29.2 万所幼儿园、15.8 万所小学、5.3 万所初中、2.5 万所高中。我国平均每所幼儿园有 165 名幼儿、10 名专任教师，每所小学有 679 名在校生、41 名专任教师，每所初中有 927 名在校生、73 名专任教师，每所高中阶段学校有 1665 名在校生、112 名专任教师。

计算后不难得知，若不采取碳排放优化措施，并综合考虑师生在教育基础设施内的用餐情况、活动时间等，平均每所幼儿园每年在食物与生活垃圾方面约有 9.1t 碳排放贡献。

同理，每所小学每年在食物与生活垃圾方面的碳排放约为 39.3t，初中为 59.6t，高中为 165.3t。因此，幼儿园与中小学的碳排放还与其教育基础设施内的人员数量息息相关。与其他基础设施相比较，该类教育基础设施的人员密度较大，且人员在设施内活动时间较长，其食品与生活垃圾的碳排放贡献，在基础设施的运营使用阶段不能忽视。

（3）周边出行方式及耗能。由于幼儿园至高中教育阶段的基础设施的占地面积一般不大，其校园内交通所产生的碳排放可以忽略。而上班、上学通勤的燃油、耗电等情况较为复杂，需具体问题具体分析。

从特点上看，幼儿园、小学、初中、高中的数量依次递减，其分布密度也递减，同时选择小轿车通勤方式的比例渐次升高。故综合考虑通勤距离、通勤方式和人员数量，幼儿园与小学的出行耗能较低，初中与高中的耗能较大，需特别计算分析。

4）大学的碳排放特点

（1）建筑与设备耗能情况。大学校园犹如一个“麻雀虽小，五脏俱全”的“微型社会”。建筑的主要使用群体单一，活动节奏基本一致且流动性大，是其最突出的功能特点。根据《中国建筑节能年度发展研究报告》中公共建筑专题报告的数据，北京地区大学校园建筑单位面积年耗电量已达 52.9kW・h，高于城市居民人均电耗指标。

从建筑耗能的种类来看，我国《高等学校校园建筑节能监管系统建设技术导则》（以下简称《导则》）中规定，分类能耗是指根据校园建筑设施消耗的主要能源按种类划分进行采集和统计整理的能耗数据，如电耗、热耗集中供热、燃气消耗、水资源消耗等。分项能耗是指按校园建筑设施中不同用能系统进行分类采集和统计的能耗数据，如空调用电、动力用电、照明用电等。校园建筑分类能耗中电耗比例大，是校园建筑节能监管的重点，因

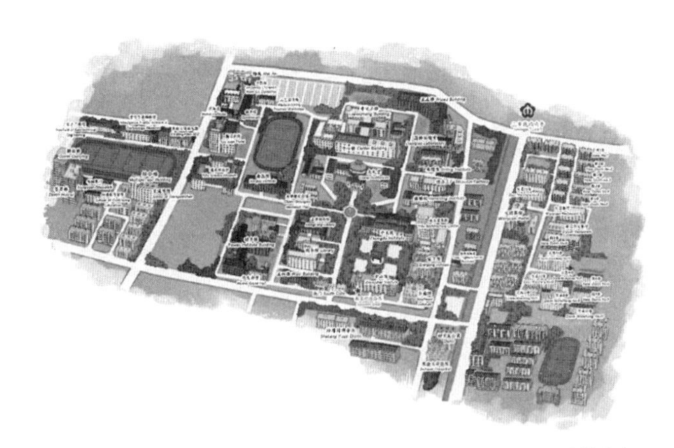

图 9-4　南京市某高校某校区基础设施与建筑分布图

此《导则》对建筑用能设备的分项能耗主要针对电耗部分，按用电系统分类将电量分为以下 4 项，实施分项电耗数据采集：①照明插座用电；②空调用电；③动力用电；④特殊用电。

同时,《导则》中根据学校建筑的使用功能和用能特点，将学校建筑具体分类为行政办公楼、图书馆、教学楼、科研楼、综合楼、场馆类建筑、食堂餐厅、学生浴室、学生宿舍、大型或特殊科研实验室、校医院、交流中心（包括招待所、宾馆）及其他建筑，共计 13 种。其位置分布与用能关系也十分复杂，如图 9-4 所示。高校建筑的能源消耗往往不是由单一的某个因素造成的。其功能复杂，不同功能类型的建筑能耗差别很大。即使是相同类型的高校建筑，由于建筑所处的环境和师生的使用强度也会有所不同，其用能情况也会存在着很大的差异。

综合来看，同一所高校内的不同建筑与其设备的耗能情况千差万别。但从特征上来说，大学建筑与设备的耗能特点具有明显的季节特征和集中性特征，具体而言，有放假期间耗能明显下降，上课时间教学楼耗能量大、休息时间宿舍区耗能明显上升等特点。其公共建筑的照明能耗较高，而实验室等特殊基础设施需具体问题具体分析。

（2）食物与生活垃圾的碳排放贡献。根据《中国教育概况（2020）》中相关数据，我国有 2738 所高校，4183 万在校生，183.3 万专任教师，若依照每所高校 1.6 万成年师生计算，每年共产生约 1347t 当量的碳排放。由于校园内人口数量较多且人员长期在校，该方面的碳排放高校较幼儿园、中小学更高。

（3）校园综合交通碳排放量。大学校园的交通主要包括校内交通和校外交通两个方面，其中校外交通是造成碳排放的主要来源，但不容忽视的校内交通成了其区别于幼儿园与中小学的校园交通碳排放的主要特征。

在幼儿园与中小学阶段，由于校园面积不大，往往可以忽略校内的通勤，但大学校园内的交通运输是普遍存在的，学生从宿舍前往教学楼、实验楼等地会采用自行车、校车、电动车甚至汽车等方式，而学校保卫处也会定时巡逻，总务处、基建处也会安排施工、清扫、维修等专用交通行为。

在校外交通方面，与中小学类似，教职员工与部分学生需要每天从家中来往大学，通常使用汽车、公共交通等交通工具。其中，私家车消耗大量的化石燃料，同时还会造成交通拥堵和空气污染。而考虑寒暑假大多数学生回家与返校所乘坐飞机、高铁等，情况会变得更加复杂。但由于全国范围内高校的数量远小于中小学的数量，校外交通的碳排放也会更高。

此外，大学需要从外部采购许多物品，如食品、设备和材料等。同时，大学也需要将其物品和设备运往其他地方，如会议场地和研究机构等地。所以在校外交通中，物流和货运也不容忽视，这也是区别于中小学碳排放的一个重要方面。

9.2.2 教育基础设施全生命周期碳排放优化管理与案例分析

1）针对教育基础设施碳排放特点的优化管理方法

对于一般的教育基础设施而言，碳排放优化方法有很多。为减少其建造阶段的碳排放，可以采用如再生骨料混凝土、纤维增强混凝土等碳排放系数较低、性能较好的新型建材，可以采用装配式建造方法（还可详细区分为湿式装配与干式装配）；为减少其使用阶段的碳排放，可以优化建筑规划设计与单体设计（包括选址朝向、平面布局、建筑形态、立面、剖面开口等），可以做好围护结构的保温隔热设计（包括墙体、屋面、窗户等选材与布置方法），还可以注重设备节能技术与新能源利用。但以上方法与其他基础设施的节能减排方法并不存在本质差别，故在本章不详细展开。

事实上，校园中的碳排放与师生活动息息相关。碳排放计算虽然复杂，但根据师生活动的季节性、集中性等特征，结合其空调和照明高标准，食堂和餐饮厨余垃圾多的特点，不难得到针对教育基础设施碳排放的典型管理办法。

（1）建立有效的管理机制和考评体系。能源管理部门必须根据用能标准为各单位或部门下达指标，按超标计量收费的原则，使能源费用合理分担，从而减少某些不必要的浪费。同时学校还应采取奖励的办法，肯定部门和个人节能的成绩，从而激励更多的部门和个人进一步提高节能的积极性和创造性。

可借鉴国内外部分学校在校园建筑能耗管理方面的成功经验，运用Energyplus、Designbuilder等软件建立校园能耗的计算与模拟体系，在实施电网改造、实施“一楼一表”、使建筑能耗有数据可查的基础上，还可安装“校园节能监管系统”等，实时采集、远程监测各栋大楼内水、电、燃气等各类能耗数据，最终针对不合理能源使用情况，提出相应的整改意见。同时，系统还能对建筑能耗进行仿真模拟分析，对节能改造措施进行预测评估。

此外，应畅通相关的体制机制，在运营维护的过程中对材料、能源等关键要素进行把控。例如，若能通过有效的管理减少相关材料的耗用量和翻修量，也能大幅降低运营阶段的碳排放量。常见的建材与部件使用寿命与翻修需求如表 9-5 所示。

常见校园内建材与部件的使用寿命与 50 年内维修次数表　　表 9-5

建材与部件	使用寿命（年）	维修 / 翻新次数
屋顶瓦	25	1
门窗	25	1
沥青防水材料	25	1
室外涂料	10~20	2~4
分体式空调器	10~15	3~4
主体结构与保温层	50	0
外窗	25	1
采暖散热器	20~30	1~2
排水管道	20~30	1~2
太阳能热水器	10~20	2~4

（2）加强节能减排宣传。学校的宣传教育中应将节能的理念贯穿于学生学习生活、教师教学科研、校园行政与后勤服务等各个领域，以最大限度地节约资源。要联合学校工会、共青团、学生会等群团组织，定期组织开展以节能为主要内容的群众性技术创新活动，鼓励师生员工在技术创新的同时，更加关注节能工作，提高“岗位节能、降耗增效”的兴趣，做“节能型”校园建设的主力军。

2）案例分析——以南京市某大学为例

（1）学校能耗与碳排放现状分析。学校主要用能建筑楼宇共计百余栋，其中包含教学楼、宿舍楼、办公楼、体育馆、图书馆、校医院、食堂等各类公共建筑，外加配电室、锅炉房等其他配套设施。用能系统包括供暖、浴水、变配电、中央空调、照明、供水等。能源消耗种类有电力、天然气、汽油、柴油等。详细内容可扫二维码 9-3 获取。

（2）低碳校园的实现路径。该校高度重视节能减排工作，在低碳校园的建设方面，由总务处和基建处成立联合工作专班，由学校统一领导，开展节能降碳等诸多工作。

二维码 9-3　南京市某大学的碳排放现状

该校实施了房屋修缮档案的信息化系统建设，对所实施的每一项修缮工程进行电子化记录或管理，实现了对房屋信息和修缮信息可查询、统计和分析，掌握每栋房屋的状况，定期进行安全检查，为制定维修计划提供数据支撑，有效降低了因建筑基础设施老旧而维护所造成的碳排放。

图 9-5 建设校园建筑群能效管理系统

该校还通过配电智能化改造，构建高低压配电智能化测、控、管一体的软硬件系统，对大型公建变配电系统进行智能化监控，实现“遥测、遥信、遥视、遥控、遥调”，有效提高了学校的供电可靠性，降低运行费用，减轻维护人员的劳动强度，从整体上构建出校园建筑群能效管理系统，准确实时监测建筑群的能耗，实现校园能源消耗综合管控，如图 9-5 所示。

图 9-6 建设绿色校园分布式综合能源系统

另外，该校与华能集团于 2022 年共建了绿色校园分布式综合能源系统，利用光伏电板将光能转化为直流电能，在直流电能被收集后，再通过逆变器转化为日常生活所需的交流电。其年平均发电量约 1351 万 kW · h，折标煤 4119t，减少二氧化碳排放约 7849t，减少二氧化硫排放约 84t。该系统装机容量约 13.5MW，采用“自发自用、余电上网”模式建设，产生了显著的环境和社会效益，如图 9-6 所示。

图 9-7 建设智慧充电桩

学校于 2023 年建设完成智慧充电桩 40 个，后续还将根据现有变压器余量及变压器建设进度，分批设计、分步实施，充分解决自备能源校车、在校师生及外来访客日益增长的新能源汽车充电用能需求，如图 9-7 所示。

此外，学校协调联络各级党团组织，重视发挥院系和广大学生的力量，组织各类活动，对碳排放相关知识进行科普，对减排的具体做法进行广泛宣传，有效增强了师生的节能意识。

二维码 9-4 学校协调组织的节能减排活动

9.3.1 医疗卫生基础设施碳排放特点

1）医疗卫生基础设施的定义和作用

医疗卫生基础设施是针对人的生理需求中的卫生需求设置的，为居民提供适当的预防、保健和医疗服务的设施。主要分为医院、基层医疗卫生机构、专业公共卫生机构、其他医疗卫生机构四个大类，具体分类如图 9-8 所示。

医疗卫生资源作为城市健康资源的重要组成部分，影响着居民生活的疾病治疗和健康疗养行为，是保障居民健康生活的基础。近年来，随着生活水平的显著提高，人们对健康的重视程度也不断增强，加快医药卫生事业发展，适应人民群众日益增长的医药卫生需求，不断提高人民群众健康素质，是全面建成社会主义现代化国家和构建社会主义和谐社会的一项重大任务。

医疗卫生基础设施是医疗卫生健康事业的主要载体，医院建筑是复杂度最高的民用建筑类别之一。在医疗服务质量形成过程中，基础设施的作用举足轻重，很多质量特性的达成离不开基础设施的支持。基础设施功能的先进性、合理性、系统性、持续性直接关系到机构的整体发展、综合效益和社会形象。基础设施建设不仅是医疗卫生机构的首要任务，也是卫生服务能力乃至整个卫生事业发展的重要内容。

2）医疗建筑碳排放现状

在实现碳达峰、碳中和目标的背景下，我国医院建设领域发展机遇与挑战并存。医院作为所有公共建筑中功能最为复杂的建筑，具有人员流动量大、高耗能设备多、运行时间长、单位面积能耗大、管理难度大等特点。

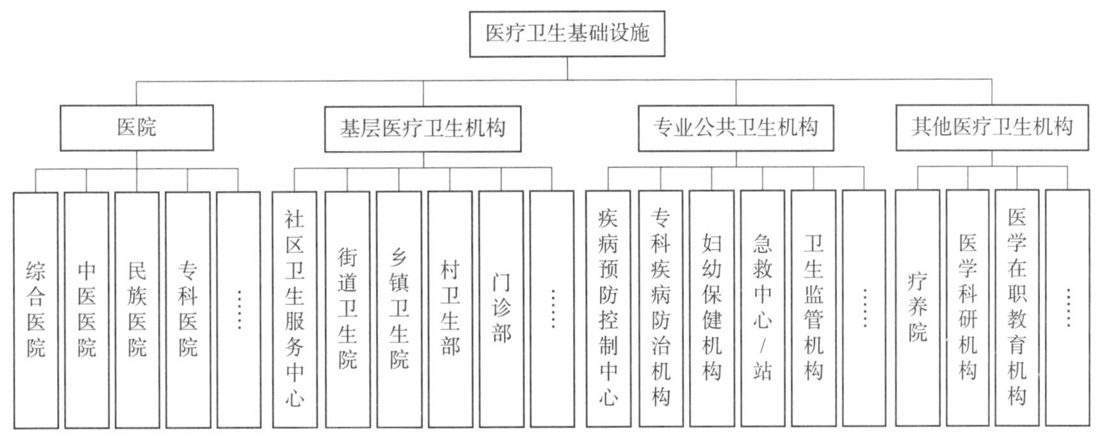

图 9-8　医疗卫生基础设施分类

需要全年不间断运营，其能源消耗远超过一般公共建筑，存在极大的减碳空间。

根据美国无害医疗（Health Care Without Harm，HCWH）发布的《HEALTH CARE`S CLIMATE FOOTPRINT》，全球各国医疗部门碳足迹占全国碳排放平均比例为 4.4%，前十大医疗系统碳排放国占据了全球卫生保健排放总量的 75%，而中国以 17% 的碳排放占据全球医疗碳足迹第二。中国作为发展中国家仍面临大量未被满足的医疗需求、愈发严峻的老龄化、医疗基础设施尚不健全等挑战，随着中国医疗产业的稳健持续发展，中国医疗碳排放仍将在短期内处于上行期。根据无害医疗的一项研究，如果没有对应措施去控制碳排放量，到 2050 年全球碳排放量达到每年 60 亿 t，是 2014 年碳排放量的 3 倍。

根据 2012 年数据，中国医疗卫生系统排放中，医疗机构、非医院购买药品及医院建设是碳排放占比最高的三大领域，推动医疗产业碳达峰、碳中和，医疗机构是重中之重的场景。

当前医疗建筑单位面积能耗是一般公共建筑的 2 倍左右，已成为能耗最大的公共建筑之一。因此，医疗机构碳减排在整体碳减排工作中扮演着关键角色。目前中国医疗系统碳排放位居全球第二，而随着中国医疗产业的持续发展和人口老龄化的加剧，中国医疗系统碳排放将持续上行。在“双碳”战略规划的时代背景下，中国医疗机构需要提前规划，统筹布局，建设低碳型医疗卫生基础设施。

3）医疗建筑碳排放源头

医疗基础设施的碳排放是指在医疗服务提供过程中所产生的温室气体排放，包括二氧化碳（CO_2）、甲烷（CH_4）和氧化亚氮（N_2O）等。这些排放源主要包括医疗设备的能源消耗、废弃物处理、建筑运行的能源消耗等。下面将详细介绍医疗基础设施碳排放的五个碳排放源头。

（1）医疗设备的能源消耗：医疗设备在运行时需要消耗大量的能源，包括电力和燃料。根据英国国家医疗服务体系（National Health Service，NHS）的数据，医疗设备和用电在医疗机构的总能耗中占比约为 65%。研究表明，医疗设备的使用是医疗机构碳排放的主要来源之一。

（2）医疗废弃物处理：医疗废弃物的处理也是医疗基础设施碳排放的重要部分。废弃物处理通常需要消耗大量的能源，例如焚烧或消毒过程。根据美国环保署（EPA）的数据，废弃物处理在医疗行业的碳排放中占比较高。

（3）建筑运行的能源消耗：医疗基础设施在日常运营中需要大量资源和

能源，如供暖、通风、空调系统（HVAC）、照明等。这些能源的使用对碳排放有直接影响。根据英国 NHS 的数据，医疗机构的建筑和设施运营消耗的能源占总能耗的约 20%。

（4）医疗交通：医疗机构的交通也会产生相当数量的碳排放，包括患者和员工的通勤交通以及医疗设备和药品的物流运输。根据英国 NHS 的研究，医疗交通在整个医疗行业的碳排放中占比较高。

（5）建筑物和构筑物：医疗卫生基础设施的建造过程会产生大量的二氧化碳排放，包括建筑材料的制造、运输和现场施工。此外，建筑的能效性能和使用寿命也会影响医疗卫生基础设施的能源消耗和碳排放。

作为全生命周期碳排放中占比较大的一环，医疗卫生基础设施运营阶段的碳排放主要来自于能源使用，包括电力、燃气、燃煤、燃油、水等。根据 Rui WA 的研究，在医疗机构中，采购的药品、医疗设备等产品和服务产生的排放量较大，占总碳足迹的 84%。在所有采购类别中，药品占总碳足迹的 57%，医疗设备占总碳足迹的 6%，服装占 4%。由此可以看出，医疗建筑的碳排放除了涉及维持其正常运营的能耗外，还与医药制造、医疗耗材采购等息息相关。医疗建筑运营阶段的碳排放构成如表 9-6 所示。

医疗建筑碳排放构成　　表 9-6

碳排放分类	举例
直接碳排放	医疗机构运行产生的直接碳排放：如急救车辆运输产生的碳排放、院内各种能耗设施产生的碳排放
上游活动的间接碳排放	外购电力、热力产生的碳排放
下游活动的间接碳排放	采购各种医疗设备和药品产生的碳排放、医疗废物处置等产生的碳排放

9.3.2 医疗卫生基础设施碳排放管理与优化策略

1）医疗设施碳排放管理优化策略

一般而言，不同层级的医院可能会面临不同的资源和管理条件，以及不同的能源消耗情况。因此，在碳排放管理方面，不同层级的医院可能会采取不同的策略和措施。整体而言，常用的优化管理策略主要包括以下几种：

（1）能源效率改进。进行能源消耗分析，优化供暖、制冷和照明系统，通过采用能源高效的设备和系统，如 LED 照明、高效暖通空调系统（HVAC）、节能电器等，可以降低医疗建筑的能源消耗和碳排放。此外，安装智能控制系统和传感器可以实现能源的精确控制和优化使用。

（2）可再生能源的应用。增加可再生能源的应用可以显著降低医疗建筑的碳排放。例如，安装太阳能电池板、风力发电设备或地源热泵等可再生能源系统，减少对化石燃料的依赖，使医疗建筑在能源供应方面更加绿色和可持续。

（3）资源节约管理。应用电子信息技术，推行电子病历、电子处方和电子文档等电子化办公方式，减少纸张的使用和处理，降低碳排放。加强员工环保意识和培训，避免由人员活动造成的资源浪费。

（4）被动式建筑设计。采用可持续建筑设计，包括建筑材料的选择和循环利用、提高建筑节能性能、合理规划建筑布局等。选择低碳的建筑材料可以减少医疗建筑在建设过程中的碳排放。使用可持续材料、回收材料和绿色建筑认证材料有助于减少碳足迹。此外，推广循环利用和废物减量化措施，如建筑废物的回收和再利用，也可以减少建筑废弃物处理过程中的碳排放。被动式建筑设计可以从加强围护结构保温性能、自然采光、自然通风、内遮阳、余热回收利用等方面入手，降低建筑物本身的能源消耗量。

（5）医疗废弃物回收。制定有效的医疗废物管理方案，包括分类处理、安全处置和回收利用，采用无害化处理技术，提高废物处理效率，减少废物焚烧对环境的负面影响。

（6）智能供应链和物流管理。通过优化医疗设备和物品的供应链和物流管理，可以减少运输过程中的碳排放。采用智能物流系统和最佳路径规划，以减少运输距离和能源消耗，是降低碳排放的有效策略。

（7）碳排放监测。建立碳排放的监测与报告机制，可以帮助医疗机构了解碳排放的情况，并制定相应的管理和优化策略。定期收集和分析能源使用数据、废物处理数据和交通数据，可以为碳排放管理提供可靠的依据。

对于不同层级的医疗卫生基础设施，所采取的碳排放管理与优化策略的侧重有所不同。我国根据医院规模、科研方向、人才技术力量、医疗硬件设备等对医院资质评定，将全国所有医院划分为三级。一级医院是直接为一定人口的社区提供预防、治疗、保健、康复服务的基层医院、卫生院；二级医院是指符合中国医院等级标准的一类医院的统称，是向多个社区提供综合医疗卫生服务和承担一定教学、科研任务的地区性医院；三级医院是向几个地区提供高水平专科性医疗卫生服务和执行高等教学、科研任务的区域性以上的医院。通过对现有案例的总结，可以归纳出不同等级医院在碳排放优化管理方面采取的措施侧重，如表 9-7 所示。

不同层级医院优化管理措施　表 9-7

医院等级	对各项优化管理措施的侧重						
	能源效率改进	可再生能源应用	资源节约管理	被动式建筑设计	医疗废弃物回收	智能供应链和物流管理	碳排放监测
一级医院	√	√	√	√√	√	—	—
二级医院	√√	√	√	√	√	√	√
三级医院	√√√	√√	√√√	√√	√√	√√	√√

三级医院占据全国医疗建筑能源与资源消耗的最大部分。根据国家卫健委统计，全国近 2200 多所三级医院年均能耗达 6650 万吨标煤，折算电能约 1660 亿度；其中电能消耗占比最大，一般在 70% 左右。能耗水平基本保持 15% 以上的年增长率。因此三级医院在"双碳"目标下承担的责任与义务同样重大，需要采取多种优化管理措施来减小能源消耗和碳排放。

对于较低层级的医疗建筑，受自身发展水平所限，通常采取部分能源与资源的碳排放管理优化措施，和大医院相比采取的措施和投入成本较少。但由于其数量较多，节能减碳的潜力同样巨大。

2）国内外医疗设施碳减排案例研究

（1）英国国家医疗服务体系。在英国，NHS 自上而下地推动英国医疗体系碳减排，打造零碳组织。NHS 提出到 2040 年实现净零排放，并在 2028~2032 年实现 80% 的减排。

自 2008 年以来，NHS 持续跟踪和报告碳足迹，定期改进并监测 NHS 在履行《气候变化法案》(2008) 承诺方面的进展。在减少碳排放方面，NHS 已经取得了相当大的进展。以 1990 年的碳足迹为基准，到 2020 年，62% 的碳减排降幅已超过《气候变化法案》规定的 37% 的要求。排放范围更广的 NHS 碳足迹 + 与 1990 年基线相比，也取得了 26% 的减碳效果。具体 NHS 降碳信息如表 9-8 所示。

NHS 降碳信息（1990~2020）　表 9-8

内容	1990	2010	2015	2019	2020
气候变化法案—碳预算目标		25%	31%		37%
NHS 碳足迹下的碳排放量（$MtCO_2e$）	16.2	8.7	7.4	6.1	6.1
NHS 碳足迹降低百分比（相比 1990）		46%	54%	62%	62%
NHS 碳足迹 + 下的碳排放量（$MtCO_2e$）	33.8	28.1	27.3	25	24.9
NHS 碳足迹 + 降低百分比（相比 1990）		17%	19%	26%	26%

在碳减排具体措施方面，NHS 在建筑和设施的排放、运输、供应链排放、药品应用、研究创新和抵消等方面直接干预推动 NHS 实现碳净零目标（表 9-9）。

NHS 碳减排措施　　表 9-9

措施	环节	具体内容
①减少建筑和设施的排放	减少医疗机构排放的干预措施	· 升级建筑工程解决方案 · 升级医院照明系统，实现 100%LED 照明 · 实施能源监测与控制 · 光伏发电 · 2021 年 4 月起 100% 购买可再生能源
	减少初级保健产业	· 提高能效（工程干预－改善建筑隔热、照明和供暖） · 改善建筑仪表和能源管理 · 光伏、热泵
②减少旅行和运输的排放	运输和电气化	· 确定购买和租赁的车辆为低排放和超低排放 · 到 2028 年，90% 的 NHS 车队将使用低、超低和零排放车辆，最终实现净零排放
	电动车、步行和变换交通方式	· 鼓励员工使用电动汽车，增加使用电动汽车的机会 · 鼓励为员工提供灵活的工作模式，并支持他们选择可持续的通勤交通方式
③供应链的减排	有效利用供应	· 减少塑料使用 · 提高数字化水平，将二级护理对办公用纸的依赖程度降低 50%，所有基于办公室的功能均采用 100% 再生纸
	低碳替代和产品创新	· 生物基聚合物
	确保供应商对自己流程进行脱碳	· 推动供应商资源分享碳减排计划 · 推动供应商减少产品包装的排放
④药品研发和使用	—	· 低碳吸入器：支持低碳推进剂和替代品的创新和使用 · 麻醉气体：捕捉和销毁一氧化二氮
⑤研究、创新和抵消	—	· 到 2020 年底，将可持续纳入所有创新项目的评估标准和决策过程 · 开发基于技术的碳捕捉方法

（2）国内某三甲医院节能改造。在我国“双碳”战略的背景下，医疗卫生基础设施需要在保证安全使用的前提下，合理进行节能减排，提高能源效率，优化能源结构，并且充分运用当前的互联网数字化平台，实现全流程的数据监测和管理优化。

某医院为一所专科三甲医院，总建筑面积约为 50000m^2，主体由新旧两栋楼组成，新楼建筑面积为 30000m^2，2017 年投入使用；旧楼建筑面积为 17900m^2，建于 1998 年。旧楼由于建设年代早，节能设计标准低，围护结构热工性能较差，设备设施长期使用后老化严重、效率降低，建筑能耗较高。同时，近年来医院门诊量激增，医院承担的教学和科研任务也对建筑提出了更高的需求，旧楼已经无法满足医院发展所需，亟待改造。

2017 年 5 月，旧门诊楼停止使用，开始实施绿色改造，改造内容包括：围护结构、空调系统、供配电系统、照明系统、热水系统以及能源管理系统等。具体措施如表 9-10 所示。

国内某医院节能改造措施 表 9-10

改造对象	改造前现状	改造措施
围护结构	未采用任何保温措施，外墙部位采用 240mm 厚的 KM1 黏土空心砖，外窗采用单玻铝合金窗	外墙增加 50mm 厚岩棉保温板；屋面增加 70mm 厚挤塑聚苯板； 外窗更换为 6（中透光 Low-e）+12 空气 +6 透光铝型材单框断热桥中空玻璃窗
空调系统	冷热源采用"螺杆冷水机组 + 蒸汽锅炉"，室内末端采用风机盘管，设备老化严重，运行能耗高	冷热源由新大楼机房统一供应； 空调系统采用变频水泵，主要设备均接入楼宇自控系统
供配电系统	—	采用 2 × 1000kVA 的变压器
照明系统	普通荧光灯	使用节能 LED 灯具
热水系统	热水由蒸汽锅炉供应	屋面设置 12 组太阳能真空集热板； 设置了一台 5P 的空气源热泵热水器
能源管理系统	—	对旧楼用电情况进行分层分项计量，对能耗数据进行实时监测、统计分析

经第三方核定机构核准，本项目改造完成后，单位建筑面积碳排放量由 30.6kgCO_2e/（$m^2 \cdot a$）降低至 23.6kgCO_2e/（$m^2 \cdot a$），年减碳量为 125.3t，综合减碳率达 22.9%。综合举措节能量如表 9-11 所示。

综合措施节能量 表 9-11

序号	节能项目	核定结果
1	节能改造建筑面积（m^2）	17900
2	节电量（kW · h/ 年）	116830
3	节天然气（m^3/ 年）	27063.26
4	单位建筑面积碳排放量	23.6kgCO_2e/（$m^2 \cdot a$）
5	综合减碳率（%）	22.97

该医院旧门诊楼成功实施改造后，提高了原有建筑的安全性、舒适性和环境友好性，营造了健康良好的绿色用能环境，显著降低了建筑能耗。

9.4.1 体育基础设施碳排放特点

1）体育基础设施的定义和作用

体育基础设施主要指以满足人民群众开展健身活动使用的体育场、体育馆及相应的体育设施的基础设施，具体包括综合体育场、综合体育馆、大型全民健身活动中心、游泳馆、体育公园等。

体育基础设施建设是促进全民健身活动广泛开展的基础载体和重要引擎，是体育事业发展的物质基础，是普及群众性体育运动、提高竞技体育水平的关键因素，也是现代城市建设不可缺少的内容，具有增加城市功能和美化城市的作用。

2）体育基础设施的碳排放来源与构成

体育基础设施的碳排放主要来源于体育设施的建设和维护过程，在这一过程中的碳排放构成包括：

二维码 9-5 体育基础设施分类

（1）赛事参与人员，主要包括赛事运动员、观众和工作人员活动所产生的碳排放。

（2）建材与能源消耗，建材消耗主要包括建设改造过程中的材料消耗；能源消耗主要包括建设改造等工程活动，以及比赛、训练、日常管理及健身娱乐等活动所消耗的能源。

（3）交通运输，主要包括体育基础设施中的公共交通系统以及大型运动区的对外交通系统所消耗的各类能源。

以北京冬奥会这一大型体育赛事为例，北京冬奥组委发布的《北京冬奥会低碳管理报告（赛前）》显示，2018 年预估计算，北京冬奥会 2016—2022 年温室气体基准线排放总量为 163.7 万 tCO_2e。排放量前三为：观众，占排放总量的 49.6%；场馆建设改造，占 21.4%；交通基础设施新建，占 6.2%（图 9-9）。

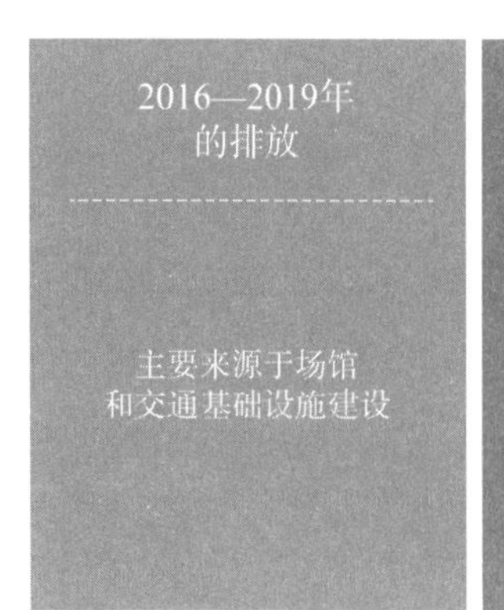

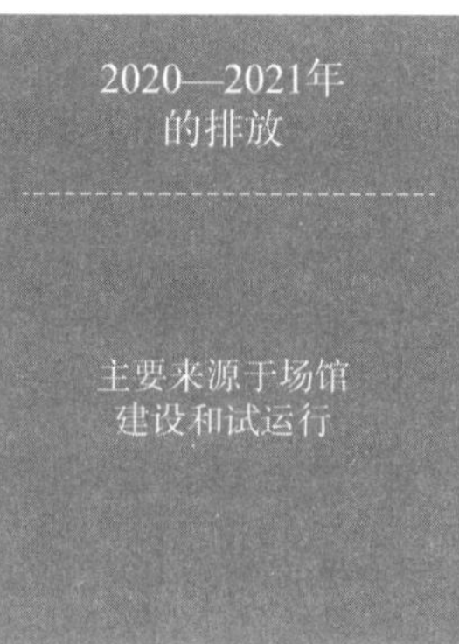

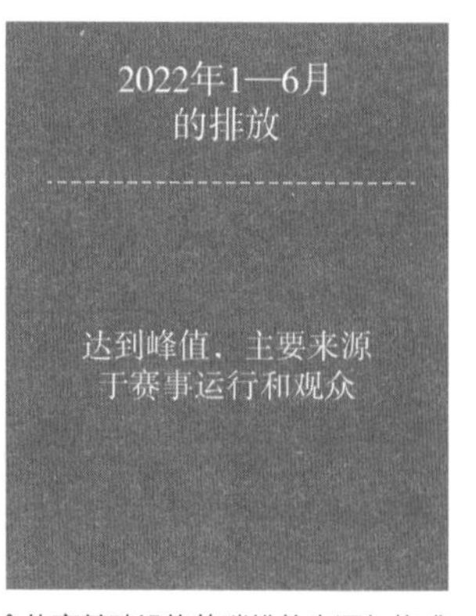

图 9-9 北京冬奥会体育基础设施的碳排放来源与构成

3）不同体育基础设施碳排放来源与构成的异同

由于体育基础设施具有不同的功能特点，因此其碳排放来源与构成也各不相同。下面对不同体育基础设施碳排放来源与构成的异同进行阐述。

（1）室外体育场：室外体育场的主要碳排放来源包括暖通空调、照明、电梯等系统，具体来说，包括水、电、燃气等多种能源消耗，其中暖通空调系统的能耗占比最大。

（2）室内体育馆：室内体育馆的主要碳排放来源包括暖通空调、照明、电梯等系统，其能源使用类型通常主要为电力。具体来说，室内体育馆因内部场馆多为高大空间，使得暖通空调系统能耗占比较大。

（3）游泳馆：游泳馆的主要碳排放来源包括暖通空间、照明、热水、电梯等系统。具体来说，用于热水系统（包括生活热水及泳池池水加热）的能源消耗量较大，能源形式包括燃气、电等。

9.4.2　体育基础设施碳排放管理与优化策略

在“双碳”目标下，体育基础设施碳排放管理与优化对推动体育产业高质量发展具有现实意义。在宏观层面，积极融入生态文明建设；在中观层面，促进体育产业低碳转型发展；在微观层面，推动体育场馆、运动员训练基地、运动会等体育基础设施的碳排放管理与优化。

1）建设过程

（1）前期设计优化。在建造过程开始前，需要针对体育基础设施的特点开展设计方案的确定。其中包括规划方案设计和性能化设计两部分。

规划方案设计指在开始详细设计之前，制定出整体的建筑规划方案。规划方案需要根据项目的需求和约束条件对项目设计进行一定的限制，同时也要结合项目既有的优势和特点考虑资源重复与节约利用，以更好地完成低碳目标。

性能化设计指根据相关标准规定的室内环境参数和能效指标要求，并应利用能耗模拟计算软件等工具，优化确定建筑设计方案。性能化设计应以定量分析及优化为核心，进行建筑和设备的关键参数对建筑负荷及能耗的敏感性分析，并在此基础上，结合建筑全寿命期的经济效益分析，进行技术措施和性能参数的优化选取。

例如，国家速滑馆优化设计方案，以单层双向正交马鞍形的设计，建成索网结构屋顶，替代网架 / 桁架方案，以此减少玻璃幕墙面积 4800m^2，减少3200t 钢材的使用，用钢量仅约为传统钢屋面的四分之一，同时减少了室内空间以及由此带来的能源消耗。新加坡体育城项目（图 9-10）与传统的“制冷的体育场”相比，体育场碗状式制冷减少了 60% 的能源。

（2）建筑材料优化。在体育基础设施建设过程中，建筑材料是碳排放的主要来源。通过使用可再生建筑材料、低碳绿色材料等手段，实现体育基础设施建设中的减碳目标。

例如，国家速滑馆施工过程中使用回收混凝土桩头制造再生混凝土，解决城市废弃物堆放占地和环境污染问题，实现混凝土生产过程中的物资循环利用。其中，国家速滑馆从工程现场收集 654 根废旧桩头，经过筛选粉碎，制成混凝土看台板，再生混凝土使用量总计约 $73m^3$，总计节约水泥用量约 18t（图 9-11）。

2）运行过程

（1）高性能围护结构运行管理方案。由于体育基础设施一般体量较大、建筑外立面复杂多变，建筑围护结构与外界进行热交换的通道较多，更容易导致热量损失、热桥效应、保温性能下降等潜在问题。因此对建筑围护结构的优化设计，包括热桥处理、建筑气密性设计等，可以显著降低建筑运行过程中的冷热负荷需求与能源、消耗，是降低体育基础设施运维阶段碳排放的重要手段。

例如，中国北京国家游泳中心的围护结构采用了由气垫膜构成的膜结构，具有良好的保温性能和采光效果。这种膜结构可以减少能源消耗，并在日间提供自然采光，减少对人工照明的依赖；德国慕尼黑安联竞技场采用由透明聚碳酸酯制成的围护结构，使得自然光线可以穿过外墙进入室内，减少对人工照明的需求。

（2）新风热回收系统运行管理方案。新风热回收系统是一种用于室内通风和空气处理的系统，它通过回收室内排出空气中的热能，并将其传递给新鲜进风空气，以减少能量损失和提高室内空气质量。通常需要设计合适的进风和排风通道，确保新鲜空气和排出空气能够有效地流通。空气处理单元内部有风机，它用于引入新鲜空气和排出室内空气。热交换器是新风热回收系

图 9-10　新加坡体育城项目

图 9-11　建设中的国家速滑馆

统的关键组件，将新鲜进风和排出空气在热交换器中通过不同的通道流动，并通过导热材料的传导作用，使得热量从排出空气传递到进风空气中，实现热能回收，以较低的碳排放量完成温度调节。

（3）建筑用能系统运行管理方案。卡塔尔属热带沙漠气候，在成功申办世界杯后，卡塔尔随即开始研发高能效的定点制冷系统（图 9-12）。这项技术利用太阳能所发电力来冷却外部空气，然后通过看台上的格栅和球场边的大型喷嘴对冷空气进行再分配，只对人们需要冷气的地方制冷，比如场地内和看台。测试时，室外温度达到 44℃。但体育场内，即使屋顶打开，温度也只有 23℃。

（4）可再生能源利用系统优化。在体育基础设施运行中，低碳能源的利用也是一个重要的方面。比如在体育场馆的运行中，可以使用太阳能、风能等可再生能源，以减少对自然资源的消耗，同时也能降低运行成本。实现我国体育基础设施碳排放管理与优化策略，进一步推进体育产业低碳化的发展。

例如，张北柔性直流电网试验示范工程（图 9-13）是北京冬奥会场馆使用可再生能源的重要保障，可将张家口市风电、光伏、抽水蓄能等多种能源安全高效输送至北京市内和延庆赛区，助力绿色电力覆盖北京冬奥会全部场馆。

9.4.3 体育基础设施碳排放案例分析

南钢综合体育馆位于南京市浦口区江北新区中心区，依附南钢工业文化旅游区，地块周边有钢铁博物馆、智慧中心等系列南钢配套设施，形成山、水、城、林为一体的工业文化旅游区。

这个项目在体育场馆建筑领域进行了零碳建筑和三星级绿色建筑的试点示范，其成功实施为体育基础设施类项目在碳排放和绿色可持续性方面树立了标杆，不仅为其他体育场馆项目提供了宝贵的经验和参考，也为推动可持续发展和低碳建筑在体育领域的应用做出了积极贡献。

图 9-12 卡塔尔世界杯应用定点制冷技术

图 9-13 张北柔性直流电网试验示范工程

1）项目概况

如图 9-14 所示，南钢综合体育馆、南钢体育服务中心项目用地位于江北新区大厂街道幸福路，南浦路以东、龙山北路以北、幸福路以南。规划用地性质为体育用地，用地面积 33757.15m^2，容积率不大于 2.0，建筑高度不高于 35m。拟建总建筑面积 35355m^2，其中南钢综合体育馆地上建筑面积 10165m^2；南钢体育服务中心地上建筑面积为 10520m^2。主要建设内容为体育馆及其配套设施。

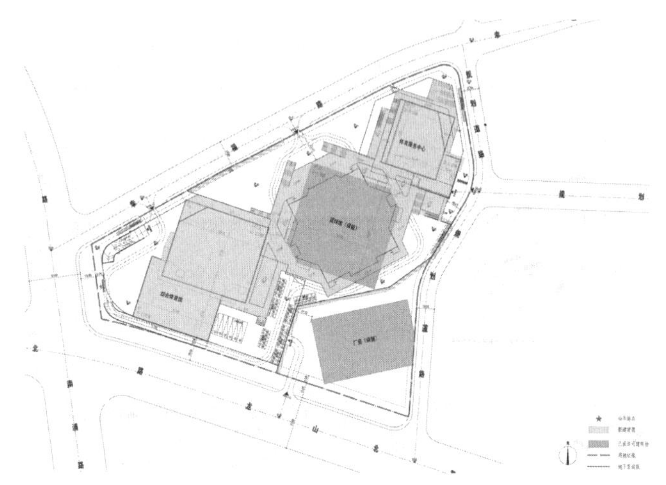

图 9-14　南钢综合体育馆项目概况

南钢综合体育馆零碳建筑实施，在技术层面具有如下三个方面的优势：

（1）落实被动 + 主动技术相结合理念，充分考虑自然通风采光，并利用屋顶闲置面积建设分布式电站。结合建筑形体设计，落实自然通风采光等被动理念。屋顶面积较大，充分利用屋顶闲置空间，布置了 365kW 的分布式光伏电站，年发电量达 40 万 kW·h。

（2）利用建筑靠近厂区的地理优势，利用余废热资源制取空调冷热水及生活热水，大大降低了建筑碳排放。体育馆靠近钢铁厂区的地理优势，为利用余 / 废热资源进行制取空调冷热水及生活热水提供了便利条件，可大大降低建筑的碳排放。

（3）依托厂区新能源及储能应用，为建筑提供充足的绿色电力，为建筑运行中的碳中和提供了外部条件。可为项目提供 5MW 的太阳能光伏装机容量，完全可以满足本项目的绿色电力需求，具备实现运行碳排放全部中和的外部条件。

2）实施方案

该项目应用的主要技术措施包括：①提升围护结构性能；②应用新风热回收系统；③应用“光储直柔”系统。最终实现建筑运行阶段碳排放不大于 0

的零碳建筑目标和新国标三星级的绿色建筑目标。

（1）提升围护结构性能。围护结构性能是指建筑物外部的围护结构（包括墙体、屋顶、地板等）在各种力学、热学、声学等方面的表现和性能特征。围护结构性能的好坏直接影响着建筑物的能耗、舒适性、安全性和耐久性等方面。在能耗方面，围护结构的性能与建筑物的保温性能、隔热性能和气密性能密切相关。高性能的围护结构能够减少热量传递和能量损失，降低建筑物的能耗，提高能源利用效率。在舒适性方面，围护结构的性能对室内温度、湿度和空气质量等参数的调节和控制起着重要作用。

被动式性能是指围护结构在满足建筑功能需求的同时，通过优化材料和结构设计，“被动地”提供一定程度的节能和舒适性能。与主动式性能相比，被动式性能不依赖于主动的机械或电气设备，而是通过设计围护结构本身来实现。南钢综合体育馆通过选用高效保温材料、进行隔热设计、采光设计及气密性设计，使用自然通风等手段，对外墙、屋面、外窗等重点部位采用特殊工艺材料，使得建筑围护结构热工参数体系得到优化，进一步提升了被动式性能。表 9-12 介绍了南钢综合体育馆围护结构性能优化方法。

南钢综合体育馆围护结构性能优化 **表 9-12**

优化手段	优化指标	本项目	通用规范标准要求	零碳建筑技术指标要求	绿建三星要求
岩棉外保温 110mm	外墙传热系数 W/（m^2·K）	0.38	≤ 0.6（D ≤ 2.5） ≤ 0.8（D > 2.5）	0.15~0.40	≤ 0.64
泡沫玻璃保温板 I 型 135mm	屋面传热系数 W/（m^2·K）	0.35	≤ 0.4（D ≤ 2.5）	0.15~0.30	≤ 0.4
5 双银 Low-e+12A+5	外窗及透光玻璃幕墙传热系数 W/（m^2·K）	1.8	≤ 2.1	≤ 2.2	≤ 2.1
5 双银 Low-e+12A+5	太阳得热系数 SHGC	0.18~0.21	≤ 0.30	≤ 0.40（冬季） ≤ 0.15（夏季）	≤ 0.32
岩棉外保温 75mm	外挑楼板传热系数 W/（m^2·K）	0.67	≤ 0.70	—	—

（2）应用新风热回收系统。新风热回收系统是一种用于室内空气处理的系统，旨在提供清新的室内空气，并通过热回收技术实现能量的有效利用。该系统通常用于建筑物、住宅、办公室等场所，旨在改善室内空气质量、提高能源利用效率和节约能源消耗。

新风热回收系统的工作原理是将室外的新鲜空气引入建筑物内部，并通过热交换器与排出的室内废弃空气进行热量交换。热交换器可以有效地将排出的废弃空气中的热量传递给新鲜空气，从而实现能量的回收和利用。这种热回收过程可以有效地减少供暖和制冷系统的能源消耗，并提高室内空气的质量，其示意图如图 9-15 所示。南钢综合体育馆采用新风热回收系统，显热交换效率大于等于 75%，全热交换效率大于等于 70%，节约 70% 以上新风能耗。

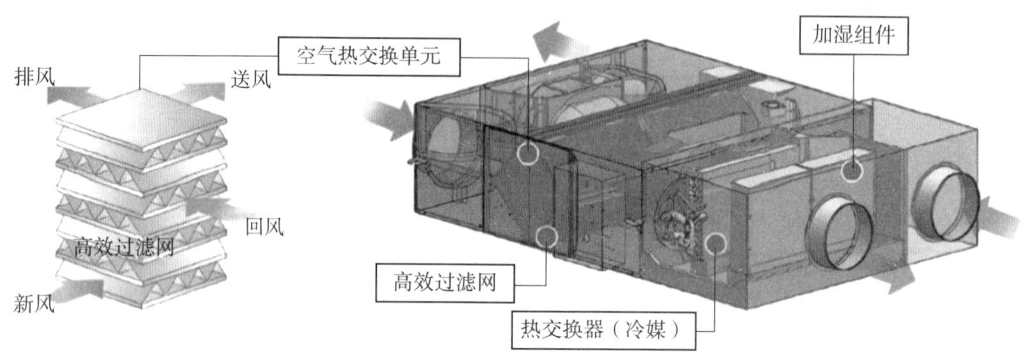

图 9-15　新风热回收系统示意图

（3）应用“光储直柔”系统。“光储直柔”是由清华大学江亿院士提出的一种新型建筑能源系统，它代表了目前国内外最前沿的技术集成创新和模式机制突破。作为下一代建筑能源系统，它在复杂度和功能性方面具备极高水平。在“十四五”期间，该能源系统被确定为重点发展的方向。

如图 9-16 所示，这一新型建筑能源系统融合了零碳建筑的理念，旨在实现能源的高效利用和碳排放量的最小化。同时，它也作为一个示范项目，向人们展示了新型能源系统的实际运行和效果。除了示范项目外，还建立了一个研究平台，以推动对新型能源系统的进一步研究和探索。

“光储直柔”新型建筑能源系统具有重要的教育意义和实践价值。它不仅为学生提供了学习和研究的机会，还为学术界和产业界提供了合作交流的平台。通过深入研究和应用，我们可以更好地理解和推广新型建筑能源系统的概念和技术，为建筑领域的可持续发展做出更大的贡献。

3）研究展望

根据南钢综合体育馆实施内容，并结合南钢低碳转型过程中关注的相关主题，提出以下体育基础设施主要存在的几个可研究方向：

（1）建筑全寿命周期安全及碳监管系统应用研究。主要研究基于人工智能技术，对建筑建设、运行全寿命期进行安全、能源、碳排放、环境健康等方面的一体化监管技术，建立系统平台并进行示范应用。

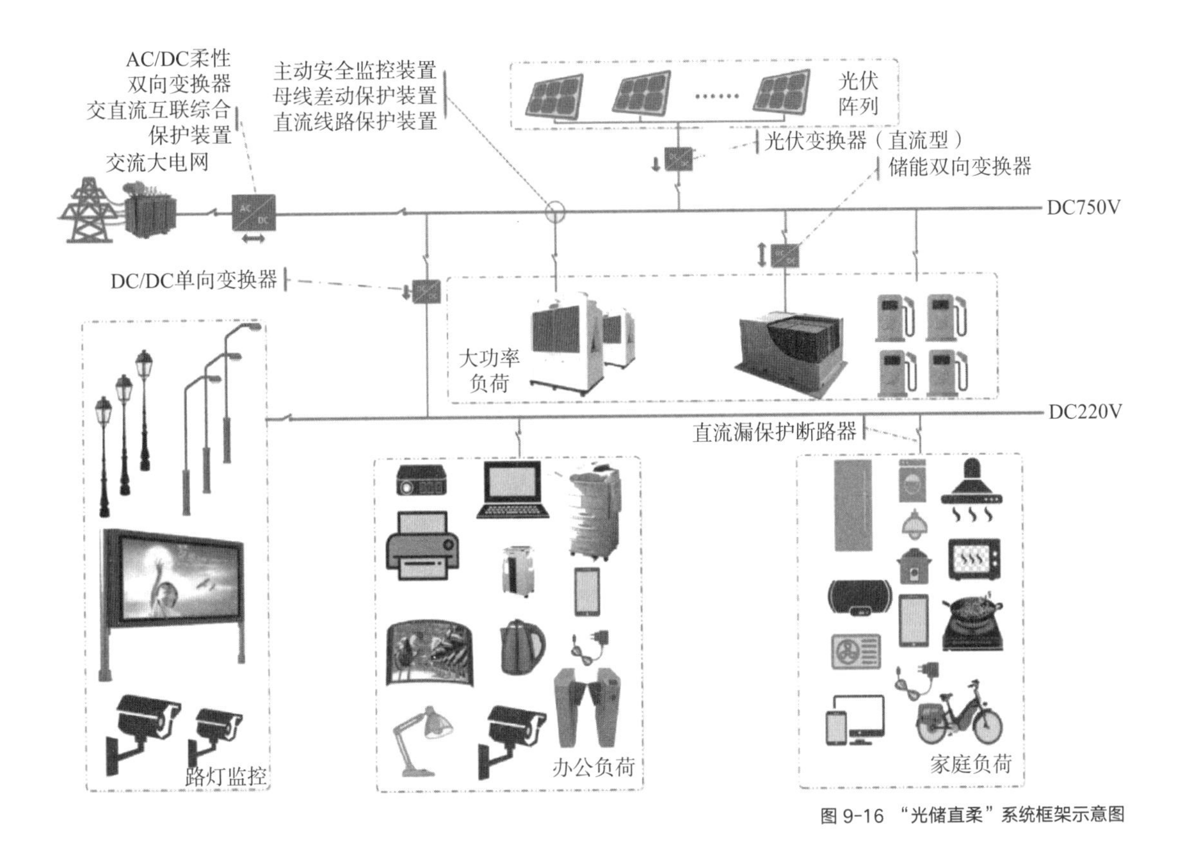

图 9-16 “光储直柔”系统框架示意图

（2）零碳建筑“光储直柔”新型建筑能源系统运行策略研究。主要研究新型能源系统设计，以及运行后如何与大电网进行友好互动、柔性用能，探索合理的系统运行调控策略，为后续建筑电气化、全直流建筑推广应用提供支撑。

（3）建筑近零新水消耗可行性及实现路径研究。理想的零碳建筑应实现“零新水、零能耗、零废弃物”状态，通过南钢综合体育馆项目中海绵城市、雨水及中水回用等技术应用探索建筑近零新水消耗的可行性及实现路径。

（4）钢厂低品位余热厂内梯级利用及向外清洁供热技术研究。拟以钢厂为对象并结合南钢综合体育馆中的项目应用，研究钢厂低品位余热在厂内进行品位提升梯级利用，或采用大温差技术向周边城区提供清洁供热（空调、生活 / 工艺热水）热源的相关技术。

9.5.1 文化基础设施碳排放特点

1）文化基础设施碳排放现状

文化基础设施指供大众参与文化活动的建筑，涵盖面较广，包括剧院、图书馆、博物馆、美术馆、文化馆等。由于文化建筑包含的建筑种类都为公共基础设施，所以文化建筑的碳排放总量在整个建筑领域占据较高水平。图书馆、博物馆等不同结构设计会导致不同的碳排放量，在“环境保护，节能减排”的背景下，减少文化建筑的碳排放是减排领域的重点方向。

文化建设在社会发展中发挥着重要作用。从宏观角度而言，文化建设可以促进经济、政治、社会和生态文明建设。从微观角度而言，文化建设对引导社会思想、满足人们的精神需求有着直接的作用。进入21世纪，消费结构不断升级，对于精神追求的花费在总消费结构中占据较大比重，人们倾向于去文化馆、博物馆等文化场馆来提升自己的精神境界，文化基础设施作为文化建设的直接表达，在社会基础设施中担任的角色越来越重要。

供电设备以及空调设备等运作产生能源消耗而导致的碳排放。由于文化建筑的室内空间非常大，在开放期间其室内设施正常运作时会释放相当量的碳排放。文化基础设施涵盖的建筑用途很多，且大多全年无休，故使用阶段的碳排放量是这三个阶段中最多的。

2）不同文化基础设施碳排放来源与构成的异同

由于文化基础设施的建筑功能类型明确，具有不同的功能特点，因此其碳排放来源与构成也各不相同。下面对不同文化基础设施碳排放的主要来源与构成的异同进行阐述。

（1）以展示功能为主的文化基础设施。最具代表性的是美术馆、博物馆，主要功能是陈列作品以供人们欣赏。其碳排放的主要来源包括空调、照明设备运作产生的电力消耗。由于陈列作品对于温度与照明有较高的要求，所以这一方面的碳排放量比其他基础设施大得多。此外，展馆的日常维护工作要求较高，其所产生的碳排放量同样不可忽视。

（2）以会议功能为主的文化基础设施。此类文化基础设施大多数是知名的写字楼或会议中心，由于这类建筑往往是高层建筑或者造型比较独特，通常是地域的标志性建筑，对施工建造技术要求较高，所以建造阶段的材料、能源消耗是碳排放的主要来源之一。其次，它的碳排放来源还包括空调、照明设备、办公设备和服务设施，其中如会议显示屏、办公打印机、无线网络等办公设备消耗能源占比最高。因此以会议功能为主的文化基础设施的碳排放构成和来源是最为复杂的。

（3）以表演功能为主的文化基础设施。各种剧院以及音乐厅是典型代

图 9-17　某剧院歌剧厅内景图

表，其碳排放来源主要有空调、照明、音响、显示屏等设备所产生的电力消耗，以及服务于观众的其他服务设施所导致的能源消耗。这种文化基础设施相较于展馆，碳排放来源会更加复杂一些，主要原因是必须要给现场观众创造视觉情境，如图 9-17 所示，其碳排放量会在某一时间段达到峰值，绝大部分时间所产生的碳排放量还是比较少的。

9.5.2　文化基础设施碳排放管理与优化方法

1）文化基础设施的减碳策略

文化基础设施碳排放的建造施工技术与其他基础设施并无明显差别。而其在使用和维护阶段的碳排放量相对其他阶段较大。鉴于此特征，可形成相应的减碳策略。

（1）设计时应加强对使用和维护阶段碳排放量的计算与预测。在生命周期的划分时，可将运营使用维护阶段进一步灵活细分。可将使用阶段与维护阶段进行区别以方便分开计算，也可依照不同的使用周期在时间上予以不同的划分。力求将使用和维护阶段的碳排放算对、算准。

而该类基础设施碳排放计算的基本方法与其他基础设施相同，基于《2006 年 IPCC 国家温室气体清单指南》的排放因子法，根据指南给出的温室气体排放清单列表，针对每种排放源调研其活动水平数据与碳排放因子，两者的乘积即为碳排放估算值，即建筑碳排放 = 建筑相关直接 / 间接活动数据 × 排放因子。

在得到准确的计算和预测结果后，应当对文化基础设施使用阶段的碳排放进行设计优化，合理规划展示空间、进行低碳绿色的建筑平面立面设计，采用被动节能设计、使用热工性能更好的围护材料等。

（2）建造时应选用碳排放系数更低的建筑材料，如木材、ECC 等。以木材为例，木材不仅在生产加工制造的过程中比混凝土排放更少的碳，其生长阶段自身也需要吸收大量的碳，根据《中国产品全生命周期温室气体排放系数库》工业原木的碳排放系数为 $-1.82tCO_2e/t$，人造板约为 $-1.20tCO_2e/t$ 左右，远远低于混凝土（C30 混凝土约 $295kgCO_2e/m^3$），具体优势和应用方法参见本节案例分析。同时，还应合理进行施工组织设计，减少运输、施工现场照明、机械设备运转等所产生的排放量。此外，由于文化基础设施的单体建筑的工程量较大，故装配式建造方法具备一定的减碳效益，但由于部分文化基础设施作为区域地标建筑具备一定的异形结构特征，该策略的具体实施可能存在难度，故建造阶段努力的方向应着眼于材料选择和施工组织设计优化上。

（3）使用时应注重资源的再利用与再循环，减少物质浪费与环境破坏。例如博物馆在展出时应选取绿色的布展材料和展具，会议中心在举办大会时应设定合理的空调温度，音乐厅和歌剧院应减少不必要照明等。由于各类文化活动的服务对象往往集中于高素质人群，故各类文化基础设施还应十分注重宣传引导的作用。相比于其他基础设施，在此类设施中，来往的参会者、观展者和音乐爱好者等更容易养成并保持绿色低碳的设施使用习惯。

2）文化基础设施碳排放案例分析

在实现"双碳"目标的背景下，木结构相对于钢结构和混凝土结构是最生态的低碳建筑结构形式。众所周知，木材是天然生态材料，其固碳能力出色，在三大建材中优点明显，因此木结构也成了文化设施的建筑形式之一，本小节以某木结构建筑作为文化基础设施碳排放管理案例。

第十届江苏省园艺博览会主展馆是近几年最具代表性的木结构文化设施之一，位于扬州市枣林湾生态园区，总用地规模3万多平方米，其中建筑面积1.2万m^2，南区木结构区域约5700m^2。该项目让木结构在国内建筑领域跨出了一大步，同时在迎合碳达峰、碳中和目标下实现了建筑的可持续发展。

（1）案例情况简介。第十届江苏省园艺博览会主展馆（图9-18）位于扬州枣林湾生态园区，是园区内主要的地标建筑和展览建筑，采用木结构与混凝土的混合结构形式，集中展现了中国建筑结合园林的精髓和思想。主展馆制高点"凤凰阁"中央的主体结构跨度13.6m，高度近26m，是国内目前单一空间层高最大的木结构。

项目采用大量节能技术，其中围护结构起到主导作用。在设计方案、施工图阶段分别对围护结构进行优化，采用被动优先、主动优化的思路，最大化利用自然通风、采光、保温隔热等技术。

项目应用绿色高效的可再生能源，采用地源热泵中央空调系统为建筑提供冷热负荷，可再生能源提供的空调系统比例高达75.4%。系统占地空间小、运行及维护费用低、换热效率高、节能效果显著，具有良好的社会效益。

图9-18 江苏省第十届园艺博览会博览园木结构主展馆

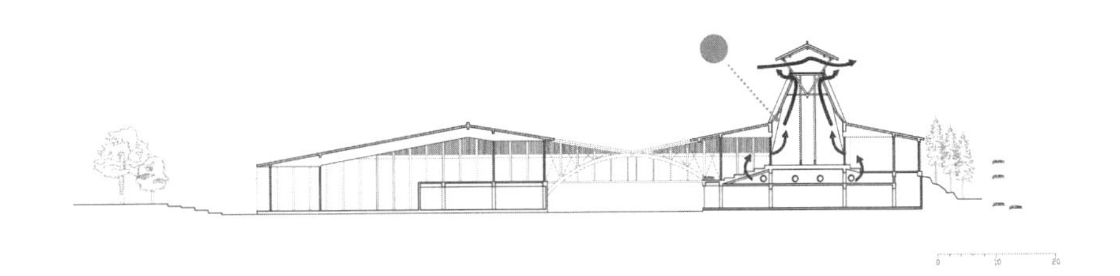

图 9-19　自然拔风分析图

项目通过合理的建筑朝向、总平面设计，为主展馆区域营造了舒适的室外风环境，通过被动式绿色技术降低能耗。主展馆的凤凰阁是整个主展馆的核心区域，凤凰阁高耸，在此登高不仅可以欣赏到铜山美景，而且通过拔风效应，可以基本实现展览空间的自然通风，降低能耗（图 9-19）。

项目夏季和冬季室外风环境良好，不存在漩涡和无风区，可提供良好的室外舒适度和室内自然通风，以及室外散热、污染物消散。本项目建筑的外窗可开启面积比例为 31.9%，玻璃幕墙可开启面积比例为 9.4%，建筑的大部分房间的外立面也均设有通风口，可以有效地组织室内自然通风（图 9-20）。

项目在建筑设计上，运用了大量可再循环材料。主展馆以木材、铝合金型材、玻璃等为主料，在保证建筑美观的同时，这些可再循环材料的应用也充分体现了“绿色建筑”的价值理念。建筑总的可循环材料使用重量为 5604.01t，所有建筑材料总重量为 34277.73t，本项目可再循环材料使用重量占所有建筑材料总重量的比例为 16.34%。

项目坚持“以人为本、绿色低碳、可持续发展”的建设理念，设计兼顾区域自然环境、气候特点及舒适需求，合理布局，合理规划，巧妙建造“量体裁衣”式绿色环境，合理利用雨水资源，灵活运用围护结构，科学开展控制管理，打造出自然美观、绿色低碳、舒适宜人的生活环境。

（2）案例减碳效果良好。建筑的建造过程通常包括建材生产、建材运输、建筑施工三个阶段。案例采用了木材作为结构承重体系，木材具有较强的固碳能力，因此其碳排放因子较小。经过计算，案例建筑各阶段碳排放量从大到小依次为：建材生产阶段 > 建材运输阶段 > 建筑施工阶段。考虑木材固碳能力后，相比传统混凝土结构，案例建筑建造过程总的碳排放量由 $2835.67tCO_2e$ 下降到 $1363.70tCO_2e$。

图 9-20　自然通风实景图

（3）木结构进一步进行碳排放优化的策略大致有以下四个方面：

①提升木材的固碳效应。木材不仅在生产加工制造的过程中比混凝土排放更少的碳，其生长阶段

自身也需要吸收大量的碳。因此，基于木材建造的木结构建筑可起到固碳的作用。从上一节的计算结果也可以发现在木结构建筑建造过程，木材在生长阶段吸收的碳排放量甚至可以几乎抵消其建材生产阶段产生的碳排放量。因此，要想提高木材的固碳能力，可以采取的有效行动之一是选择合适的时间对树木进行合理的砍伐，同时种植新树，保证森林的可持续发展。此外，可以通过推广林业种植，即种植更多的树木来增加 CO_2 的吸收和固定。同时，定期修剪和疏枝、调整造林密度、供给合适的肥料等措施都可以达到促进树木生长，增加其 CO_2 吸收能力的目的。

②减少木材加工损耗。木材加工过程会造成巨大的损耗，所有的损耗相加高达 55%。因此，加强对木材的管理，减少木材的加工浪费及能源消耗是降低碳排放、提升木材利用效率的有效手段。木材加工损耗是普遍存在的问题，因此未来必须对整个木材加工流程进行科学的管理。

③合理选择建材和产地。因树种不同、产地不同，木结构建筑建材的碳排放往往存在显著的差异。有研究表明北美冷杉的碳排放量最高，而东北落叶松的碳排放量最低。造成这一差异的原因主要有两个方面。一方面，不同树种的固碳能力存在一定的差异，这主要是因为不同树种的树干密度、含碳量和含水率存在差别。因此，在树木生长过程中，选择生长速度较快、具有较高木材密度和较长生命周期的树种，如杉木、松木、桐木等具有更强的减碳效益，因为这些树木往往具有更高的生长速度和更高的 CO_2 吸收能力。另一方面，建材运输阶段的碳排放量与运输距离具有密切的关系。由于运输阶段碳排放总量不高，运输距离的大小更容易对碳排放量产生影响，当运输距离较长时，必然导致运输过程能源消耗的增加，从而导致运输阶段碳排放的增加。因此，合理选择建材产地，尽量减少运输距离，是降低木结构建筑建材碳排放的重要途径。

④延长储碳周期。由于木材可将大量的碳“封存”于建筑物中，因此，延长建筑物的寿命其实就是变相的减少碳排放。而实现这项目标最直接便捷的方法就是对木构件做好防腐防蛀处理，延长木构件的使用寿命。一方面，在木结构的施工过程中，必须采取合理有效的措施防止木材受到水分、昆虫和真菌的侵蚀，从而延长木结构建筑的寿命。另一方面，定期检查和维护可以确保木结构建筑保持良好的状态，防止木材料损毁和腐烂，也可以延长木结构建筑的使用寿命。

9.6 本章小结

本章深入探讨了各类社会性基础设施碳排放管理的特点。针对教育、医疗卫生、体育、文化等公共基础设施提出了碳排放管理和优化的措施，并结合各类社会性基础设施案例进行了详细论述，为建设更加环保、可持续的面向未来的社会性基础设施提供深入的理论和实践指导。

思考题

9-1　社会性基础设施包含哪些?

（提示：参考 9.1 节。）

9-2　教育基础设施的碳排放有哪些特点？请简要说明。

（提示：参考 9.2.1 节。）

9-3　教育基础设施的碳排放管理措施有哪些?

（提示：参考 9.2.2 节。）

9-4　医疗卫生基础设施的碳排放来源主要有哪些？请简要说明。

（提示：参考 9.3.1 节。）

9-5　降低医疗卫生基础设施碳排放可从哪些措施入手？三级医院有何特点?

（提示：参考 9.3.2 节。）

9-6　体育基础设施运行阶段可采取哪些优化策略以减少碳排放?

（提示：参考 9.4.2 节。）

9-7　作为文化基础设施建筑形式之一的木结构建筑，如何进行碳排放管理?

（提示：参考 9.5.2 节。）

第10章 新型基础设施碳排放管理

【本章导读】

新型基础设施的建设与运营在全球碳排放中扮演着重要角色，一方面其促进了传统基础设施的低碳转型，另一方面其单设备功耗与未来发展趋势远超传统基础设施，带来了较大的碳排放压力。因此，对其碳排放进行有效管理成为当务之急。本章将深入探讨新型基础设施碳排放管理的关键问题与方法，以期为各利益相关者提供指导与启示。首先，本章将介绍新型基础设施在碳排放管理方面的重要性。其次，本章将探讨新型基础设施碳排放管理面临的挑战。在解决挑战的基础上，本章将提出一些新型基础设施碳排放管理的方法与策略，如信息基础设施碳排放管理，融合基础设施碳排放管理以及科技创新对碳排放管理的促进作用。最后，本章将通过实例总结新型基础设施碳排放管理的一般方法与理论。通过有效管理新型基础设施的碳排放，不仅可以降低气候变化风险，还可以推动经济可持续发展，实现绿色转型。本章逻辑框架图如图 10-1 所示。

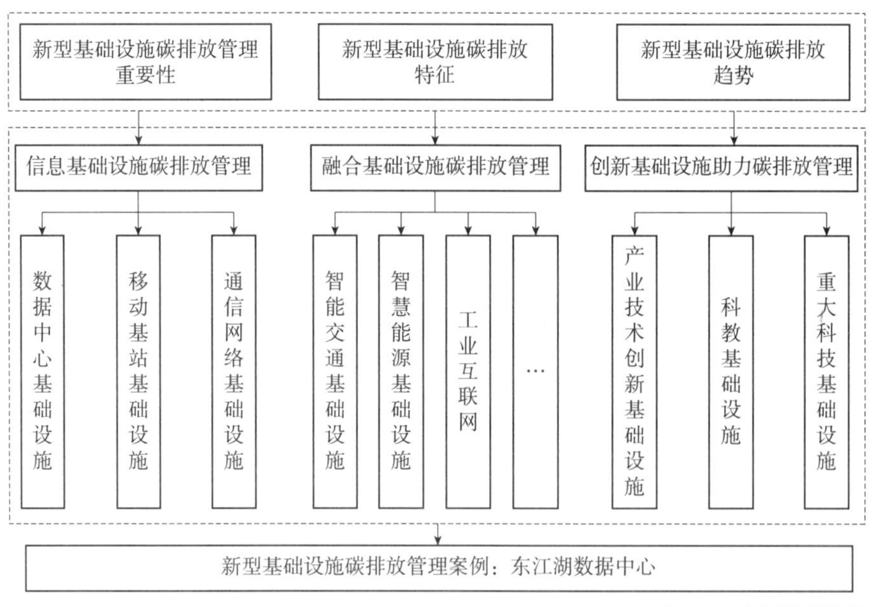

图 10-1　本章逻辑框架图

【本章重点难点】

掌握新型基础设施与碳排放之间的关系，了解新型基础设施各类型对于碳排放管理的作用；掌握常见的新型基础设施类型及其碳排放特征与趋势；掌握信息基础设施碳排放管理常见策略；熟悉科技创新能力在碳排放管理中的作用。

10.1.1 新型基础设施背景与内涵

纵观人类经济发展史，每一轮产业变革都会孕育新的基础设施，并推动传统基础设施改造升级。加速发展的新型基础设施是新技术、新生产要素在全社会广泛普及的必要物质基础，也是新产品、新业态、新经济快速成长的关键支撑。当前，第四次工业革命蓬勃兴起，数字经济加速与实体经济深度融合，数据成为关键生产要素，技术演进升级和经济社会发展推动新型基础设施的形成和成长。

新型基础设施自 2018 年被首次提出以后，其内涵与特征不断丰富。新型基础设施是指为了适应和引领新一代信息技术革命的发展，以技术创新为驱动，以信息网络为基础，以促进传统产业的升级改造和高新技术产业的发展，实现经济社会的高质量发展为目标，提供信息交流、智能升级、融合创新等服务的基础设施体系。工业与信息化部赛迪研究院在 2020 年 3 月发布了《“新基建”发展白皮书》中提出，新型基础设施建设是服务于国家长远发展和“两个强国”建设战略需求，以技术、产业驱动，具备集约高效、经济适用、智能绿色、安全可靠特征的一系列现代化基础设施体系的总称。国家发展改革委近期对此做了进一步的阐释，认为新型基础设施建设是以新发展理念为引领，以技术创新为驱动，以信息网络为基础，面向高质量发展需要，提供数字转型、智能升级、融合创新等服务的基础设施体系。

新型基础设施建设是与铁路、公路、机场等传统基础设施建设相对应的，但各方对其涵盖范围的认识还存在差异。赛迪研究院解读主要包括 5G 基建、特高压、城际高速铁路和城市轨道交通、新能源汽车充电桩、大数据中心、人工智能、工业互联网等七大领域。国家发展改革委高新技术司则将以 5G、物联网、工业互联网、卫星互联网为代表的通信网络基础设施，以人工智能、云计算、区块链等为代表的新技术基础设施，以数据中心、智能计算中心为代表的算力基础设施，智能交通基础设施、智慧能源基础设施、重大科技基础设施、科教基础设施、产业技术创新基础设施等，列为新型基础设施的主要内容。

10.1.2 新型基础设施定义与分类

新型基础设施根据其提供的服务不同，主要分为三大类：信息基础设施、融合基础设施、创新基础设施。

信息基础设施主要是指基于新一代信息技术演化生成的基础设施，主要包括以 5G、物联网、工业互联网、卫星互联网为代表的通信网络基础设施，以人工智能、云计算、区块链等为代表的新技术基础设施，以及以数据中心、智能计算中心为代表的运算基础设施等，这类基础设施是第四次工业革命得以顺利高效展开的基础，是新型基础设施的核心。不同于传统面向连接的通信基础设施，新一代信息基础设施正向以信息网络为基础，以数据要素为核心，提供感知、连接、存储、计算、处理等综合数字能力的基础设施体系发展。要顺应信息技术发展趋势和基础设施功能演化需求，打造集感知设施、网络设施、算力设施、数据设施、新技术设施于一体的新型信息基础设施体系。对于已有的基础设施，一方面要基于新技术实现设施升级，如推动移动通信网络从 4G 向 5G 升级、固定接入网络从百兆向千兆升级、加快下一代互联网规模应用等，另一方面也要适应新需求优化提升设施性能，如适应智能社会发展需求推动数据中心体系向多层次、体系化算力供给体系演进，适应数据流量增长和流向变化趋势优化网络架构，推进云网协同和算网融合发展。对于新兴的基础设施，要更注重设施的形态培育、技术研发和应用推广，如加大量子计算、下一代通信网络技术等的研发和试验力度，培育新一代智能计算中心、人工智能海量训练库、标准测试数据集和“智能 +”行业赋能平台等人工智能基础设施，探索发展安全可扩展的区块链基础设施等。

融合基础设施主要是指传统基础设施应用新一代信息技术进行智能化改造后所形成的基础设施形态，包括以工业互联网、智慧交通物流设施、智慧能源系统为代表的新型生产性设施，和以智慧民生基础设施、智慧环境资源设施、智慧城市基础设施等为代表的新型社会性设施。利用新一代信息技术推动新型生产性设施发展，可有效推动传统产业转型升级，带动生产方式、组织方式变革，支撑新产业、新业态发展。新型生产性设施涉及工业互联网、智慧交通物流设施、智慧能源设施、智慧农业农村设施等，每类设施充分考虑行业属性、所处阶段和融合水平的差异性，重点支持支撑范围广、赋能能力强、带动效应好的设施发展，如工业互联网平台、车联网、智慧物流、能源互联网等。建设基于新一代信息技术的新型社会性设施，有利于增加公共服务供给、丰富公共服务内容、提升公共服务水平。要全面覆盖与广大人民群众日常生活密切相关的重要领域，积极发展智慧医院基础设施、智慧养老基础设施、智慧教育基础设施等，提升公共服务的供给数量和质量，促进公共服务的均等化、公平化。发展智慧环境设施、新型城市管理设施等，则有助于创新公共治理模式，形成科学精细智能的治理能力。

创新基础设施是指支撑科学研究、技术开发、新产品和新服务研制的具有公益属性的基础设施。《中华人民共和国国民经济和社会发展第十四个五年规划和 2035 年远景目标纲要》提出，“坚持创新在我国现代化建设全局中的核心地位，把科技自立自强作为国家发展的战略支撑”。创新基础设施是实现科学技术突破、促进科技成果转化、支撑创新创业的重要基础，对提升国家科技水平、创新能力和综合实力具有重大影响。可依据从自主研究开发到产业化的创新长链条布局创新基础设施。面向世界科技前沿，聚焦新一轮科技革命重点方向，建设一批重大科技基础设施，提供极限研究手段，帮助提升原始创新能力和支撑重大科技突破。面向国家重大战略需求，聚焦解决重大科技问题，建设一批科教基础设施，构建特色鲜明、水平先进的研究平台体系。面向经济主战场，聚焦提升产业创新水平，整合现有优质资源，建设一批新型共性技术平台和中试验证平台，完善高水平试验验证设施，支撑产业技术升级和企业创新发展。同时，为激发社会创新活力，推动建设一批低成本、开放式、专业化的创新创业服务设施，为中小企业创新发展、大众创业万众创新提供便利条件。

10.1.3 新型基础设施碳排放的特点

1）碳排放量高、碳排放强度高

根据国际环境保护组织绿色和平与工业和信息化部电子第五研究所计量检测中心联合发布《中国数字基建的脱碳之路：数据中心与 5G 减碳潜力与挑战（2020-2035）》报告（以下简称《报告》）指出，在 2030 年中国全面实现碳达峰之后，新型基础设施——数字基础设施的碳排放将继续增长。数字基础设施的碳排放已然成为碳排放以及能源消耗的新增长点。

《报告》预测：到 2035 年，中国数据中心和 5G 总用电量约是 2020 年的 2.5~3 倍（图 10-2），将达 6951 亿 ~7820 亿 kW · h，将占中国全社会用电量的 5%~7%。与此同时，2035 年中国数据中心和 5G 的碳排放总量将达

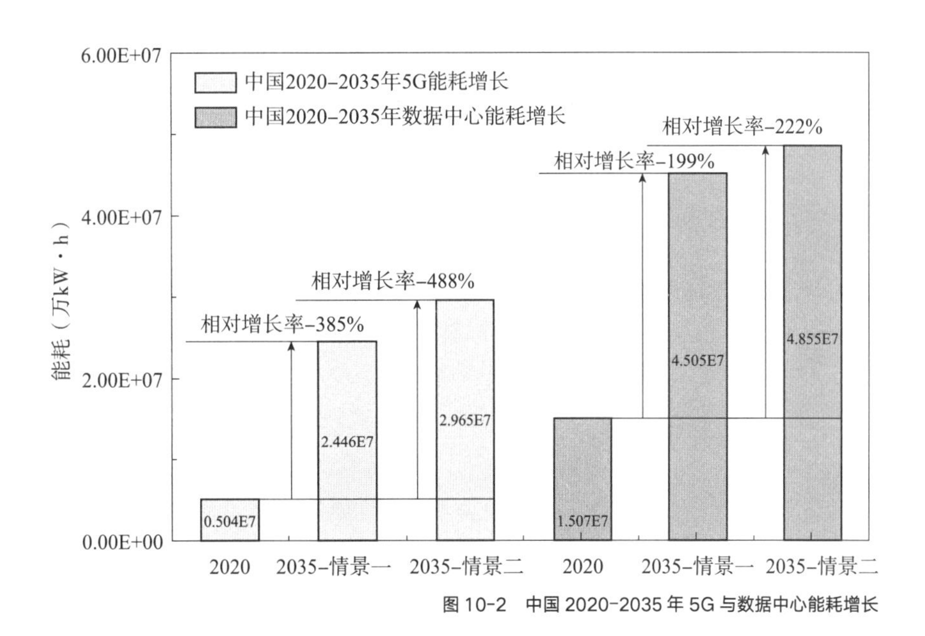

图 10-2　中国 2020-2035 年 5G 与数据中心能耗增长

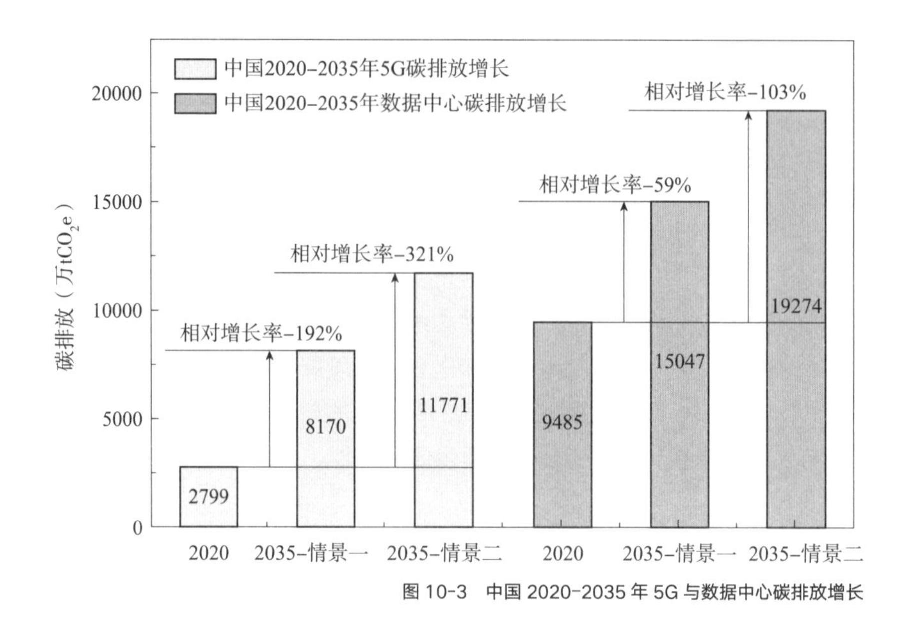

图 10-3　中国 2020-2035 年 5G 与数据中心碳排放增长

2.3 亿 ~3.1 亿吨（图 10-3），约占中国碳排放量的 2%~4%，相当于目前两个北京市的二氧化碳排放量。其中数据中心的碳排放将比 2020 年增长 103%，5G 的碳排放将增长 321%。相对比，钢铁、建材、有色金属等重点排放行业有望率先在 2025 年左后实现碳排放达峰并开始下降，而数字基础设的碳排放“锁定效应”将成为中国实现碳达峰以及进一步碳中和的重要挑战。

2）能源消耗大

新型基础设施的飞速发展，导致其能源消耗量快速增加，带来了巨大的碳排放压力。

根据数据研究表明，2018 年新型基础设施数据中心总用电量为 1609 亿 kWh，远超上海全社会用电量，同时该用电量约占当年中国总用电量的 2%。华为于 2021 年 9 月份发布的《通信能源目标网白皮书》也提到，虽然 5G 单位数据传输能耗低，但是 5G 基站站点的数量急剧提升。据统计，5G 站点数量约为 4G 站点数量的 3~4 倍，单设备功耗约为 4G 的 2.5~3.5 倍。按照规划，当 2025 年 5G 基站覆盖全国时，5G 网络每年的能耗将达到 4302 亿度，约为 2022 年中国全年总用电量的 5%。

习近平总书记多次强调要把碳达峰、碳中和纳入生态文明建设整体布局。新型基础设施不仅是节能减碳的重要领域，更是赋能千行百业实现“双碳”目标的原动力。多年来，信息基础设施积极推动绿色发展，强化绿色技术应用推广，单位信息流量能耗已大幅下降。但随着经济社会数字化发展的提速，新型基础设施进入快速发展期，其能耗总量大幅上升，绿色转型面临较大压力。

3）技术更新快

“十四五”新型基础设施建设解读稿指出，当前人类社会已迈入第四次工业革命时期，新型基础设施正在成为新一轮科技革命和产业变革的关键支撑和重要物质保障。技术迭代是新型基础设施的一大特点，传统基础设施技术较为成熟、升级缓慢，而新型基础设施所依托的信息技术快速演进升级，并不断与传统基础设施技术交织融合，整体技术体系持续创新优化。建设和运营新型基础设施需要大批创新性强的高技术公司和人才，并形成与之相适应的融资、监管和发展环境，这是一项长期系统工程。

以信息基础设施为例，随着越来越多设备接入网络，越来越多业务流程实现数字化和智能化，人们将在数字世界构建越来越复杂的经济和社会系统，这要求信息基础设施向人们提供更多用户界面友好、使用成本低廉、性能优越可靠、获取及时方便的通用信息技术工具。除了基础的网络基础设施、算力基础设施外，新型信息基础设施正在依托新技术，探索发展更多基础设施形态。例如，欧盟等多个地区探索区块链基础设施化建设模式，美英等宣布探索量子互联网和数字孪生体等新型基础设施。围绕数据采集到价值挖掘应用，新型信息基础设施体系将不断发展完善。

10.1.4　新型基础设施碳排放的趋势

新基建是以数字技术为核心的基础设施建设，本身就是代表科技创新的前沿产业，自产生之初就伴随着高科技、低耗能的生产环节和技术服务，是节能减排的重要技术支撑。随着新一代信息技术快速发展，新基建呈现高速增长态势，随之而来的能耗和碳排放等问题值得关注，直接影响“碳达峰、碳中和”目标的实现。因此，新基建助推“双碳”目标达成的首要逻辑就在于新基建本身，以科技创新实现节能减排。打造“绿色新基建”离不开科技创新，必须充分发挥新一代信息技术的高度创新性，开发并引入更多的节能降碳技术和措施，推动绿色低碳技术和节能设备广泛使用，加快对重点领域的绿色化改造，如推广节能 5G 基站等，从技术层面提升新基建的节能水平。因此，在技术创新视角下，新型基础设施建设将带来显著的减排效应。主要体现在三方面：

一是技术进步本身带来的能效提升。研究表明 5G 技术单位数据传输能耗将有望降至 4G 的 2%~10%，并有助于降低智能手机、物联网和其他终端设备的电池消耗。智能运维技术的应用可以促进数据中心节省大量能源消耗，还有越来越多云计算和大数据中心直接使用可再生能源供电。近年来，国内互联网企业和数据中心建设运营企业积极应用可再生能源电力，直接采购可再生能源电力，自建分布式可再生能源电站，探索“发－输－用”清洁能源本地供应与消纳的方式。国际信息通信行业协会和头部企业已着手应对数字基础设施的能耗与碳排放挑战。在全球移动通信协会（GSMA）、国际电信联盟（ITU）等组织的倡议下，已有 29 家移动通信运营商集团承诺在 2020~2030 年间减少 45% 温室气体排放。谷歌、苹果、脸书等逾 40 家大型科技企业设立了 100% 可再生能源目标，其中约 20% 已经实现。

二是带动产业链结构的优化。人工智能、工业互联网等技术对工业、能源、建筑、交通基础设施和上下游体系的改造将大大强化产业链的协同增效，使各行业垂直领域的连接更加紧密、反应更加智能、整体更加高效，从而大幅减少物耗和能耗。通过互联网、数据中心、云服务平台融合多种绿色节能技术、实时能耗监控、持续降低碳排放和热排放，减少信息不对称和信息不透明等情况，通过数字化手段实现“数智”控碳，减少管理过程中的碳排放。以 5G 基站为例，可以利用 AI 技术提前预测相关业务，适时采取自适应休眠等措施，减少基站电力消耗；可以促进不同运营商基建的共建共享，减少重复建设。

二维码 10-1　新型基础设施助力减排降碳案例

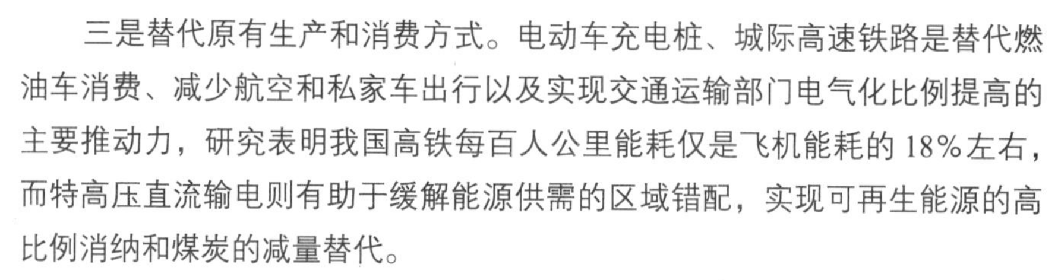

三是替代原有生产和消费方式。电动车充电桩、城际高速铁路是替代燃油车消费、减少航空和私家车出行以及实现交通运输部门电气化比例提高的主要推动力，研究表明我国高铁每百人公里能耗仅是飞机能耗的 18% 左右，而特高压直流输电则有助于缓解能源供需的区域错配，实现可再生能源的高比例消纳和煤炭的减量替代。

此外，在需求驱动视角下，新型基础设施建设也将带来明显的增耗效应。主要体现在三方面：一是建设过程中的能耗和碳排放。城际高铁和轨道交通、特高压输电线路建设中的钢铁和水泥消耗强度较大，研究表明京沪高铁建设平均每千米排放 285t 二氧化碳；二是运营过程中的能耗和碳排放。研究表明中国数据中心总排放量接近 1 亿 t 二氧化碳；三是刺激消费新需求所产生的能耗和碳排放。根据华为发布的《通信能源目标网白皮书》，虽然 5G 单位数据传输能耗较低，但是由于 5G 站点数量是 4G 的 2~3 倍，同时拥有更大流量，单设备功耗将是 4G 的 2.5~3.5 倍，按照规划 2025 年将实现 5G 基站覆盖全国，届时 5G 网络的全年能耗将达到 2430 亿度，产生二氧化碳排放 1.49 亿吨。

二维码 10-2　新型基础设施增耗效应案例分析

综合来看，新型基础设施建设对部门和行业碳排放达峰将产生短期和中长期不同的影响。新型基础设施建设对特定部门和行业可能存在减排或增耗的影响，特别在建设强度比较集中的能源（电力）和交通（公路、铁路）等部门。短期而言，因为“十四五”规模建设投产加速，但能源结构调整幅度并不能快速提升，增耗效应可能占据主导（图 10-4），根据我们的初步分析，综合考虑增耗和减排的直接及间接效应，“十四五”期间每年平均将增加二氧化碳排放约 7300 万 t；长期来看，信息技术和能源技术的“双重革命”的叠加效应会进一步显现，新型基础设施对行业智能化升级改造、绿色化要素协同的减排效应将充分发挥。

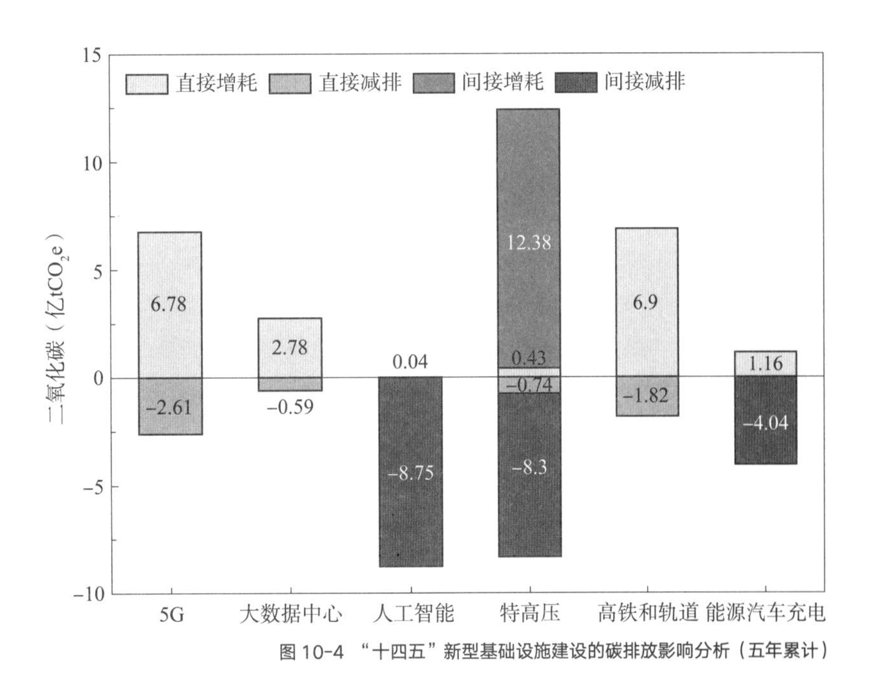

图 10-4 “十四五”新型基础设施建设的碳排放影响分析（五年累计）

10.2.1 信息基础设施碳排放特征

近年来，信息通信领域积极采用先进技术，大力推动节能减排和绿色转型工作，信息基础设施能源使用效率持续提升，绿色节能工作效果显著。根据统计，通信行业单位信息流量电能耗已从 2017 年的 54.4kW · h/TB 下降到 2020 年的 31.7kW · h/TB，三年间下降幅度高达 42%。其中，基站能效随着 5G 网络规模化部署及相关节能技术的应用大幅提升。中国信息通信研究院泰尔系统实验室对目前 4G/5G 现网全部主流基站测试的结果显示，在峰值吞吐量的情况下，5G 基站能效是 4G 基站能效的 12 倍。而数据中心方面的电能使用效率（PUE）也在持续下降，行业内先进绿色数据中心 PUE 已降低到 1.1 左右，达到了世界领先水平。

尽管单位信息流量耗能持续下降且相关能效大幅提升，但随着人们进入快速发展的数字化社会，对网络、计算、存储资源需求飞速增长，“十四五”期间新型基础设施尤其是信息基础设施，仍面临着突出的节能降耗压力。以信息基础设施中的耗能大户数据中心为例，近年来我国数据中心需求以年均 30% 的速度增长，目前我国数据中心机架总规模已超过 500 万架。随着数据中心规模的扩大，数据中心总体能耗保持快速增长状态。根据测算，2017~2020 年我国信息通信领域规模以上数据中心年耗电量年均增长 28%。其中，2020 年达 576.7 亿 kW · h，是近几年涨幅最高的一年（图 10-5）。按照未来数据中心机架数量年均 30% 的增速，预计到“十四五”末，其年用电量将在 2020 年基础上翻一番，这对数据中心的绿色低碳发展形成巨大的挑战。

通信基站是信息基础设施能耗的第二大户。根据对我国三大基础电信运营商的统计，“十三五”期间我国通信网络能耗持续增长，2020 年我国通信基站耗电量达 465.8 亿 kW · h。尤其是 2019 年 5G 商用后，大规模部署的 5G 基站带来的能耗增速较快，2019 年和 2020 年同比增速分别达到 28% 和 19%（图 10-6）。按照“十四五”末 5G 基站总数达到 372 万站，单站功耗为 2kW 进行计算，到“十四五”末，5G 基站的年耗电量约为 815 亿 kW · h。

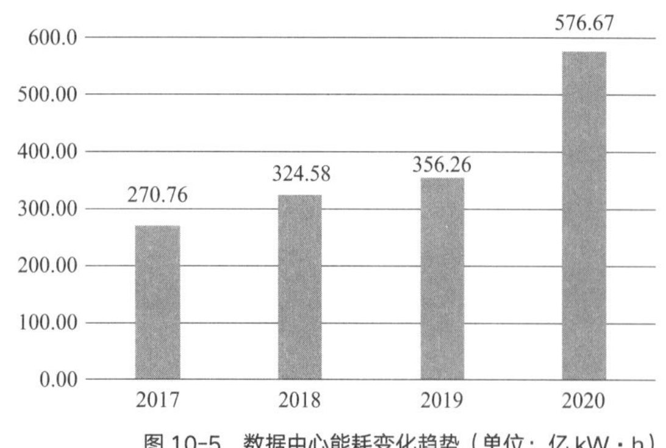

图 10-5 数据中心能耗变化趋势（单位：亿 kW · h）

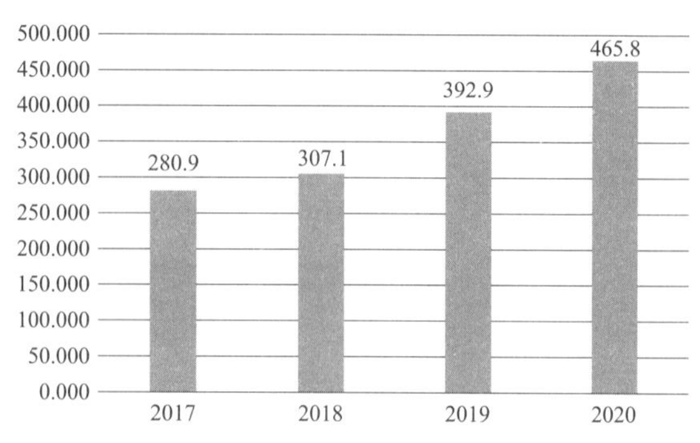

图 10-6 我国通信基站耗电量情况（单位：亿 kW · h）

考虑到采取 2G/3G 基站减频、节能减排工作的进一步深入及 4G/5G 共站址建设等措施，按照年平均降低能耗率为 5% 进行计算，预计 2025 年通信基站总耗电量约达到 1050 亿 kW · h。中国电力企业联合会公开发布《中国电力行业年度发展报告 2021》中提出，2025 年我国全社会用电量将高达 9.5 万亿 kW · h。按上述数据得出，2025 年通信基站耗电量约占全社会用电量 1.1%。

10.2.2 信息基础设施碳排放管理策略

随着数字化和信息化的快速发展，信息基础设备需求急剧扩大，伴随着信息基础设施领域碳排放压力也在不断上升。

国家实施“东数西算”工程，将对时延要求不高的信息基础设施逐步往西部迁移，充分利用西部丰富的可再生能源和适宜的气候条件。东部沿海、一线城市等发达地区，人口密度大，信息交互需求大，因此对信息基础设施的需求也会更多。然而，这些区域能源资源较为匮乏，能源价格较高，且由于气候因素难以建设节能型信息基础设施。而中西部地区具有丰富的可再生能源资源，因此将信息基础设施与西部地区资源匹配，可以有效地促进信息基础设施领域低碳节能化进程。

为了推进绿色信息基础设施建设，国家及地方陆续出台一系列政策推进节能型信息基础设施建设，对信息基础设施的能效提出了明确要求，提出强化信息基础设施能源配套机制，加快数据中心、网络机房绿色建设和改造，建立绿色运营维护体系，实现信息基础设施行业碳减排。除此之外，企业也纷纷严格落实绿色信息基础设施发展理念，积极探索和开发绿色低碳技术并进行推广应用，持续提高信息基础设施能效，助力基础设施降本增效。

1）数据中心绿色低碳技术

从 IT 设备、配套设施以及整体层面探索绿色低碳新技术。IT 设备方面，持续推进利用云计算等技术将数据中心资源池化、虚拟化，大幅提高相同能耗水平下服务器的利用率。云间互联、云网边协同、多云灾备等技术将大幅提升整体网络能效。与此同时，主设备与配套设施一体化建设的数据中心微模块技术，也在助力提升数据中心能效中发挥重要作用。制冷技术方面，列间制冷、背板制冷等近端冷却技术以及间接蒸发冷却等利用自然冷源的节能技术得到规模化应用，节能减排效果显著。同时，以液冷技术为代表的新型制冷系统已逐渐成熟，正在稳步推动其产业化进程。供配电系统方面，模块化 UPS、高压直流供电、一路市电直供一路保障电源等技术的落地应用，有效降低供配电系统的电能损耗。随着光伏等新能源系统成本的下降，数据中心绿色能源直接供给容量占比也不断攀升。在数据中心整体层面，通过对数据中心温度、湿度、电压、电流、功率等各项数据采集与分析，并通过人工智能和大数据技术实时动态优化各专业领域设备、系统的工作状态的综合用能管理技术也在持续推广。此外，数据中心余热回收技术的应用，也有效提升了全社会的用能效率。

2）5G 基站绿色低碳新技术

从网络、主设备和配套基础设施等层面全面推进绿色基站建设。网络和主设备层面，全网推广无线网络亚帧关断、通道关断、浅层休眠、深度休眠等软件节能技术，通过基于负荷的主设备不同的工作状态控制，实现 5G 网络能效大幅提升。同时，无线网络采用 C-RAN 架构建设，简化电源、空调配置，降低配套设施耗电，提升基站总体能效，积极推进 5G 网络和基站的共建共享，大幅降低碳排放量。配套设施层面，同步推广包括新风、热交换、热管等自然冷源应用方案，与传统的基站空调相比较，能效提升至数十倍。此外，在有条件的地区，建设光伏或风能系统，通过优先利用可再生能源技术鼓励应用更多的绿色能源，实现源头减碳的目标。同时采用升压供电技术以及数字储能技术，持续推动基站供电系统能效提升。

3）通信网路绿色低碳新技术

积极建设全光化、广覆盖、大容量、扁平化、智能高效的云网融合信息基础设施。通过光纤接入替代铜缆接入，打造全光传送网，有效减少光电转换，大幅降低网络能耗。着力打造“一张物理网、多张逻辑业务网”，减少网络节点设备数量及能源消耗。骨干网引入大容量高能效网络设备，部署 SRv6/EVPN/FlexE 等网络新技术、引入端到端 SDN 控制器，提升网络智能化、服务化能力。此外，开展 2G 精简和 3G 减频工作，并淘汰老旧高耗能设备等，持续提高网络效能。

二维码 10-3　国家绿色数据中心案例分析

10.3.1 融合基础设施碳排放管理意义

融合基础设施是新型基础设施的重要组成部分，主要是指深度应用互联网、大数据、人工智能等技术，支撑传统基础设施转型升级，进而形成的一类新型基础设施。融合基础设施范围广阔，涉及所有传统基础设施领域。当前，根据我国经济社会发展需要和新型工业化、信息化、城镇化、农业现代化建设要求，重点应在工业、交通、能源、民生、环境、城市、农业农村等方面开展建设。具体来说，一是打造具备国际竞争力的工业互联网，二是发展协同高效的交通物流基础设施，三是构建清洁高效的智慧能源系统，四是建设先进普惠的智慧民生基础设施，五是形成绿色智慧的环境基础设施，六是建设智能新型的城市基础设施，七是构筑系统完备的智慧农业农村设施体系。

融合基础设施的基础在“网”，即构建高速互联的信息传输网络，推动各领域基础设施的互联互通。网络化是现代信息技术的一个典型标志，也是融合基础设施的重点发展方面。当前，我国基础设施还普遍面临互联互通不够、数据共享不足等情况。全面发展融合基础设施，要利用好现代信息技术网络化、互联化的特点，将各行业、各领域的基础设施高效、安全地连接在一起，促进数据要素有效流动，带动其他生产要素的高效互联，推动整个基础设施体系的高质量发展。例如在 2020 年 1 月 23 日，面对突发的新冠疫情，中联重科通过工业互联网平台，紧急就近调度了超过 110 台处于最佳工况的挖掘机、起重机、混凝土泵车等设备，有力支持了火神山医院的建设任务。

融合基础设施的精髓在“智”，即通过构建智能计算能力、部署智能计算方法，实现对基础设施数据信息的感知汇聚和智能计算。智能化是当前信息技术的主要发展方向，能够通过算法模型汇聚信息、固化知识、构筑能力，大幅提升基础设施工作效率。新型基础设施建设，将通过部署泛在的感知设备，收集监测基础设施的各项运行状态数据，汇集训练成为各类智能算法模型，进而开展各项辅助决策、自动运行、预测预警等智能化工作，推动各类基础设施的智能升级。例如，许多电商企业已经开始运用智能算法分析不同区域的热销产品，打造包括智能补货、智能仓储、智能派送在内的前置仓物流管理体系，将货物尤其是生鲜货物提前部署到热销的居民小区附近，真正满足消费者“所想即所得”的消费需求。

融合基础设施的目标在“惠”，即通过打造新型基础设施来提升城乡发展品质，提高百姓的幸福感、获得感。当前，我国经济社会存在的主要矛盾是人民日益增长的美好生活需要和不平衡不充分的发展之间的矛盾。数字化的产品和服务由于具有边际成本趋近于零的特点，适合应用于大多数非竞争性和非排他性公共产品。在民生领域，基础设施供需不均衡、不充分的问题依然存在。新型基础设施中的数字基础设施弱化了空间限制，通过新技术促进区域间均衡发展、完善社会公平保障体系，使优质医疗、教育等民生供给均衡化。同时，新型基础设施各项技术具有持续改进和迭代的特点，催生出更多业态和模式，能够在民生领域提供更多人性化服务，在为民众提供基本社会保障的同时，增强公共服务的经济属性。例如，贵州省建立了远程医疗服务平台，覆盖了1543家乡镇医院和293家县以上公立医院，越来越多的偏远地区群众在家门口就可享受到优质医疗服务。

融合基础设施的核心在“融”，即重视信息技术和传统设施的融合协同发展，为经济社会的数字化转型提供有力支撑。新型基础设施建设，不是对传统基础设施的另起炉灶、推倒重来，而是对传统基础设施充分利用。传统基建各种要素与基础设施之间彼此分立，时空相隔，协同效应较差，而新型基础设施以信息技术为基础设施的整体迭代带动社会基础设施的联通联动，在云网端一体、新旧基础设施互补的新平台上，通过优化社会资源流动速度和配置模式提升全要素生产率。例如，长沙的智慧公交示范线路通过对车辆和道路的智慧化改造，可实时将车辆、路况等信息通过5G传输至指挥调度中心，经智能云计算再次反馈至智能公交的决策控制器，实现车辆的智能驾驶，为城市交通的智能化提升探索了新的模式。

绿色低碳可持续发展是全球大势，碳达峰碳中和已经成为我国未来发展的重要任务之一。利用新一代信息技术推动传统基础设施向融合基础设施演进，一方面本身可以实现绿色化发展，通过数据分析挖掘优化设施运行过程，提高设施运转和服务效率，节省单位能源消耗；另一方面智能化的基础设施可以通过数字化赋能经济社会各领域，带动其他领域实现绿色可持续发展。例如，在传统基础设施数字化过程中，发展形成与传统基础设施功能相对应的全数字化新型基础设施，如第三方网上支付平台、互联网医院、网上课堂等，这些新型基础设施形态打破了时间空间限制，提供了“一点接入、全网服务”的便捷服务方式，极大地节约了全社会的资源消耗。

10.3.2 融合基础设施碳排放管理策略

融合基础设施不仅自身是节能减碳的重要领域，更是赋能千行百业进入绿色低碳发展道路的助推器。融合基础设施促进大数据、云计算、人工智能、物联网等数字技术在我国重点用能领域的利用，一方面能够通过能源优化、成本优化、风险预知及决策控制等多种方法帮助降低碳排放，另一方面助力实现碳资产数字化管理和碳排放追踪。根据全球电子可持续发展推进协会发布的《SMARTer2030》报告显示，未来十年内数字技术有望通过赋能其他行业贡献全球碳排放减少量的20%。典型融合基础设施场景如下所示：

1）工业互联网

首先，工业互联网可以助力研发设计，基于人工智能、大数据等技术，快速研发低碳产品，实现源头减排。其次，工业互联网可以助力生产制造，实现过程减排。如企业可以利用工业互联网传输生产设备运行数据等，并通过深入分析优化现场计划安排流程、物料调度，提高能源及物料的利用效率。又如，工业互联网可智能控制重点设备，搭建高炉专家系统，实时优化工艺操作，达到高效利用能源目的。还可基于机器视觉等技术，对废物废料进行定级，提高资源再利用率。此外，推动能源集中管控平台建设，通过深度分析不同能源种类对应的能耗数据，合理制定用能计划，进一步加大绿色能源使用比例及综合用能效率。

2）智慧能源基础设施

在发电环节，智慧能源基础设施可通过人工智能与大数据技术，在预测未来天气情况的基础上，灵活调配传统发电容量，助力构建“以新能源为主体的新型电力系统建设”。在输配电环节，智慧能源基础设施还可以有力推进电网的输配电网路的智能运维、状态监测、故障诊断综合管理能力，通过边云协同实现电力物联全面感知基础上，综合利用新一代数字技术，提高设备故障响应速度和运行维护效率。在用户侧，智慧能源基础设施能够助力用户精细化管理自身能源消耗，精准快速定位高能耗、高碳排放用电环节，智能分析用户用电行为，从而帮助用户优化电力调度和匹配方案，达到提升用电效率，降低碳排放的目的。

3）车联网等智能交通基础设施

在车辆方面，车联网可助力车辆智能化、电气化，帮助车辆实现通行引导、并线辅助、编队行驶、生态路径规划等智能驾驶场景，通过数字化手段协助司机规避突发事件或恶劣路况带来的急加减速、无效怠速等驾驶行为，有效降低驾驶能量消耗。在交通管控方面，车联网可实现“人－车－路－站－云”协同，可打造十字路口优先通行、精准引导、超视距感知等应用功能，提升车辆的行驶安全和运行效率。在公众出行方面，车联网可优化公共交通服务水平，促进社会群体出行习惯转型，有效提升车辆使用率、共享率，实现综合碳减排。

“十四五”既是我国“双碳”发展的关键时期，也是我国融合基础设施建设的重要窗口期，我们既要积极推动融合基础设施的节能降耗，更要充分发挥信息基础设施绿色赋能作用，推动数字化和绿色化深度融合，助力经济社会发展开启绿色低碳之路。

1）大力推动能源结构绿色转型

促进融合基础设施的能源供给从传统的煤炭、石油、天然气等化石能源，逐步向非化石能源转型。如在数据中心领域，以自建可再生能源电站或购买绿证等方式，实现能源绿色供给。在通信基站机房领域，建设叠光、叠风型基站，优先利用可再生能源方面加快能源结构绿色化升级。

2）持续提升能源使用效率

大力推进融合基础设施节能技术和绿色技术研发及应用。在信息基础设施领域用能侧，如主设备、制冷系统和供电系统内推动节能减排技术应用，实现节能减碳的目标。落实《全国一体化大数据中心协同创新体系算力枢纽实施方案》，加快实施“东数西算”工程，优化数据中心布局。加强技术攻关能力，突破绿色低碳技术瓶颈，加快在网应用进程。建立健全绿色低碳标准体系，引领行业低碳发展。

3）大幅降低碳排放及环境影响

积极开展融合基础设施生产过程中减少废水、废气及废渣排放工作，通过控制有害物质排放，减少环境影响。通过推进废弃产品回收利用制度和跨领域跨行业梯级应用，延长使用寿命，降低环境影响。此外，将无利用价值的废弃产品递交至有资质回收处理企业，力争资源最大化利用和无害化处理。

4）促进能源综合利用与资源循环利用

从能源和资源两个维度促进循环利用。能源综合利用方面，搭建综合能源管控平台，搭建“云－管－边－端”架构，采集全流程相关数据，利用相关算法及信息技术等实现智能预测、决策分析和远程控制，综合提升能源使用效率。资源综合利用方面，推动信息通信领域与其他领域协调统筹，如推进数据中心余热回收并自用或输送至办公楼宇或周边酒店、游泳池等场所供暖系统等方式大幅提升能源、资源的综合利用水平。

5）充分发挥信息基础设施赋能作用

大力推动信息基础设施与传统领域的结合，发展融合型基础设施。基于融合基础设施，大力推动数字技术赋能高耗能领域绿色化转型，打造绿色制造、可持续能源网络和低碳交通网络等，助推我国“双碳”目标的实现及“美丽中国”建设。

10.4.1 创新基础设施与碳达峰碳中和

习近平总书记指出，生态文明发展面临日益严峻的环境污染，需要依靠更多的科技创新建设天蓝、地绿、水清的美丽中国。这一论断，强调了科技创新对生态环境保护和生态文明建设的重要性，也说明在实现碳达峰碳中和目标过程中，科技创新的作用不可替代。科技创新是同时实现经济社会高质量发展和实现碳达峰碳中和目标的关键，实现碳达峰碳中和目标将加速技术生态化创新发展，对我国科技创新体系而言，既是一次重大机遇，更是一次重大挑战。

与发达国家相比，我国实现碳中和目标需要付出更大努力。目前，提出碳中和目标并付诸实践的国家大多是欧美发达国家，这些国家都已经实现了碳达峰目标，其中英国、法国、德国等国家在20世纪80年代左右就已实现了碳达峰目标，美国、加拿大、意大利等国家在2007年左右也实现了碳达峰目标。欧美发达国家的实践经验表明，实现碳达峰是经济发展和技术进步良性互动后的自然过程，碳达峰一般出现在基本完成工业化和城镇化之后。在当前经济发展阶段，我国碳排放总量大，人均碳排放量低，碳中和实现周期短，技术储备不足。因此，无论从经济发展阶段、碳排放总量、人均碳排放量、碳中和实现周期，还是从碳减排技术储备来看，与欧美发达国家相比，我国实现碳达峰碳中和目标需要付出更大的努力。

从经济发展阶段来看，当前我国经济发展与碳排放尚未完全脱钩，正处于工业化后期增长阶段和城镇化高质量发展关键阶段，尚处于产业结构调整升级期、经济增长新常态发展期和碳排放量"平台期"，生态环保任重道远。从碳排放总量来看，二氧化碳排放主要来源于化石燃料利用，受我国能源资源禀赋的影响，煤炭在我国能源消费结构中仍占到接近60%，这意味着，我国实现碳中和目标要下大力气调整能源结构。从人均碳排放量来看，经济发展史表明一个国家的发展程度同人均碳排放量密切相关，当前我国人均GDP突破1万美元，已转向高质量发展阶段，但仍属于发展中国家，人均碳排放量远低于主要欧美发达国家，也低于世界平均水平，实现碳中和目标难度远高于欧美发达国家。从碳中和实现周期来看，欧美发达国家已经实现了碳达峰目标，距离2050年实现碳中和拥有40~70年左右的窗口期，而我国从2030年实现碳达峰到2060年实现碳中和仅有30年左右时间，在经济结构、技术条件没有明显改善的条件下，强化二氧化碳减排约束将显著压缩我国经济的增长空间。

从碳中和技术储备来看，我国一直在积极研发推广节能减排技术，在一些关键技术领域也取得了快速发展，但是现有减排技术依然供给不足，尚难以支撑我国如期实现碳中和目标。研究表明，如果延续当前政策、标准、投资方向和碳减排目标，基于现有技术水平在2030年左右可以实现碳达峰目标，但是在2060年左右实现碳中和目标有困难。中国社会科学院数量经济与技术经济研究所“能源转型与能源安全研究”课题组指出，目前实现碳中和目标有三大难点，当前实现碳中和的各种技术成本居高不下是难点之一，亟待实现技术突破。课题组运用中国能源模型系统，通过多种新能源和碳中和方案的技术路径情景模拟发现，只有高能源效率、高可再生能源比例、绿色甲醇、终端煤炭替代相结合的转型路径才可以实现2060年前碳中和的目标。这意味着，我国在2035年基本实现社会主义现代化之后，必须实现深度碳减排，因此当前我国亟待加强碳减排技术体系的研究部署，为实现碳中和目标提供必要的技术储备和科技支撑。

实现未来经济社会发展愿景需要科技支撑，实现国家重大发展战略对科技发展提出了需求。日本、英国、德国等发达国家开展技术预见的实践经验表明，基于未来经济社会发展愿景的科技需求分析是制定科技发展战略的重要参考，国家未来科技发展主要是为了实现国家重大战略和国民重要期盼。国家重大发展战略对科技需求的传导路径可以归纳为：提出国家重大发展战略→描绘未来经济社会发展愿景→确定未来经济社会发展需求清单→提出支撑需求的科学技术。而“双碳”目标这一国家重大发展战略描绘了我国未来10~40年的经济、社会和生态发展愿景，倒逼碳达峰水平和碳排放路径，对我国科技创新提出了新要求，亟待加强碳减排技术的研发和推广。就碳减排技术而言，可以分为渐进性碳减排技术和颠覆性碳减排技术，其中颠覆性碳减排技术对实现碳达峰碳中和目标具有重要意义。颠覆性碳减排技术不仅可以降低减排成本，更会通过改变技术路径以实现碳达峰碳中和目标。相对于渐进性碳减排技术，颠覆性碳减排技术能够重新设定技术轨道，并激发一系列后续与相关领域的创新，形成新的技术与生产体系，从而促进碳减排的大幅减少。

具体而言，实现碳达峰碳中和目标对低碳、零碳、负碳技术提出了重大需求。第一类是低碳技术，主要包括油气煤炭方面的颠覆性技术，如深度脱碳技术、节能减排技术等，该类技术目前总体上研发和推广的效果良好，需要进一步加强颠覆性技术的创新。第二类是零碳技术，主要包括：（1）生物质能、风能、太阳能、核能、氢能等能源技术，二氧化碳捕获和封存技术（CCS）等，该类技术已经达成共识，主要考虑技术的综合成本收益以及发展优先次序的问题；（2）工业、建筑、交通等领域的零碳炼钢、零碳水泥、零碳建筑、新能源汽车等技术虽已得到运用，但离减碳目标还存在一定差距，需要进一步研究部署；（3）信息技术、新装备制造技术、新材料制造技术等，该类技术主要是通过与其他技术融合发展实现减排目标。比如大数据、人工智能、区块链、物联网等信息技术与碳中和技术的交叉融合，能够通过对生产过程管理、监控、信息传递以及优化资源和节约成本等方式，提高碳减排效果。第三类是负碳技术，该类技术旨在通过技术手段将已经排放的二氧化碳从大气中移除，并将其重新带回地质储层和陆地生态系统，主要技术包括生物质能碳捕获和封存（BECCS）、造林和再造林（A R）、土壤碳固存和生物炭、增强风化和海洋碱化、直接空气二氧化碳捕获和储存（DACCS）、海洋施肥技术等。欧美发达国家的部分负碳技术已经实现了商业化，但是我国总体重视程度和研发投入仍显不足，亟待超前布局，重点谋划。

从技术成熟度来看，一项技术从萌芽到成熟需要经过技术萌芽期、期望膨胀期、泡沫破裂期、稳步复苏期和产业成熟期等多个生命周期。就目前的碳减排技术成熟度而言，光伏技术和风电技术已经进入产业成熟期，锂电池、高耗能行业的产品再生、废弃物的能源化利用、电力系统运营优化等技术处于稳步复苏期，氢燃料电池等技术处于期望膨胀期，而工业电加热、工业直接用氢、直接空气二氧化碳捕获和储存（DACCS）等技术仍处于技术萌芽期。对于处于不同生命周期内的碳减排技术，要充分发挥政府和市场的作用。对于处于稳步复苏期和产业成熟期的碳减排技术，要充分发挥市场在降低成本、优化产品和辅助服务等的决定性作用。对于处于技术萌芽期和期望膨胀期的碳减排技术，要充分发挥政府在科研和示范项目、产业政策、行业标准等方面的服务作用。

10.4.2 科技助力碳达峰碳中和政策路径

实现碳达峰碳中和目标，任重道远。在此过程中，关键是要着力加强碳达峰碳中和的科技创新工作。

第一，在尊重碳排放规律基础上高度重视碳中和科技创新工作。经济发展史表明，碳排放具有自身规律，其与一国经济发展阶段等因素息息相关。当前，我国应在充分尊重碳达峰规律基础上，紧抓实现碳中和战略机遇，提高防止被别人“卡脖子”的危机意识，高度重视碳达峰碳中和科技创新工作，加快制定和落实科技创新支撑碳达峰碳中和目标实现的专项规划、行动方案和路线图，充分发挥科技创新的战略支撑作用，全面提升我国碳中和技术创新水平和能力。

第二，加快碳中和关键核心技术研发攻关和项目部署。坚持问题导向，加快碳中和前沿引领技术、关键共性技术、颠覆性技术的研发攻关，在工业、交通、建筑等领域，加快突破一批碳中和关键核心技术，如工业领域的低碳关键共性技术和减少高碳排放的低碳产品替代技术、交通领域的绿色运输与交通装备技术、建筑领域的围护结构材料的保温隔热技术以及设施的节能技术等。研发成功一批处于国际科技制高点的低碳零碳负碳技术。前瞻部署一批战略性、储备性碳中和科技研发项目，瞄准未来碳中和产业发展制高点。

第三，强化国家战略科技力量的功能定位和使命担当。强化国家实验室、国家科研机构、高水平研究型大学、中央企业等国家战略科技力量在实现碳达峰碳中和目标中的使命担当，实现碳中和科技自立自强。国家实验室要多出战略性、关键性重大碳中和科技成果；国家科研机构要加快建设碳中和原始创新策源地，加快突破关键核心技术；高水平研究型大学要加强基础前沿探索和碳中和关键技术突破，为实现碳中和培养更多科技人才；中央企业要充分发挥示范引领作用，积极推广低碳、零碳、负碳技术。

第四，加快构建碳中和工程技术创新体系和市场导向的绿色技术创新体系。现代工程和技术科学是科学原理与产业发展、工程研制之间不可缺少的桥梁，在现代科学技术体系中发挥着关键作用。当前，我国要在电力生产与传输、工业生产、建筑行业、交通运输、固废处置与管理等领域加快建立碳中和工程技术创新体系。此外，还需要加快构建企业为主体、产学研深度融合、基础设施和服务体系完备、资源配置高效、成果转化顺畅的绿色技术创新体系，加快形成研究开发、应用推广、产业发展贯通融合的绿色技术创新局面。

第五，加强碳中和国际科技交流与合作。科学技术具有世界性和时代性，是人类共同的财富。气候变化是全人类面临的共同挑战，我国应当努力构建更加开放的创新生态，坚持碳中和科技开放合作，以二十国集团、“一带一路”建设、金砖国家等合作机制为依托，针对气候变化问题，积极参与全球科技治理，加强国际科技交流合作，加强同各国科研人员的联合研发，深化碳减排技术转移和交流，积极引进、消化、吸收国际先进低碳、零碳、负碳技术，寻求全球气候治理的最大公约数。

10.5.1 案例概况

东江湖数据中心位于湖南省郴州资兴市东江湾，如图 10-7 所示，荣获工业和信息化部、国家发展改革委等 6 部委发文的“2020 年国家绿色数据中心”，是全国最节能绿色的数据中心之一。该数据中心机楼层高 22.2m，4 层建筑，占地面积 3782.25m^2，建筑面积 15406.6m^2，包括三栋主机楼、办公区域。配套建设空调冷冻站、变配电站、给水排水、暖通、道路等附属设施，共建设 3000 个标准机架，空调逐时计算冷负荷约为 10849. 17kW。三期共建设 10000 个标准机架，电力总负荷约为 60MW。

数据中心一楼主要是动力层，中压配电房，柴油发电机房，冷冻站以及运营商接入机房和监控室，分别放置接入 10.5kV 高压线路配电系统，柴油发电机房放置 10.5kV 高压柴油发电机，冷冻站放置：冷水机组、冷冻泵、冷却泵、板换。二至四层主要是机楼，每层有 4 个机房模块，在机房模块之间有 IT 设备的低压配室及 UPS 和电池室。

图 10-7 东江湖数据中心

10.5.2 案例碳排放管理措施

资兴市同时坐拥东江水力发电厂及华润电力鲤鱼江发电厂，水电资源充沛，符合大数据企业用电量高和供电稳定的需求，且在数据中心巨大耗电量的情况下，绿电的引入可以大大降低数据中心运行的碳排放。

1）空调系统碳排放管理

为了提供安全、高效的服务器工作热环境，空调系统须全天候制冷运行，其碳排放占数据中心总碳排放的 30%~50%。数据中心空调系统作为重要的能量消耗者，其碳排放管理对数据中心绿色低碳运行起着至关重要的作用。

（1）因地制宜，自然水冷技术

东江湖为我国中南地区最大人工湖，拥有极为丰富的冷水资源。资兴市境内东江湖面积 160km^2，蓄水量 81.2 亿 m^3。由于采取深水发电，其下游小东江水温常年低于10℃，水流稳定且水质达到国家一级标准，是数据中心的巨大自然冷源。为了利用当地丰富的冷水资源，东江湖数据中心的冷却系统为集中式冷水空调，采用东江湖湖水自然冷源供冷技术。如图10-8所示，该系统由取水系统、冷冻水系统和末端系统组成，不需要进行电制冷，最大限度提高空调系统能效，降低空调系统冷源的碳排放。

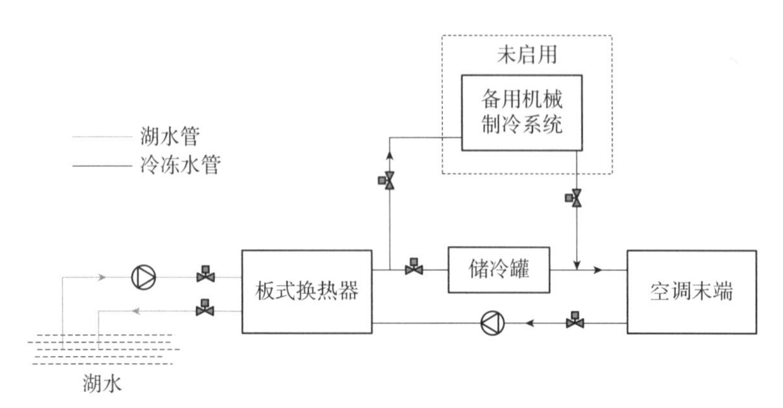

图10-8　冷冻水系统自然冷却系统原理图

（2）气流组织优化，冷通道封闭技术

机柜封闭冷通道可将活动地板下的空调冷风全部约束到机柜内，使全部冷空气完全用于冷却服务器。同时，由于服务器进风与机房内的空气隔离，机房内的空气温度不影响空调送风对服务器的冷却，因此，可适当提高机房内的温度（即空调回风温度），而提高空调回风温度、加大送回风温差，可提高空调设备能效比，达到节能降碳目的。

（3）按需供冷，变频技术

冷水机组、水泵采用变频技术，可以在机房楼空调负荷较小时亦能保持较高的能效比；通过变频调速控制调节水泵的流量和开启台数，达到节能减排效果。

（4）AI助力，先进控制技术

安装监测传感系统，提高空调系统数字化水平；空调冷冻机房采用BA自控系统，在自控系统中额外配置节能运行管理模块，通过一系列节能优化控制算法，优化机组、水泵台数和频率；通过自适应控制系统完成对空气调节末端的群控，避免竞争运行。

2）供电系统碳排放管理

变配电系统和UPS系统是排在IT设备、空调系统之后第三位的能量消耗者，该数据中心配电设计流程如图10-9所示，通过以下碳排放管理措施减少东江湖数据中心供电系统的碳排放。

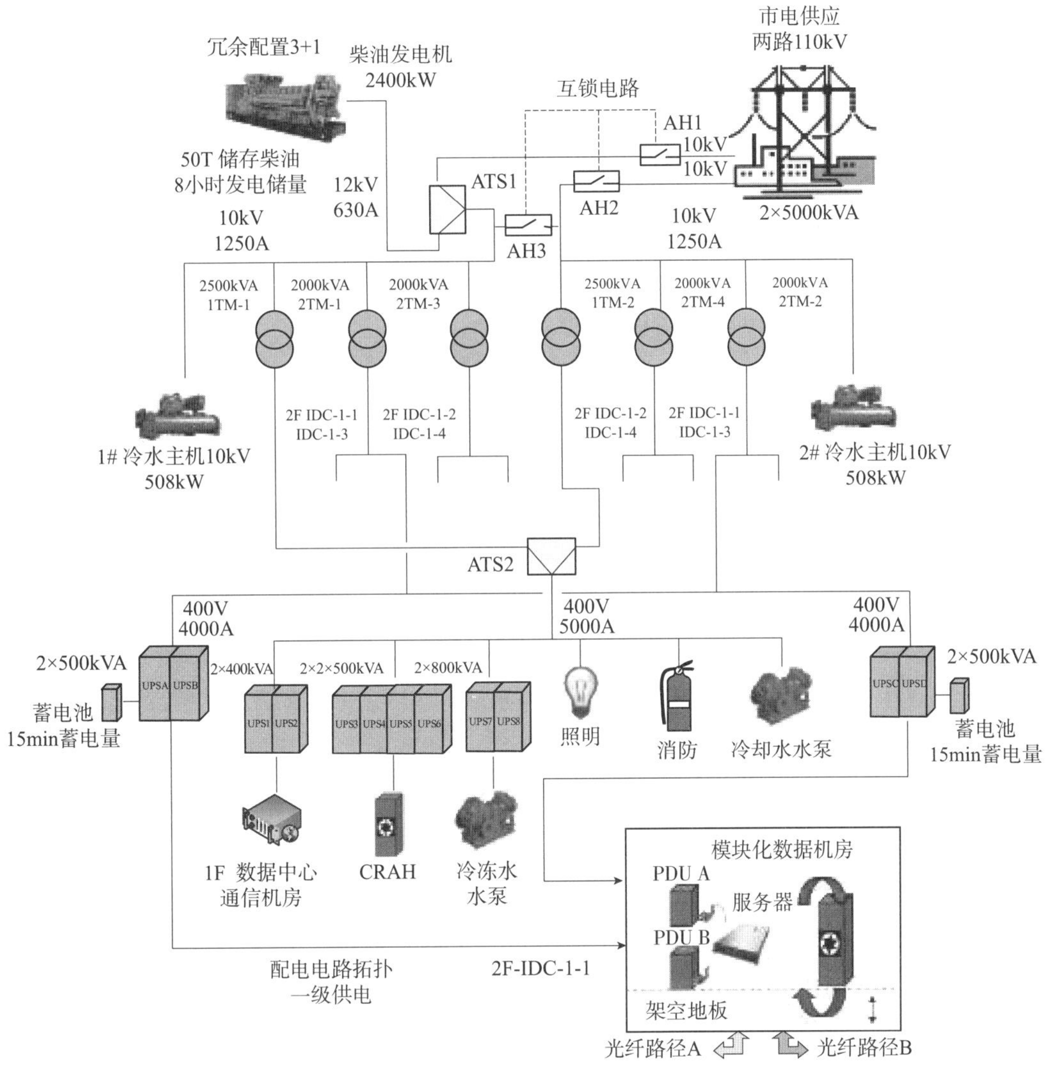

图 10-9　数据中心供电系统流程图

（1）采用新型节能变压器

采用非晶合金铁心配电变压器和优质干式变压器，同时使变压器在最经济节能状态下运行，一般干式变压器在负载率 40%~60% 时的铜损和铁损较小。

（2）选用转换效率高的 UPS 电源

在确保通信系统要求的供电可用性的前提下，减少 UPS 系统的备用主机数量，通过采用模块式 UPS 电源和适当增大“N+1”配置中的 N 来提高 UPS 单机的负荷率、UPS 系统的利用率。

（3）采用“不间断电源 + 保证市电”方式

减少 AC/DC、DC/AC 之间的转换，最大化降低供电系统损耗。

（4）采用串联电抗器电容器与静止无功补偿器相结合的方式

在配电系统，在 UPS 系统采用高效的滤波方案，从而达到有效治理供电系统谐波，减少变配电系统谐振的危险。谐波治理在提高供电系统运行稳定性、预防设备故障、保障系统安全的同时，还能降低电力损耗、提高设备效率、节约电能、提高油机系统带载能力。

（5）优化供电系统

缩短供电距离，10kV 供电电缆和变压器深入负荷中心，可大大降低配电母线或电缆的截面，在减少有色金属消耗的同时大幅降低配电线路上的线损。

3）案例碳排放实测

为了详细分析东江湖数据中心实际碳排放量，对数据中心各用电设备的碳排放量进行了测量和计算。碳排放数据采集点如图 10-10 所示，其中 A1 为市电的碳排放量，A2 为油机的碳排放量，B1~B4 分别为 UPS、取水系统、机房照明系统及其他的碳排放量，C1~C4 分别为 UPS 连接的 IT 设备负载、精密空调、热管空调及冷冻水泵的碳排放量。各用电设备的碳排放量皆采用电表测量电量，测量精度为 ±1%。电表每 15 分钟记录 1 次设备用电功率，功率数据通过数据采集器传至监控平台。将各用电设备的耗电量乘以碳排放因子，即可获得各设备的碳排放量。

当前数据中心运行工况下，全年累计碳排放实测值为 9000 tCO_2，月均耗电量为 582 tCO_2。图 10-11 为数据中心 IT 设备及辅助设备碳排放构成图，由图可知，IT 设备碳排放占数据中心整体碳排放量的 84.58%，冷却系统占比 8.33%，UPS 损耗占比 5.27%，配电损耗占比 1.50% 及其他设备占比

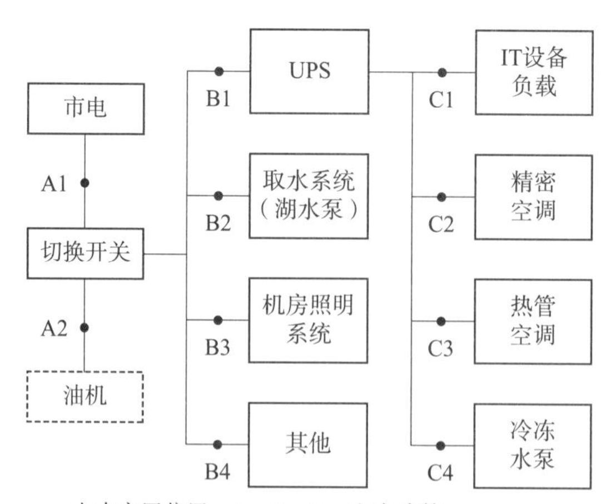

图 10-10　数据中心用能设备实测数据采集点

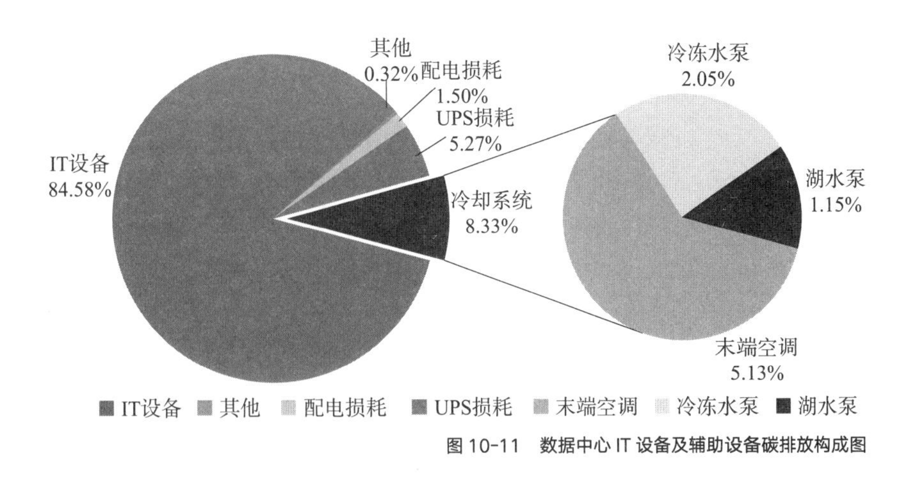

图 10-11　数据中心 IT 设备及辅助设备碳排放构成图

0.32%。其中冷却系统用电主要包括 3 个部分，其能耗占比分别为：末端空调 5.13%，冷冻水泵 2.05% 及湖水泵 1.15%。测试结果表明，在湖水源全自然冷却下，IT 设备为数据中心主要碳排放项，而冷却系统碳排放量仅为 10% 左右。实测该数据中心用能效率（PUE，PUE= 数据中心耗电量 /IT 设备耗电量）的年平均值为 1.18，该值远低于目前全国数据中心平均 PUE 值（约为 1.5）。因此，东江湖数据中心相比于全国数据中心，可降低碳排放 21%，约 2440 tCO_2。

10.6 本章小结

本章深入探讨了新型基础设施碳排放管理的重要性、挑战、方法和前景。新型基础设施在全球碳排放中具有关键作用，通过引入清洁能源和环保创新技术，它们有潜力显著减少碳排放，为实现碳中和目标做出贡献。然而，新型基础设施碳排放管理面临诸多挑战，包括技术成本、监测限制以及政策法规问题。为应对这些挑战，严格的碳排放标准、鼓励低碳技术应用、建立全面监测体系等方法将是主流方向。在全球共同努力下，新型基础设施碳排放管理有望成为可持续发展的重要支柱，通过有效的碳排放管理，我们不仅可以减缓气候变化影响，还能够创造更绿色、更可持续的未来，确保地球的生态平衡和人类的福祉。

思考题

10-1　新型基础设施包括哪些?
（提示：参照10.1节。）
10-2　新型基础设施碳排放管理特点是什么?
（提示：参照10.1节。）
10-3　数据中心节能减排技术的发展趋势是怎样的?
（提示：参照10.2节。）
10-4　目前绿色数据中心建设与运营常见做法有哪些?
（提示：参照10.2节。）
10-5　数据中心碳排放组成特征是怎么样的?
（提示：参照10.2节。）

第11章 建筑与基础设施碳交易管理

【本章导读】

本章先从建筑与基础设施碳交易概述切入，了解碳交易基本原理和碳交易相关机制，探讨建筑与基础设施碳交易的核查与监管，结合国内外经验借鉴，完善碳交易信息披露制度。作为国家未来的建设者和决策者，通过本章的学习，旨在让学生获得建筑与基础设施碳交易管理的全面知识，并能够在实践中应用碳交易管理的概念，从而积极响应国家政策，为行业转型贡献力量。本章的逻辑框架如图 11-1 所示。

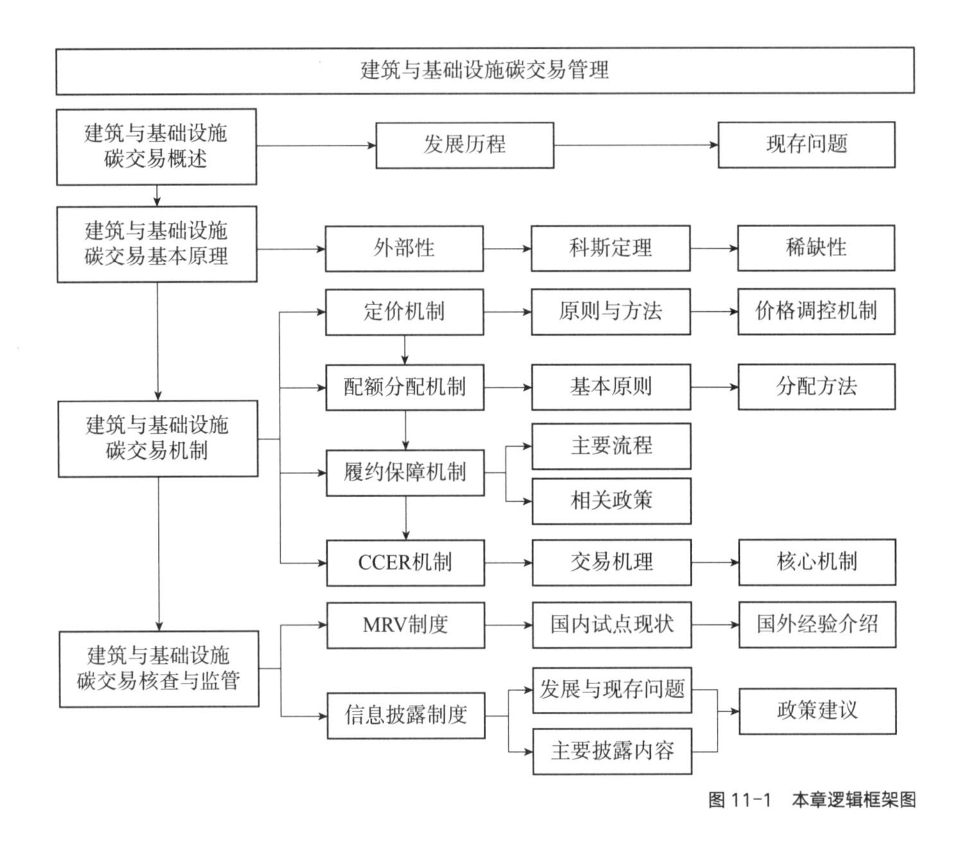

图 11-1　本章逻辑框架图

【本章重点难点】

掌握建筑与基础设施碳交易机制以及核查与监管的作用；熟悉建筑与基础设施碳交易机制；了解建筑与基础设施碳交易基本情况和原理。

11.1 建筑与基础设施碳交易概述

在国家大力推进“双碳”目标的背景下，建筑行业围绕低碳转型升级已成为国家发力重点。广大专家、学者以及各级政府机构正在积极探寻适合本国经济与社会发展特征的低碳之路。理论和实践表明，碳交易是一种能够兼顾成本和有效性的市场化减排手段。因此，基于中国的国情和减排承诺，建筑业有必要深入贯彻、探索和发展合理的碳交易体系，开发建筑业节能潜力，解决建设用能问题，助力中国“双碳”目标早日实现。作为一种行之有效的环境经济政策，碳交易已在全球广泛推广。国家碳交易体系参考电力部门现有的各种政策成果，正在致力于逐渐扩大全国碳市场覆盖面，建筑业也被囊括其中。

所谓碳交易就是碳排放权的交易，是一种以有关法律或合同为依据所形成的碳排放权的交易活动。而建筑与基础设施碳交易是指不同的建筑主体在获得排放权配额后，依据政府的环境政策和法律法规，在交易平台进行配额买卖过程的商业行为。关于建筑与基础设施碳交易的基本概念介绍，可扫描二维码 11-1 查看。碳排放权的经济学理论基础可以追溯到英国经济学家科斯（Coase）提出的产权理论，详细资料可以扫描二维码 11-2 查看。

二维码 11-1 建筑与基础设施碳交易的基本概念

二维码 11-2 产权理论与碳排放权

11.1.1 我国建筑与基础设施碳交易的发展历程

以 2011 年 10 月《关于开展碳排放权交易试点工作的通知》为起点，我国随后几年间陆续建立了包括北京、天津、上海、重庆、湖北、广东、深圳和福建等 8 个省市在内的碳排放试点地区，直至 2021 年 7 月全国性的碳排放权交易市场启动。这十余年来，我国政府与市场的关系可划分为以下三个时期，如图 11-2 所示。

1）第一阶段（2011-2016 年）：初级形态

这一阶段的重点是各地区构建碳交易制度体系，因而政府主导的特征尤为明显，特别是中央政府对地方政府的指导和带动，促进了试点工作的有序推进。自 2011 年 10 月《关于开展碳排放权交易试点工作的通知》发布至 2016 年 9 月《福建省碳排放权交易管理暂行办法》出台，我国共设立 8 个试点地区。在我国碳市场建设的初创阶段，试点地区政府部门的推进和制度体系的构建为碳排放权交易市场机制的完善积累了大量的工作经验，并对市场机制的建立起到了良好的引导作用。

在建筑与基础设施领域，2013 年 11 月 28 日，北京市碳排放权交易开市仪式暨第四届地坛论坛开幕，中国节能环保集团下属中节能绿碳（北京）公司出资购买方兴地产（中国）有限公司旗下中化金茂物业公司每年 1000 吨碳排放指标（配额），此交易成为中国建筑业碳交易的第一单，在碳交易领域

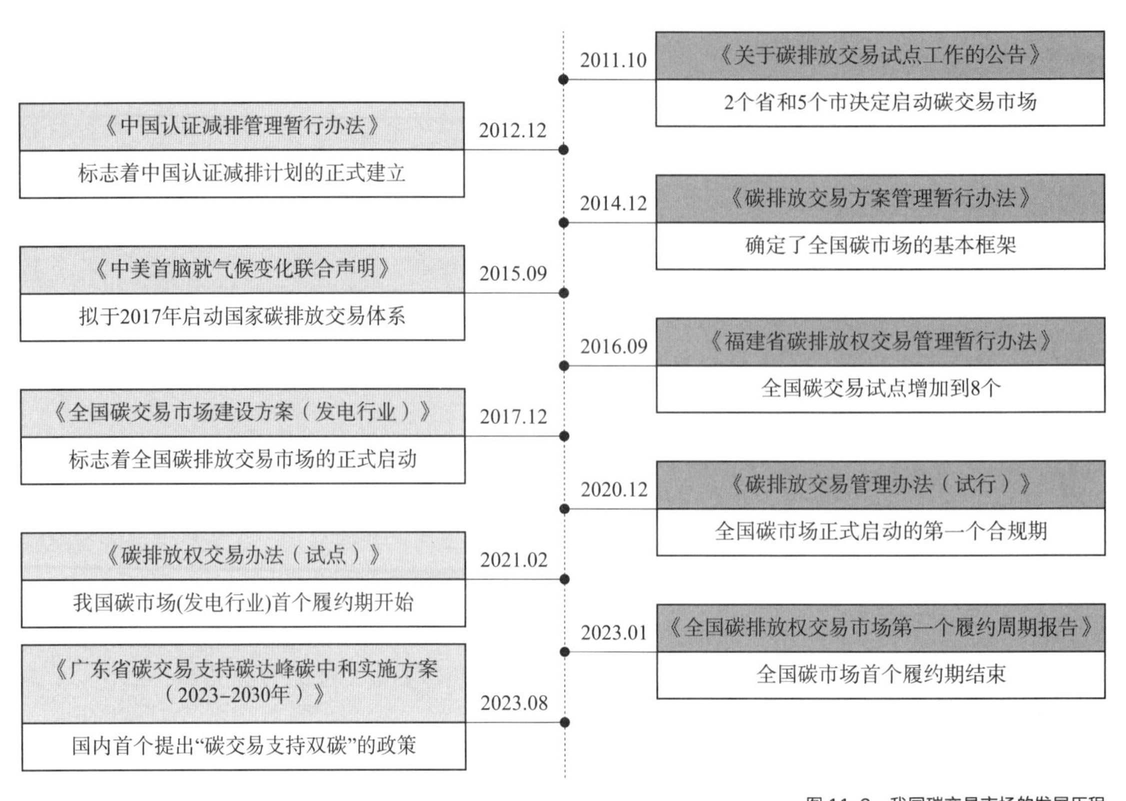

图 11-2　我国碳交易市场的发展历程

迈出了具有里程碑式的一步。

2015 年，住房和城乡建设部建筑节能与科技司当年工作要点中指出，要继续开展住房城乡建设领域碳排放交易机制基础性研究，完善北方既有居住建筑采暖能耗交易方法、新建建筑领域碳交易体系及交易模式设计。选取基础条件好并有积极性的城市，开展建筑领域碳交易试点，为扩大碳交易规模提供经验。

2）第二阶段（2016-2021 年）：逐渐规范

这一阶段，随着各地政府与市场关系的优化，各交易试点地区的市场机制得到完善，为全国统一碳市场的建立形成了自下而上的基础。这一阶段主要指 8 个试点地区全部开启后，到 2021 年 7 月全国统一碳市场建立之前。政府对既有交易体系、监管机构和企业参与交易细则不断修订，逐渐催生出具有自主运行、自我完善的碳交易市场机制。其中，2013-2017 年，我国碳排放交易量呈上升趋势，由于 2017 年 3 月暂缓受理 CCER（国家核证自愿减排量）项目的备案申请，碳排放权成交量减半；2017 年 12 月《全国碳排放权交易市场建设方案（发电行业）》和 2020 年 12 月《碳排放权交易管理办法（试行）》的发布，成为第三阶段全国统一碳市场建设的政策依据。

2021 年 7 月，全国碳排放权交易市场启动上线。雄安、北京、上海、深圳、武汉等城市陆续发布通知，将建筑行业纳入碳交易市场。意味着高碳的建筑行业全面进入碳排放权交易市场的时间已经不远。

3）第三阶段（2021 年迄今）：发展新形态

这一阶段，主要工作集中在完善全国统一碳市场针对重点行业的交易体系、扩大企业参与碳交易的灵活性。2021 年 7 月全国碳市场正式启动以来，首个履约期共纳入发电行业重点排放单位 2162 家，覆盖约 45 亿吨二氧化碳排放量，一跃成为全球温室气体排放交易量规模最大的市场。在此期间，政府制定了碳排放权登记、交易、结算管理制度，出台了碳排放数据核算、报告、核查制度及一系列技术规范。

2022 年 11 月，中海集团旗下中国建筑国际通过香港交易所碳交易市场 Core Climate，为公司承建的香港有机资源回收中心第二期（O·PARK2）项目首次购买碳信用并做碳中和抵消，成为中国首单国际碳交易，也将成为全国首个在施工期内实现碳中和的绿色工程。

2023 年 6 月底，在天津举行的夏季达沃斯论坛，首次实现活动场馆 100% 绿电供应，场馆方与新能源发电企业完成绿电交易电量 100 万 kW·h，相当于节约标煤 320t，减排二氧化碳 800t。这次交易是基于绿电交易平台区块链技术，为交易参与方颁发绿色电力证书，确保每一度绿电都可验证、可溯源。

2023 年 8 月，广东省生态环境厅发布《广东省碳交易支持碳达峰碳中和实施方案（2023-2030 年）》，提出力争到 2025 年，碳市场建设与碳达峰行动有效融合，纳入碳交易的企业碳排放占全省能源碳排放比例达到 70%，总体上碳交易支持广东碳达峰工作的框架体系基本建立；2030 年基本建成与碳达峰碳中和目标相匹配的碳市场体系。

11.1.2　我国建筑与基础设施碳交易的现存问题

虽然中国的碳交易起步较晚，但已成为全世界最大的碳排放权交易体系。与其他许多国家提出的减少碳排放的单一目标不同，中国一直致力于实现经济发展和排放强度调控的双重目标。我国全国碳市场总体运行平稳，建筑与基础设施处于碳减排初期，但仍存在一些问题。

在碳交易的利益相关者方面，存在盈利模式不明晰、政策力度不足、技术壁垒高等挑战，因此各方尚处于观望阶段，相关低碳实践和举措并没有大规模进场。现阶段的建筑碳交易市场面临卖方多、买方少，市场容量小、流动性低等问题。我国的碳交易市场有 45 亿吨二氧化碳排放量可以交易，但是目前配额累计成交量仅为1.79亿吨，累计交易额仅占全部可交易量的3.98%；目前全国碳市场交易活跃度不高，企业自发交易意愿不强，仍以履约为核心驱动力，导致市场流动性不稳定，76%的交易量集中于12月，即履约周期结束前的最后一个月。

在流程方面，存在流程烦琐、手续较为复杂等问题，成本过高。由于我国碳市场碳价格较低导致交易主体通过碳交易所获净收益较低，碳减排边际成本高于违规成本，业者宁可选择罚款而不愿努力完成减排目标，减排奖惩也不能及时落实到位。关于具体的碳交易过程前的碳配额公平、效率、可行地分配并没有统一的、规范的研究，存在碳配额分配方法不明确，进而导致建筑与基础设施领域碳交易量较少的问题。现有的碳配额分配过程中，还存在原始数据的准确性低、配额分配计算过程透明度低、配额真实性难以保证等问题，就造成了分配结果不合理，公众对于分配系统的公信力认可度不高，增加了碳交易市场中配额交易的验证成本，进一步削弱了企业参与碳交易市场的信心和动力，导致碳配额价格长期较低，交易量不高等问题。

在监管方面，建筑业的碎片化、暂时性和分散化的粗放型管理特点，履约程序不完善、信息不对称等情况进一步加剧了履约监督不足、市场透明度低等问题，使得建筑业碳交易市场的初步建设更加举步维艰。在欧洲的碳交易体系中，国际刑警组织已发现了十种不同类型的欺诈行为，包括重复统计和利用监管漏洞等。我国也存在类似情况。相关报道指出，中碳能投科技（北京）有限公司篡改伪造煤质检测报告数据及关键信息，指导企业制作虚假煤样，碳排放报告质量失控，数据造假问题突出；同时，相关研究也指出碳交易各环节的透明度不够，以及数据中心化操作存在风险。

碳排放交易理论最早由美国经济学家 Dales（1968）提出，旨在通过市场手段提高环境资源利用效率。了解碳交易的基本原理，将有助于认识碳交易的相关概念，结合建筑业的相关特征，更加直观地思考建筑碳交易的构建和发展创新之路。

11.2.1　碳排放的外部性

二氧化碳的排放过程具有典型的外部性。过量的碳排放破坏的是全球的公共资源——大气，且由于其流动性，无法明确产权主体。因此，在机会主义的影响下，排放源会更倾向于将二氧化碳排放到没有明确产权的大气层中，而不是把产生的二氧化碳有效内部化。因为内部化的过程可能会增加生产成本，有碍于企业或个人追求利益最大化。

碳排放对于人类社会和自然来说，原本是中性的，因为它是光合作用和碳水化合物所必需的物质。但在人类生产效率大幅提高以后，过量的碳排放逐渐累积起来，最终导致了大气层的碳饱和状态，带来了温室效应，已经危及了人类的可持续发展。身处碳排放源的人们或许不会遭受或立即遭受影响，但其后果会在若干年后的其他地区造成危害，因而成了负外部性问题。

碳排放的外部性和一般意义上的外部性有所不同，二氧化碳气体可以在大气中长久存在，而大气的流动覆盖整个地球，即二氧化碳的排放将对全世界范围内的生产、生活和经济活动产生影响；过去积累的二氧化碳将持续造成“温室效应”。因此，与一般的外部性问题相比，碳排放在时间和空间两个维度上都存在外部性。其外部性效应的影响是全球的，因此更应得到重视和积极治理。

11.2.2　科斯定理在碳交易中的应用

根据科斯定理，通过初始分配来厘清碳排放的产权关系能够有效地解决碳排放的外部性问题。即将公共物品转化为私人物品，“私有化”其“公有性”，碳市场才能发挥作用，形成交易制度，实现碳资源的优化配置。除了碳排放具有负外部性，碳交易也存在一定的负效应，主要体现在碳排放权的初始分配上。保持初始配额分配的公平性是件非常困难的事情，尤其在免费发放配额阶段，市场先入者和后入者的交易效率存在明显的不公平。碳排放权是以大气环境容量为客体的典型“公共物品”，具有消费上的非竞争性和排他性，因此当市场是完全竞争条件时，碳交易才能成为纠正碳排放权负外部性的有效机制。此时，客观的均衡是存在的，整个市场可以达到成本最小化，体现了碳交易实现社会总减排成本最小化，如图 11-3 所示。假设不考虑交易费用，建筑企业 1 与建筑企业 2 需要完成的减排量相同，均为 X_1。但两个企业的减排边际成本不同，完成同等减排量的总成本也不同，企业 1 完成 X_1 的边际成本为 P_1，总成本为 A；企业 2 完成 X_1 的边际成本为 P_2，总成本为 $B+C+D+E$；社会总减排成本为 $A+B+C+D+E$。当企业 1 和企业 2 交易后（企业 2 向企业 1 购买碳排放权），两者在 O 点达到相同的边际减排成本 P，P 即两个企业的交易价格，此时企业 1 的减排量为 X_2，企业 2 的减排量为 X_3。企业 1 的直接减排成本为 $A+B$，但通过交易，企业 1 获益 $B+D$，因此企业 1 的总减排成本为 $A-D$；企业 2 的减排成本包括直接减排成本和购买成本，社会总减排成本为 $A+B+C$。与交易前相比，企业 1 的减排成本减少了 D，企业 2 的减排成本减少了 E，社会总减排成本减少了 $D+E$。由此可见，两个企业通过交易实现了双赢，同时也让社会总成本最小。此时，可以认为实现了碳排放权的最优分配。

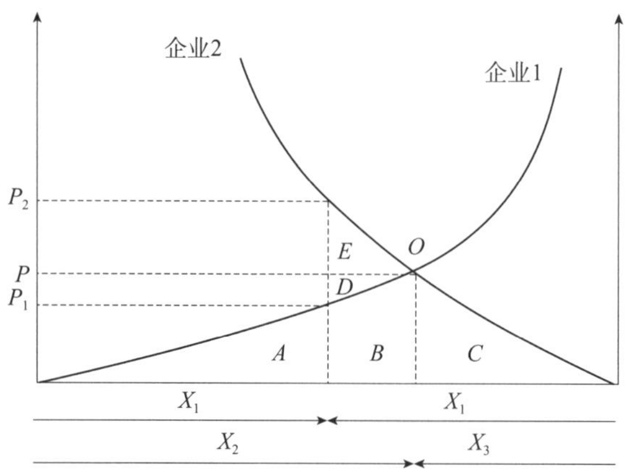

图 11-3　碳交易实现社会总减排成本最小化示意图

但对于建筑与基础设施来说，由于其所处经济区、气候区和功能存在巨大差异，单纯的经济产出并不能代表碳交易权的利用效率已经达到最大。因此相较于其他属性较为单一的行业，建筑与基础设施碳交易效率仍需要界定更多的影响因素。

11.2.3　碳排放配额的稀缺性

资源稀缺性是指人们认为或实际缺乏时间、金钱、食物或其他种类的可量化和可消费的资源，以满足重要的需求和欲望。大气环境资源就是这样一种稀缺性资源，按照传统的物权法理论，大气等环境要素被看作是无主物，也是一种被视为无限的自然资源。然而近代建筑业的高度工业化虽然带来了生产效率和经济效益的显著提高，但建筑物在建设、使用过程中消耗大量的能源并向大气层排放出以二氧化碳为主要成分的污染物，使得环境污染和资源耗费不断加剧。

从产权角度看，碳排放权是基于科斯产权定理而提出的治理环境外部性的手段，其交易发生在为达到减排任务的国与国之间、国家与企业之间以及企业与企业之间，其实质是稀缺的环境容量使用权的获取。环境容量的有限性带来了资源的稀缺性，资源的稀缺性赋予其可交易的内涵，即其具有财产权的性质。由于环境容量有限，当人口增加和经济增长带来的碳排放达到环境容量的上限时，其外部环境危害性表现越发明显，这时在环境容纳范围内的碳排放权或碳减排量额度（碳信用）开始稀缺，并成为一种有价产品。

随着碳排放总量的不断增大及环境的持续恶化，碳排放权的稀缺性也随着环境容量使用的日益稀缺而更加显著，价值亦随之增长，继而出现强制性、排他性、可交易性以及可分割性等特征。

11.3.1 碳交易定价机制

1）定价原则与方法

碳定价通过价格机制把温室气体排放导致的气候变化成本与其排放行为联系起来，是将外部成本内部化进行激励减排的有效手段。通常表现为对温室气体排放以每吨二氧化碳当量为单位，通过设定碳排放价格内化碳排放的社会成本，促进温室气体排放总量的降低，进而推动低碳减排总体目标的实现。

首先，碳定价要考虑能源价格因素，能源消耗量的增加与二氧化碳排放的减少是一对矛盾体，因此能源的价格也会影响碳交易价格。其次，碳定价要遵循市场供需平衡的原则，碳配额是碳市场重要的交易产品，碳配额交易基于市场机制，在总配额给定的情况下，通过碳配额供求主体在碳市场自由竞争和自由交换实现碳配额的最优配置，以公平自愿为基础、以市场供需为导向、以自由竞争为手段、以风险自担为原则，即政府决定排放水平，市场供需决定碳价。但是碳市场中的碳价受配额供需、经济形势、金融市场投机资本、碳市场成熟程度等因素影响，存在高度波动。最后，碳定价应坚持循序渐进与适度原则。碳定价通过将碳排放成本内部化来激励低碳行为，碳价格控制是该机制发挥作用的基础。合理的价格区间对温室气体控制能起到良好的作用，碳价过低不能如实反映碳排放控制成本，对企业约束力有限，碳价过高又会增加重排企业负担，形成较大减排阻力。因此，在碳价处理上通常采用循序渐进的稳定手段，即在碳交易开始阶段采用相对较低的碳价与碳排放控制标准，之后再逐步提升价格及相关标准。

2）价格调控机制

丰富价格调控方式是增强碳价弹性的重要手段。一是完善初始配额分配方式，欧盟碳市场建设初期采用“祖父法”进行配额分配，造成配额过量、碳价低迷，为此欧盟改革配额管理，将总量权限收归欧盟并改为“基准线法”分配，扩大碳市场覆盖范围和拍卖比重。二是建立柔性的价格调控机制。欧盟2019年建立市场稳定储备平衡市场供需，通过折量拍卖，在储备库中吸纳和释放配额，发挥储备“蓄水池”作用调控碳市场，对流通中的碳配额数量实行上下限的动态管理。加州不仅规定了配额拍卖的价格下限，而且还通过储备配额设定了封顶价格，限制了碳价的波动范围。三是灵活调整碳信用抵消机制，改变市场供求关系。韩国引入碳信用抵消机制改变市场供求关系，允许使用国内和国际抵消信用，但抵消信用比例逐渐降低，降低为排放总量的5%。

11.3.2 碳配额分配机制

1）基本原则

追求公平和效率是碳排放权分配的核心原则。初始分配对公平的价值追求过程就是寻求财富或利益分配的正当性和合理性，形成政府与控排企业之间的一种合理的关系，以在市场交易中达到资源的有效配置。作为初始排放权分配的主体，社会效益最大化和社会不公平最小化都是政府进行初始分配决策想要实现的目标。以发电行业为例进行分析，认为用历史排放法进行分配有失公平，应采用综合历史排放量和排放强度的分配方法，能够兼顾效益和公平。

在建筑与基础设施领域，为达到公平与效率的双重目标，应考虑不同区域在经济发展水平、产业结构、技术水平、能耗和碳排放强度、能源资源禀赋的差异进行配额分配。若全国采用完全一致的分配方法，会给建筑节能技术落后的地区带来巨大的减排压力，也会降低分配方案的被接受程度。对建筑与基础设施采取分地区、分类型的多层级碳排放权分配，符合公平理论中的横向公平原则，即处于相似外部条件的建筑与基础设施应得到相似的排放许可，承担相当的减排责任。在考虑各地区差异的公平分配基础上，伴随区域一体化发展的不断深入，将碳配额首先分配到各区域，再分配到各省份，将有助于推进区域协同发展，但域内省份间碳配额的分配须以区域整体效率的最大化为基础，即应考虑域内省份间的合作关系，无视这种关系将导致区域碳配额的错配。综上，目前建筑与基础设施领域对碳配额分配的方法已经由单纯考虑公平准则或效率准则，转向对上述两种准则的融合。

2）分配方法

科学的碳配额分配方式是碳交易市场平稳运行的核心。从当前全球范围内温室气体排放交易市场制度设计来看，基于祖父法或基准线法的无偿配额分配方式与基于拍卖法或定价法的有偿配额分配方式是目前的主流方法。免费分配（无偿分配）、公开拍卖（有偿分配）和固定价格出售是三种最为常见的一级市场分配方式。

（1）免费分配

免费配额的分配主要采用行业基准法和历史强度法。行业基准法适用于统计数据相对完善、产品相对单一的行业；历史强度法适用于生产工艺复杂或数据基础不完善的行业。

若采用行业基准法进行配额分配，其配额计算满足以下基本框架：

行业基准法是通过产品产量来确定配额的，其配额对应的核算边界是生产该项产品的设施，按照生产不同产品的不同设施各自对应的基准线确定配额量，再汇总得到整个控排主体履约年度内的配额量。

其核心公式为：

$$企业配额量 = 行业基准 \times 当年企业实际产出量 \quad (11-1)$$

当采用历史强度法时，与固定的行业基准法相同的是，政府部门可选择使用历史或实时数据计算企业应得的免费配额。使用实时数据时需定期更新，这种分配方法可有效防止碳泄漏，并奖励先期减排行动者。

其核心公式为：

$$企业配额量 = 历史强度值 \times 减排系数 \times 当年企业实际产出 \quad (11-2)$$

（2）公开拍卖

控排主体通过免费分配得到碳排放权的成本为零，有利于增加其参与碳交易的积极性。但免费分配有可能造成部分潜在的进入者拥有垄断力量，造成福利损失和新的不公平，影响碳产权作为稀缺资源的配置效率。拍卖形式更符合科斯定理，能够避免合约的谈判、纠纷和摩擦，规避了由政府定价所导致的非效率风险，是交易费用最低的产权安排。拍卖能保证每个主体总体机会成本平等，达到分配的初始平等。拍卖过程中，每个主体的份额需求既能反映自己对份额获得的成本收益，也在一定程度上能反映其他主体对碳排放权份额的成本收益估算。

（3）固定价格出售

固定价格出售的是企业依据自身需要按照政府定价购买的配额。政府定价往往是管理当局根据市场需求以及行业碳排放强度来制定。这种分配方式实际是政府主导与市场调节相结合的方式。固定价格出售的配额分配方式同样可以使温室气体排放的外部性影响内部化，也有利于增加政府收入，但是这种方式的弊病在于政府定价的确定。若政府定价过高，会造成企业负担过重，使企业产生抵触情况；若政府定价过低，则又失去了对碳市场的调节作用。

此外，从实践角度，建筑领域配额分配方法主要是历史排放法和基准线法。从研究角度，一级市场分配方法又可分为指标法、优化法、博弈法以及混合方法等。其中，历史排放法和基准线法可以归类为基于历史排放量或排放强度的单一指标法。表 11-1 对常见的历史排放法、基准线法、多指标法、优化法、博弈法和混合方法进行了对比。

碳排放配额分配方法 表 11-1

分配方法	分配原理	分配规则	优点	缺点
单指标法 - 历史排放法	基本需求	按历史排放总量	需要单个个体的历史数据，操作较为简单	先行减排的主体获得更少碳排放权
单指标法 - 基准线法	污染责任	按单位面积排放强度	需要获得整体历史数据以得到基准线，更宏观且全面	数据质量要求高，数据量大

续表

分配方法	分配原理	分配规则	优点	缺点
多指标法	多重公平	为多指标设定权重	所考虑的因素较为多元	指标选取主观性较强
优化法	效率评价	按效率	高效率实现减排	分配对象有限，模型较为复杂
博弈法	博弈理论	按博弈结果	有限个体的博弈数据，注重参与方的行为决策	博弈过程极其复杂
混合方法	公平效率	结合多种方法，设定权重	灵活多元，综合考虑多种因素	方法选择和权重确定具有较强的主观性

目前我国的 8 个碳交易试点城市，均针对不同行业或生产过程设置不同的计算方式。表 11-2 展示了我国碳市场配额分配方式及方法对比。

我国试点城市碳市场配额分配方式及方法对比 表 11-2

碳市场	配额总量（亿 t）	数量（家）	分配方式	配额分配方法
深圳	0.25	750	97% 免费分配 +3% 拍卖	基准强度法：供水行业、供电行业、供气行业 历史强度法：公交行业、地铁行业、港口码头行业、危险废物处理行业、污水处理行业、平板显示行业、港口码头行业、制造业及其他行业
北京	0.5	886	免费分配、拍卖	基准线法：火力发电行业（热电联产）、水泥制造行业、热力生产和供应、其他发电、电力供应行业、数据中心重点单位 历史总量法：石化、其他服务业（数据中心重点单位除外）、其他行业（水的生产和供应除外） 历史强度法：其他行业中水的生产和供应组合方法：交通运输行业（历史总量法和历史强度法）
上海	1.09	323	免费分配、拍卖	基准线法：发电企业、电网企业、供热企业 历史强度法：工业企业、航空港口及水运企业自来水生产企业 历史排放法：对商场、宾馆、商务办公、机场等建筑，以及产品复杂、近几年边界变化大、难以采用行业基准线法或历史强度法的工业企业
广东	2.66	217	免费分配、拍卖（50 万 t）	基准线法：水泥行业的熟料生产和水泥粉磨，钢铁行业的炼焦、石灰烧制、球团、烧结、炼铁、炼钢工序，普通造纸和纸制品生产企业，全面服务航空企业 历史强度下降法：水泥行业其他粉磨产品、钢铁行业的钢压延与加工工序、外购化石燃料掺烧发电、石化行业煤制氢装置、特殊造纸和纸制品生产企业、有纸浆制造的企业、其他航空企业 历史排放法：水泥行业的矿山开采、石化行业（企业煤制氢装置除外）

续表

碳市场	配额总量（亿 t）	数量（家）	分配方式	配额分配方法
天津	0.75	145	免费分配	历史强度法：建材行业 历史排放法：钢铁、化工、石化、油气开采、航空、有色、矿山、食品饮料、医药制造、农副食品加工、机械设备制造、电子设备制造行业企业
湖北	1.82	339	免费分配	历史强度法：热力生产和供应、造纸、玻璃及其他建材（不含自产熟料型水泥、陶瓷行业）、水泥的生产和供应行业、设备制造（企业生产两种以上的产品、产量计量不同质、无法区分产品排放边界等情况除外） 标杆法：水泥（外购熟料型水泥企业除外） 历史排放法：其他行业
重庆	1.3	—	免费分配、拍卖	行业基准线法、历史强度下降法、历史总量下降法
福建	2	296	免费分配、拍卖	基准线法：电力（电网）、建材（水泥和平板玻璃）、有色（电解铝）、化工（以二氧化硅为主营产品）、民航（航空） 历史强度法：有色（铜冶炼）、钢铁、化工（除主营产品为二氧化硅外）、石化（原油加工和烯）、造纸（纸浆制造、机制纸和纸板）、民航（机场）、陶瓷（建筑陶瓷、园林陶瓷、日用陶瓷和卫生陶瓷）

注：1. 北京、重庆 2021 年度配额总量数据来源于北京理工大学能源与环境政策研究中心《中国碳市场回顾与展望（2022）》；全国碳配额数据为 2021 年度数据。

2. 福建为碳配额数据。

3. 其他试点碳市场数据来源于各省市碳排放配额分配实施方案。

11.3.3 碳交易履约保障机制

碳排放履约机制是整个制度中的核心所在，是碳排放权交易机制形成闭合回路的重要环节。碳交易履约指减排企业通过自我履约或碳交易买卖等方式对于给定配额进行清缴的流程，因此履约被称作每一个“碳交易履约周期”的最重要环节之一。建筑和基础设施实现高质量的减排依赖于高效且完善的履约管理体系，良好的履约保障机制能够促进全国碳减排的实现，最终达到碳中和的效果。

1）建筑与基础设施的碳交易流程

2021 年是我国第一个碳履约期，国家碳交易履约实行两级管理。国务院生态环境主管部门重点负责对碳交易市场的建设、管理、监督以及指导。在国家政策框架下各省一级生态环境主管部门负责碳交易相关活动的具体执行和管理，其中包括确定重点排放单位名单、配额分配方案以及对其配额进行免费分配和有偿分配、管理碳排放的报告和核查、配额清缴以及管理辖区内

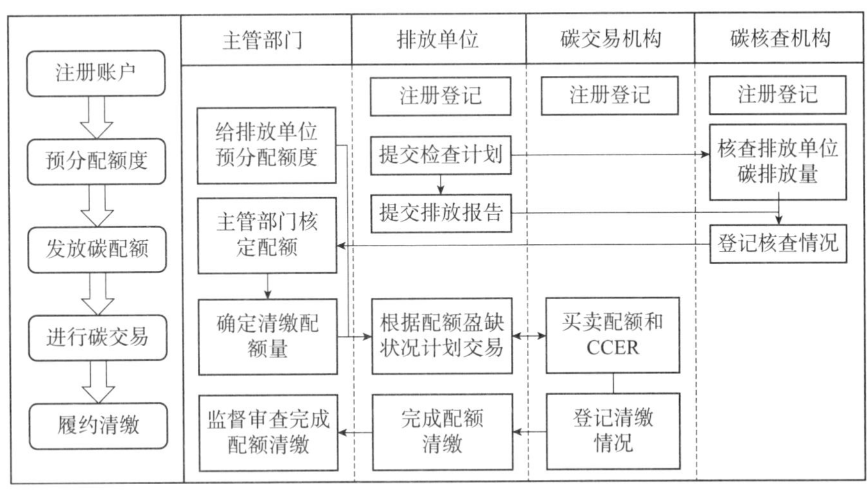

图 11-4　建筑与基础设施全国碳市场交易流程

的交易情况等。借鉴其他行业的碳交易流程，根据建筑业和基础设施本身的特点，提出建筑与基础设施的碳交易流程，如图 11-4 所示。

2）碳交易履约保障的相关政策

据估计，我国按照当前减排速度并不能按时实现双碳计划，在建筑和基础设施领域该问题尤其突出，一方面建筑碳排放数量的不断增加使得行业减排压力日益突出，另一方面当前建筑和基础设施业缺乏一套完善的碳交易履约机制。因此，减排压力与完善的履约机制需求矛盾不可忽视。近年来，国家及各级政府也开始意识到建筑和基础设施碳交易履约相关问题的严峻性，先后颁布了一系列的政策文件来加强对建筑碳交易履约政策支撑，如表 11-3 所示。

建筑碳交易履约相关政策文件　　表 11-3

政策文件	年份	相关内容
《深圳市建筑碳排放权交管理暂行办法》	2016	新建建筑应严格执行建筑节能和绿色建筑相关标准，并参照《建筑碳排放计算标准》GB/T 51366—2019 进行全生命周期建筑碳排放计算
《碳排放权交易管理办法（试行）》	2020	制定全国碳交易整体框架，并且逐步将建筑业纳入全国碳市场中
《建筑节能与可再生能源利用通用规范》	2021	不同建筑阶段需要进行碳排放计算并提交碳排放计算书；对碳排放平均降低强度提出要求
《广东省建筑碳排放计算导则（试行）》	2021	建筑碳排放定义为建造、运行、拆除三阶段产生的碳排放
《成都市建筑绿色设计施工图审查技术要点（2021）》	2021	碳排放计算分析报告必须提供，建筑业必须履行相应的减排义务
《民用建筑项目节能评估技术规程》	2022	建设项目实施后的预期运行碳排放不应超过项目所在地绿色建筑专项规划中的碳排放强度的规划目标

11.3.4 CCER 机制

CCER（China Certified Emission Reduction）是中国核证自愿减排量的简称，是指将可再生能源项目、林业碳汇项目、甲烷回收利用项目等温室气体减排项目所吸收的二氧化碳进行量化核证以及出售，是建立健全碳排放权交易市场的关键补充。我国CCER市场建设工作最早可追溯到2009年。2009年，国家发展改革委启动了国家自愿碳交易行为规范性文件的研究和起草工作。2012年，国家发展改革委印发《温室气体自愿减排交易管理暂行办法》和《温室气体自愿减排项目审定与核证指南》，由此确定了我国温室气体自愿减排项目的申请、审定、备案、核证、签发和交易等工作流程，规范了相关工作要求。

1）交易机理

我国碳市场包括强制配额市场与自愿减排市场。强制配额市场是指我国碳排放权交易市场，交易的产品为碳配额，是政府等相关部门依据碳配额分配机制分配给控排企业的碳排放额度，控排企业拥有政府分配的碳配额并且需要在规定时间内完成配额清缴，即碳排放履约。一般情况下，控排企业的实际碳排放量均与政府分配的碳配额不符，因此产生了交易需求。自愿减排市场是指我国CCER交易市场，经过核证签发的CCER与富余碳配额均可进入碳市场进行交易。若控排企业的碳排放量超过政府分配的初始碳配额，其既可以向碳配额富余的企业或政府购买碳配额，又可以购买或自主研发CCER项目进行部分抵扣，以达到按时完成碳排放履约的目的。CCER交易机理如图11-5所示。

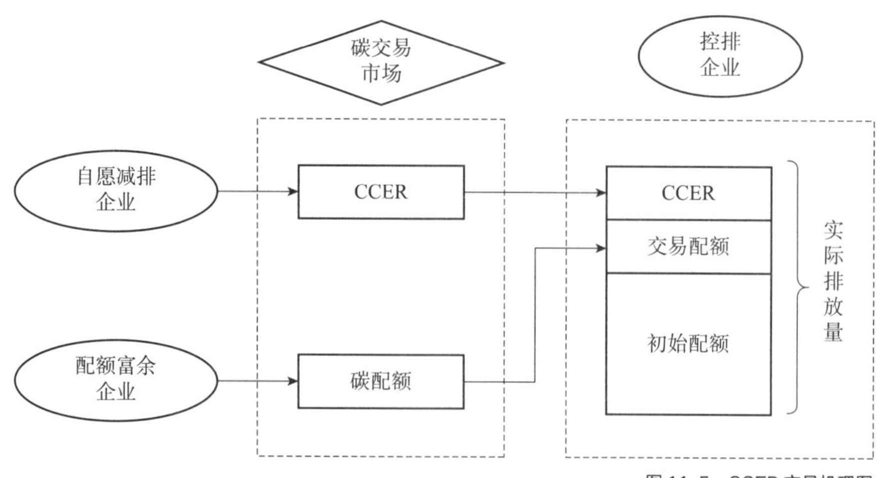

图 11-5 CCER 交易机理图

2）核心机制

（1）CCER 的核证

一般情况下，CCER 项目的减排量均采用基准线法进行计算核证，其基本框架如下：

假设该 CCER 项目不存在，为了提供相同的服务，最可能建设的替代项目所产生的温室气体排放量 BE_y，即基准线减排量，减去建设该 CCER 项目的温室气体排放量 PE_y 和泄漏量 LE_y，由此得到该 CCER 项目的减排量 ER_y。

其核心公式为：

$$ER_y=BE_y-PE_y-LE_y \qquad (11\text{-}3)$$

（2）抵消机制

控排企业将 CCER 用于碳排放履约抵消，既为防止 CCER 的大量使用对碳配额的使用与价格产生冲击，也为避免控排企业降低自主降碳的积极性，激励控排企业从节能减排方向实现“碳达峰”的目标。因此，全国碳市场和各地方碳市场均对 CCER 的抵消比例、地域限制与时效限制做出了说明，如表 11-4 所示。

我国碳市场 CCER 抵消管理办法　　表 11-4

市场	抵消比例	地域限制	时效限制
全国	5%	无	2017 年 3 月前的减排量
上海	5%	长三角以外地区抵消比例不超过 2%	2013 年 1 月 1 日后的减排量
深圳	10%	深圳市和与深圳市签署碳交易区域战略合作协议的省份地区	无
天津	10%	50% 以上来自京津冀地区	2013 年 1 月 1 日后的减排量
重庆	8%	全部来自重庆市内	2010 年 12 月 31 日后的减排量
北京	5%	50% 以上来自北京市内	2013 年 1 月 1 日后的减排量
广东	10%	70% 以上来自广东省内	非 CDM 注册前产生的减排量
福建	10%	全部来自福建省内	2015 年 2 月 16 日后的减排量
湖北	10%	合作省市抵扣量不高于 5 万吨	2015 年 1 月 1 日后的减排量

11.4.1 我国建筑与基础设施碳核查与监管

建筑业作为我国能源消耗的三大行业之一，将建筑业纳入碳交易体系，既有利于发挥节能减排市场化机制的作用，又能进一步推动国家减排目标的实现，扩大全国碳市场交易的辐射行业。当前，仅有北京、上海、天津、深圳将建筑业纳入碳交易试点工作，距离构建全国建筑业碳排放权交易市场还有一定距离。作为衡量减排效果的重要工具，碳核查是碳排放交易过程中的关键前提，为碳排放的计量、报告、审核等环节提供了至关重要的数据支持，促进中国碳排放交易市场的规范化和有序性。

碳核查是对企业二氧化碳等温室气体的排放进行监测，以此获取精确的碳排放数据，满足碳排放监督管理以及碳交易的相关需求。监测、报告、核查是碳核查的主要管理机制，即 MRV 机制。其中，监测（Monitoring）简称 M，是对二氧化碳等温室气体的排放进行监测，确保监测的精准性，以满足核查需求；报告（Reporting）简称 R，碳排放报告以科学准确数据为基础，对碳排放主体定期做好报告工作；核查（Verification）简称 V，核查的主体为第三方核查机构，主要对碳排放主体的排放报告与排放数据进行核查，确保碳排放报告的科学合理性。

碳核查制度是为了确认交易主体的温室气体排放量是否真实。碳核查由专门机构根据法定核查程序对温室气体排放量进行审核，经核定的碳排放量将作为排放主体履约的依据，这也决定了核查需保证独立性。近年来，碳核查的相关研究也越来越获得关注，国家及各级政府也开始意识到碳核查管理的重要性，我国也先后颁布一系列碳核查管理相关政策文件来逐步完善核查制度，如表 11-5 所示。

碳核查相关政策文件　　表 11-5

政策文件	发布日期
《广东省发展改革委关于企业碳排放信息报告与核查的实施细则》	2015 年 03 月
《碳排放权交易管理办法（试行）》	2020 年 12 月
《关于加强企业温室气体排放报告管理相关工作的通知》	2021 年 03 月
《企业温室气体排放报告核查指南（试行）》	2021 年 03 月
《广东省企业碳排放核查规范（2021 年修订）》	2022 年 02 月
《深圳市碳排放权交易管理办法》	2022 年 05 月
《北京市碳排放权交易管理办法（修订）》	2022 年 09 月
《重庆市碳排放权交易管理办法（试行）》	2023 年 02 月

此外，各试点地区的碳排放交易市场对核查机构的选择、准入条件、核查原则与流程做了繁简不一的规定。具体而言，基本形成由试点地区相应主

管部门（发展改革部门或市场监督与管理部门）对符合条件的核查机构进行备案管理并确定核查机构名录的方式，但是在核查机构的选择方面，各地区规定有所不同，形成排放主体自行选择、主管部门通过政府采购的方式委托核查机构以及两种方式均可（由排放主体自选其一）的三种模式。在核查机构的准入条件方面，现有法规仅对核查机构的组织结构、资金条件、业绩和经验、不存在利益冲突等方面作了原则性的规定；在核查流程方面，国家层面出台了《全国碳排放权交易第三方核查参考指南》作为技术性文件，为核查的方法、流程作出指导，各试点地区也据此完善自身的碳核查规则，具体核查流程如图 11-6 所示。

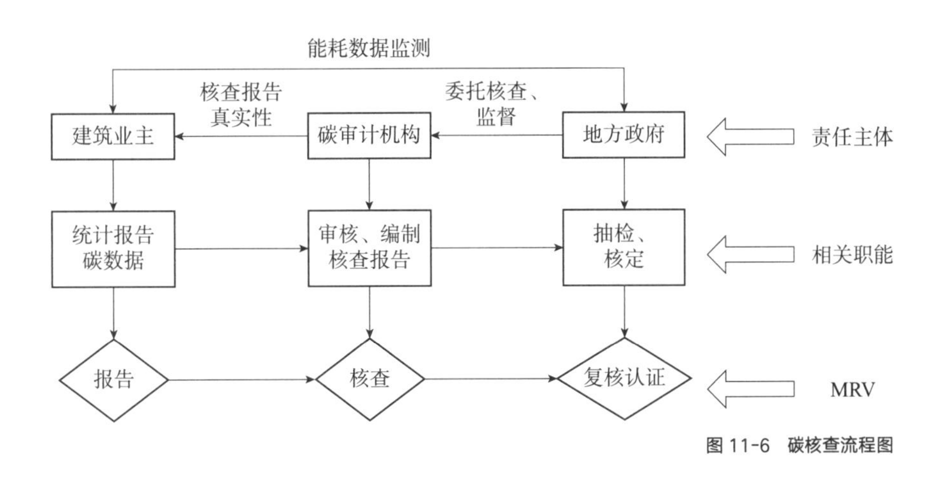

图 11-6　碳核查流程图

目前，国家发展改革委与各试点地区发布了一系列建筑领域碳数据核查中关于碳排放量化核算、报告指南与核查管理办法的行政规章、标准化文件及地方制度，已对 10000 多栋建筑完成能源审计，对约 9000 栋建筑进行了能耗披露。但在碳数据核查过程中，存在建筑业主为谋取更多的经济利益或逃避因超排行为带来的处罚，而选择向碳审计机构发起寻租的可能。通过合谋行为瞒报实际碳排放量、伪造碳报告，出现了因碳排放数据不真实而导致的碳配额分配结果不合理的现象，增加了碳交易过程中的验证成本。此举削弱了业主参与碳交易市场的信心和动力，破坏了国内碳市场的公平性，对国家温室气体减排工作造成误判，导致碳市场交易不活跃、碳交易减排效果不佳等问题。因此，只有地方政府有效解决这种潜在的合谋违规行为，避免双方在碳核查过程中弄虚作假，才能使建筑领域碳核查规模化，有效推动碳交易在建筑领域的建设实施，达到降低整体能耗的减排效果。

11.4.2　国外碳交易核查与监管的经验借鉴

虽然我国已有 8 个碳排放权交易试点省市，正式将建筑业纳入碳交易范围的城市仅有深圳和天津两个城市。由于既有居住建筑、新建建筑、大型公共建筑等能耗和排放基准尚未建立，没有明确的减排目标，缺乏核查排放量的手段等问题，目前我国建筑与基础设施碳交易市场尚未成熟。本节借鉴国外碳排放权交易的经验对建立碳排放权交易市场的要点进行总结分析，主要包括碳交易体系、建筑碳排量及占比，以及碳排放权分配方式，如表 11-6 所示。并以日本和韩国为例，重点介绍这两个国家在建筑碳交易监管方面的具体措施及效果。

国外涵盖建筑部门的碳交易体系　　表 11-6

碳交易体系	建筑碳排及占比	碳排放权分配方式
东京都	总碳排 64.8MtCO_2e；居住建筑 17.1MtCO_2e，占 29%；商业建筑 25.5MtCO_2e，占 44%（2017 年）	按历史排放量分配，配额值 = 基准年排放值 ×（1- 减排因子）× 履约年限（商业建筑减排因子为 8% 或 17%，履约年为 5 年）；基准年排放值由 2002-2007 年三个连续年份碳排放的平均数求得，新建建筑的分配基于碳排放强度基准计算，排放活动建筑面积）× 碳排放强度基准
琦玉县	总碳排 36.6MtCO_2e；居住建筑 8.8MtCO_2e，占 26%；商业建筑 4.8MtCO_2e，占 14%（2016 年）	同东京都
加利福尼亚	4.8MtCO_2e，占 14%（2016 年）总碳排 424.0MtCO_2e；居住建筑 30.4MtCO_2e，占 7%；商业建筑 23.3MtCO_2e，占 5%（2017 年）	基准线法免费分配、拍卖；对大学、公共设施机构等实行过渡时期的免费分配
魁北克	总碳排 78.7MtCO_2e；居住和商业建筑 8.1MtCO_2e，占 10%（2017 年）	部分工业行业按基准线法免费分配、电力和燃料供应行业 100% 按拍卖方式
新斯科舍	总碳排 15.9MtCO_2e；商业建筑（热力）0.6MtCO_2e，占 4%；居住建筑（热力）1.3MtCO_2e，占 8%（2017）	基于 2014-2016 年数据进行基于产出的基准线免费分配、拍卖分配；2020 年启动拍卖方式
新西兰	总碳排 81.0MtCO_2e，其中能源碳排 32.9MtCO_2e，无明确的建筑领域数据（2017 年）	按碳排放强度进行一部分的基准线法免费分配，2020 年后建立拍卖制
韩国	总碳排 709.1MtCO_2e，其中燃料燃烧总量 615.9MtCO_2e，无明确的建筑领域数据（2017 年）	第一阶段（2015-2017 年）100% 免费分配额为基准年（2011-2013 年）的 GHG 均值；第二阶段（2018-2020 年）97% 免费分配、3% 拍卖；第三阶段（2021-2025 年）免费分配低于 90%，10% 以上拍卖

1）日本

日本碳交易体系繁多，主要由环境省、经济贸易产业省和各地方政府的碳交易系统组成。碳市场建设的第一阶段主要是政策铺垫；第二阶段推出环境省主导的日本自愿排放交易计划（JVETS）和日本核证减排计划（JVER）、经济贸易产业省主导的日本试验碳交易系统（JEETS）和国内信用系统（DCS）；第三阶段建立区域性强制总量交易体系，如东京都政府、琦玉县政府分别建立的总量控制与交易系统、目标设定型排放量交易系统。

日本于2010年4月正式启动了东京都总量限制与交易体系（东京ETS），是继欧盟、美国之后，全球第三个总量控制与交易体系，也是第一个以城市为单位将建筑领域作为碳排放总量控制对象的交易体系。约1100家商业公共建筑和300家左右的工业设施被纳入交易范围。东京ETS过程中主要包括四大参与主体：政府、减排设施（建筑）、交易平台以及第三方核证机构。在交易前期阶段，减排设施负责收集自身的碳排放量数据并提供给政府相关部门，政府则依据所提供的数据确定基准排放额以及分配配额。在配额分配方面，东京采用历史排放法（即“祖父制”法），以履约期（5年）前三年的历史碳排放量均值为基准年排放量，再根据建筑类别的强制减排系数，确定下一个履约期内建筑的碳排放配额。

进入履约期后，交易平台和第三方机构参与进来。为保证碳排放数据的准确性，东京都政府建立了完整的MRV制度。通过终端能耗的监测建立完备的能源消费和碳排放数据管理库，管制对象可以获取自身建筑物实际能耗及碳排放量，并在指定时间内向主管部门提交翔实可靠的碳排放年度报告，具体包括各项排放数据统计、能效反馈、减排效果评价以及下一个履约期的减排计划及改进措施。最后，减排设施委托交易平台向政府提交第三方核证机构对减排量的合法核定并提出交易申请，获批后由交易平台开立账户展开交易。

日本的建筑物碳排放管控单位确定方法是：（1）有能源管理联动性关系的多栋建筑物视同为同一管控单位；邻近建筑物和设施是同一所有者的场合，也视同为同一个管控单位（限于主要使用者是同一使用者）。（2）在责任主体划分上，建筑物业主和主要租客共同承担减排义务。主要租客包括：履约租客（占用超过5000m^2的建筑面积，或者每年使用超过600万kWh的电力）、排放量占总建筑物排放50%以上的租客、排放量合计占总建筑物排放50%以上的多名租客。其中，履约租客除了要与业主合作履行减排责任以外，还有义务设计自己的减排计划，并通过业主提交给东京都政府。东京都政府将向租客直接提供指南，以帮助他们实施减排措施。如果一个租客违约，东京都政府将会向租客发送一份建议书，并且公开该租客的违约内容。

除配额交易外，东京ETS还提供了其他履约途径。如允许减排主体在满足特定比例、交易合法的前提下，通过购买东京市内不列入强制减排范围的建筑物产生的碳减排信用来进行碳抵消。此外，东京还大力支持太阳能、风能等清洁能源的推广并准许经获批核证的可再生能源证书作为碳抵消来源参与到碳交易市场中，且无抵消限制。当履约期结束后，政府将根据减排设施减排目标的完成情况做出继续参与、申请退出、下一个履约期弥补减排量或处罚的决定。

2）韩国

韩国碳市场是东亚首个国家级碳市场，是仅次于欧盟的第二大碳市场，覆盖了电力、公共事业、建筑、交通和工业 5 个领域中的 23 个行业，初期共 525 家企业，占全国总排放约 60%。韩国在全面启动全国碳市场前选择先建立起较为完善的碳市场法律体系，以《低碳绿色增长基本法》为法律基础，确定国家战略，明确政府职能要求；《温室气体排放限额分配与交易法》《温室气体排放限额分配与交易法实施法令》等规定排放总量、分配方式、配额结转预借、抵消机制等碳市场相关要素；在碳市场正式启动前，先后建立或制定温室气体和能源目标管理系统、《碳汇管理和改进法》及其实施法令、碳排放配额国家分配计划，从立法层面上保障碳市场的运行。纳入管理的建筑企业数量已从 2010 年的 41 家增至 2019 年底的 94 家，建筑业单位能耗产生的温室气体排放量逐渐降低。

根据韩国《温室气体排放配额分配与交易法》的第八条，负责监管的有权机关是指环境部，但是后来经过立法的演变，监管权由环境部转移给韩国战略与金融部，为了分工明确，同时在战略金融部门下设立专门的温室气体配额分配委员会，也是从宏观上审议各种温室气体配额分配和国际合作等重大事项；建立温室气体清单编制和研究中心，编制用于配额分配的相关数据；建立排放数量确认委员会，解决温室气体排放报告的完整而提供技术支持。

在监管惩处方面，控排企业进行履约时，对于其配额短缺的部分，主管当局对每吨二氧化碳排放征收相应年度平均市场价格三倍以下的罚款，但不超过 10 万韩元（折合约 530 元人民币）。对于不报告或虚假报告排放数据，以及不上缴排放权进行履约的企业，主管当局将处以 1000 万韩元（折合 5.3 万元人民币）以下的罚款。然而韩国现行的碳排放交易制度则主要针对的是无偿分配配额的情况，而相关有偿分配配额情形下有些可能遇到的问题则并未作太多明确规定。

2021 年，由于出现配额供过于求，上半年韩国碳价下跌，于 2021 年 6 月跌至五年来谷底。之后韩国环境部实施临时最低价格监管，实施市场管制措施稳定碳价。2022 年由于韩国碳市场规定了允许储存的配额上限，导致企业卖出过剩配额，增大了供应，韩国碳价在履约期前再次出现下跌。2022 年 9-10 月，受国际碳市场影响，韩国碳价延续跌势。因此韩国于 2022 年再次收紧碳减排目标，开始施行《碳中和与绿色发展基本法》以支撑碳价格的稳定。明确提出 2050 年实现碳中和与 2030 年温室气体减排国家自主贡献（NDC）目标，计划到 2030 年温室气体较 2018 年减排 40%（高于此前设定的 26.3% 的目标）。

韩国碳排放交易制度在具体法律规范上规定详细，具有较强可操作性，《温室气体排放配额分配与交易法》中有明确规定，韩国战略与金融部需要制定一个有关韩国碳排放交易体系良好运行的统一规划。建立关于被监管实体进入或退出碳排放交易市场的联动机制，并且明确规定相应的配额分配和调整。在碳排放交易的二级市场监管、被监管实体的合法权益保护和市场中存在的违法行为的法律责任部分都有相当充分的规定。

从韩国碳市场的运行情况和具体成效来看，韩国碳市场在完备的碳市场相关法律制度、碳市场覆盖行业范围广、“量体裁衣”的配额分配方式和灵活的碳市场履约方式等方面可供其他国家和地区借鉴学习。

11.4.3 建筑与基础设施碳交易信息披露制度

碳交易信息披露，主要是指企业对其碳交易情况、交易计划和方案及其执行情况等管理信息，以及与气候变化相关的风险与机遇等相关信息适时向利益相关方进行披露的活动。信息披露的目的是为了提高资源配置的效率，即决策有用。根据利益相关者理论和合规性理论，公开发布碳交易信息是企业履行社会责任的重要表现形式，可以有效反映企业在生产经营活动对环境的影响，激励企业加速低碳转型，满足利益相关者对企业碳交易及节能减排信息的需要。建筑行业是主要的碳排放来源，其中 CO_2 排放量占全求碳排放量的 40% 左右。建筑和基础设施企业应该也必须向政府和第三方机构进行高质量的碳交易信息披露。在双碳战略目标下，全国碳交易市场逐步完善，信息披露制度对于建筑和基础设施碳市场建设意义重大。

1）碳交易信息披露制度的现状及问题

随着国际碳交易市场及国内碳交易市场的建立，碳交易信息披露的法律法规也在逐步完善。国际层面上，为建立公开透明、规范统一的碳市场，欧盟出台了《建立欧盟温室气体排放配额交易体系指令》，并根据市场需求不断做出修改完善。欧盟披露的温室气体排放交易信息主要包括披露年度配额分配数量、配额交易数量、履约配额数量、拍卖配额数量等。目前，我国逐步建立了以国家发展改革委颁布的《碳排放权交易管理办法》为主的三个层面管理规则体系，但现行制度中并没有对信息披露内容及形式进行规范、明确的规定。国际和国内其他行业碳交易信息披露制度也为建筑和基础设施碳交易信息披露制度提供了借鉴，但建筑和基础设施行业具有其独特性，目前碳交易信息披露制度还存在以下几个亟待解决的问题。

（1）碳交易信息不对称

建筑和基础设施重点排放单位对政府的配额分配信息、投资机构以及社会公众对企业的减排信息、交易情况等处于较弱一方，获取信息成本较高。由于信息不对称，可能存在暗箱操作致使价格信号失灵，导致部分重点排放单位在市场中处于劣势，对市场的健康运行造成不利影响。

（2）碳交易信息披露内容缺乏标准化规范

目前，我国尚未形成统一规范的碳交易信息披露准则，建筑业未开启全国统一碳市场。由于目前尚缺乏标准化的规范准则，建筑和基础设施企业在披露碳交易信息时，披露内容多倾向于笼统的描述性语言，较少涉及碳交易的核心内容。缺乏定量描述、披露范围随意、内容含糊不清的信息无法用于横向、纵向对比，不利于信息使用者的评价，显然会制约碳交易信息披露质量的提升。

（3）碳交易信息披露行为缺乏监管和第三方核查

虽然我国已经出台多项环保法律法规，但是针对建筑和基础设施企业碳交易信息披露的相关法规尚待建立。各企业碳交易信息披露行为大多仍为自愿披露状态，信息披露的强制性不足，缺乏有效的监管。进行自愿披露的企业信息又缺乏必要的第三方核查，存在企业与核查机构暗箱操作、形成利益共同体的可能性，很难保证企业披露的碳交易信息客观公正。

（4）碳交易信息披露渠道不统一

建筑和基础设施现阶段企业缺乏碳交易信息披露的统一渠道和平台，增加了碳交易信息获取难度。部分企业在年报中披露碳交易信息，还有一些企业在董事会公告、招股说明书中披露，更多的企业则选择在社会责任报告中披露相关内容。由于渠道不一，导致信息使用者获取信息的难度增大，也不利于不同企业的对比。

2）碳交易信息披露的内容

为建筑和基础设施碳交易利益相关者提供决策方面的信息，让企业更充分地了解披露碳交易信息带来的绩效以及造成的风险，促进全球建筑企业披露碳交易信息，应首先确定碳交易应该披露哪些内容。后疫情背景下，我国不仅经济发展任务繁重，同时又面临环境和资源的约束，中央政府坚持走低碳经济的可持续发展道路，社会公众的低碳环保意识不断提高，企业面临的不断变化的气候风险和交易风险。从促进碳交易市场建设的目标出发，我国建筑和基础设施碳交易信息利益相关者的信息需求总结在表 11-7 中。

利益相关者碳交易信息需求分析 表 11-7

利益相关者	需求目的	碳交易信息需求内容描述
政府	制定低碳发展的政策依据	碳交易信息、企业碳减排量
主管部门	制定低碳战略、 进行碳交易制度决策	减排战略安排、碳交易损益、碳减排绩效等
建筑和基础设施企业股东	确保企业持续稳定发展、实现价值增值、对管理者进行监督	碳减排措施与实施绩效、减排技术与产品的开发，碳交易损益、碳交易信息第三方核查等
建筑企业的债权人、投资者	投融资的决策依据	碳交易信息对企业盈利能力的影响，碳减排投入、碳交易损益、碳交易信息第三方核查等
消费者、社会公众	在消费、资本市场做出消费、投资决策的依据	企业碳排放量、碳减排技术与产品研发、碳交易损益等

3）完善碳交易信息披露制度

目前我国碳交易市场建设处于起步阶段，制度建设尚不完善，“碳市场中需披露的信息以及披露程度”等问题尚不明确。随着建筑和基础设施交易主体、交易范围的逐步扩大，碳市场的信息披露作为保障市场健康运行的必要条件，成为政府、投资机构、社会组织和个人等日益关注的问题，完善信息披露制度势在必行。

（1）完善碳交易市场信息披露法规

政府建筑行业主管部门应对现有法律法规中市场信息披露制度不健全，披露主体、责任主体不明确，披露信息程度不清晰等一系列问题进行补充说明，强调信息披露的重要作用。同时，明确披露内容、披露程度，对一级市场中配额总量及目标、配额分配、配额履约情况、奖惩及执法情况以及二级市场中交易行为等信息在全国统一披露平台上强制披露。

（2）建立多方协作的信息披露监管机制

严格的监管机制是制度运行的有效保障，建筑和基础设施企业碳交易信息披露的监管工作应依靠政府、企业、第三方核查机构的多方协作。首先，企业应当全面、准确、公正的披露其碳交易信息。其次，政府应建立定期和随机审查机制，对企业碳信息披露情况进行审查，时查时纠，对瞒报、谎报、不报的企业进行相应处罚。培育规模化的第三方核查机构，由第三方核查机构对企业碳交易信息披露的真实性、准确性及完整性进行核查。

（3）完善披露法律责任

建筑行业主管部门应建立信息披露法律责任制度，完善信息披露的相关法律责任。应对在碳市场重点排放单位未按要求进行信息披露、披露虚假信息，恶意干扰碳市场正常秩序行为予以相应处罚。对其他主体造成损坏的依法进行赔偿，增强对违法违规行为的震慑力。

（4）建设数字化信息披露平台

建筑业正在进行数字化转型，建立、运行以及推广基础数据填报系统，鼓励重点排放单位进行统一填报是可行的。整合各省市与第三方信息发布平台形成全国统一的信息披露平台，对要求强制披露的内容规定统一披露形式，明确披露时间要求，强化信息披露的权威性。各地区可进行信息共享和披露，以促进碳市场信息的公开力度。

建筑和基础设施碳交易信息披露的权威性、可靠性、及时性、有效性与否，直接关系社会公众对建筑碳市场的信任度，进而影响到全国碳市场的健康、持续发展，也直接关系建筑碳市场能否实现其建立的初衷。完善的信息披露需要政府、企业和社会公众的共同努力，关键还是在于碳交易信息披露制度的有效建设。

11.5 本章小结

本章首先明晰了建筑与基础设施碳交易的概况和基本原理，接着对定价机制、配额分配机制、履约保障机制和 CCER 机制这四种基本碳交易机制进行了详细的介绍，构建碳交易流程框架。最后对建筑与基础设施碳交易的环节交易核查与监管进行了说明，包括对国内的发展现状分析，对国外建筑与基础设施碳交易体系的经验总结，以及对我国现有的信息披露制度的现状、问题、披露内容进行探讨，并提出了完善信息披露制度的政策建议。

思考题

11-1　请简述建筑与基础设施碳交易的过程是如何体现外部性的?

（提示：参考 11.2.1 节中相关内容。）

11-2　请说明建筑与基础设施的碳交易流程。

（提示：参考 11.3.3 节中相关内容。）

11-3　建筑和基础设施行业具有独特性，应该披露哪些重点才能够体现行业特征的碳交易信息?

（提示：参考 11.4.3 节中相关内容。）

第12章 建筑与基础设施碳排放管理软件

【本章导读】

在建筑与基础设施的碳排放管理领域，信息化管理在其中扮演着关键的角色，通过数据的收集、整合和分析，为决策者提供科学的依据，帮助管理者实现减排目标。在这个过程中，碳排放管理软件作为重要的工具和技术手段，为管理者提供了可视化、自动化和高效化的解决方案，实现了碳排放管理的数字化转型。通过深入了解碳排放管理软件的特点、应用和实际效果，本章将探索信息化管理在碳排放领域的重要作用，以及软件作为解决方案的实际意义。首先，本章将介绍国内外碳排放信息化管理现状，以及软件在信息化管理中扮演的重要角色。其次，本章将介绍碳排放管理软件的技术路径，介绍碳排放管理流程如何“从 0 到 1”实现落地，并提出一种通用的碳排放管理软件架构，以实现信息化管理的目标。最后，本章将通过实例总结碳排放管理软件的一般方法与理论，通过具体操作与案例分析，实际感受碳排放信息化管理全流程。本章逻辑框架如图 12-1 所示。

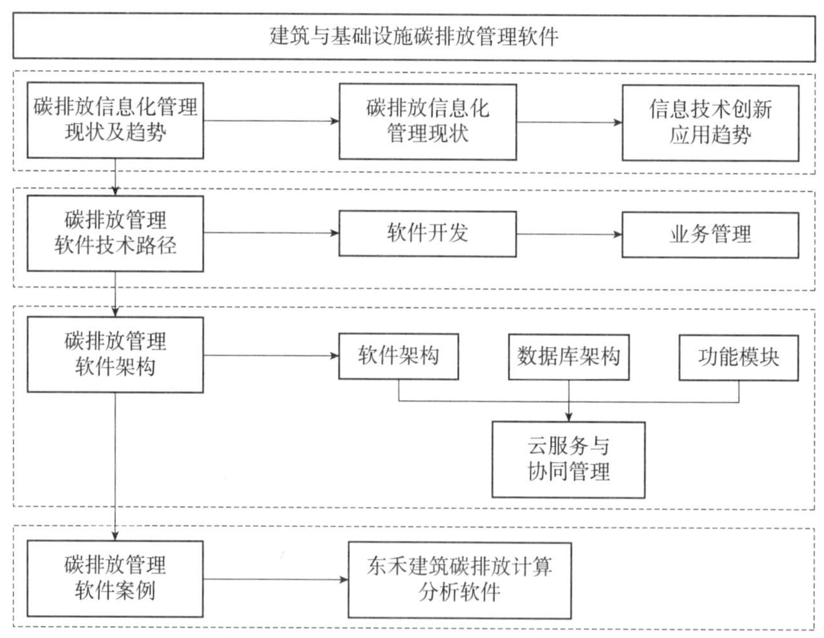

图 12-1　本章逻辑框架图

【本章重点难点】

了解碳排放信息化管理的挑战和机遇，掌握信息化管理在碳排放管理中的必要性；了解碳排放管理软件在碳排放管理中发挥的重要作用，熟悉信息化管理和软件技术在解决这些问题中的关键作用；熟悉软件架构作为解决方案的关键价值；了解具体碳排放管理软件的操作实例和案例分析。

随着数字经济时代的到来，信息化作为一种全新的经济形态，已经成为当今世界发展的必然趋势。信息化不仅改变了人们的工作和生活方式，也在推动着社会的进步。在此背景下，实现国家碳达峰、碳中和目标的过程中，传统的基于人工的碳排放计算方法和管理模式已不能满足当下需求。因此，传统的碳排放计算方法和管理模式也将发生相应变化。

本节从国内外碳排放信息化管理现状入手，阐释碳排放信息化管理定义及特点，分析其现阶段的需求痛点；再对世界各国主流碳排放管理软件归纳汇总并进行对比分析，最后总结碳排放管理信息技术创新应用趋势。

12.1.1 国内外碳排放信息化管理现状

中共中央办公厅、国务院办公厅印发的《2006—2020 年国家信息化发展战略》对“信息化”概念有较为正式的界定：“信息化是充分利用信息技术，开发利用信息资源，促进信息交流和知识共享，提高经济增长质量，推动经济社会发展转型的历史进程。”2021 年 12 月中央网络安全和信息化委员会印发《“十四五”国家信息化规划》，对我国“十四五”时期信息化发展做出部署安排，是“十四五”国家规划体系的重要组成部分，是指导各地区、各部门信息化工作的行动指南。

碳排放信息化管理是指通过信息技术手段来管理项目建设主体和项目使用主体的碳排放。这包括披露组织经营活动相关的二氧化碳排放管理信息。《碳排放权交易管理办法（试行）》旨在通过市场机制来促进温室气体减排，推动绿色低碳发展。

碳排放信息化管理可以更好地管理碳排放数据，提高数据质量，为应对全国碳排放市场交易提供重要基础。它可以规范统计核算方法，提高碳排放数据的准确性，避免项目建设主体碳排放量被高估的风险，降低项目建设主体碳排放履约成本，有效保障项目建设主体的利益。例如，在建筑行业中，BIM 技术可以通过改善整个全生命周期的碳排放和能源消耗来帮助实现低碳科技化。它可以实现类似于制造业的标准化设计、精细化施工、信息化管理和产业化生产，从而减少更多的资源和能源消耗，减少碳排放，实现更高水平的节约和低碳。

在这样的背景下，项目建设主体开始探索通过信息化手段对碳排放进行管理，因为信息化其时空局限小、智能程度高、成本低等特点可以有效疏解当前推动碳排放管理面临的困境，实现科学高效的“硬核”碳排放管理，从而实现最低成本履约，甚至从碳市场获益的目标。

通用汽车、博世集团等国外企业实现碳中和的主要碳管理手段之一，就是利用能源管理平台。国内积极参与“双碳”行动的大型企业，如中石油、中海油、国家电投、国家电网、中国华电等重点用能领域的中央企业，同样采用数字智能管理手段推动企业碳中和目标的实现。随着低碳与智能互联时代的到来，越来越多的行业将被纳入碳市场，通过信息化手段强化碳排放管理是大势所趋。

目前碳排放信息化管理的需求痛点与难点主要集中在能源管控、碳排放管理、碳资产管理三个方面，因而信息化碳管理应对症下药、靶向发力帮助项目建设主体更好地应对能源与碳排放管理、碳排放的量化与数据质量保证（MRV）要求、碳交易以及未来可能愈加严格的碳管控目标。

碳排放管理软件是解决当前碳排放信息化管理的需求痛点与难点的重要方式和手段，它可以帮助项目建设主体提高碳排放管理水平，降低碳排放强度，规范碳资产管理，推动可持续发展。项目建设主体能够利用碳排放管理软件这一信息化手段来管理碳排放，从而达到最低成本履约，甚至从碳市场中受益的目的。

首先，碳排放信息化管理需完善对能源的精准管控。碳排放管理软件中的能耗看板功能可以查看耗能节点的运行情况，实现能源在线监测，提供用能异常与低效用能提醒，提高能源利用效率和智能化管理水平。其次，碳排放信息化管理应辅助项目建设主体构建碳排放管理体系、掌握碳家底。碳排放管理软件不仅可以推动项目建设主体完善碳排放管理体系的组织架构和管理制度，而且可以满足碳排放自动核算、报告生成、质量控制等要求，提供多种分析功能和可视化显示，帮助项目建设主体直观了解自身在低碳发展赛道中的行业位置。最后，基于项目建设主体碳资产管理的需求，碳排放管理软件可以服务于碳配额的核算申报与清缴履约，通过完善的配额管理，提供碳配额出售质押以及与国家核证自愿减排量（CCER）置换等方案帮助项目建设主体降低履约成本，实现项目建设主体资源能源的优化配置。

12.1.2 碳排放管理软件对比分析

碳排放管理软件是实现碳排放信息化管理的重要方式和手段。在能源管控层面，目前对于能耗数据的统计和分析大多是基于人工经验，数据统计准确性差，碳排放管理软件可提供对能源的生产、供应、消费等环节进行精细化管理；在组织架构和管理制度层面，碳排放管理软件可提供对排放源头、排放路径、排放强度等进行精细化管理，构建碳排放管理体系。

1）碳排放管理软件现状

全球碳排放管理软件服务市场已初具规模。美通社 2022 年 4 月援引 Technavio 报告表示，2021 至 2026 年，全球碳排放管理软件市场规模预计将增长 96.1 亿美元，复合年增长率 28.66%；即，2021 年全球碳核算软件市场规模 38.05 亿美元，2026 年将达到 134.14 亿美元。

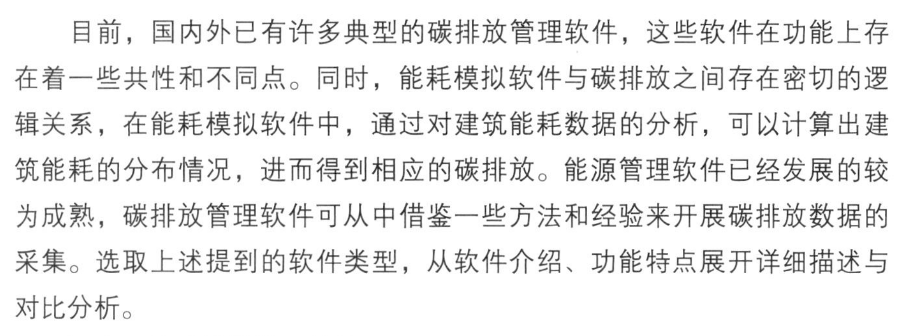

目前，国内外已有许多典型的碳排放管理软件，这些软件在功能上存在着一些共性和不同点。同时，能耗模拟软件与碳排放之间存在密切的逻辑关系，在能耗模拟软件中，通过对建筑能耗数据的分析，可以计算出建筑能耗的分布情况，进而得到相应的碳排放。能源管理软件已经发展的较为成熟，碳排放管理软件可从中借鉴一些方法和经验来开展碳排放数据的采集。选取上述提到的软件类型，从软件介绍、功能特点展开详细描述与对比分析。

二维码 12-1　碳排放管理软件对比分析

（1）国外碳排放管理软件

从国外碳排放管理软件的发展历程来看，其主要是从项目建设主体的碳排放分析和碳排放报告的制定两个方面进行研发。以项目建设主体为对象进行碳排放管理软件的研发，使得该软件具有针对性、专业性、灵活性等特点。同时，国外的碳排放管理软件注重对碳排放分析和碳排放报告的制定，由于其适用范围相对较广，其数据来源和数据处理方式也相对较为多样化。

（2）国内碳排放管理软件

目前，国内碳排放管理软件市场还处于起步阶段，但随着碳中和的推进，碳排放管理软件市场将会逐渐发展壮大。国内市场主流的建筑与基础设施碳排放管理软件的功能包括：碳排放计算分析、碳排放管理、自动生成碳排放报告书等环节。

目前国内主流的碳排放管理软件为东禾建筑碳排放计算分析软件、碳阻迹、绿建斯维尔碳排放计算软件、PKPM-CES 和碳引擎等。

（3）能耗模拟软件

能耗是指在能源使用过程中所消耗的能量，这个过程中所释放的二氧化碳等温室气体是建筑与基础设施碳排放的最主要组成部分，因此理解能耗的软件模拟方式，可以帮助理解如何使用软件进行碳排放管理。

目前比较主流的能耗模拟软件有 EnergyPlus、DeST、DOE-2、天正节能、Equest、TRNSYS、DesignBuilder、OpenStudio 等。

（4）能源管理软件

在实现碳排放管理时，如何准确并有效地完成碳排放数据采集是大家关注的重点内容之一。能源管理软件可以对能源介质进行自动采集、计算和存储，通过信息化技术，对能耗状态进行监测、分析和预测，达到深挖节能潜力的目的，是一种成熟的数据采集方案。通过目前成熟的能源数据采集方案，从已有的能源数据采集方案中借鉴一些方法和经验来开展碳排放数据的采集，确定碳排放相关数据采集方式，最后结合其数据整理处理方式、存储管理方式和分析报告方式，开展碳排放管理软件的开发搭建。

目前比较主流的能源管理软件有 MyEMS、华为能源管理云平台 Acrel-5000 能耗管理系统、SIMATIC Energy Manager、中控能源管理软件等。

2）碳排放管理软件对比分析

根据对 30 余种国内外碳排放管理软件、能耗模拟软件和能源管理软件的统计，首先从碳排放管理软件的开发者入手，找出市场上的主流开发群体；其次分析其数据导入方式和软件应用形式，以便更好地了解碳排放管理软件业务需求；最后从碳排放管理软件覆盖阶段角度探讨各类型碳排放管理软件的适用阶段。

（1）碳排放管理软件开发主体

碳排放管理软件开发主体主要包括政府、高校 / 科研院所、企业等。归纳全球碳排放管理软件市场中的部分开发主体如图 12-2 所示。

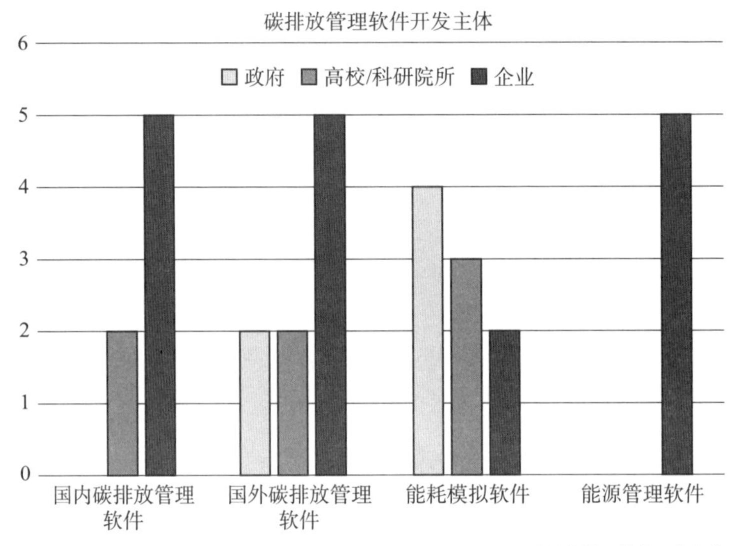

图 12-2　碳排放管理软件开发主体

总体来看，碳排放管理软件市场尚未形成明显的市场格局，主要开发主体包括政府、高校 / 科研院所、企业等。以政府为代表的应用主体，主要依托于政策驱动；以高校 / 科研院所为代表的应用主体，主要依托于项目驱动；以企业为代表的应用主体，主要依托于产品驱动。可以说，由于市场需求与巨大潜力，碳排放管理软件已初具规模。

（2）碳排放管理软件数据导入方式

碳排放管理软件数据导入方式主要包括表单式、CAD 导入和 BIM 模型导入，如图 12-3 所示。表单式填入操作简单方便，更适用于管理人员，绝大部分碳排放管理软件都支持此种数据导入方式；CAD 导入和 BIM 模型导入

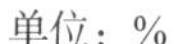

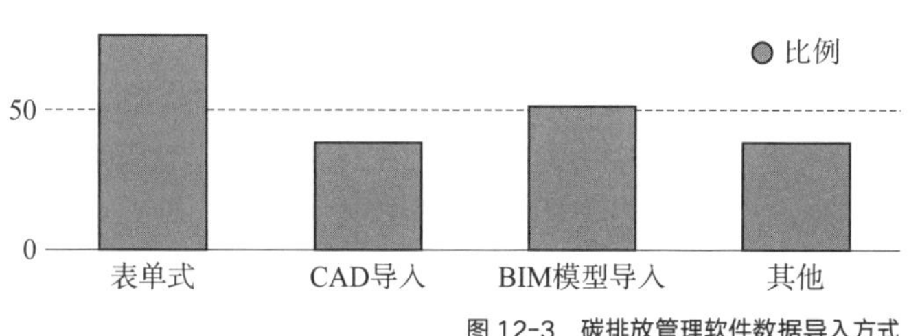

图 12-3　碳排放管理软件数据导入方式

更为精确，适用于相关工作技术人员，统计软件中接近一半支持此种数据导入方式。

（3）碳排放管理软件应用形式

如图 12-4 所示，碳排放管理软件应用形式主要分为 Web 端和客户端，Web 端提供了图形化的、易于访问的直观界面，而客户端需要下载应用，其性能相对较好，可以处理复杂的软件功能。

（4）碳排放管理软件覆盖阶段

由图 12-5 可知，目前国内外的碳排放管理软件仅约 1/3 覆盖全生命周期。其余软件通常仅包含全生命周期中的一个或部分阶段，如包含建材生产运输、建筑的建造与拆除阶段，但不包含建筑的运行阶段。

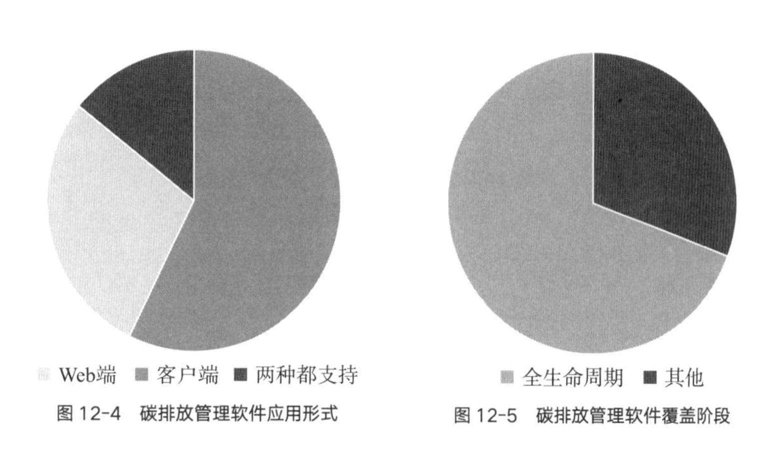

图 12-4　碳排放管理软件应用形式

图 12-5　碳排放管理软件覆盖阶段

12.1.3　碳排放管理信息技术创新应用趋势

创新的信息化管理技术是赋能软件的重要途径。随着 BIM、区块链、人工智能、数字孪生等技术的普及与应用，引领了一个全新的碳排放信息化管理发展趋势。这四项技术在碳排放管理场景中可以相互结合，形成更强大、更高效的解决方案。例如，首先利用 BIM 技术创建建筑项目的数字孪生模型，并将其与区块链技术结合，确保模型数据的安全和可信。然后，利用人工智能技术对数字孪生模型进行分析和优化，优化项目的各项数据。

二维码 12-2　碳排放管理信息技术创新应用趋势相关拓展资料

1）建筑信息模型（BIM）技术

BIM 建筑信息模型技术与建筑业低能耗、低污染、可持续化的发展需求相契合，因此，目前国家正在大力倡导在建筑行业中推广 BIM 技术的应用，近年来 BIM 技术也已在建筑业的信息化发展进程中发挥了积极的促进作用。将“碳排放信息”作为项目建设与运行过程中的一项新增特征，借助 BIM 技术相关能力，将碳排放管理融入全生命周期中，实现统一且高效的管理。BIM 技术在碳排放管理的多个环节中都可以提供有效的助力。

2）区块链技术

为了更好地保证碳排放数据计算的真实可靠，将区块链技术引入碳排放管理软件中，使其具备如下几个技术特点：智能合约按照国家碳排放计算标准，自动精准执行；源数据不可篡改，碳排放计算结果真实可信；源数据、计算结果等数据全程留痕，可进行精准溯源。

3）人工智能技术

人工智能模型的训练需要大量的数据，而碳排放管理过程中产生的大量数据提供了机器学习模型建立所需的数据集，可以通过特征工程提取出建筑的能源消耗模式、使用材料特性、运营数据等特征，用于建立预测模型，可以利用模型预测碳排放量，并基于预测结果进行优化措施的制定，以减少碳排放量并提高能源效率。

4）数字孪生技术

数字孪生技术应用于碳排放管理领域时，它的核心思想是将实体或系统的运行状态实时反映到数字孪生模型中，以实现对实体或系统的监测、分析和优化。通过数字孪生技术，可以实现对物理世界的深度理解、预测和优化，从而提高效率、降低成本、减少风险并推动创新。

如前所述，碳排放信息化管理离不开碳排放管理软件，碳排放管理软件是为了支持碳排放信息化管理而专门开发的软件工具，其具备的特定功能和特性，能够针对碳排放管理的需求进行定制和适配。为了实现碳排放信息化管理的落地，必须了解和掌握软件开发的技术路径。技术路径是指在实现特定目标或解决问题的过程采用的一系列技术和方法的选择。

开发一款碳排放管理软件，一方面为了实现软件从零到一，需要了解软件开发的基本技术路径，以达到软件落地的目标；另一方面为了实现碳排放管理，需要从数据入手，了解数据管理的技术路径，从而达成碳排放管理的业务目标。

本章根据碳排放信息化管理的复杂性和特点，对碳排放信息化管理进行分析，通过结合不同技术方案的优点，将碳排放管理的业务目标与之相结合，实现一个高效、可靠且用户友好的通用软件解决方案。

12.2.1 软件开发基本技术路径

软件开发是指根据用户需求、业务场景或问题的特定要求，通过设计、编码、测试和部署等一系列过程，创建和构建软件系统或应用程序的过程。碳排放管理软件的开发同样需要遵循基本技术路径，主要包括需求分析，系统设计，软件开发、测试、维护等几个关键阶段，如图 12-6 所示。

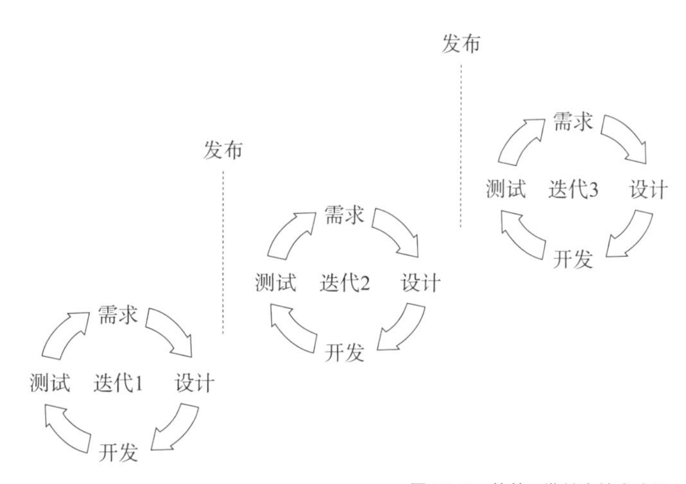

图 12-6 软件开发基本技术路径

作为实现碳排放信息化管理的重要方式和手段，碳排放管理软件的实现与落地过程需要依靠软件开发。在当下流行的敏捷开发模式下，碳排放管理软件项目将被划分为若干个子项目，各子项目可同时开发、独立进行，通过多次迭代细化完成，每次迭代都有明确的目标并可向用户交付可运行的软件，同时开发团队可以动态调整开发过程和软件架构以应对用户提出的新需求和需求变更。

1）需求分析

软件需求分析是软件开发人员经过一系列调研，识别、分析并准确理解用户和项目的功能、性能、可靠性等具体要求，将用户非形式的需求表述转化为完整的需求定义，从而确定软件系统中应包含的具体功能或特定架构的过程。碳排放管理软件的需求应该从碳排放管理流程的实现和碳排放数据特点两个角度进行思考：结合碳排放管理的阶段、主体和方法完成碳排放管理的业务功能需求分析；结合碳排放数据的收集、存储、清洗等特点进行整个软件的系统架构需求分析。

（1）业务功能需求分析

对用户的功能实际需求进行分析，用户需要能够在导入具体项目数据后，借助软件来对项目的各主要阶段碳排放进行计算，并生成各阶段及汇总的计算和分析报告。因此，碳排放管理软件中应包含新项目创建、建筑详细信息的导入或输入、建筑生命周期各主要阶段对应数据的录入、碳排放计算、生成并导出碳排放分析报告及决策服务这六个关键业务功能。

（2）系统架构需求分析

通过对软件的系统架构需求进行分析，碳排放管理软件的架构自下而上应分为数据录入（接入）层、数据处理层、服务层、应用层及用户界面层这五个主要层级。

2）系统设计

软件系统设计就是将软件分解成具有特定功能的单元或是模块。碳排放管理软件的系统设计应分为概要设计和详细设计两个阶段。系统设计人员需要在充分、准确理解各类用户实际需求的基础上，对其业务需求和系统架构需求进行分解，并将分解后的各子项目或子任务转化成恰当、合理的软件功能需求。

（1）概要设计

首先，碳排放管理软件开发者需要对软件系统进行概要设计。这一阶段的主要工作任务包含系统基本处理流程设计、系统组织结构设计、系统模块之间的接口关系、功能模块划分及对应功能分配以及数据架构设计等，上述设计活动为下一阶段软件详细设计夯实基础。研发团队也可使用软件结构图来展现软件的模块结构。

系统设计人员需要在充分、准确理解各类用户实际需求的基础上，对其业务需求和系统架构需求进行分解，并将分解后的各子项目或子任务转化成恰当、合理的软件功能需求。

（2）详细设计

详细设计是概要设计的延续，同样需要基于需求分析来进行设计。这一阶段的主要工作包含对应实现的功能的描述、输入输出数据的设计、实现算法的设计、数据结构的设计、交互界面的设计等，此外，还应确保软件的各项需求完全分配到整个软件中。详细设计需不断细化，以确保开发人员能够根据详细设计报告进行编码。

3）软件开发

软件开发是将详细设计中的描述和设计通过代码转换为计算机可以执行的程序。碳排放管理软件研发团队根据软件系统详细设计方案中对碳排放计算分析数据、建筑全生命周期碳排放计算、BIM 可视化、区块链等功能描述的设计要求，选取适当的编程语言和编码风格进行程序编写，分别实现各模块的功能，从而实现对碳排放管理系统的功能、性能、接口、界面等方面的要求。

4）软件测试与维护

软件测试是在规定的条件下对程序进行操作，以发现程序错误、评估开发完的软件是否满足系统设计要求。测试人员须依据规范的软件测试过程和方法，对软件的文档、程序和数据进行测试。基于不同的分类标准，可将软件测试用例设计方法分为以下三类：按测试技术划分、按测试方式划分和按测试阶段划分。按测试技术划分，软件测试可分为：黑盒测试、白盒测试、灰盒测试；按测试方式划分，软件测试可分为：静态测试、动态测试；按测试阶段划分，软件测试可分为：单元测试、集成测试、系统测试、验收测试。通常情况下，碳排放管理软件的测试会选取多种测试方法组合使用的方式进行，用以识别软件缺陷和漏洞，并对软件功能、性能及安全性等方面进行评测。

软件维护是指在软件运行或运营阶段对软件产品进行漏洞修正、性能提升或版本迭代等操作。这意味着软件维护不仅能排除识别或暴露出的故障、问题，使软件能正常工作，而且还可以使它扩展功能，提高性能，并及时跟上与时俱进的碳排放管理需求。根据维护工作的性质，软件维护活动可分为如下 4 种类型：纠错性维护、适应性维护、完善性维护或增强及预防性维护。通常情况下，软件维护团队在对碳排放管理软件进行维护工作时，会根据软件的开发阶段和具体的维护需求选取对应的维护活动类型，或是采取两种或多种维护类型组合使用的方式进行维护。建筑碳管理软件在使用过程中，使用量、应用领域会不断扩大，同时也要开发新功能适应客户与市场需求。

12.2.2 碳排放数据管理技术路径

碳排放信息化管理的本质是数据驱动的管理，其特点在于数据快速涌现、数据量大和数据类型繁多，具备大数据的特征。2022 年，中国大数据网双碳大数据与科技传播联合实验室发布《中国双碳大数据指数白皮书》，其中明确指出，“中国双碳大数据指数”是以中国城市作为评价对象，运用大数据手段建立的碳达峰碳中和高质量发展效果的评价体系。碳排放数据管理可以被视为大数据管理的一个特定领域或应用场景。

在碳排放数据管理中，大数据管理的理念和技术被应用于处理和分析与碳排放相关的大量数据。这些数据可以包括能源使用数据、生产过程中的排放数据、供应链数据等。通过对这些数据的收集、存储、处理和分析，可以实现对碳排放情况的监测、评估和核算等多种业务能力，最后以可视化技术将数据以易于理解和传达的方式展示。图 12-7 为碳排放管理数据技术路径示意图。

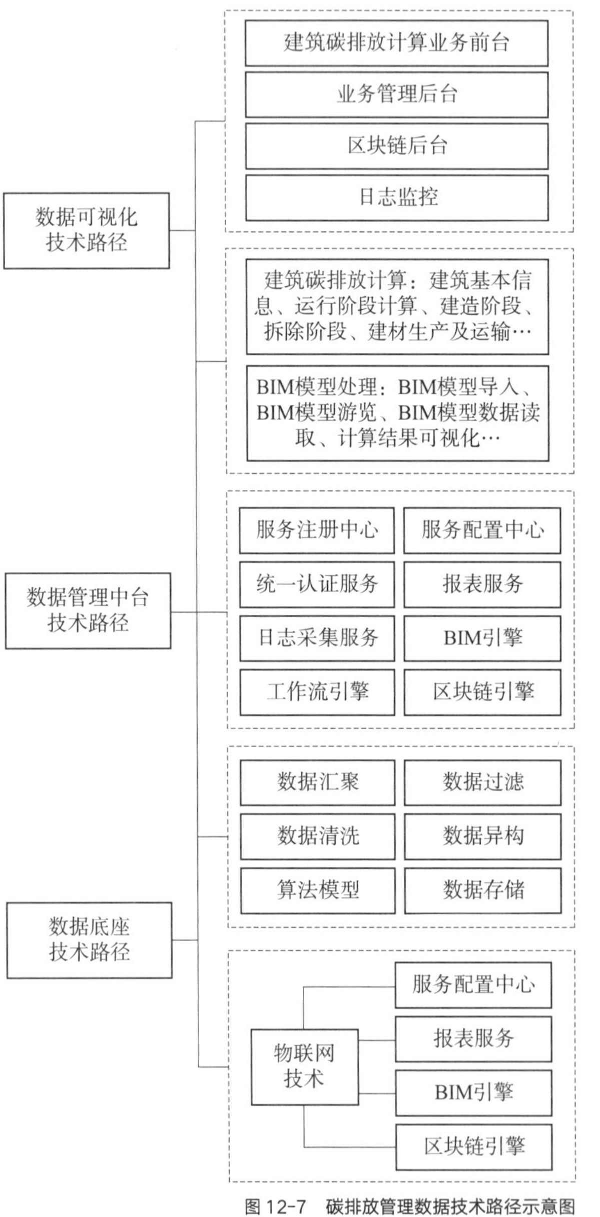

图 12-7　碳排放管理数据技术路径示意图

1）碳排放数据底座技术路径

数据底座是指构建和管理数据生态系统所需的基础设施和工具。它是数据管理和数据分析的基础，是实现数据存储、处理、集成和访问的能力基础。

实现数据底座需要以下三项核心技术：数据采集技术、数据传输与集成技术以及数据存储技术。

（1）数据的采集包括传感器、监测设备、能源计量系统等，用于实时或定期收集能源使用和排放数据。为了实现收集和整合来自不同来源和不同格式的碳排放数据的目的，物联网（Internet of Things，IoT）技术成为了支撑该目标实现的基础，如图 12-8 所示。通过在施工现场或建筑物内设置数据传输设备，包括传感器、监测设备、能源管理系统等，将总用电量、机

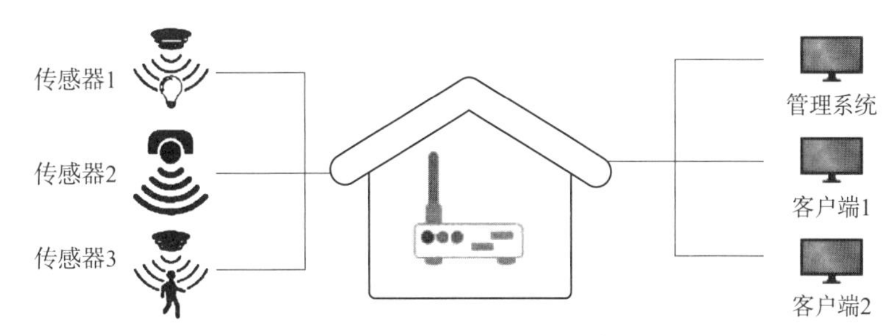

图 12-8　物联网技术实现碳排放数据收集流程示意图

电设备用电、电梯照明用电、分区域楼层用电等数据接入软件系统，这有助于构建一个全面和一致的碳排放数据集。

（2）收集的数据需要传输到数据底座中。这可能涉及网络通信、API 集成或数据导入工具。

（3）采集的数据需要安全地存储。常见的数据存储解决方案包括关系型数据库、NoSQL 数据库、数据仓库以及云存储。不同的数据类型需要选择相应适合的数据库类型进行存储，针对碳排放管理中的数据类型，详细的数据库架构介绍在 12.3.2 节中进行展开。

2）碳排放数据中台技术路径

数据中台是指集中化的、统一的数据平台，用于管理和整合各种数据资源，提供数据共享、数据治理、数据分析和数据应用的基础设施和服务。对收集起来的碳排放数据需要进行处理，具备对相关数据进行汇聚、过滤、清洗和异构存储等操作的功能，旨在最大程度上满足用户对数据处理的需求。

建筑碳排放计算、BIM 模型处理和准稳态能耗计算等主要功能通过数据中台实现。在建筑碳排放计算方面，用户可以输入建筑的基本信息，并进行运行阶段、建造阶段、拆除阶段以及建材生产与运输阶段的碳排放计算。在 BIM 模型处理方面，用户可以导入 BIM 模型，进行模型的浏览、数据读取以及计算结果的可视化。而准稳态能耗计算功能涵盖了数据导入、制冷与采暖能耗计算、生活热水能耗计算、照明和新风能耗计算等多个方面。

建材生产阶段，不同种类不同规格的建材有不同的碳排放因子；建材运输阶段，不同运输方式类别有不同的碳排放因子。建造及拆除阶段的能源消耗以机械的用能为主，即汽油、柴油、电等，分别对应汽油、柴油、电的碳排放因子。运行阶段的能源消耗以耗电为主，对应电力碳排放因子。以上碳排放因子组成了碳排放因子库，计算时，直接查询因子库，得到相应碳排放因子。

3）碳排放数据可视化技术路径

数据可视化的目的是通过图形化的方式将数据转化为可视化图像，从而帮助人们更好地理解和分析数据。通过合适的图表类型、颜色、图形、标签和交互元素等设计，数据可视化可以帮助用户发现数据中的模式、关联、异常和趋势，并支持决策、沟通和洞察。

碳排放管理涉及大量数据，数据可视化帮助管理者和利益相关者更轻松地理解这些数据，因为它将抽象的数据转化为图表、图形和图像，使信息更加清晰明了。通过可视化，用户可以更容易地发现碳排放数据中的趋势、模式和关联关系。例如，可以查看时间趋势图以了解季节性的排放波动，或者创建热力图以识别排放源的主要影响因素，从而能够更明智地做出决策。

可视化作为一种有效的沟通工具，通过可视化报告和仪表盘实现碳排放数据的展示。如商业智能（Business Intelligence，BI）工具提供了一套功能丰富的工具和功能，使用户能够以可视化和交互式的方式管理碳排放数据，用以生成报表或仪表盘看板；将数据库中存储的数据以可视化的形式呈现，数据可视化还可以用于实时监测碳排放数据。通过实时可视化仪表盘，管理者可以随时了解碳排放状况，及时采取措施来应对异常情况。

软件架构是指在软件系统开发过程中，对系统进行整体设计和组织的过程，包括系统的组成部分、它们之间的相互关系以及如何满足系统的功能和质量要求。1999 年 Booch，Rumbaugh 和 Jacobson 提出：软件架构是一系列重要的决策，涉及组织软件系统、选择系统的结构化元素和接口，定义元素之间的特定行为，以及以特定方式组合结构化元素和行为元素形成更大的子系统。

软件架构可以为设计大型软件系统的各个方面提供相应的指导，帮助开发人员理解软件和管理系统的复杂性，使开发过程更加可控和高效。随着碳排放信息化管理的需求增加和全新技术的进步，软件的更迭也越加频繁，为了保障软件的生命力和竞争力，一个好的软件架构的重要性不言而喻，甚至会直接影响到碳排放管理软件运行的全生命周期。

本节基于碳排放信息化管理的特点与当前管理软件发展趋势，从软件开发角度提出基于“前后端分离”的软件开发设计架构，并在此基础上阐述“功能模块和数据库”的业务落地设计架构；同时结合当今线上办公特点，基于协同办公需求提出“云服务与协同管理”的架构，如图 12-9 所示。三位一体，实现“碳排放管理”这一需求的软件实现。

图 12-9　碳排放管理软件架构设计

12.3.1　前后端架构

“前后端分离”已经成为软件开发的业界标杆，通过“展示 + 储存”的概念，将软件所承担的不同功能有效地进行解耦。并且前后端分离会为以后

二维码 12-3　碳排放管理软件的前后端架构设计

的大型分布式架构、弹性计算架构、微服务架构、多端化服务（即 Web、安卓、IOS 等多种客户端）打下坚实的基础。前后端可以独立完成整个过程，两者都可以同时开工，不互相依赖，开发效率更快，而且分工比较均衡。

12.3.2　功能模块与数据库架构

在碳排放管理软件中，功能模块和数据库架构设计是帮助用户实现碳排放信息化管理的技术手段。功能模块的设计方法可以将软件系统分解为独立的、可重复使用的模块；数据库架构定义了如何组织和存储数据，包括表结构、关系和约束等，定义了数据的访问和查询方式。

在功能模块的设计中，碳排放管理软件需要包括诸如碳排放计算、数据采集、分析和报告等模块，每个模块负责特定的功能，具有清晰的边界和接口，同时使得软件系统易于维护、扩展和测试；另一方面，数据库架构的设计能够高效地存储和管理大量的碳排放数据，并支持复杂的查询和分析操作，清晰的数据库架构可以确保数据的一致性和准确性，可以支持系统的拓展和维护。

1）功能模块

碳排放管理软件主要功能以模块化的方式实现，包含业务管理模块、数据管理模块及系统管理模块这三类主要功能模块。

（1）业务管理模块

业务管理模块是碳排放管理软件的核心模块，将所有可实现功能进行集成，调用配置在后端的计算模型等进行业务的实现，同时提供展示和交互能力。

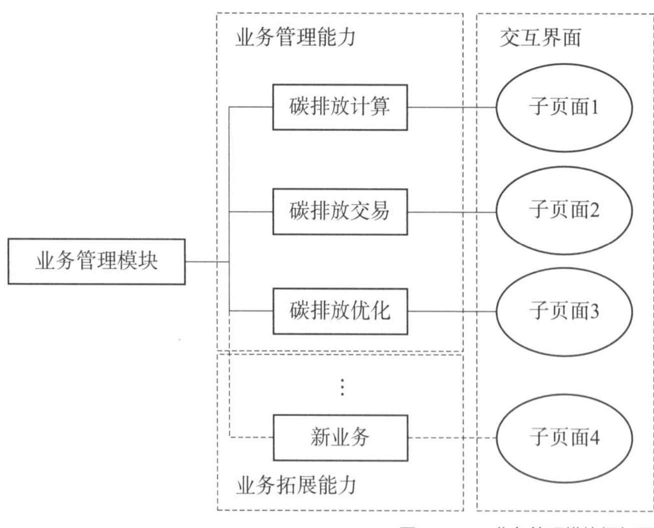

图 12-10　业务管理模块框架图

业务管理模块实现具体碳排放管理功能。目前常见的碳排放管理核心业务包括碳排放计算、碳排放交易和碳排放优化，业务管理模块框架图如图 12-10 所示。碳排放计算集成碳排放测算、碳排放监测、碳排放核算等核心功能；碳排放交易借助区块链技术，集成身份及配额认证、碳资产交易服务、碳排放报告第三方核算等核心功能；碳排放优化在人工智能技术的助力下，通过机器学习等途径完成碳排放量优化、资源消耗利用优化等核心功能。

业务管理模块提供交互界面。业务管理模块所包含的功能作为子页面进行呈现，每个子页面可以通过导航菜单或选项卡进行切换，以便用户快速访问所需的功能。在每个子页面中，应提供适当的操作按钮、搜索框和过滤条件，以增强用户的交互和操作体验。同时，在界面设计上保持整体的一致性和用户界面的友好性，使用户能够轻松理解和使用这些碳排放管理功能。

业务管理模块支持业务拓展。业务管理模块提供扩展性接口和插件机制，允许业务用户或第三方开发者根据需要添加自定义的功能模块、业务规则或扩展组件。这样可以满足特定业务场景的需求，提供更加个性化和定制化的功能支持。

（2）数据管理模块

在碳排放管理中，串联起碳排放全流程与管理主体上下游的对象便是碳排放数据，因此碳排放数据需要建立数据库，以确保数据的存储、管理和使用的可靠性和一致性。

①碳排放数据库应提供一个集中存储碳排放数据的平台。该数据库应设计合适的数据结构和存储模式，以支持对各种类型的碳排放数据进行有效的存储和管理。

②碳排放数据库应提供数据的快速检索和查询功能，以便管理主体能够随时访问和分析所需的数据。这可以通过建立索引、采用高效的查询算法和技术来实现。

③碳排放数据库应支持数据的监测和报告。数据库应该能够接收实时数据流，并自动进行数据处理和汇总，以生成定期的碳排放报告。这有助于管理主体及时了解碳排放状况，并进行监测、评估和决策。

④碳排放数据库应具备可扩展性。碳排放数据量可能随着时间和业务规模的增长而增加，因此数据库应具备可扩展的架构和性能，以适应未来数据量的增长和系统的升级。

（3）用户管理模块

碳排放管理软件在实际使用中存在不同用户，用户在管理流程中对应不同角色，角色又与软件的操作权限紧密相关。因此做好用户管理，可以使整个平台的使用更加协调，碳排放数据信息更具备可靠性和安全性。

目前主流的角色管理方式为基于角色的访问控制（RBAC）模型，即Role-Based Access Control，通过角色关联用户，角色关联权限的方式间接赋予用户权限。在实际的碳排放管理流程中，由于不同用户登录软件后所能访问的功能会根据其角色的不同而发生变化。如图 12-11 所示为 RBAC 核心设计示意图。这种设计的优势在于，当存在大量用户时，可以确保权限的准确分配，使每位用户都能够按照其角色和职责访问适当的功能。

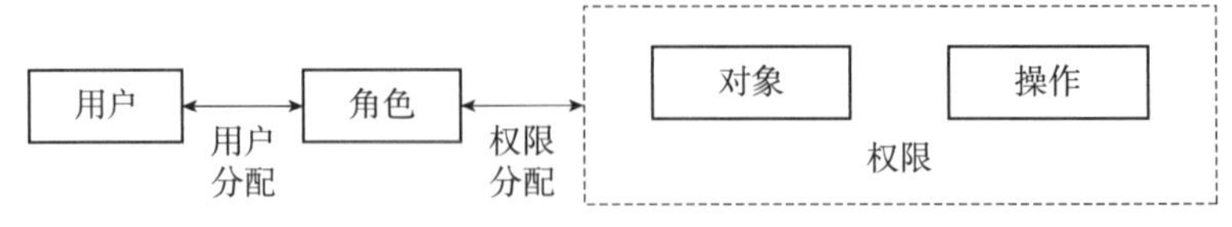

图 12-11　RBAC 核心设计

2）数据库架构

数据库的架构设计步骤按照数据由入库开始的全流程，分为数据采集、数据处理和数据运维三个阶段进行设计。

（1）数据采集

①需要明确采集对象，即按照相关标准及管理活动要求所需的碳排放基础数据。

②管理主体宜根据自身情况、工艺流程选择数据采集方式，如物联网采集、信息系统对接采集、机器流程自动化采集、图像识别采集和人工采集等。通过工业互联网标识解析体系，为处理分析、平台应用提供标识数据。

③管理主体宜根据采集对象和采集方式选择采集设备。采集设备宜满足接入能力、接入安全和接入质量要求，并可以实现状态监控和故障定位。

使用实体关系（E–R）模型，将现实世界的信息结构统一用属性、实体以及它们之间的联系来描述。在碳排放计算软件数据库设计中，E–R 模型如图 12–12 所示：实体用矩形框表示，例如用户信息、建筑碳排放因子库这些客观存在并且相关区别的事物且能够直接存储在数据库中；属性用椭圆形表

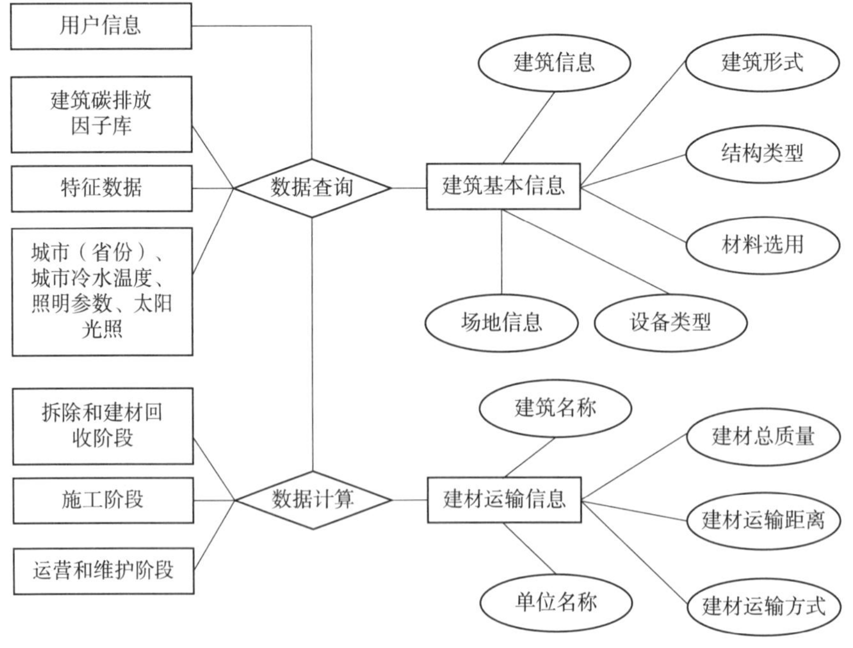

图 12-12　碳排放管理软件数据库 E–R 图

示，用无向边与相应的实体连接起来，关系用菱形表示，用来表现实体与实体之间的联系，例如数据查询和数据计算。通过 E-R 图，能够清楚地看出碳排放管理软件数据库的数据来源。

（2）数据处理

数据库对于接入的数据需要进行预处理，包括检查数据一致性，对异常数据、缺失数据进行识别和处理，对冗余数据以及无用数据进行清理，以便适用于后续的建模分析；根据数据存储方式对数据进行格式转换，并向用户开放数据的重组、拆分、映射等权限。

处理完毕的数据进入到最关键的步骤——数据存储。需要根据业务特点提供关系型数据库、离线大数据处理、分析型数据库、对象存储（非结构化数据存储）、NoSQL 数据库、缓存数据库等不同类型的数据存储方案，并支持数据的增删改查。如图 12-13 所示，一般来说碳排放计算软件使用的数据库有 MySQL 数据库，Redis 和 Elasticsearch 三种类型的数据库，MySQL 存储全部数据，Redis 储存访问频率较高的基础数据，ES 存储因子库数据。

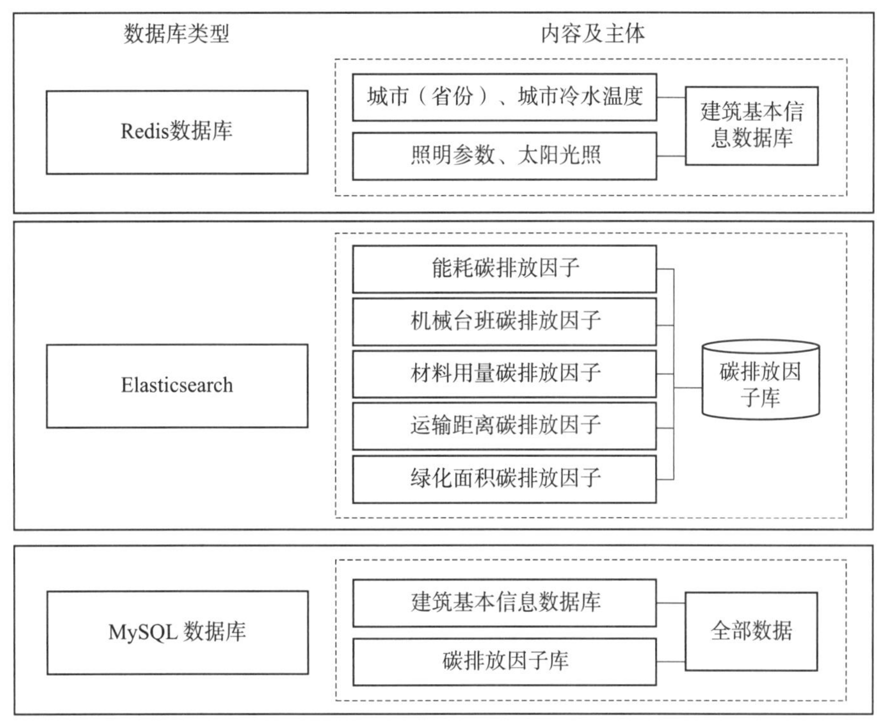

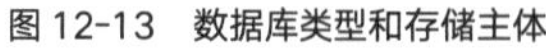
图 12-13　数据库类型和存储主体

二维码 12-4　碳排放计算软件使用的数据库相关拓展资料

采用上述提到的数据建模工具，结合实际工业生产设备、生产流程、应用场景以及分析目标，建立通用的基于统计的分析模型以及异常检测模型等，满足用户对于碳效分析的通用性要求。从时间顺序上看，数据库应用程序的设计应该与数据库设计并行进行，这样能够根据运行的实际状况不停地去修改完善数据库的物理架构，在数据库结构建立好后，就可以开始编制与调试数据库的应用程序。

（3）数据运维

数据运维是指负责管理和维护数据生命周期的一系列活动和实践，重点在于整个数据生命周期的管理，通过合理规划和执行数据运维策略，可以提高数据的价值、可信度和可持续性，为组织提供更好的数据支持和决策依据。

数据运维实现碳排放数据可迁移、可销毁，并保证数据私密和完整。如用户终止服务、用户提出数据删除，除非有特殊约定，应立即删除数据；在用户提出数据迁移需求时，能够提供、镜像数据和应用的迁入和迁出的服务。不同用户之间内网不可相互访问，或在用户授权的情况下才能获得数据；能够检测到重要数据在传输、存储过程中完整性受到破坏，并在检测到完整性错误时采取必要的恢复措施。最终实现数据可备份与可恢复。

12.3.3 云服务与协同管理架构

在碳排放管理软件中，存在不同管理主体的不同用户之间协同工作。云技术基于资源共享的原则，可以将计算资源动态分配给多个用户，避免了单独建设大量的服务器设施，在需要处理大量碳排放数据时，云服务可以确保系统高效运行，有助于避免不必要的能源浪费；协同管理采用多租户模型，实现多个用户共享同一份基础设施和资源，从而实现协同工作的目标。

1）云服务设计

云服务设计是指基于云计算架构和技术的服务系统设计过程，如图 12-14 所示。它涉及将应用程序、数据和计算资源部署在云平台上，以实现灵活、可扩展、高效和可靠的服务提供。通过云服务设计，可以将包括前端用户界面、后端服务组件、数据存储和处理等分离部署，合理的架构设计可以提供高可用性、可扩展性和性能优化。

（1）云计算技术：通过网络连接将计算资源提供给用户，以满足其计算需求的模式。云计算提供了各种计算服务，包括计算能力、存储空间、数据库、应用程序和分布式系统等。不同的碳排放管理主体可以通过互联网访问和使用这些计算资源，无需在本地部署和维护硬件设备和软件，从而实现信息公开透明，管理不受地域边界的限制。使用云计算技术作为基础设施，不同主体可以通过任何设备访问碳排放数据和使用功能模块，减少了使用门槛。

（2）云存储技术：它提供了可扩展的存储空间，用户可以通过互联网将数据上传到云端存储，并在需要时进行访问和下载。云服务通常在多个地理

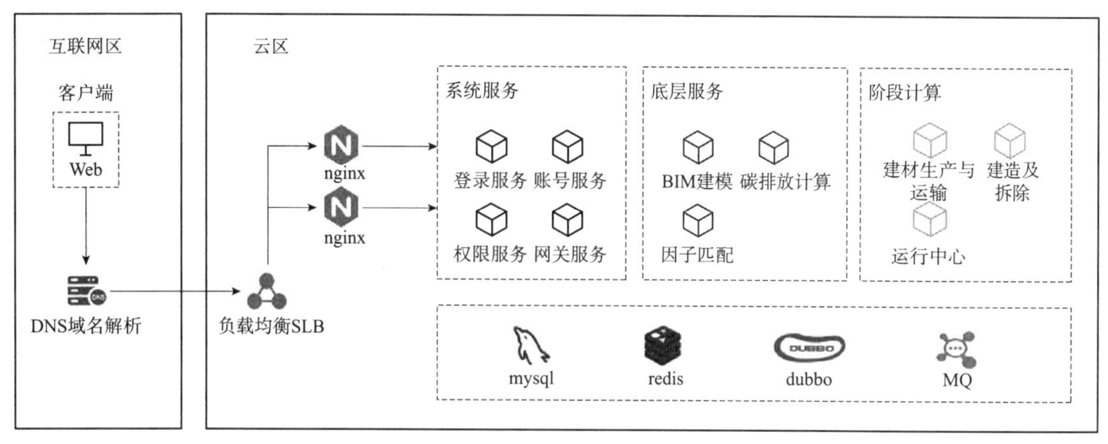

图 12-14 碳排放管理软件云服务设计

位置提供数据中心，这意味着碳排放管理系统可以多地访问和存储数据，从而突破地域限制，这对于全国甚至全球性的碳排放管理和监测非常有帮助。

（3）虚拟化技术：使用虚拟化技术将物理服务器划分为多个虚拟服务器，每个虚拟服务器称为一个虚拟机。虚拟化技术使得多个虚拟机可以在同一台物理服务器上并行，实现资源的共享和优化利用。使用虚拟化技术来提高服务器性能和可靠性，可减少硬件资源的浪费。

2）协同管理设计

为了实现多用户实时共享和编辑，采用实施协同的框架设计，允许多个用户同时访问并编辑同一份碳排放信息，以提高效率。为实现多用户共同编辑，需要设计合适的接口和协议来传递用户的编辑操作。为了区分不同的用户并保持用户的编辑操作的一致性，需要进行用户标识和身份管理。每个用户可以具有唯一的标识符，这样可以追踪和管理用户的编辑操作，并确保操作被正确地应用到相应用户的文档中。

通过用户权限管理来控制和管理用户对软件的访问和操作权限。将用户分配到不同的角色，并为每个角色分配特定的权限，以此来决定他们能够执行哪些操作和访问哪些资源。用户权限管理可以确保只有经过授权的用户能够执行特定的操作，并限制其他用户的访问和权限。根据用户角色和职责，对用户的访问和编辑权限进行管理，确保流程完整性和数据安全性。

在协同管理中，使用实时通信（IM）技术来促进用户之间的交流和合作，以实现更好的工作效果。云计算技术作为支撑，可以开发多种协作工具，如云端文档编辑、实时聊天和在线会议等。团队成员可以使用这些工具进行实时的沟通和协作，共同针对同一份碳排放数据进行讨论和计算，并快速解决问题。

本小节首先全面介绍了东禾建筑碳排放计算分析软件的发展历程，并对东禾建筑碳排放计算分析软件的技术亮点和管理亮点进行了详细的阐述；其次，以西安某办公楼为案例介绍了软件的碳排放计算过程和分析报告的应用情况；最后，指出了东禾建筑碳排放计算分析软件下一阶段的研发方向，并归纳了其在建筑行业中对于实施更有效的低碳零碳举措的促进作用及在碳金融、碳交易体系中潜在的应用潜力。

12.4.1 东禾建筑碳排放计算分析软件基本情况

1）发展历程

为响应我国碳达峰、碳中和重大战略，东南大学紧跟国家政策及行业规范导向，依托东南大学土木工程、建筑学、计算机科学与技术等传统优势学科，打造了全国第一款轻量化建筑碳排放计算分析专用软件——“东南大学东禾建筑碳排放计算分析软件”。图 12-15 为东禾建筑碳排放计算分析软件架构图。

2）软件亮点

东禾建筑碳排放计算分析软件相较于同类型软件具有 5 大亮点，包含 Web-BIM 技术、区块链技术、准稳态能耗模拟、碳排放计算导则和碳排放报告。

二维码 12-5 碳排放计算分析软件发展历程相关拓展资料

（1）区块链技术

加入区块链技术后，在使用东禾建筑碳排放计算分析软件对选定的建筑项目进行碳排放计算时，录入的源头数据都会相应地记录在软件底层区块链上。录入的各项数据根据其数据类型分类，会使用提前录入国家标准碳排放公式的

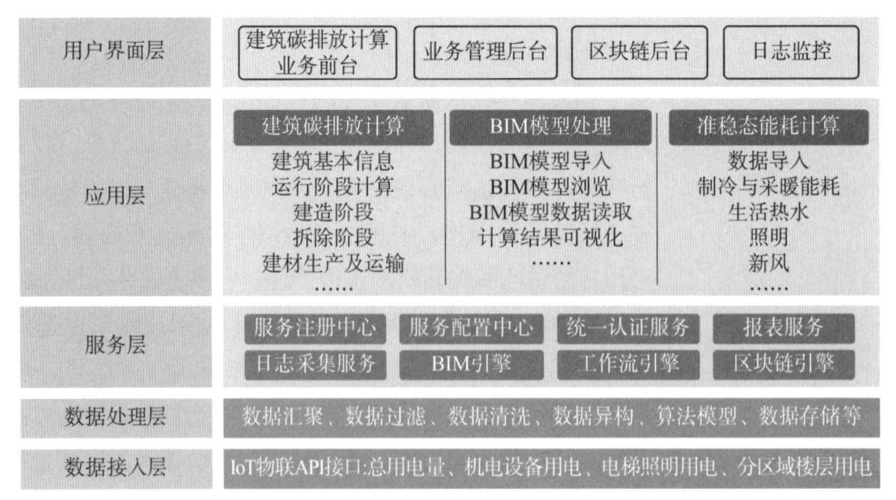

图 12-15 东禾建筑碳排放计算分析软件架构图

智能合约进行计算。所录入的源头数据和输出的碳排计算结果、碳排分析报告，都将被在区块链上全程记录并且数据不可篡改，发生故障或应对第三方审查时，可以通过区块链进行数据追溯，找到源头。图 12-16 为东禾业务流程。

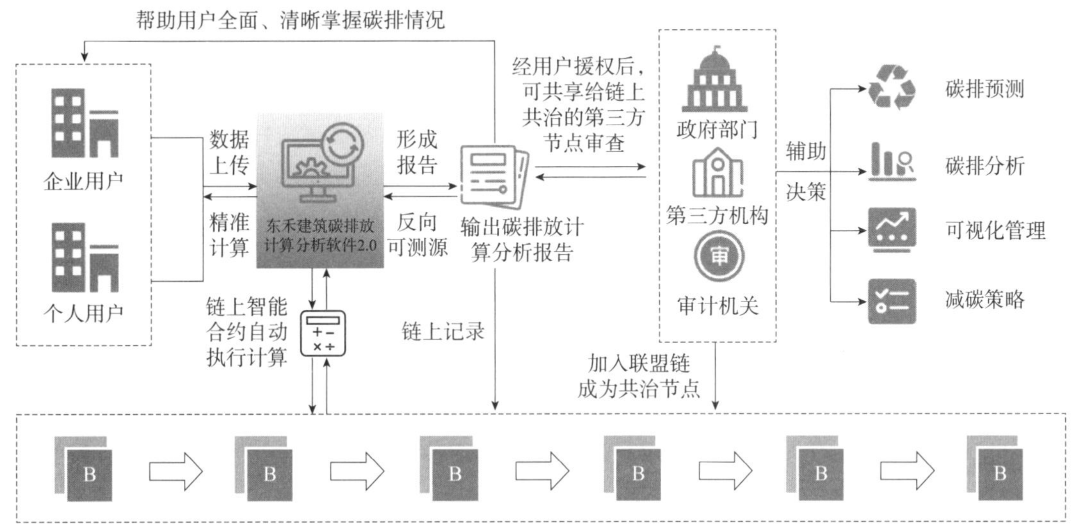

图 12-16　东禾业务流程图

（2）Web-BIM 技术

东禾平台基于网页端协同的建筑碳排放计算与管理，依据建筑全生命周期碳排放测算标准、量化建筑碳排放计算指标、深度解析 BIM 模型，建设开放共享的信息化平台，构建基于模型解析一步到位、碳排计算可循可视的建筑碳排放计算管理新模式。东禾平台既可以完整继承碳排数据，又可以快速加载轻量化模型，平台配备了具有自主知识产权研发的轻量化显示引擎，支持从本地读取模型，支持 PC 端与移动端多端操作。图 12-17 为 BIM 平台集成框架。

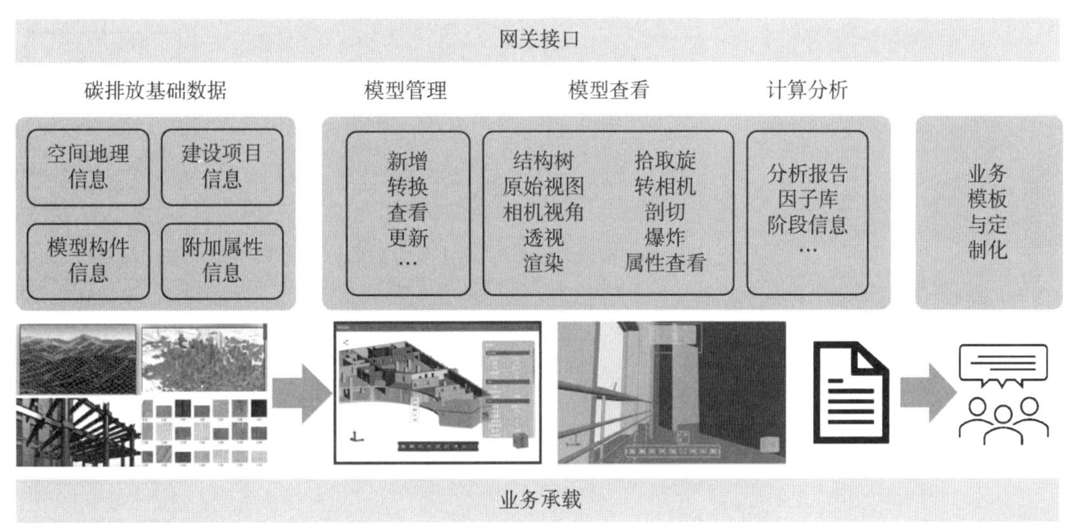

图 12-17　BIM 平台集成框架

（3）准稳态能耗模拟

东禾能耗模块采用准稳态模拟思路，既考虑了建筑的物理模型，也考虑了易用性，选取较长的时间步长来减小稳态计算方法可能导致的误差，从而保证计算结果的正确性。东禾能耗模块的计算依据采用标准和规范中规定的计算方法，并加入模型校准的算法。其中空调能耗模块根据输入的围护结构参数、室外气象参数、室内温湿度参数、人员排班、用电系统功耗等数据，按设定的时间步长，进行全面的空调冷热负荷模拟计算，进而计算空调系统能耗。采用同样的方法计算出其他各类用能系统一次能源消耗量，即得出建筑总能耗。此外，在模块计算过程中，规定了参数上、下限范围，通过迭代求解得到最优结果，对模型进行校准。图 12-18 为东禾能耗模块技术方法流程。

（4）碳排放计算分析报告

东禾建筑碳排放计算分析软件能够导出对应的建筑碳排放计算分析报告书（图 12-19），展示建筑全生命周期各阶段活动数据及碳排放量，数据客观完整，建筑全生命周期碳排放总量构成图可直观展现各阶段碳排放占比。建筑碳排放分析报告书具有唯一编码。同时，软件测试第三方评价报告也获得了中国质量认证中心（CQC）权威认证。

（5）碳排放计算导则

碳排放计算导则主要依据现行《建筑碳排放计算标准》GB/T 51366 和《江苏省民用建筑碳排放计算导则》等，同时采取碳排放因子法作为计算原

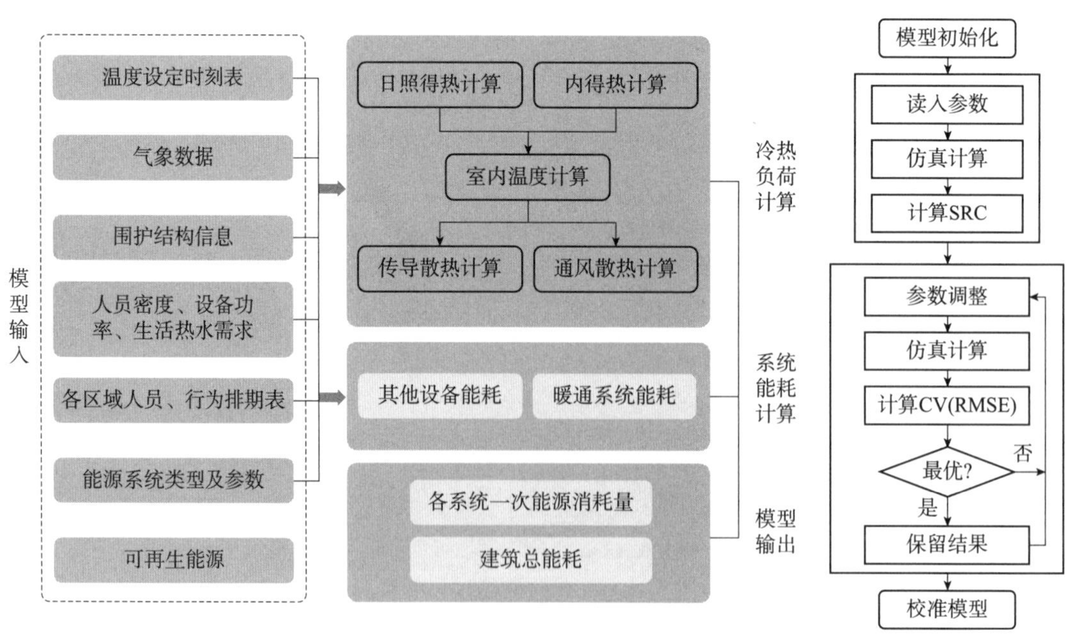

图 12-18 东禾能耗模块技术方法流程

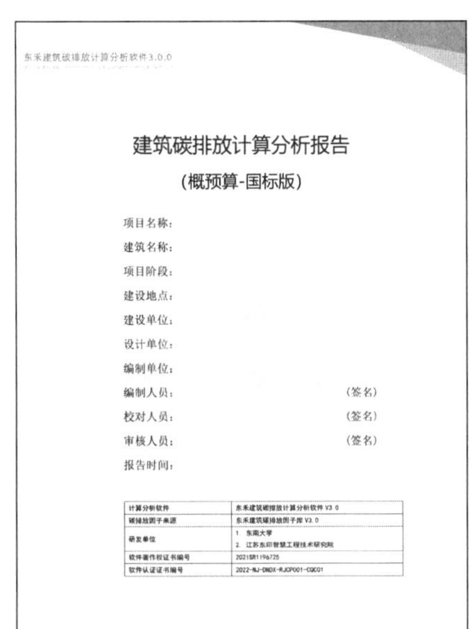

东禾建筑碳排放计算分析软件3.0.0

建筑碳排放计算分析报告

（概预算-国标版）

项目名称：

建筑名称：

项目阶段：

建设地点：

建设单位：

设计单位：

编制单位：

编制人员：（签名）

校对人员：（签名）

审核人员：（签名）

报告时间：

计算分析软件	东禾建筑碳排放计算分析软件 V3.0
碳排放因子来源	东禾建筑碳排放因子库 V3.0
研发单位	1. 东南大学 2. 江苏东印智慧工程技术研究院
软件著作权证书编号	2021SR1196725
软件认证证书编号	2022-NJ-DNDX-RJCP001-CQC01

CQC

报告编号：2022-NJ-DNDX-RJCP001-CQC01

软件测试第三方评价报告

软件名称：东禾建筑碳排放计算分析软件

软件版本：

送评单位：东南大学

评价时间：2022年1月

中国质量认证中心南京分中心

图 12-19　东禾建筑碳排放计算分析报告书

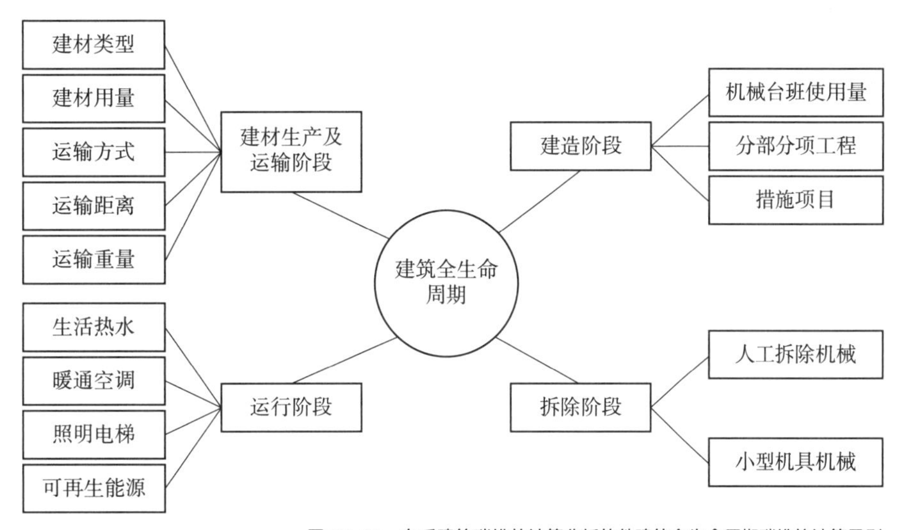

图 12-20　东禾建筑碳排放计算分析软件建筑全生命周期碳排放计算导则

理，如图 12-20 所示。在可行性研究阶段及方案设计阶段，通过合理预估混凝土、钢材、砌块等主要建材的消耗量，结合土建投资方案及节能设计标准，对建材生产与运输阶段、建造与拆除阶段和运行阶段的碳排放进行估算；在初步设计及其他阶段，基于工程造价概算清单、工程造价预决算文件、建材采购文件、供应商清单、使用空间面积、人员信息、设备使用信息等文件或数据信息，对建材生产与运输阶段、建造与拆除阶段和运行阶段的碳排放进行计算。

12.4.2　东禾建筑碳排放计算案例

选取西安某办公楼作为案例项目，该项目总建筑面积 66339m^2，建筑类型为高层商用办公建筑，结构类型为框架结构。项目建设时间为 2021 年，设计使用年限 50 年。建筑物共计 15 层，其中，地上 12 层，地下 3 层。

1）碳排放计算管理过程

平台“用户使用手册”包含东禾建筑碳排放计算分析软件的操作流程，依据指南的教程，录入建筑项目相关数据进行建筑生命周期各主要阶段的碳排放量及碳排放强度计算。BIM 模块使用手册涵盖 BIM 平台的环境配置建议、BIM 模型查看与操作说明及 BIM 模型管理。软件网页端界面如图 12-21 所示。

图 12-21　软件网页端界面

创建新项目时填写该案例中西安某办公楼建筑位置、建筑类型、结构类型、设计使用年限、建筑面积、建筑楼层、绿化面积及建设时间等详细的建筑基础信息，选择需要进行计算的项目阶段及计算标准。软件提供智能导入功能，直接导入东禾格式的数据表格，同时，软件也支持广联达等其他格式的数据导入。软件基本信息界面如图 12-22 所示。

将案例项目在建材生产、运输阶段以及建造和拆除阶段所需要的数据，手动输入或智能导入到软件中，平台计算成功后即刻显示案例项目在这两个阶段的总碳排放量、平均每年碳排放强度、单位面积碳排放强度、单位面积平均每年碳排放强度的计算结果。图 12-23 以建材生产、运输阶段为例展示计算界面。

图 12-22　基本信息界面

图 12-23　建材生产、运输阶段碳排放计算

运行阶段需要补充建筑信息、建筑功能分区、照明与用电设备、热水及太阳能热水器、电梯、采暖空调系统、通风系统、建筑可再生能源系统及建筑碳汇这 9 个板块的信息。

以采暖空调系统和通风系统为例。采暖空调系统中，需要填写的数据有供暖形式、供热系统性能参数 COP、制冷形式、满负载下制冷系统 EER 分别在 100%、75%、50% 和 25% 这四种负载下的性能折损系数和使用时间占比；通风系统中，通风类型、机械通风送风风量、机械通风排风风量、热回收类型、一次回风比例、是否无人时采用自然通风、自然通风时窗户全开面积、自然通风时下悬窗打开角度和建筑空气渗漏量等数据必须录入平台上，风机功率系统和风机风量控制系数等可选择性录入数据。如图 12-24 所示为采暖空调系统及通风系统数据录入界面。软件后台计算完成后显示运营阶段总碳排放量、平均每年碳排放强度、单位面积碳排放强度、单位面积平均每年碳

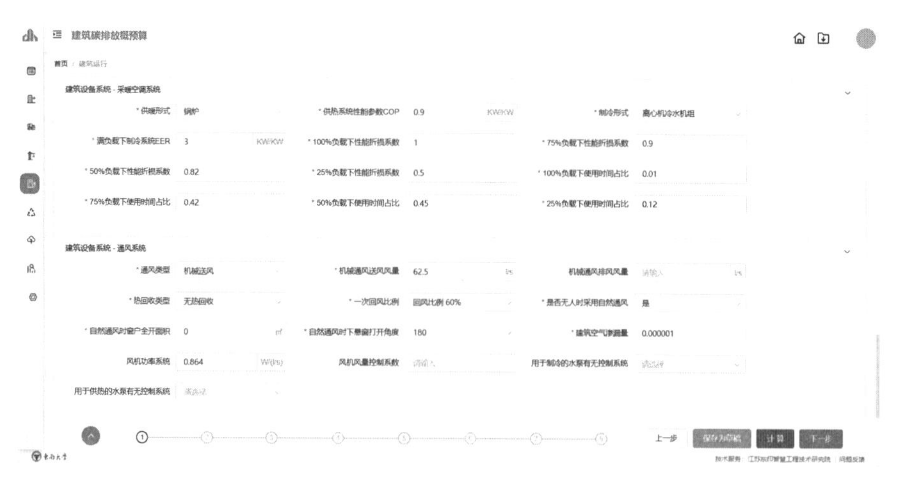

图 12-24　采暖空调系统及通风系统数据录入界面

排放强度的计算结果，并且以“PDF 格式”和“Word 格式”两种类型的报告进行展示。

2）报告数据分析及优势体现

平台计算了案例项目全生命周期的碳排放，支持可行性研究、方案设计、初步设计、施工图设计、建造及交付以及运行拆除阶段所有的碳排放量计算。计算过程参考的资料包括但不限于混凝土、钢材等主要建材的估算用量值，工程造价概算清单、工程造价预决算文件、建材采购文件、供应商清单等，能源资源消耗的估算用量，建筑围护结构信息，所在地区气象数据信息，热水用户数量及设备信息，使用空间功能及面积统计数据，室内人员密度及在室内时间信息，暖通空调设备信息，电梯参数，可再生能源利用信息。

东禾建筑碳排放计算分析软件3.0.0

建筑碳排放计算分析报告

项目名称：01-演示项目-办公
建筑名称：西安某办公建筑
项目阶段：施工图设计
建设地点：西安市
建设单位：
设计单位：
编制单位：
编制人员：（签名）
校对人员：（签名）
审核人员：（签名）
报告时间：

计算分析软件	东禾建筑碳排放计算分析软件 V3.0
碳排放因子来源	东禾建筑碳排放因子库 V3.0
研发单位	1. 东南大学 2. 江苏东印智慧工程技术研究院
软件著作权证书编号	2021SR1196725
软件认证证书编号	2022-NJ-DNDX-RJCP001-CQ001

图 12-25　西安某办公楼碳排放计算分析报告

碳排放计算分析报告具有唯一编码，通过扫描二维码查看报告。报告中建筑碳排放量有正有负，建材生产及运输、建造、运行、拆除阶段活动相关的温室气体排放，其建筑碳排放量用正数表示；与建筑相关的绿化和光伏、地源热泵等可再生能源利用所产生的能量按碳排放折减量计入，以负数来表示。计算采用碳排放因子法，将各部分活动形成的能源与材料消耗量乘以对应的二氧化碳排放因子，计算出建筑物不同阶段相关活动的碳排放。如图 12-25 所示为西安某办公楼碳排放计算分析报告。

建筑全寿命周期碳排放量分析由图表组成，汇总表表示各活动阶段的总碳排放量、年均碳排放量、碳排放强度和碳排量所占比例。如图 12-26 所示为分析报告中建筑全寿命周期碳排放量及分阶段碳排放构成。分析报告还列出单位面积碳排放强度、平均每年碳排放强度和平均每年单位面积碳排放强度的柱状图。

4.1 建筑全寿命周期碳排放总量及分阶段碳排放构成比例分析

表 9 建筑全生命周期碳排放量汇总表

活动阶段	碳排放来源	总碳排放量 tCO₂e	年均碳排放量 kgCO₂e/a	碳排放强度 kgCO₂e/(m²·a)	碳排放量占比 %
生产及运输	阶段合计	59042.47	1180849.40	17.80	35.22
	建材生产	57648.89	1152977.80	17.38	34.39
	建材运输	1393.58	27871.60	0.42	0.83
建造及拆除	阶段合计	7101.30	142026.00	2.14	4.24
	建筑建造	1088.23	21764.60	0.33	0.65
	建筑拆除	6013.07	120261.40	1.81	3.59
建筑运行	阶段合计	101479.04	2029580.80	30.59	60.54
	供暖	14868.00	297360.00	4.48	8.87
	供冷	19994.00	399880.00	6.03	11.93
	制冷剂	0.00	0.00	0.00	0.00
	生活热水	1324.32	26486.40	0.40	0.79
	太阳能热水	0.00	0.00	0.00	0.00
	照明	14388.59	287771.80	4.34	8.58
	电梯	5573.64	111472.80	1.68	3.33
	可再生能源	231.02	4620.40	0.07	0.14
	碳汇	-14.81	-296.20	0.00	-0.01
合计		167622.81	3352456.20	50.54	100.00

图 12-26 建筑全寿命周期碳排放总量及分阶段碳排放构成

12.4.3 软件应用前景

软件开发团队在软件的计划和筹备阶段，就开展了充分的调研和准备工作，紧跟政策导向，了解市场需求，深挖行业痛点，将建筑信息模型（BIM）技术、区块链技术、人工智能技术、数字孪生技术等主要应用方向作为软件创新点融入软件设计当中。

1）建筑信息模型（BIM）技术

软件开发充分利用碳排放信息管理理念，利用 BIM“数字化”的概念，借助 BIM 技术相关优势，将碳排放管理融入建筑与基础设施全生命周期中，实现统一高效的管理。BIM 技术作为发展完善的技术形式，应用于大型建筑项目和基础设施项目能快速高效地得到相关测算数据，解决计算量大、数据统筹困难的问题。BIM 技术能够支持碳排放计算软件应用与各类碳排放管理应用场景，如园区碳排放双控等。结合 BIM 自身的协同能力与智能化能力，考虑到多种情况在内的特殊要点，所得出的碳排放数据更接近于客观真实值，解决施工和报废阶段碳排放测算困难的问题。碳排放测算工作不是一个以结果为导向的工作，其核心要点是为了开展有关建筑节能以及碳排放管理的相关工作，BIM 技术具有的相关优势，能够为后续工作提供完备的解决方案，能够直观准确地输出碳排放相关报告内容，以便于后续其他各项工作的开展。

2）区块链技术

软件开发团队引入区块链技术，将核算对象从单体建筑物逐步拓展至基础设施，进而扩大至园区、城市等不同尺度的区域，使得数据范围更全面，可信度增加，减少政府、建设主体、公众之间的信息不对称。此外，软件还计划开发并发布针对装配式建筑、道路、桥梁、隧道等不同建筑类型的软件版本，通过对软件功能的逐步完善，使其能够为更多受众提供建筑碳排放计算和分析服务。区块链技术与碳数据监测与管理平台相结合，能够保障数据安全，实现碳数据可信流转，同时，去中心化、非第三方管理的区块链系统符合建筑行业复杂的应用场景，有利于吸引更多的上下游企业融入区块链生态，促进行业协同降碳。碳排放软件加强区块链在碳足迹中的应用，区块链十分契合碳足迹的应用需求。将区块链与部品部件的碳足迹进行深度耦合是今后碳排放计算软件研究的主要方向。采用非对称加密的方式，由碳数据采集方发起“交易”申请，同时指定审核方，并将碳数据放入交易池内等待共识节点的后续上链操作，将多个碳数据打包形成区块，集成到区块链系统中。

3）人工智能技术

软件开发团队将 Web-BIM 技术和 AI 技术引入软件中，用户借助这两种先进技术的支撑进行全生命周期碳排放量的智能计算，对不同阶段的设计方案进行比选，并对其对应的减碳潜力进行分析。碳排放分析软件利用人工智能在节能减排中的预测排放、监测排放、减少排放的三个关键应用。在预测方面，人工智能根据当前碳减排的工作和需求情况，预测未来的碳排放量，同时数据读入碳排放计算软件。在监测方面，人工智能实时跟踪碳足迹，从构件生产、运输，施工建造，运维等建筑和基础设施项目全生命周期收集数据，导入碳排放计算软件，提升监测的准确性。在减少碳排放方面，人工智能收集各环节数据后，以全局视角对工作流程做出优化调整。

4）数字孪生技术

软件开发团队将数字孪生技术引入软件中，通过实体或系统的各种属性、行为和性能数字化表示，形成与实体或系统相对应的虚拟模型。软件将实体或系统的运行状态实时反映到数字孪生模型中，以实现对实体或系统的监测、分析和优化。建设数字孪生碳管理平台，利用数字孪生技术实现建筑或基础设施从物理到数字的映射，仿真模拟建筑主要监测设备，并接入设备运行状态及主要运行指标数据，辅助提高运维效率。通过多维感知手段将设备运行情况实时同步到数字孪生系统，实现对设备运行状况的全息感知。为打造数字化、智能化建筑和基础设施，在需求侧从设备端、平台端、用户端三个层级出发，构建数字孪生碳管理平台，对全生命周期过程中有可能直接或间接产生碳排放的环节进行监测，收集碳排放数据，并数字化展示。充分利用物理模型、传感器更新、运行历史等数据，集成多学科、多物理量、多尺度、多概率的仿真过程，集成数字孪生碳管理平台，在虚拟空间中完成映射，从而反映相对应的实体装备的生命周期过程。

12.5 本章小结

本章深入探讨了碳排放管理领域的信息化管理以及碳排放管理软件的关键作用。首先明细了国内外碳排放信息化管理现状，接着对技术路径进行了详细的介绍，包括实现碳排放信息化管理的技术方法。同时，对碳排放管理软件架构进行罗列和梳理，以软件的角度切入展现软件的实现方法和底层逻辑。最后通过实例分析，使读者更好地理解和应用碳排放管理软件，从而让软件在碳排放信息化管理的实现中发挥更大的作用。

思考题

12-1　信息化管理如何在碳排放管理中发挥作用？请列举几个实际案例，说明信息化管理如何帮助组织更好地收集、分析和应用碳排放数据。

（提示：12.1.1 节国内外案例。）

12-2　请解释为什么数据库架构对于碳排放管理软件的设计至关重要。如何根据碳排放数据的特点来选择合适的数据库结构和存储方式？

（提示：12.2.2 节三种常用数据库。）

12-3　数据可视化在碳排放管理中有何重要作用？举例说明如何利用数据可视化技术将复杂的碳排放数据转化为易于理解的图表和图形，从而支持决策和沟通。

（提示：12.2.2 节可视化技术路径，可以列举一些数据可视化工具和方法，如图表、热力图和仪表盘，以支持碳排放管理决策。）

12-4　云服务为什么是碳排放管理软件不可或缺的功能？以减少碳排放为目标，分析云服务如何在软件设计中发挥作用，同时考虑了什么样的环境和效益。

（提示：12.3.3 节云服务的特点，可以举例云服务提供商如何满足碳排放管理软件的需求，以支持其功能和性能。）

12-5　在实际碳排放管理流程中，如何通过角色管理和权限分配来保障系统的安全性和数据隐私？请说明合理的用户角色和权限设计对于碳排放管理的重要性。

（提示：12.3.2 节，考虑角色管理如何确保不同用户只能访问其职责范围内的数据和功能。可以举例不同角色在碳排放管理中的典型权限和责任，如管理员、数据分析师和普通用户。）

参考文献

[1] 勒·柯布西耶．走向新建筑 [M]. 西安：陕西师范大学出版社，2004.

[2] 吴良镛．广义建筑学 [M]. 北京：清华大学出版社，1989.

[3] 董光器．城市总体规划 [M]. 5 版．南京：东南大学出版社，2014.

[4] 中华人民共和国建设部．城市规划基本术语标准：GB/T 50280—98 [S]. 北京：中国标准出版社，1999.

[5] 盘和林，胡霖，杨慧．新基建 [M]. 北京：中国人民大学出版社，2020.

[6] 任宏，李德英．中国建筑能耗与碳排放研究报告（2022）[M]. 北京：中国建筑节能协会，2022.

[7] 陈飞，诸大建．上海发展低碳建筑的现状问题及目标策略研究 [J]. 城市观察，2010（5）：144-155.

[8] 国家发展和改革委员会．国家节能中长期专项规划 [R]. 2004.

[9] 国家计委宏观经济研究院课题组．中国中长期能源战略 [M]. 北京：中国计划出版社，1999.

[10] 国家统计局．中华人民共和国 2021 年国民经济和社会发展统计公报 [M]. 北京：中国统计出版社，2022.

[11] 国家发展和改革委员会能源研究所课题组．中国 2050 年低碳发展之路：能源需求暨碳排放情景分析 [M]. 北京：科学出版社，2010.

[12] Fei Yu，Wei Feng，Jiawei Leng，et al. Review of the U.S. policies，codes，and standards of zero-carbon buildings [J]. Buildings，2022，12（12）：12.

[13] Nuri Cihat Onat，Murat Kucukvar，Omer Tatari. Scope-based carbon footprint analysis of U.S. residential and commercial buildings：An input-output hybrid life cycle assessment approach [J]. Building and Environment，2014，72（3）：53-62.

[14] 中国质量认证中心．企业碳排放管理国际经验与中国实践 [M]. 北京：中国标准出版社，2015.

[15] Institute of Civil Engineers. State of the Nation 2020：Infrastructure and the net zero target [R]. London：Institute of Civil Engineers，2020.

[16] 毛涛．碳中和视角下英国低碳发展实践研究 [J]. 中国国情国力，2023，360（1）：75-78.

[17] Simon Sturgis. Embodied and whole life carbon assessment for architects [R]. London：Royal Institute of British Architects，2017.

[18] 住房和城乡建设部科技与产业化发展中心，中国建材检验认证集团股份有限公司．碳足迹与绿色建材 [M]. 北京：中国建筑工业出版社，2017.

[19] 邓月超，李嘉耘，孟冲，等．新加坡 Green Mark 2021 标准解析及启示 [J]. 建筑科学，2023，39（4）：205-212.

[20] 陈础．绿色节能理念建筑结构设计探讨 [J]. 低碳世界，2019，9（1）：168-169.

[21] 赵红娟，霍舒豪．民用建筑围护结构节能设计中的问题分析 [J]. 工程技术研究，2020，5（8）：207-208.

[22] 姚鑫萍．基于 LCA 的公共建筑碳排放基线计量研究 [D]. 武汉：华中科技大学，2013.

[23] 交通运输部．2022 年交通运输行业发展统计公报 [EB/OL].（2023-06-16）[2024-04-03]. https：//xxgk.mot.gov.cn/2020/jigou/zhghs/202306/t20230615_3847023.html.

[24] 罗智星．建筑生命周期二氧化碳排放计算方法与减排策略研究 [D]. 西安：西安建筑科技

大学，2016.
[25] 周欢 . 建筑物化阶段碳排放量化及减碳策略研究 [D]. 西安：西安理工大学，2022.
[26] 中华人民共和国住房和城乡建设部 . 建筑碳排放计算标准：GB/T 51366—2019[S]. 北京：中国建筑工业出版社，2019.
[27] 蔡伟光 . 完善建筑领域碳排放核算体系 助力城乡建设绿色低碳发展 [EB/OL].（2021-11-18）[2024-04-03]. https：//www.cabee.org/site/content/24198.html.
[28] 杨芯蕊，孔凡立，贺子良，等 . 建筑领域双碳治理改革路径研究——以衢州市碳账户体系建设为例 [J]. 浙江建筑，2023，40（3）：80-83.
[29] 毛希凯 . 建筑生命周期碳排放预测模型研究 [D]. 天津：天津大学，2018.
[30] 钟思捷 . 夏热冬暖地区住宅建筑碳排放研究 [D]. 广州：广东工业大学，2022.
[31] 闫承鹏 . 建筑电气设计及节能措施分析 [J]. 中国住宅设施，2023,（4）：7-9.
[32] 徐静 . 建筑电气设计中的节能技术措施 [J]. 中国住宅设施，2023,（9）：34-36.
[33] 范翀 . 浅析建筑给排水工程中太阳能热水系统设计要点 [J]. 江西建材，2023,（9）：77-78.
[34] 常红连 . 某住宅小区江水源热泵系统设计 [C] // 福建省土木建筑学会暖通空调分会，福建省制冷学会第五专业委员会，福建省暖通空调科学技术情报网，福建省勘察设计协会公用设备与环境专业委员会 . 2013 年福建省暖通空调制冷学术年会论文集 . 福州，2013.
[35] 中国工程建设标准化协会 . 建筑碳排放计量标准：CECS 374—2014[S]. 北京：中国计划出版社，2014.
[36] 高宇忠，李光炎，陈海江，等 . 智能照明系统的设计与优化探讨 [J]. 中国照明电器，2023,（8）：46-52.
[37] 郁泽君，聂影，王瑶，等 . 双碳目标下绿色建筑减碳路径研究 [J]. 住宅产业，2021,（10）：15-20.
[38] 贾志勇，谢士涛 . 公共建筑运营阶段节能降碳管理浅析 [J]. 住宅与房地产，2022,（14）：16-20.
[39] 何继志 . 政府投资民用建筑项目可行性研究的特点、内容和要求 [J]. 中国工程咨询，2009,（12）：20-22.
[40] 位珍 . 谈政府投资医院项目可行性研究报告编制 [J]. 山西建筑，2021，47（19）：189-191.
[41] 海纳尔 . 海纳尔给建筑物穿上环保衣 [J]. 工业设计，2011,（5）：50-51.
[42] 李浩，王倩 . 住宅建筑节能设计研究 [J]. 城市建设理论研究（电子版），2015,（8）：4160-4160.
[43] 郭文龙 . 建筑设计中节能建筑设计问题分析 [J]. 建筑工程技术与设计，2017,（14）：5226-5226.
[44] 何胜 . 论我国建筑节能技术应用现状及发展 [J]. 城市建设理论研究，2014,（15）：1-4.
[45] 康其熙 . 碳排放管理在建筑室内设计中的应用研究 [J]. 科技创新与生产力，2022,（9）：54-56.
[46] 王梦伟，秦堃，龙恩深，等 . 围护结构的气密性对办公建筑能耗影响的分析 [J]. 制冷与空调（四川），2016，30（3）：345-349+358.
[47] 郅晓 . 绿色低碳建材在建筑领域的应用现状和展望 [J]. 可持续发展经济导刊，2022,（4）：26-27.
[48] 张菲，侯智源 . 对建筑工程电气节能设计的探讨 [J]. 城市建设理论研究（电子版），2012,（4）：1-3.
[49] 张蕾 . 建筑给水排水设计中节能减排设计浅析 [J]. 工程管理与技术探讨，2023，5（13）：34-36.
[50] 常天宏 . 建筑暖通空调标准化节能技术相关探讨 [J]. 大众标准化，2023,（8）：74-76.

[51] 卞海峰. 绿色建筑暖通空调节能设计研究 [J]. 房地产世界，2023,(6): 58-60.
[52] 宋志茜. 建筑物化阶段碳排放特征及减碳策略研究 [D]. 杭州：浙江大学，2023.
[53] 张倩倩. 基于技术成熟度的建筑全生命周期碳减排优化研究 [D]. 北京：北京交通大学，2023.
[54] 贾子杰. 超高性能混凝土的全生命周期碳排放测算研究 [D]. 包头：内蒙古科技大学，2023.
[55] 张平，陈旭，李绍纯，等. 绿色低碳型高性能混凝土的制备及其性能研究 [J]. 新型建筑材料，2020，47(9): 155-158.
[56] 桂宝荥，吴驰，罗宇. 高性能混凝土的低碳绿色研究与应用 [J]. 居舍，2023,(6): 148-150.
[57] 高源雪. 建筑产品物化阶段碳足迹评价方法与实证研究 [D]. 北京：清华大学，2013.
[58] 姜华，孙佳琳，潘续文. 浅谈建筑围护结构节能技术 [J]. 城市建设理论研究(电子版)，2013,(13): 1-4.
[59] 中华人民共和国工业和信息化部. 工业和信息化部等十部门关于印发绿色建材产业高质量发展实施方案的通知 [EB/OL].(2023-12-29) [2024-01-01]. https://www.gov.cn/zhengce/zhengceku/202401/content_6925435.htm.
[60] 国家市场监督管理总局. 节能低碳产品认证管理办法 [EB/OL].(2015-11-01) [2024-04-01]. https://www.gov.cn/zhengce/2021-06/25/content_5723644.htm.
[61] 靳惠怡. 十部门印发《绿色低碳转型产业指导目录(2024年版)》多项涉及建材领域 [J]. 中国建材，2024,(3): 29-30.
[62] 何玲玲，袁红平. 考虑消费者质量感知的回收制造建材企业决策研究 [J]. 工业工程与管理，2019，24(1): 144-151+166.
[63] 张宇，范建超，黄京胜. 绿色高性能混凝土与建筑工程材料的可持续发展 [J]. 建筑与装饰，2024,(2): 193-195.
[64] 连红奎，李艳，束光阳子，等. 我国工业余热回收利用技术综述 [J]. 节能技术，2011，29(2): 123-128+133.
[65] 中华人民共和国工业和信息化部.《绿色建材产业高质量发展实施方案》系列解读文章之七：加速建材产业绿色高质量发展 积极推进新时代美丽中国建设 [EB/OL].(2024-01-17) [2024-01-17]. https://www.miit.gov.cn/jgsj/ycls/gzdt/art/2024/art_e903b20a47064b989f53f241a5fc3279.html.
[66] 王珊，肖贺，王鑫，等. 北京市 21 家市属医院基础用能设备能耗现状及节能建议 [J]. 暖通空调，2017，47(2): 48-53.
[67] 何媛媛，袁岗，林燕. 医院运行阶段能耗的碳排放及减排措施研究 [J]. 环境科学与管理，2023，48(7): 27-31.
[68] 高红，戚仁广. 国外供热计量的经验及对我国的启示 [J]. 中国能源，2021，43(11): 81-84.
[69] 黄秋兰. 基于 LCA 的装配式建筑碳排放测算与减排策略研究 [D]. 广州：广东工业大学，2022.
[70] 杨博洋，孙雨. 对项目建议书编制的思考 [J]. 合作经济与科技，2011,(7): 32-33.
[71] 王晨. 浅谈建设项目建议书的编制内容 [J]. 山东建材，2002,(2): 58.
[72] 姚鑫萍. 基于 LCA 的公共建筑碳排放基线计量研究 [D]. 武汉：华中科技大学，2013.
[73] 罗智星，仓玉洁，杨柳，等. 面向设计全过程的建筑物化碳排放计算方法研究 [J]. 建筑科学，2021，37(12): 1-7+43.
[74] 任燕. 碳减排视角下的绿色建筑成本效益评价研究 [D]. 北京：北京交通大学，2017.
[75] 吴恭钦，刘伊生. 基于 LCA 的城市道路照明节能改造项目增量效益分析 [J]. 工程管理学报，2018，32(4): 75-80.
[76] 陈础. 绿色节能理念建筑结构设计探讨 [J]. 低碳世界，2019，9(1): 168-169.

[77] 赵红娟，霍舒豪 . 民用建筑围护结构节能设计中的问题分析 [J]. 工程技术研究，2020，5（8）：207-208.
[78] 葛志伟 . 住宅建筑设计初期节能策略研究 [J]. 居舍，2022，（14）：85-87.
[79] 康其熙 . 碳排放管理在建筑室内设计中的应用研究 [J]. 科技创新与生产力，2022，（9）：54-56.
[80] 王琳琳 . 建筑电气设计节能措施研究 [J]. 中国高新科技，2021，（14）：80-81.
[81] 诸江 . 建筑电气系统节能技术设计研究 [J]. 智能城市，2021，7（4）：117-118.
[82] 仲继业 . 建筑给水排水设计的节能节水措施 [J]. 房地产世界，2021，（15）：48-50.
[83] 邱君瑶 . 环保节能理念在建筑给排水设计中的技术研究 [J]. 智能建筑与智慧城市，2023，（5）：105-107.
[84] 韩颢，唐永智 . 建筑给水排水工程中节能节水技术的有效应用分析 [J]. 城市建设理论研究（电子版），2023，（9）：136-138.
[85] 卞海峰 . 绿色建筑暖通空调节能设计研究 [J]. 房地产世界，2023，（6）：58-60.
[86] 常天宏 . 建筑暖通空调标准化节能技术相关探讨 [J]. 大众标准化，2023，（8）：74-76.
[87] 龚艳林 . 建筑节能中暖通空调节能系统现状和技术措施 [J]. 四川水泥，2016，（2）：106.
[88] 仓玉洁，罗智星，杨柳，刘加平 . 城市住宅建筑物化阶段建材碳排放研究 [J]. 城市建筑，2018，（17）：17-21.
[89] 周欢 . 建筑物化阶段碳排放量化及减碳策略研究 [D]. 西安：西安理工大学，2022.
[90] 汪振双，赵一键，刘景矿 . 基于 BIM 和云技术的建筑物化阶段碳排放协同管理研究 [J]. 建筑经济，2016，37（2）：88-90.
[91] 沈丹丹 . 建筑全生命周期碳排放量计算模型 [J]. 建筑施工，2021，43（10）：2162-2166.
[92] 江亿，胡姗 . 中国建筑部门实现碳中和的路径 [J]. 暖通空调，2021，51（5）：1-13.
[93] 仓玉洁 . 建筑物化阶段碳排放核算方法研究 [D]. 西安：西安建筑科技大学，2018.
[94] 孟凡达，谢雨奇，张淑翠，张厚明 . 高载能制造业低碳化发展的方向与路径 [J]. 发展研究，2023，40（5）：15-20.
[95] 孙挺 . 水泥行业碳排放核算及低碳发展路径研究 [J]. 中国水泥，2022，（3）：80-83.
[96] 李琛 . 2021 年水泥行业结构调整发展报告 [J]. 中国水泥，2022，（1）：10-17.
[97] 罗智星 . 建筑生命周期二氧化碳排放计算方法与减排策略研究 [D]. 西安：西安建筑科技大学，2016.
[98] 李金潞 . 寒冷地区城市住宅全生命周期碳排放测算及减碳策略研究 [D]. 西安：西安建筑科技大学，2020.
[99] 蔡博峰，朱松丽，于胜民等 .《IPCC 2006 年国家温室气体清单指南 2019 修订版》解读 [J]. 环境工程，2019，37（8）：1-11.
[100] 杨芯蕊，孔凡立，贺子良，艾勇 . 建筑领域双碳治理改革路径研究——以衢州市碳账户体系建设为例 [J]. 浙江建筑，2023，40（3）：80-83.
[101] 王安平 . 双碳目标下绿色建筑减碳路径研究 [J]. 住宅与房地产，2022，（14）：34-37.
[102] 毛希凯 . 建筑生命周期碳排放预测模型研究 [D]. 天津：天津大学，2018.
[103] 王霞 . 住宅建筑生命周期碳排放研究 [D]. 天津：天津大学，2012.
[104] 崔鹏 . 建筑物生命周期碳排放因子库构建及应用研究 [D]. 南京：东南大学，2015.
[105] J. Y. Wang，H. Y. Wu，H. B. Duan，et al. Combining life cycle assessment and Building Information Modelling to account for carbon emission of building demolition waste：A case study [J]. Journal of Cleaner Production，2018，172：3154-3166.
[106] Freeman R. Edward. Strategic management：A stakeholder approach [M]. Cambridge：Cambridge University press，2010.
[107] 刘莉 . 论现代项目管理的四大转变 [J]. 深圳大学学报（人文社会科学版），2003，（1）：

87-92.
[108] Gerald Vinten. The Stakeholder Manager [J]. Management decision，2000，38 (6): 377-383.
[109] 郭志欣 . 基于利益相关者理论的建设项目统一信息平台研究 [D]. 天津：天津理工大学，2007.
[110] 刘直宗 . 京津冀碳排放政策实施与保障主题协同效应研究 [D]. 石家庄：河北地质大学，2022.
[111] 张国兴，高秀林，汪应洛，刘明星 . 政策协同：节能减排政策研究的新视角 [J]. 系统工程理论与实践，2014，34 (3): 545-559.
[112] 武薛睿 . 我国跨区域重大工程项目治理政策协同研究 [D]. 重庆：重庆大学，2021.
[113] 王谢勇，金光辉 . 基于文献研究方法的政策协同研究综述与展望 [J]. 现代商业，2021，(28): 150-153.
[114] 郁苗，魏青 . 我国碳市场 MRV 体系发展现状及完善路径研究 [J]. 开发性金融研究，2023，(1): 11-18.
[115] 张友国，白羽洁 . 区域差异化 "双碳" 目标的实现路径 [J]. 改革，2021，(11): 1-18.
[116] 苗玲，冯连勇 . 碳投入回报 (CROI) 视角下 CCUS 技术评价研究 [J]. 环境工程：1-10.
[117] 工业和信息化部 .《工业能效提升行动计划》解读 [Z]// 工业和信息化部 . 北京 . 2022.
[118] 吴茵茵，齐杰，鲜琴，陈建东 . 中国碳市场的碳减排效应研究——基于市场机制与行政干预的协同作用视角 [J]. 中国工业经济，2021，(8): 114-132.
[119] 刘贵文，杨浩，傅晏，et al. 信息物理融合下的建筑施工现场碳排放实时监测系统 [J]. 重庆大学学报，2020，43 (9): 24-31.
[120] 国家发展与改革委员会应对气候变化司 . 工业企业温室气体排放核算和报告通则：GB/T 32150—2015 [S]. 北京：中国标准出版社，2015.
[121] 中国建筑节能协会 . 中国建筑能耗研究报告 2020 [J]. 建筑节能 (中英文)，2021，49 (2): 1-6.
[122] 卢玫珺，罗乔，欧阳金龙 . 成都市不同年龄段居民用能行为的调查研究 [J]. 四川建筑科学研究，2020，46 (3): 79-85.
[123] 深圳市住房和建设局 . 绿色物业管理导则：SZDB / Z 325-2018 [S]. 深圳：深圳市市场和质量监督管理委员会，2018.
[124] 干申启 . 工业化住宅建筑可维护更新的技术研究 [D]. 南京：东南大学，2019.
[125] 吴刚，欧晓星，李德智 . 建筑碳排放计算 [M]. 北京：中国建筑工业出版社，2022.
[126] 尚春静，储成龙，张智慧 . 不同结构建筑生命周期的碳排放比较 [J]. 建筑科学，2011，27 (12): 66-70+95.
[127] 朱方伟，张春枝，陈敏，孟飞鸽 . 武汉市城镇住宅建筑碳排放分析及总量核算研究 [J]. 建筑节能 (中英文)，2021，49 (2): 25-29+35.
[128] 王晓丹 . 住宅建筑碳排放分析及总量核算研究 [J]. 绿色建筑，2022，14 (1): 12-15.
[129] 陈冰，康健 . 零碳排放住宅：金斯潘住宅案例分析 [J]. 世界建筑，2010，236 (2): 60-63.
[130] 韩楚燕 . 全生命周期碳排放导向下的城市住宅长寿化设计策略研究 [D]. 西安：西安建筑科技大学，2021.
[131] L. Zhu，M. Shan，B. G. Hwang. Overview of design for maintainability in building and construction research [J]. Journal of Performance of Constructed Facilities，2018，32 (1): 04017116.
[132] 王淑佳，唐淑慧，孔伟 . 国外低碳社区建设经验及对中国的启示——以英国贝丁顿社区为例 [J]. 河北北方学院学报 (社会科学版)，2014，30 (3): 57-63.
[133] 华东建筑集团股份有限公司，同济大学建筑与城市规划学院 . 建筑设计资料集 第 3 分册 办公・金融・司法・广电・邮政 (第三版) [M]. 北京：中国建筑工业出版社，2017.

[134] 住房和城乡建设部 . 民用建筑设计术语标准：GB/T 50504—2009 [S]. 北京：中国计划出版社，2009.
[135] 江亿 . 我国建筑耗能状况及有效的节能途径 [J]. 暖通空调，2005，(5)：30-40.
[136] 顾馥保 . 商业建筑设计 [M]. 北京：中国建筑工业出版社，2003.
[137] 武涛，李松，廖聪等 . 装配式建筑建造全过程碳排放分析与研究 [J]. 施工技术 (中英文)，2023，52 (4)：81-86.
[138] 住房和城乡建设部 . 商店建筑设计规范：JGJ 48-2014 [S]. 北京：中国建筑工业出版社，2009.
[139] 北京市发展和改革委员会 . 低碳建筑 (运行) 评价技术导则：DB11/T 1420-2017 [S]. 北京：北京市质量技术监督局，2017.
[140] 张晓倩，张九红，吕坤洁 . 商业建筑光环境研究综述 [J]. 照明工程学报，2022，33 (2)：182-189.
[141] 赵媛媛 . 大型商业建筑通风空调设计分析 [J]. 工程技术研究，2021，6 (1)：195-196.
[142] 朱科 . 公路隧道工程的环境问题及其对策研究 [J]. 交通节能与环保，2019，15 (2)：114-116.
[143] 金凤君 . 基础设施与经济社会空间组织 [M]. 北京：科学出版社，2012.
[144] 张学良 . 交通基础设施、空间溢出与区域经济增长 [M]. 南京：南京大学出版社，2009.
[145] 刘玉海 . 交通基础设施的空间溢出效应及其影响机理研究 [M]. 北京：经济科学出版社，2012.
[146] 赵亚兰 . 中国交通运输碳排放研究 [M]. 北京：社会科学文献出版社，2022.
[147] 王晓东，邓丹萱，赵忠秀 . 交通基础设施对经济增长的影响——基于省际面板数据与 Feder 模型的实证检验 [J]. 管理世界，2014，(4)：173-174.
[148] 尤倩，李洪枚，伯鑫等 . 中国民用航空机场大气污染物及碳排放清单 [J]. 中国环境科学，2022，42 (10)：4517-4524.
[149] 苏征宇，张帆，韦逸清，邓越 . 公路隧道建设碳排放量化分析计算及数字化 [J]. 现代隧道技术，2022，59 (S1)：115-120.
[150] 郭春，郭亚林，陈政 . 交通隧道工程碳排放核算及研究进展分析 [J]. 现代隧道技术，2023，60 (1)：1-10.
[151] 郭恰，陈广，马艳 . 城市水系统关键环节碳排放影响因素分析及减排对策建议 [J]. 净水技术，2021，40 (10)：113-117.
[152] 李金惠，段立哲，郑莉霞等 . 固体废物管理国际经验对我国的启示 [J]. 环境保护，2017，45 (16)：69-72.
[153] 刘智晓 . 未来污水处理能源自给新途径——碳源捕获及碳源改向 [J]. 中国给水排水，2017，33 (8)：43-52.
[154] 马洁，武小钢 . 海绵城市典型措施碳排放研究 [J]. 中国城市林业，2018，16 (2)：27-32.
[155] 马欣 . 中国城镇生活污水处理厂温室气体排放研究 [D]. 北京：北京林业大学，2011.
[156] 孙绍然 . 市政给排水设计中输水方式的选择及管网分区 [J]. 黑龙江科技信息，2013，(11)：209.
[157] 汪喜生，吕瑞滨 . 某市政污泥处理处置工程设计运行案例分析 [J]. 净水技术，2017，36 (12)：109-114.
[158] 杨帆 . 生活垃圾堆肥过程污染气体减排与管理的生命周期评价研究 [D]. 北京：中国农业大学，2014.
[159] 杨国栋，颜枫，王鹏举，张作泰 . 生活垃圾处理的低碳化研究进展 [J]. 环境工程学报，2022，16 (3)：714-722.
[160] 杨世琪 . 城镇污水处理系统碳核算方法与模型研究 [D]. 重庆：重庆大学，2013.
[161] 张成 . 重庆市城镇污水处理系统碳排放研究 [D]. 重庆：重庆大学，2011.

[162] 赵薇，梁赛，于杭，邓娜．生命周期评价方法在城市生活垃圾管理中的应用研究述评 [J]. 生态学报，2017，37（24）：8197-8206.
[163] International Energy Agency. CO2 emissions in 2022 [R]. Paris：International Energy Agency，2023.
[164] 陈轶嵩，兰利波，杜轶群，等．基于全生命周期评价理论的 EREV/BEV/ICEV 环境效益及减碳经济性评估 [J]. 环境科学学报，2023，43（2）：12.
[165] 荆朝霞，刘瑗瑗，曾丽．4 种电网源流分析方法比较 [J]. 电力系统自动化，2010，（23）：10.
[166] 康重庆，杜尔顺，李姚旺，等．新型电力系统的“碳视角”：科学问题与研究框架 [J]. 电网技术，2022，46（3）：821-833.
[167] 李继峰，郭焦锋，高世楫，顾阿伦．国家碳排放核算工作的现状、问题及挑战 [J]. 发展研究，2020，6：9-14.
[168] 生态环境部办公厅．企业温室气体排放核算与报告指南 发电设施 [Z]. 2022.
[169] 张浩．分布式能源系统的成本优化研究 [D]. 北京：华北电力大学，2021.
[170] 赵金利，赵晶，贾宏杰，余晓丹．基于潮流追踪和机组再调度的割集断面功率控制方法 [J]. 电力系统自动化，2009，33（6）：16-20.
[171] 周天睿，康重庆，徐乾耀，陈启鑫．电力系统碳排放流分析理论初探 [J]. 电力系统自动化，2012，36（7）：38-43+85.
[172] Y. Asiedu，P. Gu. Product life cycle cost analysis：state of the art review [J]. International Journal of Production Research，1998，36（4）：883-908.
[173] G. Atkinson，K. Hamilton，G. Ruta，D. Van Der Mensbrugghe. Trade in ‘virtual carbon’：Empirical results and implications for policy [J]. Global Environmental Change-Human and Policy Dimensions，2011，21（2）：563-574.
[174] 李必瑜，等．房屋建筑学 [M]. 武汉：武汉理工大学出版社，2008.
[175] 王立雄．公共建筑全生命周期碳排放预测模型研究 [M]. 天津：天津大学出版社，2019.
[176] 杨宏山，等．城市管理学 [M]. 北京：中国人民大学出版社，2019.
[177] 住房和城乡建设部建筑与科学技术司，教育部发展规划司．高等学校校园建筑节能监管系统建设技术导则 [Z]. 北京：住房和城乡建设部、教育部．2009.
[178] 住房和城乡建设部．民用建筑绿色性能计算标准：JGJ/T 449—2018 [S]. 北京：中国建筑工业出版社，2018.
[179] 住房和城乡建设部．民用建筑设计统一标准：GB 50352—2019 [S]. 北京：中国建筑工业出版社，2019.
[180] M. Santamouris，C. A. Balaras，E. Dascalaki，et al. Energy-consumption and the potential for energy-conservation in school buildings in Hellas [J]. Energy，1994，19（6）：653-660.
[181] M. H. Chung，E. K. Rhee. Potential opportunities for energy conservation in existing buildings on university campus：A field survey in Korea [J]. Energy and Buildings，2014，78：176-182.
[182] P. Petratos，E. Damaskou. Management strategies for sustainability education，planning，design，energy conservation in California higher education [J]. International Journal of Sustainability in Higher Education，2015，16（4）：576-603.
[183] 陈光滔．幼儿园建筑的低碳设计策略与技术 [D]. 浙江：浙江工业大学，2011.
[184] 东南大学．东南大学能源消耗统计分析报告 [R]. 南京：东南大学，2022.
[185] 教育部．中国教育概况——2020 年全国教育事业发展情况 [R]. 北京：教育部，2021.
[186] 李虎．被动式节能技术对中小学教学楼生命周期能耗和碳排放影响研究 [D]. 西安：西安建筑科技大学，2021.
[187] 宋维虎，尚幸福．大学校园建筑能耗存在的问题及节能策略 [J]. 内江科技，2011，32

(3): 73.
[188] 中国建筑节能协会 . 中国建筑节能年度发展研究报告 [R]. 北京：中国建筑节能协会，2021.
[189] National Health Service. Delivering a 'Net Zero' national health service [R]. London: National Health Service，2020.
[190] 褚雅君，牛住元 . 医疗建筑全生命周期碳排放量计算模型研究 [J]. 中国医院建筑与装备，2022，23 (5): 93-96.
[191] 丁超，王天一 . 基于绿色低碳理念的某医院节能改造实践 [J]. 新型工业化，2022，12 (1): 217-219.
[192] 郭亚楠 . 基于 Dynamic Network DEA 的我国医疗卫生机构技术效率分析与评价 [D]. 天津：天津医科大学，2017.
[193] 韩瑞清，陈淑媛 . 浅谈医院基础设施管理 [J]. 价值工程，2014，33 (33): 168-169.
[194] 姜玉培，甄峰，孙鸿鹄 . 基于街区尺度的城市健康资源空间分布特征——以南京中心城区为例 [J]. 经济地理，2018，38 (1): 85-94.
[195] 陆骏骥，刘建平 . 按照可持续发展的要求规划设计并管理医院基础设施 [J]. 中国医院，2007 (3): 68-71.
[196] 王俏 . 深圳市坪山区医疗卫生设施配置优化研究 [D]. 沈阳：沈阳建筑大学，2021.
[197] J. Karliner，S. Slotterback，R. Boyd，et al. Health care's climate footprint: The health sector contribution and opportunities for action [J]. European Journal of Public Health，2020，30 (Supplement_5): V311-V311.
[198] Martin Siegel，Daniela Koller，Verena Vogt，Leonie Sundmacher. Developing a composite index of spatial accessibility across different health care sectors: A German example [J]. Health Policy，2016，120 (2): 205-212.
[199] Rui Wu. The carbon footprint of the Chinese health-care system: An environmentally extended input - output and structural path analysis study [J]. The Lancet Planetary Health，2019，3 (10): e413-e419.
[200] 北京 2022 年冬奥会和冬残奥会组织委员会 . 可持续・向未来——北京冬奥会可持续发展报告 (赛前) [R]. 北京：北京 2022 年冬奥会和冬残奥会组织委员会，2022.
[201] 北京 2022 年冬奥会和冬残奥会组织委员会 . 北京冬奥会赛前报告 [R]. 北京：北京 2022 年冬奥会和冬残奥会组织委员会，2022.
[202] 尹杨坚 . 商业展示设计中的低碳设计方法研究 [J]. 生态经济，2018，34 (4): 232-236.
[203] 马进伟，欧阳林皓，陈茜茜 . 典型博物馆建筑全生命周期碳排放核算分析 [J]. 安徽建筑大学学报，2023，31 (1): 50-55.
[204] 江三良，贾芳芳 . 数字经济何以促进碳减排——基于城市碳排放强度和碳排放效率的考察 [J]. 调研世界，2023，(1): 14-21.
[205] 沈维萍，陈迎 . 气候行动之负排放技术：经济评估问题与中国应对建议 [J]. 中国科技论坛，2020，1 (11): 153-161.
[206] 房毓菲，王威 . 推进新型基础设施绿色化 助力实现碳中和 [J]. 中国物价，2022，(3): 6-7.
[207] 李梦媛，胥林梦，张雪冰 . 新基建背景下智慧社区建设方向的效益分析 [J]. 建筑发展，2022，6 (1): 7-9.
[208] 叶睿琪，袁媛，魏佳，等 . 中国数字基建的脱碳之路：数据中心与 5G 减碳潜力与挑战 (2020-2035) [R]. 广州：绿色和平，工业和信息化部电子第五研究所计量检测中心，2021.
[209] 牟春波，韦柳融 . 新型基础设施发展路径研究 [J]. 信息通信技术与政策，2021，47 (1): 43-47.

[210] 潘教峰，万劲波 . 构建现代化强国的十大新型基础设施 [J]. 中国科学院院刊，2020，35（5）：545-554.
[211] 裴棕伟，闫春红 . 新基建助推“双碳”目标达成的逻辑和建议 [J]. 价格理论与实践，2022，（4）：5-8+52.
[212] 王灿，丛建辉，王克，等 . 中国应对气候变化技术清单研究 [J]. 中国人口·资源与环境，2021，31（3）：1-12.
[213] 王鼎 . 新型基础设施平台建设投融资模式研究 [J]. 产业与科技论坛，2020，19（17）：217-218.
[214] 朱承亮，吴滨 . 科技创新是实现“双碳”目标的关键支撑 [J]. 中国发展观察，2021，（21）：13-15+10.
[215] Q. Z. Yao，L. S. Shao，Z. M. Yin，et al. Strategies of property developers and governments under carbon tax and subsidies [J]. Frontiers in Environmental Science，2022，10：1-15.
[216] J. Liu，J. Y. Bai，Y. Deng，et al. Impact of energy structure on carbon emission and economy of China in the scenario of carbon taxation [J]. Science of the Total Environment，2021，762.
[217] 纪颖波，周瑞辰，刘心男 . 城镇居住建筑碳交易协同机制研究 [J]. 建筑经济，2022，43（5）：91-96.
[218] Xiangnan Song，Meng Shen，Yujie Lu，et al. How to effectively guide carbon reduction behavior of building owners under emission trading scheme? An evolutionary game-based study [J]. Environmental Impact Assessment Review，2021，90：106624.
[219] 杜晓丽，梁开荣，李登峰 . 基于区块链技术的电力行业碳减排奖惩及碳交易匹配模型 [J]. 电力系统自动化，2020，44（19）：29-35.
[220] 辛姜，赵春艳 . 中国碳排放权交易市场波动性分析——基于 MS-VAR 模型 [J]. 软科学，2018，32（11）：134-137.
[221] 蒋金荷 . 碳定价机制最新进展及对中国碳市场发展建议 [J]. 价格理论与实践，2022，（2）：26-30+90.
[222] 夏凡，王欢，王之扬 .“双碳”背景下我国碳排放权交易体系与碳税协调发展机制研究 [J]. 西南金融，2023，（1）：3-15.
[223] 王宇露，林健 . 我国碳排放权定价机制研究 [J]. 价格理论与实践，2012，（2）：87-88.
[224] 王文举，陈真玲 . 中国省级区域初始碳配额分配方案研究——基于责任与目标、公平与效率的视角 [J]. 管理世界，2019，35（3）：81-98.
[225] 刘晓 . 基于公平与发展的中国省区碳排放配额分配研究 [J]. 系统工程，2016，34（2）：64-69.
[226] 翁智雄，马中，刘婷婷 . 碳中和目标下中国碳市场的现状、挑战与对策 [J]. 环境保护，2021，49（16）：18-22.
[227] M. Cui，X. Li，K. Kamoche. Transforming From Traditional To E-intermediary：A Resource Orchestration Perspective [J]. International Journal of Electronic Commerce，2021，25（3）：338-363.
[228] 郑磊 . 大型能源企业碳履约分析与信息化应用 [J]. 建筑技术，2021，52（10）：1234-1236.
[229] 鞠斐，袁野 . 碳价格对中国“双碳”目标实现的影响与策略研究 [J]. 价格月刊，2022，（7）：19-24.
[230] 高源，刘丛红 . 我国传统建筑业低碳转型升级的创新研究 [J]. 科学管理研究，2014，32（4）：72-75.
[231] 单良，骆亚卓，廖翠程，荆晨 . 国内外碳交易实践及对我国建筑业碳市场建设的启示

[J]. 建筑经济，2021，42（9）：5-9.
[232] 罗凡．“双碳”目标下碳排放第三方核查机制的制度省思与法治完善 [J]. 环境保护，2023，51（Z1）：55-58.
[233] 黄世忠．支撑 ESG 的三大理论支柱 [J]. 财会月刊，2021，（19）：3-10.
[234] 刘捷先，张晨．中国企业碳信息披露质量评价体系的构建 [J]. 系统工程学报，2020，35（6）：849-864.
[235] 北京 2022 年冬奥会和冬残奥会组织委员会．北京冬奥会低碳管理报告（赛前）[R]. 北京：北京 2022 年冬奥会和冬残奥会组织委员会，2022.
[236] 陈晓红，胡东滨，曹文治，等．数字技术助推我国能源行业碳中和目标实现的路径探析 [J]. 中国科学院院刊，2021，36（9）：1019-1029.
[237] 涂建明，藕紫秋，李宛．碳会计发展视角的 CCER 项目核算研究——兼议与《碳排放权交易有关会计处理暂行规定》的对接 [J]. 新会计，2020，（7）：11-15.
[238] 王兴．基于 BIM 技术在低碳建筑中的节能应用与优化 [J]. 中小企业管理与科技，2022，（4）：178-180.
[239] 张晓峰．基于 ElasticSearch 的智能搜索系统设计 [J]. 江苏通信，2021，37（3）：60-61+67.
[240] 华电项目课题组．华电集团碳排放管理创新与实践 [J]. 中国电力企业管理，2020-02-24，（1）：20-24.